ISBN 978-0-483-69512-2
PIBN 10409931

English
Français
Deutsche
Italiano
Español
Português

www.forgottenbooks.com

Mythology Photography **Fiction**
Fishing Christianity **Art** Cooking
Essays Buddhism Freemasonry
Medicine **Biology** Music **Ancient**
Egypt Evolution Carpentry Physics
Dance Geology **Mathematics** Fitness
Shakespeare **Folklore** Yoga Marketing
Confidence Immortality Biographies
Poetry **Psychology** Witchcraft
Electronics Chemistry History **Law**
Accounting **Philosophy** Anthropology
Alchemy Drama Quantum Mechanics
Atheism Sexual Health **Ancient History**
Entrepreneurship Languages Sport
Paleontology Needlework Islam
Metaphysics Investment Archaeology
Parenting Statistics Criminology
Motivational

ATTI

DELLA

SOCIETÀ ITALIANA

DI SCIENZE NATURALI

E DEL

MUSEO CIVICO

DI STORIA NATURALE

IN MILANO

VOL. XLVIII

ANNO 1909

PAVIA

PREMIATA TIPOGRAFIA SUCCESSORI FRATELLI FUSI

Largo di Via Roma N. 7.

1909

CONSIGLIO DIRETTIVO PEL 1909

Presidente. ARTINI Prof. ETTORE, *Via Malpighi, 4.*

Vice-Presidenti. —
{ BESANA Ing. Comm. GIUSEPPE, *Via Ruga-bella, 19.*
DE MARCHI Dott. MARCO, *Via Borgonuovo 23.*

Segretario. — DE-ALESSANDRI Dott. GIULIO, *Museo Civico.*

Vice-Segretario. — REPOSSI Dott. EMILIO, *Museo Civico.*

Archivista. — CASTELFRANCO Prof. Cav. POMPEO, *Via Principe Umberto, 5.*

Consiglieri. —
{ BELLOTTI Dr. Comm. CRISTOFORO, *Via Brera, 10.*
MAGRETTI Dott. PAOLO, *Via Leopardi, 21.*
SALMOJRAGHI Prof. Ing. FRANCESCO, *Piazza Castello, 17.*
VIGNOLI Cav. Prof. TITO, *Corso Venezia, 89.*

Cassiere. — VILLA Cav. VITTORIO, *Via Sala, 6.*

Bibliotecario sig. ERNESTO PELITTI.

ELENCO DEI SOCI

per l'anno 1909.

ABBADO Dott. Prof. Michele — Milano.

AIRAGHI Dott. Prof. Carlo — Via Donizetti 27, Milano.

ALBINI Prof. Comm. Giuseppe — Via Amedeo Avogadro 26, Torino.

ALZONA Dott. Carlo — Manicomio Provinciale in Mombello.

AMBROSIONI Sac. Dott. Michelangelo — Collegio Aless. Manzoni, Merate.

ANDRES Prof. Angelo, Direttore del Gabinetto di Zoologia nella R. Università di Parma.

ARTARIA Rag. F. Augusto — Blevio, Lago di Como.

ARTINI Prof. Ettore, Direttore della Sezione di Mineralogia nel Museo Civico di Milano.

BARASSI Sac. Camillo — Roggiano Valtravaglia (Luino).

BARBIANO DI BELGIOIOSO Conte Ing. Guido. — Via Morigi 9, Milano.

BASSANI Prof. Francesco, Direttore del Gabinetto di Geologia, nella R. Università di Napoli.

BAZZI Ing. Eugenio — Viale Venezia 4, Milano.

BELLOTTI Dott. Comm. Cristoforo *(Socio Benemerito)* — Via Brera 10, Milano.

BERNASCONI Sac. Cav. Giuseppe, Parroco di Civiglio (Como).

BERTARELLI Prof. Cav. Ambrogio — Via S. Orsola 1, Milano.

BERTOLONI Prof. Cav. Antonio — Zola Predosa (Provincia di Bologna).

BESANA Ing. Comm. Giuseppe — Via Rugabella 19, Milano.

BEZZI Prof. Mario — R. Liceo Alfieri, Torino.

BINAGHI Rag. Costantino — Cassa di Risparmio, Milano.

BONFANTI BARBIANO DI BELGIOIOSO Enrico — Castel San Giovanni (Provincia di Piacenza).

BORDINI Franco (*Socio perpetuo*) — Piazza S. Sepolcro 1, Milano.

BORGHI Comm. Luigi — Via Moscova 12, Milano.

BORLETTI Ing. Prof. Francesco — Via Vittoria 39, Milano.

BORROMEO Conte Dott. Gian Carlo — Via Manzoni 41, Milano.

BORROMEO Conte Giberto, juniore — Piazza Borromeo 7, Milano.

BRIOSI Dott. Prof. Giovanni, Direttore dell'Orto Botanico e della Stazione Crittogamica nella R. Università di Pavia.

BRIZI Prof. Cav. Ugo, Istituto di Patologia vegetale della R. Scuola Superiore di Agricoltura, Milano.

BRUGNATELLI Prof. Luigi (*Socio perpetuo*), Direttore del Museo Mineralogico nella R. Università di Pavia.

BRUNATI Dott. Roberto — Viale Varese 43, Como.

BUZZONI Sac. Pietro, Proposto di S. Rocco, Milano.

CAFFI Dott. Prof. Sac. Enrico — Piazza Cavour 10, Bergamo.

CALEGARI Prof. Matteo — Via San Vittore 47, Milano.

CANTONI Prof. Elvezio — Via Benedetto Marcello 43, Milano.

CASATI Conte Dott. Alessandro — Viale al Parco 1, Monza.

CASATI Conte Gabrio — Corso Venezia 24, Milano.

CASTELBARCO ALBANI Conte Ing. Alberto — Via Principe Umberto 6, Milano.

CASTELFRANCO Prof. Cav. Pompeo — Via Principe Umberto 5, Milano.

CATTERINA Prof. Dott. Giacomo — Gabinetto batteriologico della R. Università di Padova.

CELORIA Prof. Comm. Giovanni, Senatore del Regno, Direttore dell'Osservatorio Astronomico di Brera, Milano.

CERMENATI Prof. Mario — Via Cavour 238, Roma.

CIRCOLO Filologico milanese (*Socio perpetuo*) — Via Clerici, Milano.

COBAU Dott. Roberto — R. Scuola Superiore di Agricoltura, Milano.

CORTI Dott. Alfredo, Libero docente nella R. Uuniversità di Parma.

COZZI Sac. Carlo — Abbiategrasso.

CRIVELLI March. Vitaliano — Via Pontaccio 12, Milano.

CRIVELLI SERBELLONI Conte Giuseppe — Via Monte Napoleone 21. Milano.

CURLETTI Pietro (*Socio perpetuo*) — Via Brisa 3, Milano.

CUTTICA DI CASSINE March. Luigi — Corso Venezia 81, Milano.

D'ADDA March. Emanuele, Senatore del Regno (*Socio perpetuo*) — Via Manzoni 43, Milano.

DAL FIUME Cav. Camillo — Badia Polesine.

DAL PIAZ Dott. Giorgio, Libero docente presso la R. Università di Padova.

DE ALESSANDRI Dott. Giulio, Prof. aggiunto alla Sezione di Geologia e Paleontologia nel Museo Civico di Milano.

DE MARCHI Dott. Marco (*Socio Benemerito*) Via Borgonuovo 23, Milano.

Direktion der K. Universität und Landes Bibliotek, Strassburg.

Direzione del Museo Civico di Storia Naturale (DORIA March. Sen. Giacomo) Genova.

DIREZIONE del Museo Civico di Storia Naturale di Pavia.

FERRI Dott. Giovanni — Via Volta 5, Milano.

FROVA Dott. Camillo — Piazza Borromeo 7, Milano.

GEMELLI Dott. Fra Agostino — Convento dell'Immacolata, Milano.

GIACHI Arch. Cav. Giovanni (*Socio perpetuo*) — Via S. Raffaele 3, Milano.

GIACOMELLI Dott. Pietro — Via S. Salvatore (Bergamo Alta).

GIANOLI Prof. Giuseppe — Via Leopardi 7, Milano.

GIORDANO Prof. Domenico — R. Ginnasio di Ragusa (Provincia di Siracusa).

Giovanola Mario — Via Abramo Lincoln 16, Milano.

GRASSI Prof. Cav. Francesco — Via Bossi 2, Milano.

GRASSI Prof. Battista, Senatore del Regno (*Socio onorario*), Direttore del Gabinetto di Anatomia Comparata nella R. Università di Roma.

GRIFFINI Dott. Prof. Achille — R. Istituto Tecnico, Genova.

GRITTI Prof. Comm. Rocco — Via Monte Napoleone 23 *a*, Milano.

HOEPLI Comm. Ulrico (*Socio perpetuo*) — Milano.

INGEGNOLI Dott. Antonio — Corso Buenos Aires 54, Milano.

JUNG Prof. Cav. Giuseppe — Bastioni Vittoria 41, Milano.

KÖRNER Prof. Comm. Guglielmo, Direttore della R. Scuola Superiore d'Agricoltura di Milano.

LAMBERTENGHI Dott. Ada, Prof. aggiunto alla Sezione di Zoologia nel Museo Civico di Milano.

LEARDI in AIRAGHI Dott. Prof. Zina — Via Donizetti 27, Milano.

LURANI Conte Francesco — Via Lanzone 2, Milano.

MADDALENA Ing. Leonzio — Laboratorio di Mineralogia nella R. Università di Pavia.

MAFFI Cardinale Pietro — Arcivescovo di Pisa.

MAGLIO Dott. Carlo, Laboratorio di Anatomia Comparata, Pavia.

MAGRETTI Dott. Paolo — Via Leopardi 21, Milano.

MARIANI Prof. Ernesto, Direttore della Sezione di Geologia e Paleontologia nel Museo Civico di Milano.

Mariani Dott. Giuditta — R. Scuola Normale di Aosta.

MARTORELLI Prof. Cav. Giacinto, Direttore della Collezione Ornitologica Turati nel Museo Civico di Milano.

MAZZA Prof. Dott. Felice — R. Istituto Tecnico di Roma.

MAZZARELLI Prof. Giuseppe — R. Università di Messina.

MELI Prof. Romolo — R. Scuola d'Applicazione per gli Ingegneri, Via Teatro Valle 51, Roma.

MELLA Conte Carlo Arborio — Vercelli.

MELZI D'ERIL Duchessa Josephine (*Socio perpetuo*) — Via Manin 23, Milano.

MENOZZI Prof. Comm. Angelo — R. Scuola Sup. d'Agricoltura di Milano.

MERCALLI Sac. Prof. Giuseppe — R. Liceo Vittorio Emanuele, Napoli.

MONTI Barone Dott. Alessandro — Brescia.

MONTI Prof. Rina (*Socio perpetuo*) — R. Università di Siena.

MUSSA Dott. Enrico — Via dei Mille 35, Torino.

MYLIUS Cav. Uff. Giorgio — Via Montebello 32, Milano.

NATOLI Dott. Prof. Rinaldo — Bellinzona.

NEGRI Dott. Giovanni — Regio Orto Botanico al Valentino Torino.

NINNI Conte Emilio — Alla Maddalena, Palazzo Erizzo, Venezia,

NOVARESE Prof. Napoleone Alberto — Cancelliere del Tribunale Civile e Penale, Bozzolo.

OMBONI Dott. Cav. Giovanni — Via Torresin, Padova.

ORIGONI Ing. Giovanni Battista — Via S. Damiano 44, Milano.

ORSENIGO Dott. Luigi — Acquario civico, Via Gadio 2, Milano.

PALADINI Ing. Prof. Ettore — Regio Istituto Tecnico Superiore di Milano.

PANZA Ing. Adolfo — Passaggio Carlo Alberto 2, Milano.

PARAVICINI Dott. Giuseppe, Medico-Chirurgo presso il Manicomio provinciale di Mombello.

PARONA Dott. Prof. Corrado, Direttore del Gabinetto di Zoologia nella R. Università di Genova.

PARONA Prof. Carlo Fabrizio, Direttore del Museo Geologico della R. Università di Torino.

PATRINI Dott. Plinio — Laboratorio di Geologia della R. Università di Pavia.

PEDRAZZINI Giovanni (*Socio perpetuo*) — Locarno.

PERUZZI Dott. Luigi — Via Palestro 22, Cremona.

PONTI March. Sen. Comm. Ettore, (*Socio perpetuo*) — Via Bigli 11, Milano.

Ponti Cav. Cesare, Banchiere — Portici Settentrionali 19, Milano.

Porro Conte Dott. Ing. Cesare — Carate Lario (Provincia di Como).

Portis Prof. Dott. Alessandro, Direttore del R. Istituto Geologico Universitario di Roma.

Pugliese Prof. Angelo — R. Scuola Veterinaria, Milano.

Repossi Dott. Emilio — Prof. Aggiunto alla Sezione di Mineralogia nel Museo Civico di Storia Naturale di Milano.

Resta Pallavicino Conte Comm. Ferdinando — Via Conservatorio 7, Milano.

Rezzonico Dott. Cav. Uff. Giulio — Via S. Spirito 13, Milano.

Ronchetti Dott. Vittorio — Piazza Castello 1, Milano.

Rossi Ing. Edoardo — Corsso S. Celso 9, Milano.

Rossi Dott. Pietro — Foro Bonaparte, 5, Milano.

Sacco Prof. Federico — R. Scuola degli ingegneri, Gabinetto di Geologia, Castello del Valentino, Torino.

Salmojraghi Ing. Prof. Francesco — R. Istituto Tecnico Superiore di Milano.

Salomon Dott. Prof. Guglielmo — Università, Heidelberg.

Sangiorgi Dott. Domenico — R. Università di Parma.

Schiaparelli Prof. Comm. Giovanni, Senatore del Regno (Socio perpetuo) — Via Fatebenefratelli 7, Milano.

Sertoli Prof. Comm. Enrico — Sondrio.

Sibilia Enrico — Via Giuseppe Revere 7, Milano.

Sordelli Prof. Ferdinando, Direttore della Sezione di Zoologia nel Museo Civico di Milano.

Staurenghi Dott. Cesare — Via Lecco 2, Monza.

Stazzi Prof. Piero — R. Scuola Veterinaria, Milano.

Supino Prof. Felice, Dir. dell'Acquario civico. Milano.

Tacconi Dott. Emilio — Gabinetto di Mineralogia della Regia Università di Pavia.

Taramelli Prof. Comm. Torquato, Direttore del Gabinetto di Geologia nella R. Università di Pavia.

Terni Prof. Dott. Camillo — Via Principe Umberto 5, Milano.

Treves Prof. Dott. Zaccaria — Via Principe Umberto 27, Milano.

Turati Nob. Ernesto — Via Meravigli 7, Milano.

Turati Conte Comm. Emilio — Piazza S. Alessandro 4, Milano.

Vignoli Prof. Cav. Tito, Direttore del Museo Civico di Storia Naturale — Milano.

VIGONI Nob. Comm. Giulio, Senatore del Regno — Via Fate-
benefratelli 21, Milano.
VIGONI Nob. Comm. Ing. Giuseppe, Senatore del Regno — Via
Fatenefratelli 21, Milano.
Villa Cav. Vittorio — Via Sala 6, Milano.
ZUNINI Ing. Prof. Cav. Luigi — R. Istituto Tecnico Superiore
Milano.

SOCI PERPETUI DEFUNTI

ANNONI Conte Aldo, Senatore del Regno.
VISCONTI DI MODRONE Duca Guido.
ERBA Comm. Luigi.
PISA Ing. Giulio.
MASSARANI Comm. Tullo, Senatore del Regno.
BIFFI Dott. Cav. Antonio.

ISTITUTI SCIENTIFICI CORRISPONDENTI
in principio dell'anno 1908

AFRICA

1. South African Museum — Cape Town (1898 Annals, 1903
Report).

AMERICA DEL NORD
(Stati Uniti).

2. University of the State of New York — Albany N. Y. (1888
Bulletin, 1890 Ann. Rep.).
3. Maryland Geological Survey — Baltimore (1897 Reports.).
4. University of California — Berkeley, California (1902 Publications).
5. American Academy of Arts and Sciences — Boston (1868
Proceedings).

NB. — Il numero tra parentesi indica l'anno nel quale è incominciato lo
scambio delle pubblicazioni tra i singoli Istituti e la Società Italiana di Scienze
Naturali.

6. Boston Society of Natural History — Boston (1862 Proceedings, 1866 Memoirs, 1869 Occ. Papers).
7. Buffalo Society of Natural Sciences — Buffalo N. Y. U. S.
of A. (1886 Bulletin).
8. Field Museum of Natural History — Chicago U. S. A.
(1895 Publications).
9. Davenport Academy of Natural Sciences — Davenport
(Iowa) (1876 Proceedings).
10. Iowa Geological Survey — Des Moines (Iowa) (1893 Annual
Report).
11. Indiana Academy of Science — Indianapolis (Indiana)
(1895 Proceedings).
12. Wisconsin Academy of Sciences, Arts and Letters — Madison (1895 Transactions, 1898 Bulletin).
13. University of Montana — Missuola (Montana) U. S. A.
(1901 Bulletin).
14. Connecticut Academy of Arts and Sciences — New-Haven
(1866 Transactions).
15. Academy of Natural Sciences — Philadelphia (1878 Proceedings, 1884 Journal).
16. American Philosophical Society — Philadelphia (1899 Proceedings).
17. Geological Society of America — Rochester N. Y. U. S.
A. (1890 Bulletins).
18. California Academy of Sciences — San Francisco (1854
Proceedings, 1868 Memoirs, 1880 Occasional Papers, 1884
Bulletin).
19. Academy of Science of St. Louis — St. Louis (1856 Transactions).
20. The Missouri Botanical Garden — St. Louis Mo. (1898
Annual Report).
21. Kansas Academy of Science — Topeka (Kansas) (1883
Transactions).
22. United States National Museum — Washington (1884 Bulletin, 1888 Proceedings, 1889 Annual Report, 1892 Special Bulletin, Contributions from the U. S. N. Herbarium 1906).
23. United States Geological Survey — Washington (1872
Annual Report, 1873 Report, 1874 Bulletin, 1880 Ann.
Report, 1883 Bulletin, 1883 Mineral Resources, 1890 Mo-

nographs, 1902 Profess. Papers, 1902, Water Supply and Irrigation Paper).

24. Smithsonian Institution — Washington (1855 Ann. Report).
25. Carnegie Institution of Washington — Washington (1905).

CANADA

26. Nova Scotian Institute of Science — Halifax (1870 Proceedings).
27. Geological and Natural History Survey of Canada — Ottawa (1879 Rapport annuel, 1883 Catalog. canadian Plants, 1885 Contr. canad. Palaeontology, 1891 idem).
28. Canadian Institute — Toronto (1885 Proceedings, 1890 Transactions).

MESSICO

29. Instituto geologico de México — México (1898 Boletin, 1903 Parergones).

AMERICA DEL SUD

30. Academia Nacional de Ciencias en Cordoba (1884 Boletin).
31. Museo Nacional de Buenos Aires — Buenos Aires (1867 Anales).
32. Museo Nacional de Montevideo — Montevideo (1894 Anales).
33. Museu Goeldi de Historia Natural e Ethnographia — Para, Brazil (1897 Boletim, 1902 Memorias).
34. Museo Nacional de Rio Janeiro — Rio Janeiro (1876 Archivos).
35. Museu Paulista — San Paulo, (1895 Revista).
36. Société scientique du Chili — Santiago (1892 Actes).

AUSTRALIA

37. Royal Society of South Australia — Adelaide (1891 Transactions and Proceedings, Memoirs).
38. Royal Society of New South Wales — Sydney (1876 Journal and Proceedings).
39. Australian Museum — Sydney (1882 Report, 1890 Records).

AUSTRIA-UNGHERIA

40. Aquila, Bureau Central Ornithologique Hongrois — Budapest (1896).
41. König. Ungarisch. geologische Anstalt — Budapest (1863 Földtani, 1872 Mitteilungen, 1883 Jahresbericht).

42. Annales historico-naturales Musei Nationalis Hungarici) — Budapest (1897).
43. Magyar Botanikai Lapok. Szerkesztösige 1902. Ung. bot. Blätter Budapest.
44. Académie des Sciences de Cracovie — Cracovie (1889 Bulletin).
45. Verein der Aerzte im Steiermark — Graz (1880 Mitteilungen).
46. Naturwissenschaftlicher Verein für Steiermark — Graz (1906 Mitteilungen).
47. Ornithologisches Jahrbuch. Organ für das palaearktische Faunengebiet — Hallein (1890).
48. Siebenburgischer Verein für Naturwissenschaften — Hermannstadt (1857 Verhandlungen).
49. Naturwissenschaftlich-medizinischer Verein — Innsbruck (1870 Berichte).
50. Académie des sciences de l'Empereur François Joseph I Prague (1908 Bulletin International).
51. Verein für Natur-und Heilkunde — Presburg (1856 Verhandlungen).
52. I. R. Accademia di Scienze, Lettere ed Arti degli Agiati in Rovereto (1861 Atti).
53. Bosnisch-Hercegovinisches Landesmuseum — Sarajevo (1893 Mitteilungen).
54. Tridentum, Rivista bimestrale di studi scientifici — Trento (1898 Rivista).
55. Società Adriatica di Scienze Naturali — Trieste (1877 Bollettino).
56. Anthropologische Gesellschaft — Wien (1870 Mitteilungen).
57. K. K. geologische Reichsanstalt — Wien (1850 Jahrbuch, 1852 Abhandlungen, 1871 Verhandlungen).
58. K. K. zoologisch-botanische Gesellschaft — Wien (1853 Verhandlungen).
59. K. K. naturhistorisches Hofmuseum — Wien (1886 Ann.).
60. Verein zur Verbreitung naturwissensch. Kenntnisse – Wien (1871 Schriften).

BELGIO

61. Académie Royale de Belgique — Bruxelles (1865 Annuaire et Bulletin, 1870-71-72 Mémoires).

62. Société Belge de géologie, de paléontologie et d'hydrologie — Bruxelles (1888 Bulletin).
63. Société entomologique de Belgique — Bruxelles (1857 Annales, 1892 Mémoires).
64. Société Royale zoologique et malacologique — Bruxelles (1863 Annales, 1872 Procès-verbaux des Séances).
65. Société Royale de botanique de Belgique — Ixelles-les-Bruxelles (1862 Bulletins).

FRANCIA

66. Société Linnéenne du Nord de la France — Amiens (1867 Mémoires, 1872 Bulletin).
67. Société Florimontane — Annecy (1860 Revue).
68. Société des sciences physiques et naturelles de Bordeaux (1867 Mémoires, 1895 Procès-verbaux).
69. Société Linnéenne de Bordeaux — Bordeaux (1838 Actes).
70. Académie des sciences, belles-lettres et arts de Savoie — Chambéry (1851 Mémoires, 1879 Documents).
71. Société nationale des sciences naturelles et mathématiques de Cherbourg (1855 Mémoires).
72. Société d'Agriculture, sciences et industries — Lyon (1867 Annales).
73. Université de Lyon (1891 Annales).
74. Institut de Zoologie de l'Université de Montpellier et Station Zoologique de Cette (1885 Travaux, Série miste 1905 Mémoires).
75. Annales des sciences naturelles, zoologie et paléontologie, etc. — Paris (1905 Annales).
76. Muséum de Paris — Paris (1878 Nouvelles Archives, 1895 Bulletin).
77. Société d'Anthropologie de Paris — Paris (1894 Bulletin).
78. Société géologique de France — Paris (1872 Bulletin).
79. Université de Rennes (1902 Travaux).
80. Académie des sciences, arts et lettres — Rouen (1877 Précis).
81. Société libre d'émulation, du commerce et de l'industrie de la Seine Inférieure — Rouen (1873 Bulletin).
82. Société d'histoire naturelle — Toulouse (1867 Bulletin).

GERMANIA

83. Naturhistorischer Verein — Augsburg (1855 Bericht).
84. Botanischer Verein der Provinz Brandenburg — Berlin (1859 Verhandlungen).
85. Deutsche geologische Gesellschaft — Berlin (1856 Zeitschrift).
86. Gesellschaft Naturforschender Freunde in Berlin (1895 Sitzungsberichte).
87. Königl. zoologisches Museum — Berlin (1898 Mitteilungen).
88. K. Preussische geol. Landesanstalt u. Bergakademie — Berlin (1880 Jahrbuch).
89. Schlesische Gesellschaft für Vaterländische Kultur — Breslau (1857 Jahresbericht).
90. Verein für Naturkunde zu Cassel — Cassel (1880 Bericht, 1897 Abhandungen und Bericht).
91. Naturforschende Gesellschaft — Danzig (1881 Schriften).
92. Verein für Erdkunde — Darmstadt (1857 Notizblatt).
93. Physikalisch-medicinische Societät — Erlangen (1865 Sitzungsberichte).
94. Senkenbergische naturforschende Gesellsch. — Frankfurt am Main (1871 Bericht, 1896 Abhandlungen).
95. Naturforschende Gesellschaft (Berichte) — Freiburg i. Baden (1890 Bericht).
96. Naturforschende Gesellschaft — Görlitz (1859 Abhandlungen).
97. Verein der Freunde der Naturgeschichte — Güstrow (1857 Archiv).
98. Naturhistorisches Museum zu Hamburg (1887 Mitteilungen).
99. Naturwissenschaftlicher Verein in Hamburg -- 1846 Abhandlungen, 1877 Verhandlungen.
100. Medizinisch-naturwissenschaftliche Gesellschaft — Jena (1864 Zeitschrift).
101. Physikalisch-Oeconomische Gesellschaft — Königsberg (1860 Schriften).
102. Zoologischer Anzeiger — Leipzig (1878 Zoolog. Anzeiger).
103. K. Bayerische Akademie der Wissenschaften — München (1832 Abhandlungen, 1860 Sitzungsberichte).
104. Ornithologische Gesellschaft in Bayern (E. V.) — München (1899 Verhandlungen).
105. Naturwissenschafticher Verein — Regensburg (1860 Bericht).

106. Nassauischer Verein für Naturkunde — Wiesbaden (1856 Jahrbücher).

107. Physikalisch-medicinische Gesellschaft — Würzburg (1860 Verhandlungen, 1881 Sitzungsberichte).

GIAPPONE

108. Imperial University of Japan — Tökyö (1860 Calendar, 1898 Journal).

109. Zoological Institute College of Science, Imperial University of Tökyö (1903).

GRAN BRETAGNA

110. Royal Irish Academy — Dublin (1877 Transactions, 1884 Proceedings).

111. Royal Dublin Society — Dublin (1877 The scientific Proceedings and Transactions).

112. Royal physical Society — Edinburgh (1858 Proceedings).

113. Geological Society of Glasgow (1865 Transaction).

114. Paleontographical Society — London (1848).

115. Royal Society — London (1860 Phil. Transactions, 1862 Proceedings).

116. Zoological Society — London (1833-34 Transactins, 1848 Proceedings).

117. British Museum of Natural History — London (1895 Catalogues).

118. Literary and philosophical Society — Manchester (1855 Memoirs, 1862 Proceedings).

INDIA

119. Geological Survey of India — Calcutta (1858-59 Memoirs, Paleontologia indica, 1861 Memoirs, 1868 Records, 1898 General Report).

120. Agricultural Research Institute and Principal of the Agricultural College, Pusa Bengal (1906 Memoirs, Botanical Series, and Entomological Series).

ITALIA

121. Accademia Dafnica di scienze, lettere ed arti in Acireale (1895 Atti e Rendiconti).

122. Accademia degli Zelanti e P. P. dello Studio di scienze. lettere ed arti — Acireale (1889 Rendiconti e Memorie).

123. Ateneo di scienze, lettere ed arti — Bergamo (1875 Atti).

124. Accademia delle scienze dell'Istituto di Bologna (1856 Memorie, 1858 Rendiconto).
125. Ateneo di Brescia — Brescia (1845 Commentari).
126. Accademia Gioenia di scienze naturali — Catania (1834 Atti, 1888 Bullettino).
127. Biblioteca Nazionale Centrale di Firenze — Firenze (1886 Bullettino).
128. « Redia » Giornale di entomologia. Pubblicato dalla R. Stazione di entomologia agraria in Firenze (1903).
129. Società botanica italiana — Firenze (1872 Nuovo Giornale botanico, Memorie, 1892 Bullettino.
130. Società entomologica italiana — Firenze (1869 Bullettino).
131. Società Ligustica di Scienze naturali e geografiche — Genova (1890 Atti).
132. Società Lombarda per la pesca e l'Acquicoltura — Milano (1899 Bollettino e Rivista mensile di pesca).
133. Comune di Milano (Dati statistici e Bollettino demografico). (1875 Bollettino, 1886 Dati Statistici).
134. R. Istituto Lombardo di scienze e lettere — Milano (1858 Atti, 1859 Memorie, 1864 Rendiconti).
135. R. Società italiana d'igiene — Milano (1897 Giornale).
136. Società dei naturalisti — Modena (1866 Annuario, 1883 Atti).
137. Istituto Zoologico R. Università di Napoli (1904 Annuario).
138. Società di Naturalisti — Napoli (1887 Bollettino).
139. Società Reale di Napoli. (Accademia delle scienze fisiche e matematiche) — Napoli (1862 Rendiconto, 1863 Atti).
140. R. Istituto d'incoraggiamento alle scienze naturali, economiche e tecnologiche — Napoli (1861 Atti).
141. La nuova Notarisia — Padova (1890).
142. Accademia Scientifica Veneto-Trentino-Istriana. — Padova (1872 Atti, 1879 Bullettino).
143. R. Accademia palermitana di scienze, lettere ed arti — Palermo (1845 Atti, 1885 Bollettino).
144. R. Istituto ed Orto Botanico di Palermo (1904 Bollettino).
145. Società dei Naturalisti Siciliani — Palermo. (1896 il Naturalista Siciliano).
146. Società di scienze naturali ed economiche — Palermo (1865 Giornale, 1869 Bullettino).
147. Società toscana di scienze naturali — Pisa (1875 Atti e Memorie).

148. Rivista di fisica, matematica e scienze naturali — Seminario di Pisa (1906).

149. R. Scuola Sup. d'Agricoltura in Portici. Bollettino del Laboratorio di Zoologia generale e agraria Portici (1907 Bollettino).

150. R. Accadamia medica — Roma (1883 Atti, 1886 Bullettino).

151. R. Accademia dei Lincei — Roma (1876 Transunti e Rendiconti, 1904 Memorie).

152. R. Comitato geologico d'Italia — Roma (1870 Bollettino).

153. Società italiana delle scienze detta dei Quaranta — Roma (1862 Memorie).

154. Società zoologica italiana. Museo Zoologico della Regia Università — Roma (1892 Bollettino).

155. R. Accademia di Agricoltura — Torino (1871 Annali).

156. R. Accademia delle scienze — Torino (1865 Atti, 1871 Memorie).

157. Musei di zoologia ed anatomia comparata della R. Università di Torino (1886 Bollettino).

158. Ateneo Veneto — Venezia (1864 Atti, 1881 Rivista).

159. R. Istituto Veneto di scienze, lettere ed arti — Venezia (1860 Atti).

160. Accademia di agricoltura, commercio ed arti — Verona (1862 Atti e Memorie)

NORVEGIA

161. Bibliothèque de l'Université R. de Norvège — Cristiania (1880 Arch.).

162. Société des sciences de Cristiania (1859 Forhandlinger).

163. Stavanger Museum — Stavanger, Norvegia (1892 Aarsberetning).

PAESI BASSI

164. Musée Teyler — Harlem (1866 Archives).

165. Société Hollandaise des sciences à Harlem (1880 Archives néerlandaises).

PORTOGALLO

166. Broteria, Revista de Sciencias Naturaes do Collegio de S. Fiel Lisboa (1902).

167. Direcção dos Serviços Geologicos, Lisboa (Portugal) (1885 Communicaçoes).

ROMANIA

168. Société de sciences de Bucarest (1897 Buletinul).

RUSSIA E FINLANDIA

169. Societas pro fauna et fiora fennica — Helsingfors (1848 Notiser 1875 Acta, 1876 Meddelanden).
170. Société Imperiale des Naturalistes de Moscou (1859 Bulletin, 1860 Nouveaux Mémoires).
171. Académie Impériale des sciences de St. Pétersbourg (1859 Mémoires, 1894 Id Classe physico-mathématique, 1860 Bulletin, 1896 Annuarie).
172. Comité géologique — St. Pétersbourg (1882 Bulletins, 1883 Mémoires).
173. Direction du Jardin Imperial botanique de St. Pétersbourg (1871 Acta).
174. Société Impériale des Naturalistes de St. Pétersbourg (1897 Travaux).

SPAGNA

175. Sociedad Aragonesa de Cencias Naturales — Zaragoza 1902 Boletin).
176. Sociedad Española de historia natural — Madrid (1897 Actas e Anales, 1901 Boletin, 1903 Memorias).

SVEZIA

177. Universitas Lundensis — Lund (1883 Acta).
178. Académie Royale suédoise des sciences — Stockholm (1864 Handlingar, 1865 Förhandlingar, 1872 Bihang., 1903 Arkiv).
179. Kongl. Vitterhets Historie och Antiquitets Akademiens — Stockholm (1864 Antiquarisk-Tidskrift, 1872 Manadsblad).
180. Bibliothèque de l'Université d'Upsala (Institution géologique) — Upsala (1891 Meddelanden, 1894 Bulletin).

SVIZZERA

181. Naturforschende Gesellschaft — Basel (1854 Verhandlungen).
182. Società Ticinese di Scienze Naturali — Bellinzona (1904 Bollettino).

183. Naturforschende Gesellschaft — Bern (1855 Mittheilungen).
184. Société helvétique des sciences naturelles — Bern (1834-47 Actes o Verhandlungen, 1860 Nouveaux Mémoires).
185. Naturforschende Gesellschaft — Chur (1854 Jahresbericht).
186. Institut national genévois — Genève (1861 Bulletin, 1863 Mémoires.
187. Société de physique et d'histoire naturelle — Genève (1859 Mémoires).
188. Société Vaudoise des sciences naturelles — Lausanne (1853 Bulletin).
189. Société des sciences naturelles — Neuchâtel (1836 Mémoires, 1846 Bulletin).
190. Zürcher naturforschende Gesellschaft — Zürich (1856 Vierteljahrsschrift, 1901 Neujahrsblatt).
191. Commission géologique suisse (Société helvétique des sciences naturelles) — Zurich (1862).

Seduta del 31 Gennaio 1909

Presiede il presidente prof. E. ARTINI.

Aperta la seduta, il segretario legge il verbale della seduta precedente, che dopo qualche osservazione del prof. Terni e del dott. Vallillo viene approvato.

Il socio prof. C. Terni presenta la sua nota: « Ricerche sulla natura parassitaria del *Cytoryctes variolae et vaccinae* Guarneri » corredata dalla dimostrazione di numerosi preparati microscopici.

Il socio prof. M. Abbado comunica il suo studio: « Lá cleistogamia, con particolare riguardo alle graminacee (La cleistogamia nel riso) » e per assenza del prof. Sordelli il presidente dà lettura della nota del medesimo « Sul Quagga del Civico Museo di Milano ». Essendo pure assente il D. Stáurenghi la comunicazione del suo studio posto all'ordine del giorno viene rimandata ad altra seduta.

Infine il presidente presenta a nome del socio professor A. Griffini la nota dello stesso: « Grillacridi del Museo di Oxford, parte I. Specie etiopiche, indo-malesi ed australiane ».

Egli presenta quindi le pubblicazioni pervenute in omaggio alla Società, segnalando quelle del prof. A. Issel e della dott. G. Mariani. Avverte come recentemente sia stato ultimato il 3° fascicolo del volume XLVII degli Atti Sociali, riuscito come gli altri assai bene e si compiace del buon servizio fatto fino ad ora dalla Tipografia.

Comunica la proposta per l'ammissione a socio del professor Stazzi P. presentato dai Soci E. Artini e Z. Treves; e mentre si fa la votazione intrattiene l'assemblea sul Bilancio consuntivo dell'anno 1908, dal quale risulta come le condizioni finanziarie della Società siano buone, e superiori a quelle portate dal preventivo, pur essendosi dati alle stampe quattro fascicoli del bollettino sociale.

Egli apre la discussione sul bilancio consuntivo e nessuno avendo osservazioni, lo mette in votazione ; è approvato alla unanimità. Soggiunge in seguito come il Consiglio Direttivo, impressionato dalla tema che la Società invecchiando diventasse anemica e rilevando il malcontento dei professori delle scuole secondarie italiane, manifestato dalla loro limitata partecipazione ai lavori sociali, ritiene che essi nei quattro fascicoli annuali del bollettino sociale trovino scarsa materia per una lettura interessante. Quindi è sorta l'idea di completare la publicazione degli Atti e delle Memorie con un altro periodico che porti ai soci vicini e lontani la voce viva di quanto si fa nel campo dello Scienze Naturali, intese nel loro senso più lato, comprendendo quindi la fisica e la chimica applicate alle scienze biologiche, mineralogiche e geologiche. E considerando come le condizioni finanziarie del bilancio annuale siano abbastanza floride, il Consiglio Direttivo ritiene che la Società potrebbe sussidiare o sostenere tale publicazione ; l'incremento che ne verrebbe nel numero dei soci varrebbe forse a compensare degli eventuali aumenti di spese. Tutti i componenti il Consiglio Direttivo hanno occupazioni peculiari e ben definite che non comporterebbero aggravi maggiori, donde sorse l'idea di proporre la nomina di un secondo Vicepresidente giovane e attivo, coll'incarico speciale di studiare ed eventualmente organizzare la publicazione del nuovo periodico ; da ciò la proposta del Consiglio Direttivo posta all'ordine del giorno della seduta, di portare da uno a due il numero dei Vicepresidenti della Società.

Il prof. Mariani applaude all'idea di pubblicare il nuovo giornale ; ricorda però che la ditta Sonzogno sta preparando un periodico nuovo di scienza popolare, e ritiene il caso di informarsi quali ne siano i redattori e quali gli intenti.

Il presidente assicura che sarà sua cura di prendere informazioni e se del caso intendersi per una eventuale fusione di redazioni.

Il prof. Mariani aggiunge che egli ritiene, essendo il Consiglio Direttivo sufficentemente numeroso, che qualcuno dei suoi membri potrebbe agevolmente assumere la direzione del giornale e non vede la necessità di passare alla nomina di un altro Vicepresidente.

Il prof. Supino applaude all'idea del giornale e raccomanda di affidarne la redazione a specialisti noti ed apprezzati nel campo scientifico.

A queste e ad alcune osservazioni del prof. Airaghi il presidente risponde che per ora le mansioni del nuovo Vicepresidente sarebbero unicamente preparatorie e che la Società sarà a suo tempo interpellata sulla convenienza e sulle modalità della nuova pubblicazione. Egli mette in seguito in votazione la presa in considerazione della proposta del Consiglio Direttivo, che è approvata.

In ultimo si passa alla votazione per la nomina del Presidente e del Cassiere della Società, e mentre gli scrutatori fanno lo spoglio delle schede il prof. Artini comunica l'esito della votazione per l'ammissione a socio del prof. Stazzi P. che è ammesso; in seguito proclama il risultato della votazione colla quale sono nominati: Presidente E. Artini con voti 16 su 17 votanti e Cassiere V. Villa con voti 16 su 17 votanti.

Dopo di ciò la seduta è levata.

Seduta 28 Febbraio 1909.

Presiede il presidente prof. E. ARTINI.

Si apre la seduta, ed il segretario legge il verbale della seduta precedente, che è approvato.

Il socio dott. E. Repossi comunica la sua nota: « Gli scisti bituminosi di Besano » ed il presidente a nome del dott. G. Sangiorgi presenta lo studio del medesimo: « Sopra un supposto calcare mummulitico dell'alta valle della Marecchia ».

Essendo assente il dott. Gemelli Fra A. la comunicazione delle sue note poste all'ordine del giorno è rimandata ad altra seduta.

In seguito il Presidente rivolge parole di vivo ringraziamento ai soci che lo hanno chiamato un'altra volta a presiedere le sorti della Società, assicura che non mancherà in lui nè lo zelo nè l'attività allo scopo di curare il più che gli sarà possibile il buon andamento della gestione sociale. Egli avverte che sarà al più presto ultimato il 4° fascicolo del Bollettino sociale, che spera entro il Marzo potrà essere distribuito ai soci.

Presenta le pubblicazioni pervenute in omaggio alla Società, tra le quali segnala quelle del prof. F. Bassani, di J. Joubert e del prof. C. Parona.

Dà lettura di una lettera del prof. P. Stazzi che ringrazia per la sua nomina a socio della Società Italiana di Scienze Naturali. Annuncia che dietro suo interessamento il Municipio di Milano ha accordato il libero ingresso all'acquario ai Soci della Società ed avverte che saranno distribuite le opportune tessere ai soci che ne fossero sprovvisti.

Ricorda come in quest'anno si compia il centenario della nascita del principe dei Naturalisti del secolo scorso, Carlo Darwin, e pronuncia le parole seguenti:

« Permettete, egregi colleghi, ch'io vi ricordi come il 12 febbraio testè decorso siano compiuti cent'anni dal giorno glorioso in cui vide la luce il più grande tra tutti i biologi: Carlo Darwin; e come cinquant'anni precisi sieno trascorsi ormai dalla data di pubblicazione della più poderosa e caratteristica fra tutte le sue opere, quella in cui egli, associando alla più paziente e prudente analisi una ardita e geniale concezione sintetica, espose la sua teoria sull'origine delle specie per selezione naturale: opera che segnò una vera rivoluzione nella scienza, procurando al suo autore le entusiastiche accoglienze e il consenso assoluto degli uni, insieme alle rabbiose e cieche ostilità degli altri. Esagerazioni entrambe, lontanissime da quella misura che fu vanto e norma costante del Grande alla cui memoria oggi ci inchiniamo reverenti ».

« Oggi, che con mal dissimulata soddisfazione si parla da taluni di fallimento dalla teoria di Darwin, e si vorrebbe diminuire la portata dell'opera di Lui, non vi maravigliate se io, ricordandomi d'essere stato un tempo scolaro affezionato di quel Giovanni Canestrini che del darwinismo fu uno dei primi e più valenti apostoli tra noi, mi senta trascinato, quasi mio malgrado, e malgrado la ben diversa natura dei miei studi attuali, a rivivere con voi un momento di quel tempo, e ridirvi l'entusiasmo che in noi giovani si accendeva alla parola, pur misurata e calma, quasi fredda, del nostro Maestro. Mai più mi accadde di sentirmi, come allora, pieno di ammirazione per la maestà della scienza; non mai, più tardi, l'esposizione, anche brillante, di una teoria destò in me tanto ardore; nulla valse più a segnare nell'animo mio una impressione tanto forte e duratura. È perchè la teoria di Darwin si presenta come un organismo perfettamente completo ed armonico che essa avvince subito con un fascino irresistibile. Accettando tutto quanto era di buono nelle trascurate dottrine di Lamarck, o, meglio di Erasmo Darwin e di Lamarck, vale a dire l'influenza del mondo ambiente sugli organismi, l'effetto dell'uso e del disuso sullo sviluppo degli organi, e l'ereditarietà dei caratteri acquisiti, Carlo Darwin non si limitò a questo: ma distinse nettamente dalle variazioni definite in senso lamarckistico quelle altre variazioni che egli chiamò individuali o indefinite, mettendo in luce la importanza di queste ultime per la produzione di nuove forme. E finalmente, partendo dallo studio degli effetti esercitati sulle razze e sulla varietà dalla selezione artificiale, introdusse i fruttiferi concetti della selezione naturale e della lotta per l'esistenza, dei quali sì larghe applicazioni, con buoni e con cattivi risultati, furono fatte non solo nel campo delle scienze biologiche, ma pure in quello delle scienze economiche e sociali ".

" Certo al darwinismo si potranno muovere eccezioni ed obiezioni; certo nemmeno questo sarà il sistema perfetto che ci metterà in grado di descrivere fondo all'universo, dandoci in mano la chiave per scoprire la ragione ultima delle cose: forse che il suo autore ha mai preteso o si è mai vantato di tanto? Nè io vorrò negare che molto danno sia stato fatto alla teoria della evoluzione dai suoi più fanatici proseliti, e primo fra tutti forse da Haeckel, col suo voler tutto spiegare, e coll'assoluto materialismo del suo sistema filosofico, che col darwinismo nulla ha che vedere. È un momento duro questo per la teoria della evoluzione, la quale viene analizzata minutamente a scopo demolitore, senza che nulla di meglio le possa ancora essere sostituito: ma la mirabile armonia del sistema darwinistico è forse a parer mio dimostrata nella migliore maniera dalla coesistenza di due tra le principali scuole che oggi si contendono il campo: quella dei neo-lamarkisti, che vorrebbero negare la selezione e i suoi effetti, e quella dei neo-darwinisti, o selezionisti ad oltranza, i quali negano l'effetto dell'ambiente, per cadere poi nel meccanicismo incosciente e fantastico del Weissmann ".

« Io non sono certo buon giudice: ma mi par che queste forme unilaterali. segnino un 'regresso notevole di fronte al sistema darwinistico, nel quale tutte le cause sono tenute nel debito conto, e mirabilmente unite in un tutto perfettamente armonico: checchè se ne dica, la variabilità individuale, l'ereditarietà dei caratteri acquisiti e la selezione sono, a parere dai giudici più imparziali, i tre. grandi agenti per mezzo dei quali si può in qualche modo tentar di spiegare la evoluzione ascendente degli organismi animali o vegetali: aver riconosciuta la importanza fondamentale di questi punti e l'averne fatte le basi della sua teoria è merito e sarà gloria imperitura di Carlo Darwin ».

Comunica in fine il bilancio preventivo per l'anno 1909 e si compiace delle sue floride condizioni, quantunque si siano accresciute le cifre del passivo e si siano destinate L. 1000 al fondo di riserva..

Aperta la discussione, dopo alcune raccomandazioni dei soci dott. Barbieri e prof. Supino, il bilancio è messo in votazione ed è approvato.

Si passa in seguito alla discussione della proposta del Consiglio Direttivo di portare da uno a due il numero dei Vicepresidenti della Società e dopo alcune spiegazioni fornite dal Presidente la proposta è messa in votazione ed approvata all'unanimità.

Si procede in ultimo alla votazione per la nomina del 2° Vicepresidente, carica alla quale viene eletto il dott. M. De Marchi con voti 17 su 17 votanti.

Dopo ciò la seduta è levata.

Seduta del 28 Marzo 1909.

Presiede il presidente prof. E. ARTINI.

Aperta la seduta e letto dal segretario il verbale della seduta precedente, che è approvato, il presidente avverte che, essendo assente il socio dott. Gemelli fra A., le comunicazioni delle sue note poste all'ordine del giorno sono rimandate ad altra seduta.

Il socio prof. Mariani comunica il suo studio: « Sui pozzi trivellati di Milano e sul pozzo trivellato di San Vittore a Monza ».

Il presidente in seguito pronuncia le parole seguenti:

« La nostra Società fu pur troppo, in questi ultimi giorni, anche una volta dolorosamente colpita, colla immatura perdita del dott. Ciro Barbieri, professore aggiunto presso il Civico Aquario.

Se la morte di un Collega è sempre cosa amara e triste, che dire della perdita improvvisa d'uno tra i nostri membri più giovani e più laboriosi, di una tra le forze più balde e più promettenti?

D'animo buono e d'indole mite, intento solo ai suoi studi, il povero Giovane era benvoluto da tutti; era modesto e contegnoso: ma a noi che lo conoscevamo come un forte lavoratore di capacità non comune, qualche cosa in lui diceva l'uomo destinato a salire, per sola forza del suo valore intrinseco!

E a 28 anni egli veniva tolto all'affetto dei colleghi, all'amore di una giovane sposa, che l'animo aveva fin a ieri colmo di speranza e di fede nell'avvenire!

C'è qualcosa, in questa tragedia, di così straziante, che desta nell'animo un sentimento, ahimè, impotente, di rivolta contro il fato cieco e brutale.

Io mi auguro vivamente, egregi e cari colleghi, che qualcuno di me più degno e più versato nelle discipline biologiche abbia ad intrattenervi sull'opera e sul merito dell'Estinto,

**

poi che meglio non potremmo, come tutti vogliamo, portargli tributo di onorevole e affettuosa ricordanza ».

Il prof. F. Supino aggiunge:

« È con profondo dolore che prendo oggi la parola per commemorare il nostro socio, il mio collaboratore professor dott. Ciro Barbieri, rapito nel fiore degli anni, or sono pochi giorni. Di carattere mite, studioso e colto, Egli si era conquistato la stima di quanti lo conoscevano. Modesto oltre ogni dire, rifuggiva da tutto ciò che avrebbe potuto metterlo in evidenza; era perciò di quei pochi che, pur mostrando molto meno di quello che sanno, sono dotati di lunga e profonda cultura, era di quei pochi che preferiscono alla pubblicità il lavoro silenzioso e raccolto.

Laureatosi in Scienze Naturali nella R. Università di Bologna nel 1904, ottenne poco dopo il posto di assistente alla cattedra di Zoologia generale presso la R. Scuola Superiore di Agricoltura in Milano, ma ebbe per molto tempo residenza nel Museo Civico di Storia Naturale, dove trovavasi appunto anche il laboratorio di detta disciplina. Da un anno aveva ottenuto sopra titoli la libera docenza in Zoologia presso la R. Università di Bologna e il posto di assistente presso la stazione idrobiologica di Milano.

Scrupoloso ed attivo nell'adempimento del proprio dovere, poneva garbo ed intelligenza in tutto quanto faceva. A Lui erano state affidate le esercitazioni pratiche per gli studenti della R. Scuola Superiore di Agricoltura e di Medicina Veterinaria; a Lui fu affidato l'insegnamento della Zoologia durante l'anno 1907. E della sua bontà e del suo valore conservano buona memoria i discepoli, che tutti seppero amarlo ed apprezzarlo.

Data la sua cultura, anche le sue concezioni scientifiche erano elevate e ne fanno fede i numerosi lavori da Lui compinti, non pochi dei quali trattano argomenti ardui e che richiedono profonde cognizioni e presentano difficoltà tecniche non comuni. Così ad esempio sono di grande interesse i suoi studi sul *Sistema nervoso dei vertebrati inferiori,* nei quali sono esposte importanti ricerche, specie istologiche, studi che lo portarono alla pubblicazione di un altro lavoro stampato or non è molto negli Atti di questa Società, sopra i *Neuromeri e somiti meta-olici in embrioni di Salmonidi,* lavoro denso di fatti e di òsservazioni teoriche che rivelano lo studioso profondo ed accurato.

Anche alla sistematica ed alla scienza applicata rivolse il Barbieri i suoi studi ; ed oltre alle sue pubblicazioni sull'*Alimentazione naturale degli Agoni, sulle Alose del Mediterraneo e gli Agoni dei laghi lombardi* e molte altre, non poche ricerche erano già state da Lui incominciate ed alcune anzi condotte a buon punto, ricerche specialmente relative al plancton ed a problemi vari riguardanti l'acquicoltura. Questi studi rappresentano un lavoro preparatorio di grande interesse ed un lavoro purtroppo perduto.

L'amore e l'interessamento che Egli portava a questi studi davano affidamento di un sicuro e brillante avvenire per Lui, di contributi importanti alla scienza, e noi dobbiamo perciò rammaricare doppiamente la sua perdita. Egli però non è morto; lascia largo rimpianto di sè, lascia durevole ricordo della sua attività scientifica, lascia buona memoria in quanti lo conobbero e ne apprezzarono le speciali doti ».

Si procede in seguito alla votazione per l'ammissione a socio del dott. L. Orsenigo proposto dai soci prof. Artini e ing. Besana.

Mentre gli scrutatori fanno lo spoglio della votazione, il presidente comunica gli omaggi pervenuti alla Società di alcune pubblicazioni del prof. C. Parona e della dott. Giuditta Mariani e legge una lettera del dott. M. De Marchi che ringrazia la Società per la sua nomina a Vicepresidente.

Si passa quindi alla discussione della proposta di una gita sociale da farsi nella prossima primavera, proposta che in massima è approvata all'unanimità.

Infine il presidente comunica l'esito della votazione per l'ammissione a socio del dott. Orsenigo, che è ammesso, e scioglie la seduta.

Seduta del 25 Aprile 1909.

Presiede il presidente prof. E. ARTINI.

Sonc presenti circa una quindicina di soci; i soci ing. Besana, ing. Salmojraghi, dott. Magretti scusano la loro assenza.

Aperta la seduta, il segretario legge il verbale della seduta precedente, il quale è approvato.

Il presidente comunica la nota del socio dott. A. Griffini: « Le Gryllacris descritte da Stål ». In seguito, avendo il Consiglio Direttivo deliberato di fare nel prossimo Maggio una gita sociale al Campo dei Fiori, presso Varese, egli prega il prof. Mariani ad intrattenere l'assemblea sulla costituzione geologica di quella regione.

Il prof. Mariani prende la parola e illustra la tectonica, la natura petrografica ed i fossili dei varii piani che costituiscono il gruppo montuoso del Campo dei Fiori.

Il presidente dà notizie, in seguito, sulle trattative in corso per la pubblicazione del nuovo periodico mensile, ed invita il Vicepresidente dott. De Marchi, che si è occupato partitamente del progetto finanziario, ad esporre alla società le conclusioni.

Il dott. De Marchi riferisce come il nuovo periodico, affine di raggiungere lo scopo che si prefigge il Consiglio Direttivo, dovrebbe uscire mensilmente in un fascicolo composto di due fogli; nel primo foglio avrebbero posto le note aventi carattere di ricerche originali o di informazioni scientifiche, nel secondo foglio si pubblicherebbero le recensioni di opere di Storia Naturale. Il fascicolo sarebbe concesso unicamente in dono ai soci e ciò per attirare maggior numero possibile di naturalisti fra i soci della Società Italiana.

Il presidente aggiunge che colla tipografia si è già stabilito un'intesa sui prezzi, sulla carta, sul formato ecc. e, sommando il tutto, ritiene che si avrebbe una spesa annua di L. 1500. Egli spera poter fronteggiare in parte tale somma con L. 1000, che costituiscono i risparmi assodati ogni anno sul Bilancio della Società; resterebbe un piccolo *deficit* che spera colmare col tempo calcolando un aumento nel numero dei soci. Egli ritiene così che la Società coi suoi proventi possa bastare a sè stessa, non accrescendo il suo passivo. Frattanto egli si dice lieto di comunicare all'assemblea come il dott. De Marchi, colla consueta liberalità, si sia impegnato di garantire la Società dal pericolo del *deficit* preventivato nei tre primi anni, obbligandosi a colmare la passività che potrà derivarne. È questa una nuova benemerenza del socio dott. De Marchi al quale il Presidente esprime a nome della Società plauso e ringraziamenti.

Il Presidente avverte come il Consiglio Direttivo domandi di essere autorizzato ad utilizzare gli eventuali avanzi del bilancio, allo scopo di far stampare i due primi fascicoli del periodico in un numero grande di copie onde darne larga diffusione negli istituti scientifici e fra i colleghi delle scuole secondarie. Il Consiglio Direttivo domanda pure facoltà di poter prendere impegni colla tipografia per la stampa del primo fascicolo, e cogli autori allo scopo di istituire un Comitato di Redazione.

Fanno qualche raccomandazione i soci prof. Mariani e Brizi ed in seguito l'assemblea approva pienamente le proposte del Consiglio.

In ultimo si passa alla discussione delle trattative in corso per la commemorazione di Carlo Darwin da farsi nel corrente anno nella sede sociale e, dopo sentite varie proposte dai presenti, si scioglie la seduta.

Gita sociale del 23 maggio 1909
al M. Campo dei Fiori sopra Varese.

I partecipanti alla gita sociale, compiuta il 23 maggio al Sacro Monte di Varese ed al Campo dei Fiori, furono più di una trentina, la maggior parte soci, con numerose signore. Il tragitto si fece con la ferrovia elettrica e con la funicolare sino al Sacro Monte, indi a piedi sino alla vetta, dove i gitanti si trattennero qualche ora per la colazione e per ammirare il panorama. Il ritorno si compiè per la stessa via e coi medesimi mezzi, con una sosta a Varese pel pranzo sociale. Per cura della presidenza, a ciascun gitante venne distribuito uno schizzo geologico del M. Campo dei Fiori, tracciato dal prof. E. Mariani, sicchè ognuno potè farsi un'idea della struttura della regione visitata e dell'età dei terreni percorsi, in vari punti abbastanza riccamente fossiliferi.

Una splendida fioritura di *Cytisus* e di *Narcissus poëticus* specialmente nei prati verso la vetta, aumentò le attrattive della bella gita, interessante anche per le molte altre specie di piante osservate. Fra queste ricorderemo : *Ranunculus aconitifolius* L., *Aquilegia atrata* Koch, *Paeonia officinalis* L. *Polygala Chamaebuxus* L., *Tilia grandifolia* Ehr., *Sarothamnus scoparius* Koch, *Cytisus Laburnum* L., (in piena fioritura), *Rha-mnus pumila* L., *Amelanchier vulgaris* Much., *Sorbus Aucuparia* L., *S. Aria* Crantz, *Sempervivum tectorum* L., *Sedum maximum* Int., *S. glaucum* W. K., *Saxifraga Aizoon* Jacq., *S. cuneifolia* L., *S. rotundifolia* L., *Adoxa moschatellina* L., *Lonicera alpi-gena* L., *Bellidiastrum Michelii* Cass., *Solidago Virgaurea* L., *Arnica montana* L., *Gentiana excisa* Koch, *Veronica urticaefolia* Jacq., *Euphrasia officinalis* L. (forme diverse), *Daphne Cneorum* L., *Fagus silvatica* L., *Betula alba* L., *Alnus viridis* DC., *Orchis maschula* L., *O. sambucina* L. (tipica. e var. *purpurea* Koch), *Gymnadenia conopsea* Br., *G. odoratissima* Rich., *Coeloglossum viride* Hartm., *Narcissus pöeticus* L., *Ruscus aculeatus* L., *Poly-gonatum verticillatum* Au., *Paris quadrifolia* L., *Lilium Martagon* L., (non ancora fiorito), *Allium ursinum* L., *Veratrum album* L. var. *Lobelianum* Bernh., la cui determinazione ci fu gentil-mente fornita dal socio prof. M. Calegari.

La gita lasciò in tutti il desiderio che la società ne promuova altre anche negli anni venturi.

Seduta straordinaria del 10 Giugno 1909.

L'adunanza indetta al Civico Acquario è presieduta dal Vice-Presidente ing. G. BESANA.

Aperta la seduta, il Segretario legge il verbale della seduta precedente, che è approvato.

Il socio prof. F. Supino comunica la sua nota: « Sviluppo larvale e biologia dei pesci delle nostre acque dolci. I. Esox lucius » ed il socio dott. R. Brunati intrattiene l'assemblea sopra: « Alcune ossa faringee fossili del gen. Labrus ».

Si passa in seguito alla votazione per l'ammissione a soci dei signori:

Livini prof. Ferdinando, proposto dai soci Pugliese e Supino; Guerrini prof. Guido, proposto dai soci Pugliese e Stazzi; Patellani prof. Serafino, proposto dai soci Pugliese ed Artini; Ascoli prof. Alberto, proposto dai soci Pugliese ed Artini; Nava dott. Emilio proposto dai soci Mariani ed Ambrosioni: i quali tutti vengono ammessi.

Esaurito così l'ordine del giorno, il Presidente scioglie la adunanza e sotto la guida del prof. F. Supino i soci visitano l'Acquario ed i laboratorii annessi.

Seduta dell'11 Luglio 1909.

Presiede il presidente prof. E. ARTINI.

Aperta la seduta, la dott. Ada Lambertenghi, che funge da Segretario, legge il verbale della seduta precedente, che è approvato.

Il socio dott. Ada Lambertenghi comunica la sua nota: « Contributo allo studio dell'uretere nei Limax ».

Il socio prof. C. Terni legge all'assemblea le sue « Ulteriori ricerche sulla natura parassitaria dei Cytoryctes e sulle malattie da essi prodotte » (con dimostrazioni microscopiche).

La lettura del prof. G. Martorelli è rimandata alla prossima seduta, essendo assente l'Autore: la lettura ha per titolo « Osservazioni sulle fasi della Merula torquata ».

Essendo assente il socio sac. C. Cozzi, il prof. Sordelli ne legge la nota: « Sulle variazioni floristiche nei terrazzi del fiume Ticino ».

Il socio dott. C. Staurenghi comunica la sua « Presentazione di esemplari di Lacuna basioccipitale in alcuni Pinnipedi.

Il socio prof. F. Salmojraghi legge la sua nota: « Un'aggiunta alla composizione mineralogica del calcare di S. Marino e della Verna ».

Il presidente comunica poi le pubblicazioni pervenute in dono alla Società, segnalando quelle dei soci prof. Salmojraghi, prof. C. Terni, prof. M. Bezzi, prof. C. Janet.

Il presidente comunica i ringraziamenti del prof. Livini per la sua ammissione alla società.

Partecipa inoltre che il Cassiere Cav. Vittorio Villa fece dono alla Società dei busti di suo padre e di suo zio, opere dello scultore Secchi. Il presidente propone, e l'assemblea approva, che i busti siano messi su mensole adatte e se ne faccia l'inaugurazione in novembre o dicembre.

Il verbale è, seduta stante, letto ed approvato.

Seduta del 28 Novembre 1909.

Presiede il presidente prof. E. ARTINI.

Il Presidente, aperta la seduta, legge un breve sunto delle " Osservazioni sulle fasi della *Merula torquata* " del socio prof. Martorelli, che non ha potuto intervenire alla adunanza, ed invita quindi il dott. Maglio a dar relazione de' suoi studi sugli " Idracnidi del Trentino ". Terminata anche questa lettura, il Presidente riassume brevemente la nota sopra " Una stazione botanica torinese che scompare " del socio dott. Mussa, pure assente. Prende poi la parola il dott. Vallillo, il quale espone i risultati delle sue osservazioni sopra " un particolare apparecchio ghiandolare ritrovato in uno struzzo " ed illustra il suo dire con fotografie e preparati microscopici.

Il socio prof. Livini domanda al dott. Vallillo quali ipotesi egli abbia fatto per spiegare l'origine di detti apparati ghiandolari, e questi gli risponde di non potere, causa il metodo adoperato per la fissazione del materiale, dar serio fondamento ad ipotesi alcuna in proposito e di essersi quindi accontentato di esporre i soli dati di fatto desunti dall'osservazione.

Dopo di che, il prof. Sordelli riferisce brevemente sulle " Noterelle botaniche " del Socio sac. Cozzi.

Esaurite le letture, il prof. Salmojraghi chiede la parola per domandare agli zoologi presenti alla seduta quale fondamento possa avere la notizia da lui desunta da un'opera pubblicata dal Masetti nel 1833, della cattura di un'iguana che sarebbe avvenuta nel 1811 sul lago Maggiore. Il prof. Sordelli esclude che tale notizia abbia fondamento alcuno di verità e suppone sia originata da puro equivoco.

Il presidente dà quindi la parola al socio dott. Ferri, il quale, prendendo le mosse dal recente grave caso d'avvelenamento per funghi di Concorezzo, chiede che la Società Italiana in qualche modo s'adoperi per diffondere la istruzione pratica micologica. Il socio prof. Brizi ritiene che tale iniziativa non possa essere assunta con successo che dallo Stato: una iniziativa analoga in Francia aborti completamente, quantunque sostenuta da grande abbondanza di mezzi. Dopo qualche osservazione del prof. Castelfranco, il prof. Livini si offre come intermediario per proporre al Consiglio degli Istituti Clinici di perfezionamento, ai quali appartiene, che dia forma pratica all'idea del dott. Ferri, invitando persona competente a tenere in detti Istituti una breve serie di conferenze di micologia, allo scopo di fornire precise nozioni in proposito, specialmente ai medici condotti.

Il presidente, anche a nome dell'assemblea, plaude alla proposta del prof. Livini e vivamente lo ringrazia.

Passando quindi agli affari, comunica alcuni opuscoli, giunti in omaggio alla Società dai soci Bussandri, Bonomi, Castelfranco e Salmojraghi, e dà notizia della morte del geologo Sergio Nikitin, partecipata al nostro sodalizio dal Comitato Geologico russo. A questo saranno inviate le nostre vive condoglianze.

Il presidente comunica poi una circolare riguardante il I⁰ Congresso internazionale di Entomologia, che si terrà a Bruxelles nell'Agosto 1910, inviata alla Società dal prof. A. Berlese. Per desiderio di questi, Delegato per l'Italia di detto Congresso, e per comodità dei soci, la circolare in discorso è allegata al presente verbale.

In seguito il Presidente comunica all'Assemblea le dimissioni da Segretario del socio dott. G. De-Alessandri, il quale ha creduto di insistervi non ostante le sollecitazioni in contrario mossegli dal Presidente stesso. La nomina del successore si potrà fare nella seduta del gennaio, con le altre cariche in scadenza. Dopo di che reca a conoscenza dei Soci che nel giorno di domenica, 12 dicembre, saranno inaugurati nella sede della Società i busti in bronzo dei defunti naturalisti Antonio e Giovan Battista Villa, donati dal socio cav. Vittorio Villa. In tale occasione il Presidente li commemorerà anche come soci fondatori della nostra Società ed alla cerimonia saranno invitate le autorità municipali e scientifiche della città.

Rispondendo quindi ad analoga domanda del socio prof. Brizi, annuncia che saranno in questi giorni riprese e condotte, spera, a buon termine le pratiche per una solenne commemorazione di Carlo Darwin da tenersi nel nostro Museo in occasione del centenario della nascita del grande naturalista.

Comunicato quindi il risultato favorevole della votazione, proclama soci i signori Bussandri tenente G., Mauro ing. F., Tansini ing. M. e Gabuzzi dott. G., e chiude la seduta.

IL I° CONGRESSO INTERNAZIONALE DI ENTOMOLOGIA

A BRUXELLES (Agosto 1910)

L'ottavo Congresso internazionale di zoologia verrà tenuto a Graz nell'anno prossimo. Questi congressi sono stati molto utili per i naturalisti, non solo per il materiale scientifico portato a discussione negli stessi, ma ancora più per aver dato così agli zoologi l'opportunità di incontrarsi e conoscersi. Naturalmente, in un congresso destinato alla zoologia in generale, l'entomologia non costituisce che una parte subordinata. Il numero degli entomologi che vi intervengono ed il tempo concesso nelle sedute a questa branca della zoologia, sono sempre insignificanti in confronto al gran numero di persone che si occupano di entomologia ed all'esteso sviluppo che questa scienza ha ora raggiunto.

Attesochè l'importanza dell'Entomologia, per la scienza in genere e per l'economia e l'igiene in particolare, cresce di giorno in giorno, sembra conveniente di unire gli entomologi in un congresso che si occupi esclusivamente dell'Entomologia nei suoi vari aspetti e di stabilire un comitato permanente, che possa funzionare come organizzazione centrale nell'interesse di questo soggetto.

Uno dei principali compiti di questa iniziativa è di portare gli entomologi in uno stretto contatto colla zoologia generale, ed ancora colle applicazioni pratiche dei loro propri studi. Con questo intendimento noi proponiamo che si tenga un congresso di entomologia ogni tre anni, circa un paio di settimane prima del congresso triennale zoologico, cosicchè le risoluzioni e le conclusioni di importanza generale, quando ciò sembri necessario, possano essere presentate per la discussione al susseguente congresso di zoologia.

Il *I Congresso internazionale di Entomologia* sarà tenuto dal 1 al 6 agosto a Bruxelles, durante l'esposizione internazionale che vi avrà luogo in detto anno. Il programma definitivo verrà pubblicato durante l'inverno 1909-1910, frattanto

però sembra opportuno di far conoscere al pubblico entomo-
logico i seguenti particolari sull'organizzazione del Congresso.

I soggetti che noi invitiamo gli Entomologi a sottomettere
alle adunanze generali o delle sezioni, comprenderanno Sistematica, Nomenclatura, Anatomia, Fisiologia, Psicologia, Onto-
genia, Filogenia, Ecologia, Mimetismo, Etologia, Bionomia,
Paleontologia, Zoogeografia, Entomologia medica ed economica
e Museologia.

I comitati di Bruxelles prenderanno le disposizioni per
l'accoglienza dei membri del congresso.

Il Congresso si comporrà di:

I. Membri vitalizi, i quali pagano, per una volta tanto,
almeno 250 lire, per coprire le spese di tutti i futuri congressi
di Entomologia. Essi riceveranno gratuitamente tutte le pubblicazioni dei singoli congressi. La somma pagata dai membri
vitalizi sarà impiegata come fondo permanente i cui soli interessi saranno messi a disposizione del comitato internazionale
permanente da eleggersi al Congresso.

II. Membri ordinari, che pagano una somma di 25 lire
e riceveranno tutte le pubblicazioni del Congresso.

Le signore ed i giovanetti che accompagnano i membri,
col pagamento di L. 12,50 per ciascheduno avranno tutti i pri-
vilegi dei membri, meno il diritto di ricevere le pubblicazioni.

Per aiutare il comitato esecutivo internazionale nel lavoro
estensivo dei preliminari pel *I° Congresso di Entomologia* sono
stati nominati dei Delegati locali nei diversi paesi. Questi Delegati, di cui uniamo una lista preliminare, daranno agli Entomologi le informazioni del caso.

DELEGATO LOCALE PER L'ITALIA
Prof. A. Berlese, *Firenze, Via Romana, 19.*

Tutte le sottoscrizioni sono da inviarsi a

A. H. Jones, Esq.
11 Chandos Street, Cavendish Square
LONDON, W.

Seduta del 19 Dicembre 1909

Presiede il presidente prof. E. ARTINI.

Aperta la Seduta, il vicesegretario legge il verbale della seduta antecedente, che viene approvato senza osservazioni.

Passando alle letture, il dott. De Alessandri dà relazione dei risultati del suo « Studio sui pesci triasici della Lombardia », provenienti in particolare dalle classiche località di Perledo e di Besano. Avendo nella sua esposizione mosso qualche appunto al dott. Repossi, ch'ebbe pure ad occuparsi degli scisti ittiolici di Besano, questi brevemente risponde. Riprende quindi la parola il dott. De Alessandri, che fornisce anche alcuni schiarimenti, richiestigli dai professori Artini, Airaghi, e Mariani, il quale ultimo dissente alquanto da lui nel riferimento cronologico delle due faune sopra accennate.

In seguito il prof. Terni riferisce sopra « una nuova specie di *Herpetomonas*, parassita flagellato della *Muscina stabulans* », ch'egli osservò e studiò in unione al dott. Baracchetti, e presenta i relativi preparati microscopici.

Il Presidente dà quindi la parola al dott. Comolli, il quale espone una « proposta di una nuova divisione del cervelletto dei mammiferi » illustrando le proprie parole mediante tavole e disegni schematici.

Il socio prof. Livini si compiace vivamente col dott. Comolli per l'importanza del lavoro compiuto e per la semplicità della divisione proposta, che incontra anche l'approvazione del prof. Pugliese, il quale nota che con essa si viene a dare una base chiara e sicura di riferimento nello studio e nell'esposizione dei fenomeni cerebellari.

Il socio prof. Supino rileva pure l'importanza del lavoro del Comolli, e poiché questi prese le mosse da considerazioni sul cervelletto degli uccelli, esprime il desiderio ch'egli debba istituire ulteriori confronti tra il cervelletto dei mammiferi e quello dei rettili, confronti che sarebbero suggeriti da considerazioni d'indole filogenetica.

Il prof. Livini ed il dott. Comolli osservano che il cervelletto dei rettili, il cui studio non fu per altro trascurato, è troppo semplice per poter fornire basi sicure per la divisione del cervelletto dei mammiferi, che presenta invece maggiori analogie con quello degli uccelli.

Dopo qualche altra osservazione dei soci prof. Supino, prof. Terni e prof. Pugliese e del presidente prof. Artini, questi, passando alla trattazione degli affari, invita l'assemblea a procedere alle votazioni per la nomina di due revisori dei conti e per le ammissioni dei nuovi soci.

Mentre gli scrutatori compiono lo spoglio delle schede, il socio prof. Supino chiede la parola per esprimere il suo vivo rimpianto per la morte di recente avvenuta del prof. Enrico Hillyer Giglioli, tanto benemerito della scienza italiana specie per i suoi studi talassografici. Il Presidente s'associa, anche a nome di tutta l'assemblea.

In appresso il vicepresidente, dott. De Marchi, comunica che presto sarà inaugurata in Lugano una lapide in memoria del compianto prof. P. Pavesi. Esprime il desiderio che la Società Italiana sia rappresentata alla cerimonia inaugurale, ciò che viene unanimemente approvato.

Il Presidente prende quindi la parola per presentare alcuni opuscoli giunti in omaggio alla Società dai soci prof. Terni e conte Emilio Turati e per dar relazione delle pratiche fatte per la commemorazione darviniana. Comunica quindi che a revisori dei conti risultarono eletti i soci prof. E. Mariani ed ing. E. Bazzi e, visto il risultato favorevole della votazione, proclama soci i signori dott. B. Parisi, dott. E. Schieppati, ing. E. Rignano, A. Meyer, dott. C. Sala, G. Soldati, dott. S. Soldati, dott. M. Ferrari. Dopo di che, si toglie la seduta.

BULLETTINO BIBLIOGRAFICO

DELLE PUBBLICAZIONI RICEVUTE IN DONO OD IN CAMBIO DALLA SOCIETÀ

dal 1 Febbraio 1909 al 31 Gennaio 1910

Non periodiche (¹)

BARBIERI CIRO, Differenziamenti istologici nella Regione ottica del cervello di Teleostei ed Anfibi anuri, 1905 Milano.

— Sulla origine delle mostruosità embrionali doppie nei Teleostei, 1906 Milano.

— Intorno allo sviluppo dei nervi cranici nei Teleostei, 1907 Milano,

— Ricerche sullo sviluppo dei nervi cranici nei Teleostei, 1907 Leipzig:

— Su di una particolare forma di degenerazione osservata nelle uova di Trota arcobaleno (Salmo irideus Gibb.) 1907.

— Forme larvali del Cyclostoma elegans Drap. 1907 Leipzig.

— L'alimentazione naturale degli Agoni, 1908 Messina.

— Neuromeri e Somiti meta-ottici in embrioni di Salmonidi, 1909 Pavia.

*BASSANI FRANCESCO, Commemorazione di Alberto Gaudry, 1908, Napoli.

*BEZZI MARIO, Camillo Rondani, zu seinem 100 jährigen Geburtstage, Sonder Abdruck aus dem XXV. Jahrgang 1908 des « Entomologischen Wochenblattes » (Insekten, Börse.

— Diagnoses d'espèces nouvelles de Diptères d'Afrique. Extrait des Annales de la Société Entomologique de Belgique Tome LII, 1908.

— Diptera syriaca et aegyptia a cl. P. Beraud S. J. collecta cum una tabula, dalla *Boteria* serie Zoologica, vol. III, fasc. II 1909.

— Einige neue paläarktische Empis-Arten Deutsch. Ent. Zeitschr. 1909.

— Le specie dei generi Ceratitis, Anastrepha e Dacus estratto dal Bollettino del Laboratorio di Zoologia generale e agraria della R. Scuola Superiore d'Agricoltura in Portici Vol. III.

— Nomenklatorisches über Dipteren IV Wiener Entomologische Zeitung, XXVII. Jahrg. Heft IX und X 1908.

---

(1) Le pubblicazioni segnate con asterisco furono donate dai rispettivi Autori; le altre si ebbero da Società e Corpi scientifici corrispondenti.

— Rezension. G. H. Verrall. British Flies, Vol. V. Stratiomydae and succeeding families of the Diptera brachycera of Great Britain. London 1909. Deutsch. Ent. Zeitschrift 1909 Beiheft.

British Museum (Natural History), London.

— Catalogue of the Lepidoptera phalaenae in the British Museum Volume VII with Plates by George F. Hampson 1908.

— Catalogue of the Books, Manuscripts, Maps and Drawings in the British Museum (Natural History). Vol. I, A-D., 1903. Vol. II. E-K., 1904.

— Mineral Department. An introduction to the study of Rocks and Guide to the Museum Collection 4th Edition. 1909.

— A Guide to the domesticated animals (other than horses) exhibited in the central and north halls of the British Museum (Natural History) 1908.

— Guide to the Gallery of Fishes in the Department of Zoology of the British Museum (Natural History) 1908.

— Guide to the specimens of the Horse family (*Equidae*) exhibited in the Department of Zoology, British Museum (Natural History). 1907.

— Guide to the Whales, Porpoises, and Dolphins (Order Cetacea), exhibited in the Department of Zoology, British Museum (Natural History). 1909.

— Guide to the specimens illustrating the races of Mankind (Anthropology) exhibited in the Department of Zoology, British Museum (Natural History). 1908.

— A guide to the Elephants (recent and fossil) exhibited in the Department of Geology and Palaeontology in the British Museum (Natural History), 1908.

BURRARD S. G., and H. H. Hayden. (Geological Survey of India).

— A scketch of the Geography and Geology of the Hymalaya mountains and Tibet. Part. IV The Geology of the Himalaya, 1908.

*BUSSANDRI G., Note geotectoniche sul Monte Barro nel Territorio di Lecco, 1909 Lecco.

*CASTELFRANCO POMPEO, Sepolcreto della Scamozzina presso Albairate in provincia di Milano, 1909 Parma.

— Triplice vaso ad Anatre e Situla di bronzo di Albate (Como) 1909 Milano.

CHOFFAT PAUL, Contribution à la connaissance du Lias et du Dogger de la région de Thomar, 1908 Lisbonne.

*FRANCESCHINI ANTONIO, L'emigrazione italiana nell'America del Sud. Studi sulla espansione coloniale transatlantica. (Opera premiata dall'Accademia Olimpica di Vicenza al concorso Formenton 1902-1906) 1908 Roma e dalla stessa Acc. Olimpica donata alla Società italiana di Sc. Nat.

*JANET CHARLES, Anatomie du corselet et histolyse des mucles vibra-
teurs, après le vol nuptial, chez la reine de la fourmi (Lasius
niger) Text et Planches, 1908 Limoges.

— N. 16. Remplacement des Muscles vibrateurs du vol par des co-
lonnes d'Adipocytes chez les Fourmis, après le vol nuptial. Extr.
des Comptes rendus etc. T. 142, p. 1095. 14 mai 1906 Paris.

— N. 17. Sur un Organe non décrit du thorax des Fourmis ailées.
T. 143, p. 522, 8 octobre 1906 Paris.

— N. 18. Histolyse sans phagocytose, des muscles vibrateurs du vol,
chez les reines des Fourmis. T. 144 p. 393. 18 fevrier 1907 Paris.

— N. 19. Histogénès du Tissu adipeux remplaçant les Muscles vibrateurs histolysés après le vol nuptial, chez les reines des Fourmis.
T. 144, p. 1070, 13 mai 1907 Paris.

— N. 20. Histolyse des Muscles de mise en place des ailes, après le
vol nuptial, chez les reines de Fourmis. 9 décembre 1907 Paris.

*JOHNSTON-LAVIS H. J., The mechanism of volcanic action, 1909 London.

*JOÛBERT JOSEPH, Le Diplodocus de l'Ère secondaire, Extrait de la
Revue de L'Anjou 1908 Angers.

KUNGL, Universitetets i Uppsala Bibliotck. Swedish exploration in Spitz-
bergen 1758-1908. A. G. Nathorst. Historical sketch. J. M. Hulth.
Bibliography. G. De Geer. List of maps. (Reprinted from Ymer
1909, H. 1). 1909 Stockholm.

*LARGAIOLLI VITTORIO, Ricerche biolimnologiche sui laghi Trentini, Il
lago di Cei, 1909 Trento.

*MARIANI GIUDITTA, Terzo contributo allo studio della Cecidologia Val-
dostana, 1909 Aosta.

*MILANO, Circolo Salus. (I nuovi orizzonti dell'Igiene). Verso la vita
secondo Natura del dott. Enrico Lahmann tradotta in italiano
dai signori dott. Ettore Piccoli e Attilio Romano.

*PARONA CORRADO, Catture recenti di grandi Cetacei nei mari italiani
1909 Genova.

— La Selache maxima nei mari italiani. Notizie 1908 Napoli.

*SALMOJRAGHI FRANCESCO, Di alcuni saggi di fondo dei nostri mari, 1909
Milano.

Société zoologique et botanique de Finlande á Helsingfors. Festschrift
Herrn Professor Dr. J. A. Palmén zu seinem 60. Geburtstage am
7 November 1905 gewidmet von Schülern und Kollegen Band. 1 11.

*TERNI CAMILLO, Contribution à l'étude de la variole et du vaccin et
des autres maladies, 1909 Jena.

*TURATI EMILIO, Nuove forme di Lepidotteri e note critiche. III. Estr.
dal Naturalista Siciliano anno XXI 1909 Palermo.

Pubblicazioni periodiche

DI SOCIETÀ ED ACCADEMIE SCIENTIFICHE CORRISPONDENTI

AFRICA.

Cape Town. — Cape of Good Hope South African Museum (Annals).
Vol. V, Part VI-VII, 1908-1909; Vol. VI, Part II-III, 1908-909;
Vol. VII, Part III, 1909.
— Colonial Secretary's Ministerial Division. South African Musem.
Report for the year ended 31ᵗ December, 1908 (1909).
Pietermaritzburg. — Natal Government Museum (Annals), Vol. I,
Idex 1908. Vol. II, Part I, 1909.

AMERICA DEL NORD.
(Stati Uniti)

Albany. — New York State Education Department. New York State
Museum. 59 Annual Report, 1905, Vol. 1-4, 1907: 60 Annual
Report 1906, Vol. 1-5, 1908; 61 Annual Report 1907, Vol. 1-2
in 8 3 in 4, 1908.
— (Bulletin). N. 114-115, 117, 1907; N. 118-125, 1908; N. 126-127,
1909.
Baltimore. — Maryland Geological Survey. Reports Vol. VI, 1906.
Berkeley. — University of California. (Publications). Geology Vol. V,
12-15, 17, 1907-1908. Zoology Vol. IV, N. 5-7, 1908; Vol. V-
VI N. 1. 1908; Botany Vol. II, N. 16. 1907; Vol. III, N. 1-5,
1907-908.
Boston. — American Academy of Arts and Sciences (Proceedings).
Vol. 43, N. 17-22, 1908; Vol. 44, n. 1-17, 1909.
— Boston Society of Naturl History (Occasional Papers). VII Fauna of
New England N. 8-10, 1908.
— (Proceedings). Vol. 34, N. 1-4, 1907-8-9.
Brooklin (*N. Y.*) — The brooklyn Institute of Arts and Sciences Cold
Spring Harbor Monographs. VII. The fresh water Cyclops of
Long Island. by Esther F. Byrnes, Ph. D. 1909.
Buffalo. — Buffalo Society of Natural Sciences (Bulletin). Vol. IX,
N. 1-2 1908.
Chicago. — Field Museum of Natural History (Publication). N. 127-
129, 1908; N. 133, 1909.

***

Colorado Springs (*Colorado*). — Colorado College Pubblication. N. 31, 36 Science Series Vol. XII, N. 2-5; N. 32, 37, Language S. Vol. II, N. 19-21; N. 33, Engineering S. Vol. I, N. 3-4.

Des Moines. — Jowa Geological Survey (Annual Report). Vol. XVII. Annual Report, 1906, with accompanying papers and Geological Map of Jowa 1907; Vol. XVIII. Annual Report 1907, with accompanying papers 1908.

Indianapolis. — Indiana Academy of Science (Proceedings). 1907 (1908).

Madison (*Wis*). — Wisconsin geological and Natural History Survey. (Bulletin). N. XX Economics Series N. 13, 1908.

— Supplementary Plates Geological and Topographic Maps. insert in Bulletin XIV. 1. Cuba sheet. 2. Big. Patch-Elk Grove sheet. 3. Ipswich sheet. 4. East Meekers Grove sheet. 5. East Mineral Point sheet. 6. Montfort sheet.

— Wisconsin Academy of Sciences, Arts, and Letters (Transactions). Vol. XV, Part II, 1907.

Michigan. — The Michigan Academy of Science (Report). Tenth Report, containing an account of the annual Meeting held at Ann Arbor, April 2-4, 1908.

Montana. — University of Montana (Bulletin).
  N. 50. Geological Series N. 3. Some economic Geology of Montana. by Jesse Perry Rowe 1908.
  » 51. Register, 1907-908 (1908).
  » 52. Montana high School debating league 1908.

New Haven. — Connecticut Academy of Arts and Sciences. (Transactions). Vol. 13, Pages 299-548, 1908; Vol. 14, Pages 59-290, 1908; Vol. 15, 1909.

Philadelphia. — Academy of Natural Sciences of Philadelphia. (Journal). Second Series Vol. XIII, Part 4, 1908.

— (Proceedings). Vol. LX, Part. I-III, 1908-909; Vol. LXI, Part I, 1909.

— American philosopical Society (Proceedings). Vol. XLVII, N. 188-190. 1908.

Rochester (*Ill*). — Geological Society of America (Bulletin). Vol. 18-19, 1907-1908.

San Francisco (*California*). — California Academy of Sciences (Proceedings). Fourth Series. Vol. III, pp. 49-56, 1909.

St. Louis (*Mo*). — Missouri botanical Garden (Annual Report). 19 Annual Report, 1908.

— Academy of Science of St. Louis (Transactions). Vol. XVI N. 8-9, 1906-7; Vol. XVII, N. 1-2, 1907-8, Vol. XVIII, N. 1, 1908.

Washington. — U. S. Department of Agriculture, Biological Survey (Bulletin).
  N. 33. The brown rat in the United States by David E. Lantz.

Washington. — Bureau of Biological Survey (North American Fauna).

    N. 28. Revision of the Mice of the american genus Peromyscus by Wilfred H. Osgood. 1909.

    » 29. The Rabbits of North America by E. W. Nelson, 1909.

— Reprint from Yearbook of Department of Agriculture for 1908).

    N. 7025-09. Progress of Game protection in 1908 by T. S. Palmer, 1909 ;

    N. 88585-09. Mouse plagues, their control and prevention by Stanley E. Piper, 1909 ;

    N. 88586-09. The economic value of predaceous Birds and Mammals, by A. K. Fisher, 1909 ;

    N. 88927-09. The relations between Birds and Insects. by F. E. L. Beal, 1909 ;

    N. 88928-09. Use of poisons for destroying noxious Mammals, by David E. Lantz, 1909.

— Department of the Interior U. S. geolog. Survey (Annual Report). 28 Annual Report of the Director of the U. S. geological Survey to the Secretary of the Interior for the fiscal year ended June 30, 1907 ; 29 id., 1908,

— (Bulletin). N. 309, 316, 321-322, 325-327, 333, 1907; N. 319, 328-332, 334-340, 342-355, 357-359, 361-367, 369, 1908,

— (Mineral Resources of the U. S.) Calendar year 1906 (1907); Calendar year 1907, Part 1, and II, 1908.

— (Monographs).

    Vol. 49. The Ceratopsia by John B. Hatcher based on preliminary studies by Othniel C. Marsh edited and completed by Richard S. Lull 1907.

— (Professional Paper).

    N. 56. Geography and Geology of a portion of Southwestern Wyoming, with special reference to Coal and Oil by A. C. Veatch 1907.

    » 58. The Guadalupian fauna by George H. Girty 1908.

    » 60. The interpretation of topographic Maps by Rollin D. Salisburg and Wallace W. Atwood 1908.

    » 61. Glaciation of the Uinta and Wasatch Mountains by Wallace W. Atwood 1909.

    » 62. The Geology and Ore deposits of the Coeur d'Alene District, Idaho by Frederick Leslie Ransome and Frank Cathcart Colkins 1908.

    » 63. Economic Geology of the Georgetown Quadrangle (together with the Empire District) Colorado by Josiah E. Spurr and George H. Garrey with General Geology by Sydney H. Ball 1908.

— (Water-Supply and Irrigation Paper). N. 207, 209-221, 1907-1908 ; N. 226, 1909.

— Smithsonian Institution U. S. National Museum (Bulletin).

    N. 61. Variations and genetic relationships of the Garter-Snakes. by Alex. G. Ruthven 1908.

    » 62. Catalogue of the type specimens of Mammals in the U. S. National Museum, including the biological Survey Collection by Marcus Ward Lyon, Jr. and Wilfred Hudson Osgood 1909.

— S. U. S. N. Museum. Contributions from the U. S. Nat. Herbarium. Vol. XII, Part 1-6. 1909.

Washington. — (Proceedings). Vol. XXXIII-XXXIV, 1908.
— Report on the progress and condition of the U. S. National Museum
  for the year ending. June 30, 1908 (1909).
— Smithsonian Institution (Annual Report of the Board of Regents of
  the Smithsonian Institution). Showing the Operations, Expen
  ditures and Condition of the Institution For the year ending
  June 30, 1907 (1908).
— Carnegie Institution of Washington. Inheritance in Canaries by
  Charles B. Davenport 1908. The variation and correlation of cer-
  tain taxonomic characters of Gryllus by Frank E. Lutz 1908.
  Publications Relating to Experimental Evolution, Variation, and
  Heredity. Publications of the Carnegie Istitution.

CANADA.

Ottawa. — Canada Department of Mines Geological Survey Branch.
— Contribution to Canadian Palaeontology vol. III, in 4, Part IV. The
  vertebrata of the Oligocene of the Cypress Hills, Saskatchewan
  by Lawrence M. Lambe 1908.
— Report on tertiary plants of British Columbia collected by Lawrence
  M. Lambe in 1906 together with a discussion of previously re-
  corded tertiary Floras by D. P. Penhallow 1908.
— Preliminary Report on Gowganda Mining Division, District of Nipis-
  sing Ontario by W. H. Collins, with Map. N. 1075, 1909.
— Summary Report of the Geological Survey Branch of the Depart-
  ment of Mines for the calendar year 1908 (1909) N. 1072.
— Map of part of Southwestern Coast of Hudson Bay from York
  Factory to Fort Severn etc. by Owen O'Sullivan 1905 N. 915.
— Geological map of portion of Hastings, Haliburton and Peterborough
  Counties Province of Ontario by Frank D. Adams, and Alfred
  E. Barlow N. 770.
— British Columbia Shuswap sheet geological coloured by George M.
  Dawson etc. 1898 N. 604.
— Id. id. Economic minerals and glacial striae N. 669.
— Annual Report on the mineral production of Canada, during the
  Calendar year 1906 (1909) N. 26.
— Report on the Mining and Metallurgical industries of Canada 1907-8
  (1908) N. 24.
— Report on the Investigation of an electric shaft furnace Domnarfvet,
  Sweden etc. by Eugene Haanel 1909 N. 32.
— The coal fields of Manitoba, Saskatchewan, Alberta, and Eastern
  British Columbia by D. B. Dowling 1909 N. 1035.
— Catalogue of Publications of the Geological Survey, Canada 1909,
  N. 1073.

Ottawa. — Reports on a portion of Algoma, and Thunder Bay Districts Ontario by W. J. Wilson and on the Region Lying North of Lake Superior between the Pic and Nipigon Rivers Ontario by W. H. Collins, 1909 N. 980 and 1081.

— The Whitehorse Copper Belt Yukon Terrytory by R. G. Mc Connell 1909 N. 1050 with sheets N. 1026, 1041, 1044, 1045, 1046, 1047, 1048 1049.

— A descriptive sketch of the Geology, and economic Minerals of Canada by G. A, Young, with Introduction by R. W. Brock 1909, N. 1085.

— Report on the iron ore deposits along the Ottawa (Quebec side) and Gatineau Rivers by Fritz Cirkel 1909, N. 23.

Toronto. — Canadian Institute (Transactions). N. 18, Vol. VIII, Part 3, 1909.

MESSICO.

Mexico. — Instituto geologico de Mexico (Boletin).

    N. 17. Bibliografia geologica y minera de la Republica Mexicana completada hasta el año de 1904 por Rafael Aguilar y Santillan 1908.

    » 26. Algunas Regiones petroliferas de Mexico por Juan D. Villarello 1908.

— (Parergones). Tomo II, N. 8-10, 1909; Tomo III, N. 1-2, 1909.

AMERICA DEL SUD.
(Argentina)

Buenos Aires. — Academia Nacional de Ciencias en Cordoba. Tomo XVIII, Entrega 3, 1906.

— Museo Nacional de Buenos Aires (Anales). Serie III, Tomo X, 1909.

BRASILE.

Pará. — Museu Goeldi (Museu Paraense) de Historia Natural e Ethnographia (Boletim). Vol. V, 1907-1908, N. 2, 1908.

San Paulo. — Museu Paulista (Revista). Vol. VII, 1907.

CHILI.

Santiago. — Société scientifique du Chili (Actes). Tome XVIII, 1908, Livraisons I-V.

ECUADOR.

Quito (*Ecuador*). — Universidad Central (Anales). Tomo XXIV, Año 25, 1908, N. 164-165, 168-169. Numero extraordinario dedicado á la Memoria del sabio profesor de Botanica Padre Luis Sodiro, S. J. 1909.

URUGUAY.

Montevideo. — Republica Oriental del Uruguay (Anuario estadistico).
Años 1907-908, Tomo I, 1909.

AUSTRALIA.

Adelaide. — Royal Society of South Australia (Transactions). Vol. 32,
1908.
Sydney. — Australian Museum (Records). Vol. VII, N. 3-4, 1909.
— Annual Report of the Trustees, for the year ended 30 June, 1908,
id. 1909.
— Memoir IV. Scientific results of the Trawling Expedition of H. M.
C. S. « Thetis » off the Coast of New South Wales in February
and March, 1908, Part XI (1909).

AUSTRIA-UNGHERIA.

Budapest. — Magyar Botanikai Lapok. (Ungarische botanische Blätter).
VII Jahrgang, 1908, N. 9-12 und Inhalt ; VIII Jahrgang. 1909,
N. 1-9.
— Magyar ornithologiai Központ Folyoirata. Zeitschrift für Ornithologie
Aquila. Jahrgang XVI. 1909.
— Kgl, ungarische geologische Anstalt (Jahresbericht). Für 1907 (1909).
— (Mitteilungen aus dem Jahrbuche). Band. XVI, Heft 5, 1908, Band.
XVII, Heft 1, 1908.
— (Zeitschrift, Földtani Közlöny). Kötet XXXVIII, Füzet 11-12 ; 1908,
Kötet XXXIX Füzet 1-5 ; 1909.
— Musei Nationalis Hungarici (Annales Historico Naturales). Vol. VII,
1909 Pars prima et secunda.
Cracovie. — Académie des sciences de Cracovie (Bulletin interna-
tional). Année 1908, N. 9-10, 1908-1909 ; Année 1909, N. 1-8,
1909.
— Katalog literatury naukowej polskiej. Tom. VIII, Rok 1908, Zeszyt
I-IV ; Tom. IX, Rok 1909, Zeszyt I-II.
Graz. — Naturwissenschaftlicher Verein für Steiermark (Mitteilungen).
Band 45, Jahrg. 1908, Heft 1, Abhandlungen 1909 ; Heft 2,
Sitzungsberichte 1909.
— Verein der Aerzte in Steiermark (Mitteilungen). 45 Jahrgang 1908.
Hallein. — Ornithologishes Jahrbuch Organ für das palaearktische.
Faunengebiet, herausgegeben von Victor Ritter von Tschusi zu
Schmidhoffen. XX Jahrgang 1909, Heft 1-6.
Hermannstadt. — Siebenburgischer Verein für Naturwissenschaften
zu Hermannstadt (Verhandlungen und Mitteilungen). LVIII Band,
Jahrgang 1908 (1909)

Prague. — Académie des Sciences de l'Empereur François Joseph 1. (Ceská Akademie Cisare Frantiska Josefa 1.) Bulletin international. Résumés des travaux présentés, Classe des Sciences mathématiques, naturelles et de la médecine. XII, année (1907) 1908; XIII, année (1908) 1909.

— Rozpravy Ceské Akademie Cisare Frantiska Josefa provedy Slovesnost a Umeni. Trida ll. Rocnik XVII Cislo 1-40. Zivot a Pusobeni, prvniho Presidenta a Zakladatele Ceske Akademie Arch Dr. Ph. a Dr. Techn. Josefa Hlávky. Anatomie a Fysiologie Rostlin. napsal prof. Dr. B. Nèmec 1908.

— Konigl. böhmische Gesellschaft der Wissenschaften, mathematisch. naturwissenschaftliche Classe. (Sitzungsberichte) Jahrg. 1891, Band 1-2; Jahrg. 1893, und 1894; Jahrg. 1895-6-7, Band l, und ll, Jahrg. 1899-1908.

Presburg. — Verein für Natur-und Heilkunde zu Presburg (Verhandlungen). N. F. XVIII der ganzen Reihe XXVII Band, Jahrgang 1906 (1908); N. F. XIX der ganzen Reihe XXVIII Band, Jahrgang 1907 (1909).

— 1856-1906. Emlékmü Kiadja a Pozsonyi Orvos-Természettudományi Egyesület Fennállásának Otvendedik Évfordulója Alkalmából. Szerkesztettek Dr. Fischer Jakab; Dr. Ortvay Tivadar; Polikeit Károly. 1907 Pozsony.

Rovereto. — 1. R. Accademia di Scienze, Lettere ed Arti degli Agiati in Rovereto (Atti). Serie III Anno accad. CLVIII 1908, Vol. XIV, Fasc. III-IV; CLIX 1909, Vol. XV, Fasc. I-II.

Sarajevo. — Bosnisch-herzegovinischen Landesmuseum in Sarajevo (Wissenschaftliche Mitteilungen). Band XI, 1909 und Dritter Teil des Bandes XI, 1909.

Trento. — Tridentum, Rivista mensile di studi scientifici. Anno X, Fasc. X, 1907, Anno XI, Fasc. IV-VII, 1908.

Trieste. — Società Alpina delle Giulie (Alpi Giulie-Rassegna bimestrale). Anno XIV, 1909, N. 1-6; Anno XV, 1910, N. 1.

— Statuto della Società Alpina delle Giulie, 1909.

Wien. — Anthropologische Gesellschaft in Wien (Mitteilungen). Band XXXVIII, der 3ten Folge VIII Band, Heft V-VI, 1908 ; Band XXXIX, der 3ten Folge IX Band, Heft I-V, 1909.

— K. K. geologische Reichsanstalt (Abhandlungen).
Band XXI. Heft 1. 1908. Die Adamellogruppe, ein alpines Zentralmassiv, und seine Bedeutung für die Gebirgsbildung und unsere Kenntniss von dem Mechanismus der Intrusionen von Wilhelm Salomon, I Teil Lokale Beschreibung, Kristalline Schiefers, Perm. Trias.

— (Jahrbuch). Jahrgang 1908, Band LVIII, Heft 3-4, 1909 ; Jahrgang 1909, Band LIX, Heft 1-2.

— (Verhandlungen). Jahrgang 1908, N. 15-18; 1909, N. 1-14.

— K. K. naturhistorisches Hofmuseum (Annalen). Band XXII, 1907-8, N. 2-4.

Wien. — K. K. zoologisch-botanischen Gesellschaft in Wien (Verhandlungen). Jahrgang 1908, LVIII Band.
— Verein zur Verbreitung naturwissenschaftlicher Kenntnisse in Wien (Schriften). Band 49 Vereinsjahr 1908-1909 (1909).

BELGIO.

Bruxelles. — Académie Royale des Sciences, des Lettres et des Beaux Arts de Belgique (Annuaire). 75° année 1909.
— (Bulletin). Année 1908, N. 3-12; 1909, N. 1-8.
— (Mémoires) Collection in 4°. 2° Série, Tome II, Fasc. I-III, 1908-09.
— (Mémoires) Collection in 8°. 2° Série, Tome II, Fasc. III-V, 1909.
— Société Belge de géologie de paléontologie et d'hydrologie (Bulletin). Année 22, 1908-9, Tome XXII, Fasc. 1-2, Mémoires; N. 1-11, Procès-Verbal.
— (Nouveaux Mémoires Séries in 4°).
  Les cristallisation des Grottes de Belgique par. W. Prinz 1908.
— Société entomologique de Belgique (Annales). Tome 52, 1908.
— (Mémoires). XV-XVI, 1908.
— Société Royal de Botanique de Belgique (Bulletin). Année 1908, Tome 45, Fasc. 1-3, 1908.
— Essai de géographie botanique des Districts littoraux et alluviaux de la Belgique par Jean Massart, annexe au Mémoire publié dans le Bulletin etc. etc. Tome XLIV et suivants 1908.

FRANCIA.

Aix-en-Provence. — Académie des sciences, agriculture, arts et belles-lettres d'Aix (Mémoires). Tome XIX, 1908.
— 88ᵐᵉ Séance publique de l'Académie etc. Centenaire de sa Reconstitution 1908.
Annecy. — Société Florimontane d'Annecy (Revue savoisienne). 49° Année. 1908, Trimestre 3-4; 50° Année. 1909, Trim. 1-2.
— Flore populaire de la Savoie.
  Première partie, dictionnaire des noms populaires des plantes qui croissent naturellement en Savoie etc. pages 153-190.
Bordeaux. — Société des sciences physiques et naturelles de Bordeaux. Bulletin de la Commission météorologique du Departement de la Gironde. Année. 1907 seconde partie 1908.
— (Mémoires). 6° Série Tome IV, Cahier. 1-2, 1908.
— (Procès-Verbaux des Séances). Année 1907-8 (1908).
— *Société d'Océanographie du Golfe de Gascogne. Rapports présentés à l'Assemblée générale de Fevrier 1909.
— Société Linnéenne de Bordeaux (Actes). Vol. LXII, 7° Série, Tome II, 1907-908.

Cette. — Institut de Zoologie de l'Université de Montpellier et de la Station zoologique de Cette (Travaux).

2 Série. Mémoire N. 17. L'évolution schizogonique de l'Aggregata (Eucoceidium) eberthi Labbé par L. Léger et O. Dubosco 1908.

N. 18. Les phénomènes de la conjugaison chez Anoplophrya branchiarum Stein par B. Collin 1909.

Chambery. — Académie des sciences, belles-lettres et arts de Savoie (Mémoires). 4° Série, Tom. XI, 1909.

Cherbourg. — Société Nationale des sciences naturelles et mathématiques de Cherbourg (Mémoires). Tome XXXVI, (4° Série) Tome VI, 1906-907.

Lyon. — Société d'Agriculture, Sciences et Industrie de Lyon (Annales). Année. 1907 (1908).

— Université de Lyon (Annales). Nouvelle Série I Sciences, Médicine.

Fasc. 22. Catalogue descriptif des fossiles nummulitiques de l'Ande et de l'Hérault deuxieme partie (Fasc. 1) Corbières septentrionales par Louis Doncieux 1908.

» 24. Étude des mammifères miocènes des sables de l'Orléanais et des Faluns de la Touraine par Lucien Mayet 1908.

Nantes. — Société des sciences naturelles de l'Ouest de la France (Bulletin). Deuxiène Série Tome VIII, Trimestre 1-4, 1908 ; Deux. S. Tom. XI, Trim. 1, 1909.

Paris. — Annales des sciences naturelles. Zoologie comprenant l'Anatomie, la Physiologie, la classification et l'Histoire Naturelle des Animaux. Publiées sous la direction de M. Edmond Perrier. Tome VIII, N. 5-6, 1908; Tome IX, N. 1-6, 1909.

— Muséum d'historie naturelle de Paris (Bulletin). Année. 1908, N. 6-7; Année. 1909, N. 1-4.

— (Nouvelles Archives). 4° Séries Tome X, Fasc. 2, 1908.

— Société d'Anthropologie de Paris (Bulletins et Mémoires). 5° Serie, Tome IX, Fasc. 2-6, 1908; Tom. X, Fasc. 1-2, 1909.

— Société géologique de France (Bulletin). 4° Série, Tome VIII, 1908, Fasc. 3-6.

Rouen. — Académie des sciences, belles-lettres et arts de Rouen. (Précis analytique des travaux de). Pendant l'année 1907-908 (1909).

— Société libre d'émulation, du commerce et de l'industrie de la Seine-Inférieure (Bulletin). Exercice 1907 (1908); Exercice 1908 (1909).

Toulouse. — Société d'histoire naturelle et des sciences biologiques et energétiques de Toulouse (Bulletin trimestriel). Tome 40, 1907, N. 2-4; Tome 41, 1908, N. 1-4; Tome 42, 1909, N. 1-2.

GERMANIA.

Berlin. — Botanischer Verein der Provinz Brandenburg (Verhandlungen), Jahrgang 50, 1908, (1909).

3*

Berlin. — Deutsche geologische Gesellschaft (Zeitscrift). Band 60, Heft IV, 1908; Band 61, Heft I-III, 1909.
— (Monatsberichte). Jahrgang 1908. N. 8-12; 1909, N. 1-7.
— Gesellschaft naturforschender Freunde zu Berlin (Archiv für Biontologie). Band II, 2, Heft 1909.
— (Sitzungsberichte) Jahrgang 1908, N. 1-10.
— Königlich Preussische Geologische Landesanstalt und Bergakademie zu Berlin (Jahrbuch). Für das Jahr. 1905, Band XXVI, 1908.
— Naturwissenschaftliche Wochenschrift. Organ der Deutschen Gesellschaft für volkstümliche Naturkunde in Berlin. N. F. IX Band, der ganzen Reihe XXV Band, N. 1, 1910.
— Zologisches Museum in Berlin (Mitteilungen). Band IV, Heft 2, 1909.
Breslau. — Schlesische Gesellschaft für vaterländische Cultur (Jahres-Bericht). 86. Jahres-Bericht, enthält den Generalbericht über die Arbeiten und Veränderungen der Gesellschaft im Jahre 1908 (1909).
Cassel. — Verein für Naturkunde zu Cassel (Abhandlungen und Bericht). LII Bericht über das 72 und 73 Vereinsjahr 1907-909 (1909).
Darmstadt. — Verein für Erdkunde und Grossh. geologische Landesanstalt zu Darmstadt (Notizblatt). IV Folge, Heft 29, 1908.
Dresden. — Naturwissenschaftliche Gesellschaft « Isis » in Dresden (Sitzungsberichte und Abhandlungen). Jahrgang 1908 Juli bis Dezember 1909.
Erlangen. — Physikalisch-medizinische Sozietät in Erlangen (Sitzungsberichte). Band 39, 1907 (1908); Band 40, 1908 (1909).
— Festschrift der physikalisch-medizinischen Sozietat zu Erlangen zur Feier ihres 100 jahrigen Bestehens am 27 Juni 1908.
Frankfurt a. M. — Senckenbergische naturforschende Gesellschaft in Frankfurt a. M. (Abhandlungen).
Band. XXII. Ergebnisse ein. zool. Forschungsreise i. d. Molukken u. Borneo.
1 Teil. Reisebericht von Kukenthal W. mit 63. Tafeln 1896.
2. Teil. Ueber Alfurenschädel von Halmahera von Kukenthal W. 1906.
» XXIII. Ergebnisse (Forsetzung). Zweiter Teil. Wissenschafte. Reiseergebnisse. B. I. von Kukenthal.
Heft. 1. Beitrag zur Systematik der Antipatharien von Schultze L. S. mit 2. Textfiguren und 1. Tafeln 1896.
» » Clavulariiden, Xeniiden und Alcyoniiden von Ternate, von A. Schenk. mit 3, Tafeln 1896.
» » Alcyonaceen von Ternate, Nephthyidae Verrill und Siphonogorgiidae Kölliker von W. Kukenthal mit 4, Tafeln 1896.
» » Gorgonaceen von Ternate von N. K. Germanos (Athen). mit 4, Tafeln 1896.
» 2. Oligochaeten von W. Michaelsen mit 1, Tafel und 1. Figur im Text 1896.
» » Beitrag zur Systematik der Gordiiden von F. Römer, mit 1, Tafel 1896.

Willy Kükenthal während seiner Reisen im Malayischen Archipel im Jahre 1894 auf den nördlichen Molukken Inseln gesammelten Vogelbalge von Hans Graf von Berlepsch 1901.

Band. XXV. Heft. 2. Die Reptilien und Batrachier von O. Boettger, mit 3, Tafeln 1901.

» » » » Fische von Franz Steindachner. mit 2, Tafeln 1901.

» » » 3. Die von Herrn Professor Kukenthal im Indischen Archipel gesammelten Dekapoden und Stomatopoden, von J. G. de Man, mit neun Tafeln 1902.

» » » 4. Kieselschwämme von Ternate II, von John. Thiele, mit 1, Tafel 1903.

» » » » Schlusswort von W. Kükenthal 1903.

» XXVI. ». 1. Beiträge zur Entwicklungsgeschichte der Reptilien. Biologie und Entwicklung der ausseren Körperform von Crocodilus madagascariensis Grand von A. Völtzkow mit 17 Tafeln und 18 Textfiguren 1899.

» » » » Der Uterus gravidus von Galago agisymbanus von H. Strahl, mit 8, Tafeln 1899.

» » » 2. Hymenoptera. Vespidae, bearbeitet von Henri de Saussure, mit 4, Abbildungen 1900.

» » » » Verzeichniss der von Herrn Dr. A. Voeltzkow gesammelten marinen und litoralen Mollusken von Iohn Thiele mit 9, Abbildungen 1900.

» » » » Hymenoptera von Madagaskar. Apidae, Fossores und Chrysididae von H. Friese 1900.

» » » 3. Beiträge zur Entwicklungsgeschichte der Reptilien. II. Die Bildung der Keimblätter von Podoonemis madagascariensis Grand von A. Voeltzkow, mit 4, Tafeln und 8 Abbildungen 1901.

» » » » Beiträge zur Entwicklungsgeschichte der Reptilien. III. Zur Frage nach der Bildung der Bauchrippen von A. Voeltzkow und L. Döderlein, mit 2. Tafeln und 1 Textfigur 1901.

» » » » Beiträge zur Entwicklungsgeschichte der Reptilien. IV. Keimblätter, Dottersack und erste Anlage des Blutes und der Gefässe bei Crocodilus madagascariensis Grand. von A. Voeltzkow. 1901.

» » » » Myriopoden aus Madagaskar und Zanzibar, gesammelt von Dr. A. Voeltzkow, bearbeitet von Henri de Saussure und Leo Zehntner, mit 2, Tafeln 1902.

» » » » Ueber Coccolithen und Rhabdolithen nebst Bemerkungen über den Aufbau und die Entstehung der Aldabra-Inseln, von A. Voeltzkow, mit 3 Abbildungen 1902.

» » » » Die von Aldabra bis jetzt bekannte Flora und Fauna, von A. Voeltzkow 1902.

» » » » Koleopteren der Aldabra-Inseln bearbeitet von H. J. Kolbe 1902.

» XXVII. » 1. Die Korallengattung Fungia von Ludwig Doderlein, mit 25, Tafeln 1902.

» » » 2. Beiträge zur Entwicklungsgeschite der Reptilien. V. Epiphyse und Paraphyse bei Krokodilen und Schildkröten von Alfred Voeltzkow, mit 2, Tafeln 1903.

Band. XXVII. Heft. 2. Beiträge zur etc. der Reptilien. VI. Gesichtsbildung und Entwicklung der äusseren Körperform bei Chelone imbricata Schweigg von A. Voeltzkow, mit 2, Tafeln 1903.

» » » » Die Landplanarien der Madagassischen Subregion von Camillo Mell, mit 3, Tafeln und 4 Textfiguren 1903.

» » » » Schildkröten von Madagaskar und Aldabra, gesammelt von A. Voellzkow bearbeitet von F. Siebenrock, mit 3. Tafeln 1903.

» » » 3. Beiträge zur vergleichenden Anatomie der Placenta von Hans Strahl, mit 10 Tafeln und 1, Textfigur 1904.

» » » » Ueber eine eocäne Fauna der Westküste von Madagaskar von A. Tornquist, mit 1, Tafel und 3 Textfiguren 1904.

» » » 4. Ostafrikanische Dekapoden und Stomatopoden, gesammelt von Herrn Prof. A. Voeltzkow, bearbeitet von H. Lenz. mit 2, Tafeln 1905.

» XXVIII. Schildkrötenreste im Mainzer Tertiärbecken und im benachbarten, ungefähr gleichalterigen Ablagerungen von A. v. Reinach, mit 44, Tafeln 1900.

» XXIX. Heft. 1. Schildkrötenreste aus dem ägyptischen Tertiär von A. von Reinach, mit 17, Tafeln 1903.

» » » 2. Geographische und geologische Beobachtungen im Uadi Natrûn und Fâregh in Aegypten von Ernst Stromer, mit 1, Tafel und 1 Karten-Skizze 1907.

» » » » Fossile Wirbeltier-Reste aus dem Uadi Fâregh und Uadi Natrûn in Aegypten von Ernst Stromer, mit 1, Tafel und 3 Abbildungen 1907.

» » » » Geologische Beobactungen im Fajûm und am unteren Niltale in Agypten vou Ernst Stromer, mit 1, Tafel 1907.

» » » 3. I. Oberpliocäne Flora und Fauna des Untermaintales, insbesondere des Frankfurter Klärbeckens. II Unterdiluviale Flora von Hainstadt a M., beschrieben von H. Engelhardt und F. Kinkelin mit 15 Tafeln und 1 Abbildung 1908.

» XXX » 1-2. Die geographische Verbreitung der Nacktschnecken. Eine zusammenfassende kritische Darstellung unserer Kenntnisse derselben zu Anfang des 20. Jahrhunderts von D. F. Heynemann, mit 2, Tafeln und 9 Karten 1906.

» » » » Japanische Spinnen von W. Bösenberg und Embr. Strand, mit 14, Tafeln 1906.

» » » 3. Ueber das Gehirn von Petromyzon fluviatilis von Karl Schilling, mit 1, Tafel und 2, Abbildungen 1907.

» » » » Untersuchungen über das Gehirn der Ganoiden Amia calva und Lepidosteus osseus von C. U. Ariens Kappers mit 2, Tafel und 6 Abbildungen 1907.

» » » 4. Die palaearktischen Spongostylinen von P. Sack. 1909.

— Senckenbergische naturforschende Gesellschaft (Bericht). 40, 1909.

Freiburg. — Naturforschende Gesellschaft zu Freiburg I. Br. (Berichte). Band XVII, Heft 2. 1909.

Görlitz. — Naturforschende Gesellschaft zu Görlitz (Abhandlungen). Band 26, 1909.

Güstrow. — Verein der Freunde der Naturgeschichte in Mecklenburg (Archiv). Jahrgang 62, 1908, II Abteilung ; Jahrgang 63, 1909, I Abteilung.

Halle a. S. — Zoologisches Museum zu Berlin (Bericht). Rechnungs jahr 1908 (1909).

Hamburg. — Naturhistorisches Museum in Hamburg (Mitteilungen). Jahrgang XXVI, 1908 (1909).

— Naturwissenschaftlicher Verein in Hamburg (Abhandlungen aus dem Gebiete der Naturwissenschaften). Band 1, 1846, Band II, Abt. 1-2, 1848-52, Band III, 1856; Band IV, Abt. 2-3-4. 1860-62-66, Band V, Abt. 1-4, 1866-873: Band VI, Abt. 1-3, 1873-76, Band VII Abt. 1-2, 1880-83 ; Band VIII, Abt. 1-3, 1884, Band IX, Abt. 1-2, 1886 ; Band X, 1887, Band XI, Abt. 1-3, 1889-91, Band XII, 1892-93; Band XIII, 1895, Band XIV, 1896, Band XV, 1897, XVI, Hälfte 1-2, 1900-901 ; Band XVII, 1902, Band, XVIII, 1903.

— Uebersicht der Aemter-Vertheilung und wissenschäftlichen Thätigkeit des naturwissenschaftlichen Vereines zu Hamburg). Im. Jahren 1865, 1866, 1867, 1868, 1871, 1872; 1873 und 1874.

— (Verhandlungen). Neue Folge, Jahren 1875-76, I, 1877 ; 1877, II, 1878; 1878, III, 1879 ; 1879, IV, 1880; 1880, V, 1881 ; 1881, VI, 1882; Dritte Folge Jahren 1893, I, 1894 ; 1894, II, 1895 ; 1895, III, 1896 ; 1896, IV, 1897 ; 1897, V, 1898 ; 1898, VI. 1899; 1899, VII, 1900 ; 1900, VIII. 1901 : 1901, IX, 1902 ; 1902, X, 1903 ; 1903, XI, 1904; 1904, XII, 1905; 1905, XIII, 1906; 1908, XVI, 1909.

Jena. — Medizinisch-naturwissenschaftliche Gesellschaft zu Jena (Jenaische Zeitschrift für Naturwissenschaft). Band 44, N. F. 37 Band, Heft 2-4, 1908-9 ; Band 45, N. F. 38 Band, Heft 1 ; 1909.

Königsberg. — Physikalisch-ökonomische Gesellschaft zu Königsberg in Pr. (Schriften). 49 Jahrgang 1908 (1909).

München. — Königlich bayerische Akademie der Wissenschaften (Abhandlungen der mathematisch-physikalischen Klasse) Band 23, Abtheilung III, 1909; Band 24, Abtheilung II, 1909; Erster Band - Supplement 1-6 Abhandlungen 1908 ; Zweiter Band - Supplement 1, Abhandlung 1909.

— (Sitzungsberichte der mathematisch-physikalischen Klasse). Jahrgang 1908 Heft II, 1909 ; Jahr. 1909 1-14 Abhandlungen 1909.

— Ornithologische Gesellschaft in Bayern (Verhandlungen). Bd. VIII, 1907 (1908).

Offenbach a. M. — Offenbacher Verein für Naturkunde (Bericht). N. 43-50 Bericht in den Vereinsjahren vom 12, Mai 1901 bis 2, Mai 1909.

Wiesbaden. — Nassauischer Verein für Naturkunde (Jahrbücher). Jahrgang N. 62, 1909.

Würzburg. — Physikalisch-medicinischen Gesellschaft zu Würzburg (Sitzungs-Berichte). Jahrgang 1907, N. 8; Jahrgang 1908, N. 1-6, Jahrgang 1909, N. 1-4.
— (Verhandlungen). N. F. Band XL 1908, N. 2-5.

GIAPPONE.

Tōkōy. — College of Science, Imperial University of Tōkyō Japan (Journal). Vol. XXIII, Article 15, 1908; Vol. XXVI, Article 1, 1909; Vol. XXVII, Article 1-2, 1909.
— Imperial University of Tōkōy. The Calendar 2567-68 (1907-08) 1908.

GRAN BRETAGNA.

Dublin. — Royal Dublin Society (The economic. Proceedings). Vol. I, Part. 13-16 and Index 1908-1909.
— The scientific Proceedings. Vol. XI, (N. S.) N. 29-32, 1908-09; Vol. XII, (N. S.) 1-23, 1909.
— (The scientific Transactions). Vol. IX, (Series II), Part. VII, 1908; Part. VIII, IX and Index 1909.
— Royal Irish Academy (Proceedings). Vol. XXVII, Section A, Part. 10-12, 1909; Section B, Part. 6-11, 1909; Section C, Part. 9-18, 1909; Vol. XXVIII, Section B, N. 1-2.
Edinburgh. — Royal physical Society for the promotion of Zoology and other branches of Natural History Proceedings. Session 1907-1908, Vol. XVII, N. 1, 5-6, 1908-1909.
Glasgow. — Geological Society of Glasgow (Transactions). Vol. XIII, Part. 1-2, 1905-6-7, and 1906-7-8 (1907-1908).
— History of the Geological Society of Glasgow, 1858-1908, with biographical Notices of Prominent Members 1908.
London. — Palaeontographical Society Vol. LXIII, 1909.
— Royal Society of London (Philosophical Transactions). Series A, Vol. 209, pp. 205-478 and Index; Vol. 210, pp. 1-55; Series B, Vol. 200 pp. 241-521 and Title.
— (Proceedings). Series A, Vol. 82. N. 551-558, Vol. 83, N. 559-561, 1909; Series B, Vol. 81, N. 545-551, Vol. 82, N. 552-553, 1909. Reports to the Evolution Committee Report. V, 1909.
— Report of a magnetic Survey of South Africa by Beattie J. C. 1909.
— Zoological Society of London (Proceedings of the general meetings for scientific business). 1908 Part. IV, 1909; 1909 Part. I-III.
— (Transactions). Vol. XIX, Part. 1-3, 1909.
Manchester. — The Manchester literary and philosophical Society (Memoirs and Proceedings). Vol. 53, 1908-1909, Part. II-III.

INDIA.

Calcutta. — Imperial Department of Agriculture (Annual Report). Report on the Progress of Agriculture in India for 1907-09 (1909).
— Department of Agriculture in India. Agricultural Research Institute. Pusa (Memoirs). Botanical Series Vol. II, N. 6-8, 1908.
— Entomological Series Vol. II, 1908, N. 7.
— The Geological Survey of India (Memoirs). Vol. XXXVII, Part. 1-3, 1909.
— (Records). Vol. XXXVII, Part. 2-4 1908-09; Vol. XXXVIII, Part. 1-3, 1909.
— Palaeontologia Indica (Memoirs).
  Series XV. Vol. VI. N. 1. Lower triassic Cephalopoda from Spiti Malla Johar, and Byans by A. von Krafft and Carl Diener 1909.
  »   »   » VI. N. 2. The fauna of the Traumatocrinus limestone of Painkhanda by Carl Diener 1909.
  New Series. » II. Memoir N. 4. The fauna of the Napeng beds or the Rhaetic beds of upper Burma, by Maud Healey 1908.
  » II. N. 5. The Devonian faunas of the Northern Shan States by F. R. Cowper Reed 1908.
  »   »   » III. Memoir N. 3. On some fish-remains from the La neta beds at Dongargaon, Central Provinces by A. Smith Woodward 1908.

ITALIA.

Acireale. — R. Accademia di scienze, lettere e arti degli Zelanti Acireale (Rendiconti Memorie). Anno accad. 233-234, Serie 3, Vol. V, Memorie; Anno accad. 234-235, Serie 3, Vol. V e VI, Rendiconti.
Aoste. — Société de la Flore Valdôtaine (Bulletin). N. 5, 1909.
Bergamo. — Ateneo di scienze lettere ed arti in Bergamo (Atti). Vol. XX, anni 1907-1908 (1909).
Bologna. — R. Accademia delle scienze dell'Istituto di Bologna (Memorie). Serie VI, Tomo V, 1907-08 (1908).
— (Rendiconto). Nuova Serie: Vol. XII, 1907-08, Fasc. 1-4, 1908. Relazione dell'anno accad. 1907-08 e memoria la proprietà del lavoro del prof. G. Brini 1909.
Brescia. — Ateneo di Brescia (Commentari). Per l'anno 1908 (1909). Indici per nomi e per materia 1808-907 (1908).
Catania. — Accademia Gioenia di Scienze naturali (Atti). Anno LXXXV, 1908, Serie 5, Vol. I.
— (Bollettino delle sedute). Anno 1908-909, Gennaio, Fasc. 5-9.
Firenze. — Biblioteca Nazionale Centrale di Firenze (Bollettino delle pubblicazioni italiane ricevute per diritto di stampa). Indice alfabetico ecc. del 1908 (1909). Anno 1909, N. 98-108.

Firenze. — R. Stazione di Entomologia Agraria di Firenze (Redia-Giornale di Entomologia). Vol. V, Fasc. I, 1908; Vol. VI, Fasc. I, 1909.

— Società botanica italiana (Bullettino). Anno 1909, N. 1-9.

— Bullettino bibliografico della botanica italiana. Anno 5, 1908, 2 Semestre pag. 335-370, 1909; Anno 6, 1909, Vol. 2, pag. I-VIII e 1-29.

— (Nuovo Giornale botanico italiano). Nuova serie Memorie della Società botanica italiana. Vol. XV, 1908, N. 4, 1909; Vol. XVI, 1909, N. 1-4, 1909.

— Società entomologica italiana (Bullettino). Anno 40, 1908, Trimestre I-II, 1909.

Genova. — R. Accademia medica di Genova (Bullettino). Anno XXIII, N. 4, 1908; Anno XXIV, N. 1-2, 1909.

— Società Ligustica di scienze naturali e geografiche (Atti). Vol. XIX, anno XIX, 1908, N. 3-4; Vol. XX, anno XX, 1909, N. 1-2.

Milano. — Municipio di Milano. Bollettino statistico mensile. Anno XXIV, N. 12 e riassunto; Anno XXV, 1909, N. 1-11.

— (Dati statistici). A corredo del resoconto dell'amministrazione Comunale 1908 (1909).

— Reale Istituto Lombardo di scienze e lettere. Atti della fondazione scientifica Cagnola, dalla sua istituzione in poi. Vol. 22, che abbraccia gli anni 1907-08 (1909).

— (Memorie).

  Le teorie idrodinamiche delle Sesse e loro applicazioni al calcolo dei periodi e dei 1odi delle sesse del Benaco pel dott. Francesco Vercelli 1909.

— (Rendiconti). Serie II, Vol. XLII, 1909-10, Fasc. 1-20.

— R. Osservatorio astronomico di Brera. Osservazioni meteorologiche eseguite nell'anno 1908 col riassunto composto sulle medesime da E. Pini.

— Reale Società Italiana d'Igiene (Giornale). Anno XXXI, N. 1-2, 1909.

— Società Lombarda per la pesca e l'acquicoltura (Bollettino). Anno II, 1909, N. 1-12; Anno III, 1910, N. 1.

Napoli. — R. Accademia delle scienze fisiche e matematiche (Sezione della Società Reale di Napoli) (Rendiconto). Serie 3, Vol. XIV, anno XLVII, 1908, Fasc. 8-12; Serie 3, Vol. XV, anno XLVIII, 1909, Fasc. 1-7.

— R. Istituto d'Incoraggiamento di Napoli (Atti). Serie VI, Vol. LX, anno 1908 (1909).

Padova. — Accademia scientifica Veneto-Trentino-Istriana (Atti). Terza Serie, anno II, 1909.

— La Nuova Notarisia. Rassegna consacrata allo studio delle alghe. Serie XX, anno XXIV, 1909, gennaio, aprile, luglio, ottobre.

Palermo. — Il progresso zootecnico ed agricolo. Rivista mensile di

Zootecnia, Igiene, Polizia sanitaria, Veterinaria, Agricoltura. Anno I, 1910, N. 1.

Palermo. — Reale Accademia di scienze, lettere e belle arti di Palermo (Bollettino). Anno I, 1884, N. 1-6, 1884-85.

— R. Istituto Botanico di Palermo (Contribuzione alla Biologia vegetale). Vol. IV, Fasc. II, 1909.

— R. Orto botanico e giardino coloniale di Palermo (Bollettino). Anno VII, 1908, Fasc. 4 ; Anno VIII, 1909 Fasc. 1-3.

— Società di scienze naturali ed economiche di Palermo (Giornale). Vol. XXVI, anno 1908 (1909): Vol. XXVII, anno 1909 (1909).

Parma. — Bullettino di paletnologia italiana. Serie IV, Tomo IV, anno XXXIV, N. 9-12, Indice 1908; Tomo V, anno XXXV, N. 1-9, 1909.

Pisa. — Società cattolica italiana per gli studi scientifici. Rivista di fisica matematica e scienze naturali. Anno IX, 1908, N. 107 ; Anno X, 1909, N. 109-120.

— Società Toscana di scienze naturali, residente in Pisa (Atti e Processi Verbali). Vol. XVIII, 1908-09, N. 1-4.

Portici. — R. Scuola Superiore d'Agricoltura in Portici. (Bollettino del Laboratorio di Zoologia generale e agraria). Vol. III, 1909, con 194 figure nel testo e 2 tavole.

Roma. — Reale Accademia dei Lincei (Atti Rendiconti). Anno CCCVI, 1909, Vol. XVIII, Sem. 1, Fasc. 1-12, Sem. 2, Fasc. 1-12. Adunanza solenne del 6-VI 1909.

— Classe di Scienze fisiche, matematiche e naturali (Memorie). Anno CCCV, 1908, Serie quinta Vol. VII, Fascicolo.

    I. Saggio di anatomia segmentale. La materia somatica, nervosa, cutanea e muscolare dei Vertebrati, G. van Rynberk.

    II. Saggio per uno studio sulle Caprinidi dei Calcari di scogliera (orizzonte del Col dei Schiosi) nelle Prealpi Venete orientali, C. F. Parona.

    III. L'Assorbimento selettivo della radiazione solare nell'atmosfera terrestre e la sua variazione coll'altezza per A. Bemporad.

    IV. Trasformazioni dello spettro dell'arco elettrico cantante per M. La Rosa.

    V. Sulla morfologia e sul ciclo del parassita della rabbia per Adelchi Negri 1909.

    VI. Sulla propagazione del magnetismo nelle aste rettilinee di ferro per Luigi Lombardi 1909.

    VII. Intorno alla rotazione dei corpi, muniti di movimenti ciclici stazionarii per Silvio Ena 1909.

    VIII. Sul problema statico di Maxwell per Carlo Somigliana 1909.

    IX. Sulle scariche oscillatorie per A. Battelli e L. Magri 1909.

    X. Il diabase di Paraspora ed i fenomeni di deformazione nei suoi feldspati.

— Reale Accademia medica di Roma (Bullettino). Anno acc. 1907-08, XXXIV, Fasc. VII-VIII, 1909; Anno acc. 1908-09 XXXV, Fasc. I-VII.

— Indice degli atti e del Bullettino dall'anno 1885 a tutto il 1900 (1909).

Roma. — R. Comitato Geologico d'Italia (Bollettino). Anno 1908, Vol. XXXIX, Serie 4, Vol. IX, N. 3-4; Anno 1909, Vol. XL, e Vol. X, N. 1-2.

— Memorie per servire alla descrizione della carta geòlogica d'Italia. Vol. V, Parte 1, 1909.

— R. Ufficio Geologico. Memorie descrittive della Carta geologica d'Italia. Vol. 1-12 con Carte ed Atlanti 1886-1903. Contribuzione allo studio geologico dei Vulcani Vulsini con Carta geologica e vedute fotografiche di P. Moderni 1904. Carta geologica d'Italia al 100.000. Foglio Lucania, Sezioni geologiche Tav. I, relativa ai fogli 198, 199, 210; Tav. II, ai fogli 200, 209, 210; Tav. III, ai fogli 209, 211, 212; Foglio Campagna N. 198; Foglio Potenza N. 199; Foglio Laurenzano N. 200; Foglio Valle della Lucania N. 209; Foglio Lagonegro N. 210; Foglio S. Arcangelo N. 211; Foglio Tursi 212.

— Società zologica italiana, con sede in Roma (Bollettino). Serie II, Vol. IX, anno 1908, Fasc. XI e XII; Vol. X, anno 1909, Fasc. I-XII.

Torino. — R. Accademia d'Agricoltura di Torino (Annali). Vol. 51, 1908 (1909).

— R. Accademia delle scienze di Torino pubblicati dagli accademici Segretari delle due Classi (Atti). Vol. XLIV, Disp. 1-15, 1908-09.

Udine. — Circolo Speleologico ed Idrologico Friulano (Mondo sotterraneo Rivista di speleologia e idrologia). Anno V, N. 3-6, 1908; Anno VI, N. 1-2, 1909.

Venezia. — L'Ateneo Veneto (Rivista bimestrale di scienze, lettere ed arti). Anno XXXII, 1909, Vol. I, Fasc. 1-3; Vol. II, Fasc. 1-3.

— Reale Istituto Veneto di scienze, lettere ed arti (Atti). Anno acc. 1908-09, Tomo LXVIII, Serie 8, XI, Disp. 4-9.

— Elenco dei Membri e Soci del R. Istituto Veneto di scienze, lettere ed arti. Anno acc. 1908-09 (1909).

— Osservazioni meteorologiche e geodinamiche eseguite nell'anno 1907 nell'osservatorio del Seminario patriarcale di Venezia 1909.

Vicenza. — Accademia Olimpica di Vicenza (Atti). Annate 1907-08, Nuova serie Vol. 1, 1908.

Verona. — Accademia d'Agricoltura, scienze, lettere, arti e commercio di Verona (Atti e Memorie). Serie IV, Vol. VIII, (LXXXIII dell'intera collezione); Vol. IX, (LXXXIV, dell'intera collezione 1909).

— Osservazioni meteoriche dell'anno 1907 e 1908. Appendice al VIII (? LXXX); Vol. VIII, (? LXXXI dell'intera collezione).

NORVEGIA.

Christiania. — Vjdenskabs-Selskabet (Forhandlinger). Aar 1907 (1908).

Stavanger. — Stavanger Museum (Aarshefte). For 1908 19de Aargang 1909.

PAESI BASSI.

Haarlem. — Musée Teyler (Archives). Serie II, Vol. XI, Parte 3, 1909).
La Haye. — Société Hollandaise des sciences à Harlem. Archives néerlandaises des sciences exactes et naturelles. Série II, Tome XIV, 1909, Livraisons 1-5.

PORTOGALLO.

Coimbra. — Academia Polytechnica do Porto (Annaes scientificos) publicados sob a direcção de F. Gomes Teixeira. Vol. IV, N. 1-4, 1909.
Lisboa. — Commissão do Servico de Portugal (Communicações). Tomo VII Fasc. II, 1908-09.
S. Fiel (Portugal). — Broteria Revista de sciencias naturaes do Collegio de S. Fiel. Vol. VIII, 1909, Serie zoologica e botanica.

ROMANIA.

Bucuresti. — Societé des Sciences de Bucarest-Roumanie (Bulletin). Anul XVII, 1908, N. 5 si 6 1909; Anul XVIII, 1909, N. 1-4.

RUSSIA E FINLANDIA.

Helsingfors. — Societatis pro Fauna et Flora Fennica (Acta). Vol. 24, 1909; Vol. 29, 1906-08; Vol. 30, 1904-06; Vol. 31, 1908-09; Vol. 32, 1909.
— (Meddelanden). Häftet 33, 1906-07 (1907); Häftet 34, 1907-08 (1908); Häftet 35, 1908-09 (1909).
Moscou. — Société Impériale des Naturalistes de Moscou (Bulletin). Année 1907, N. 1-4, 1908.
St. Pétersbourg. — Académie Impériale des Sciences de St. Pétersbourg (Annuaire du Museé zoologique). Tome XIII, N. 4, 1908 ; Tome XIV N. 1-2. 1909.
— (Bulletin). V Série, Tome XXV, 1906 dernier volume de la 5ᵉ Série 1907 ; VI Série année 1909, N. 2-18.
— Classe physico-mathématique. Mémoires.

> Vol. XVIII. N. 7. Araneae et Oribatidae Expeditionum rossicarum in Insulas Nova-Sibiricas., annis 1885-1886 et 1900-03 susceptarum. Dr. V. 1, Kulczynseki 1908.
> »   »   » 8. Schizopoda ? 1908.
> »   »   » 10. Ein Beitrag zur Kenntnis der Dipterenfauna Nordsibiriens von Th. Becker 1903.
> »   »   » 11. Die Ascidien des sibirischen Eismeeres von Dr. W. Bedikorzev 1908.

Vol. XVIII. N. 12. Die Hydroiden des sibirischen Eismeeres gesammelt von der russischen Polar-Expedition 1900-03 von Dr. Elof Jäderholm 1908.

» » » 13. Ueber die Bieren (Apidae) der russischen Polarexpedition 1900-03 und einiger anderen arktischen Ausbeuten von H. Friese 1908.

» XXI. » 1. Résultats scientifiques del'Expédition Polaire russe en 1900–03, sous la directien du Baron E. Toll. Section C. Geologie et Paléontologie, Livr. I, 1906.

» » » 2. Livr. 2. Ueber Trias und Jurapflanzen von der Insel Kotelny von A. G. Nathorst 1907.

» » » 3. Ueber Aucellen aus dem Norden und Osten von Sibirien, von D. N. Sokolow 1908.

» XXII. » 2. ? 1907.

» » » 4. Ichthyologische Untersuchungen im Eismeer II Gymnelis und Enchelyopus s. Zoorces von N. Knipowitsch 1908.

» » » 7. ? 1908.

» XXIII » 4. ?

St. Pétersbourg. — Travaux du Musée Botanique de l'Académie Impériale des Sciences de St. Pétersbourg. Vol. VI, 1909.

— Comité géologique (Bullettins). Tome XXV, 1906, N. 10; Tome XXVI, 1907, N. 1-10: Tome XXVII, 1908, N. 1-3.

— (Mémoires).

Nouvelle Série. Livr. 22. Recherches géologiques dans le groupe central des domaines des usines de Verkh-Issetsk, dans les domaines Revdinsky et le territoire Mourzinsky par V. Nikitin avec une carte géologique en 5´fenilles et 35 planches, 1907.

» » » 28. Die Insel Swjatoi (Gouvernement Baku von D. Golubjatuikow mit 3, Tafeln und 1 Karte.

» » » 30. Recherches géologique dans le rayon des mines de l'Usine Arkhanghelsky (Oural Sud, gouvern. d'Oufa) par L. Koniouchewsky avec 2 planches et 1 carte 1908.

» » » 32. Schriften aus dem Nachlass von A. Michalski 1908.

» » » 34. Materialien zur Kenntnis der Carbon-Ablagerungen des Beckens von Dombrowa, von S. Czarnocki, mit einer Karte und 6 Tafeln 1907.

» » » 35. Materialien zur Kenntniss des Muschelkalkes im Becken von Dombrowa von K. Bogdanowitsch 1907.

» » » 37. Die Fauna des Donez-Jura; I Cephalopoda. A. Borissjak mit 10 Tafeln 1908.

• » » 38. Jurassic plants from Caucasia and Turkestan by A. C. Seward with 8 plates 1907.

» » »· 41. Der Oestliche Teil des Bergwerkbezirkus von Nishne-Tagil von A. Krasnopolsky mit 1 Karte 1908.

» » » 42. Das Palaeozoicum im Isjumer Kreise des Gouvernements Charkow von N. Yakowlew mit 1 Karte 1908.

— Société Impériale des Naturalistes de St. Pétersbourg (Travaux). Comptes rendus des séances). Tome XXXIX, Livr. 1, 1908, N. 1-8; Tome XL, Livr. 1, 1909, N. 1.

— Section de botanique. Vol. XXXVII, liv. 3, 1908; Vol. XXXVIII,

Liv. 4; Vol. XXXVII, livr. 3, Journal botanique année troisième
N. 1-8, 1908, Vol. XL, série 4, fasc. 1-2, 1909.
— Section de Zoologie et de Physiologie. Vol. XXXVII e XXXVIII,
liv. 2, 1908.
— Musée Botanique etc. Schedae ad Herbarium florae Rossicae. N. VI.
N. 1601-2000.

SPAGNA.

Granada. — Estación sismólogica de Cartuja (Granada) (Boletin men-
sual). Año 1909, N. 1-12.
Madrid. — Real Sociedad Española de Historia Natural (Boletin). Tomo
IX N. 1-10, 1909.
— (Memorias),

Tono I. Memoria 27. Blattidae of spanish Guinea by R. Shelford 1909.
» » » 28. Lepidópteros de la Guinea Española por N. M.
Kheil 1909.
» V. » 6. Datos geológicos acerca de las posesiones españolas
del Norte de Africa por L. Fernández Navarro 1908.
» VI. » 1. Étude sur les arachnides recueills au Maroc par M.
Martinez de la Escalera en 1907 par E. Simon 1909.
» » » 2. Graptolitos citados en Cataluña por M. Faura y Sans
1909.
Zaragoza. — Sociedad Aragonesa de Cencias Naturales (Boletìn). Tomo
VIII, 1909 N. 1-10; Tomo IX, 1910, N. 1.

SVEZIA.

Lund. — Universitatis Lundensis (Acta Nova series). Andra aîdelningen
Medicin samt Matematiska och Naturvetenskapliga. Aemnen IV,
1908 (1908-09.
Stockholm. — K. Svenska Vetenskapsakademien i Stockholm (Arkiv).
Fór Matematik, Astronomi och Fysik. Band 5, Häfte 1-4, 1909.
— (Arkiv). Fór Kemi, Mineralogi och Geologi Band 3, Häfte 3, 1909.
— (Arkiv). Fór Botanik Band 8. Häfte 1-4, 1909; Bd. 9, Häfte 1, 1909.
— (Arkiv). Fór Zoolgi Band 5, Häfte 1-4, 1909.
— (Handlingar).

Band. 43. N. 7. Ueber den Bau und die Entwicklung der Florideengattung
Martensia von Nils Svedelius 1908.
» » » 8. Palaeobotanische Mitteilungen 7 von A. G. Nathorst 1908.
» » » 9. Studien über Regenerations-und Regulationserscheinung II
ergänzende Untersuchungen an Actiniarien von Oskar Carlgren
1909.
» » » 10. On the Galacite system with regard to its structure, origin,
and relations in space by Karl Bohlin 1909.
» » » 11. Cytologische und morphologische Studien an Drosera longifolia ✕ rotundifolia von O. Rosenberg 1909.

Band. 43. N. 12. Ueber die Gattuig Nilssoìia Brongn. mil besonderer
Berücksichtigung schwedischer Arteì von A. G. Nathorst 1909.

»   44.   » 1. Zur Morphologie der skandinavischen Schmetterlingseier von
John Peyron 1909.

»   »   » 2. Studieì über Regenerations-und Regulationserscheinungen
III Vensuche an Lucernaria von Oskar Carlgren 1909.

»   "   » 3. Termittenstudien von Nils Holmgreì 1909.

»   »   » 4. Studien über die Entwicklungsgeschichte und systematische
Stellung von Adoxa moschatellìna L. von Torsten Lagerberg
1909.

»   »   » 5. Musci Asiae Borealis, Beschreibung der von den schwedi-
schen Expeditionen nach Sibirien ìn den Jahren 1875 und
1876 gesammalten Moose mit Berücksichtigung aller früheren
bryologischen Angaben für das russische Nord Asien, Dritter
Teil Torfmoose von C. Jensen 1909.

»   45.   » 1. Northerì and Arctic Invertebrates in the Collectioì of the
swedish State Museum IV Hydroiden, von Elof Jäderholm 1909.

»   »   » 2. Quelques recherches sur les centres d'action de l'Atmo-
sphère par Hildebrandsson 1909.

— (Lefnadsteckningar). Band 4 Hätte 4, 1909.

— Kungl. Vitterhets Historie och Antikvitets Akademiens. Les prix
Nobel en 1906 (1908).

— (Antikvarisk Tidskrift för Sverige). Adertonde (18). Delen. Andra
Häftet 1909.

— (Fornvännen Meddelanden). Årgången 2, 1907 (1908); 3, 1908 (1909).

— Bref och skrifvelser af och till Carl von Linné med understöd af
Svenska Staten utgifna af Upsala Universitet Första afdelningen
Del. III, 1909.

Uppsala. — Kungl. Svenska Vetenskaps Akademiens (Årsbok). För. år.
1909 (1909).

— Nobelinstitut (Meddelanden).

Band. I. N. 12. Influence de la température sur l'énergie interne et l'énergie
libre des dissociations électrolytiques des acides et bases faibles
par Harald Lunden 1908.

»   »   » 13. Versuche über Fällung von Eiweisskörpern und Agglutina-
tion von Erythrocyten von Svaite Arrhenius 1909.

»   »   » 14. Die Hesetze der Verdauung und Resorption ìach Versuchen
von Hrn. E. S. London, von Svante Arrheìius 1909.

»   »   » 15. Das Nobelìistitut für physikalische Chemie ìn Stockholm
von Harald Lìden 1909.

SVIZZERA.

Basel. — Naturforschende Gesellschaft in Basel (Verhandlungen). Bd.
XX, Heft. 1, 1909.

Bellinzona. Società, Ticinese di Scienze Naturali (Bollettino). Anno I,
1904, N. 1-6; Aìno II, 1905, N. 1-6; Anno III, 1906 Fascicolo
unico; Anno IV, 1908; Fasc. unico; Anno 1909 V, Fasc. unico.
Lugano.

Chur. — Naturforschende Geselischaft Graubündens (Jahresbericht). N. F. LI, Bd. Vereinsjahr 1908-09 (1909).

Lausanne. — Société Vaudoise des Sciencos Naturelles (Bulletin). 5 Série Vol. XLIV, 1908, N. 164; Vol. XLV,.1909, N. 165-167. Observations météorologiques faites à la Station meteorologique du Champ-de-l'Air, Institut agricole de Lausanne. Année 1908 XXII et 35 des observations de Lausanne 1909.

Neuchtâel. — Société neuchateloise des sciencos naturelles (Bulletin). Tome XXXV, 1909 année 1907-08.

Zürich. — Geologische Kommission der schweizerische naturforschende Gesellschaft. Beiträge zur geologischen Karte der Schweiz. XXIX, Livraison, Bibliographie géologique de la Suisse. 2 Partie 1908. — Naturforschende Geselischaft. in Zürich Vierteljahrsschrift). 53 Jahrg. 1908, 1-3, 1908.

GLI SCISTI BITUMINOSI DI BESANO IN LOMBARDIA

Nota del

Dott. **Emilio Repossi**

Gli scisti bituminosi di Besano sono tanto e da sì lungo tempo noti alla scienza, che può sembrare superflua una nuova, sebbene modesta, pubblicazione, che ne faccia oggetto di studio. La ragione e l'occasione della presente nota sta nel fatto, che recentemente fu riattivata su più vasta scala la lavorazione industriale, già altre volte intrapresa ed interrotta, della formazione di Besano, e gli studi preparatori che prelusero a questo periodo di lavori, di cui io stesso venni incaricato, furono estesi, con mezzi che ordinariamente non sono a disposizione dello studioso, a tutta la zona d'affioramento con una minuzie, che sarebbe certo esagerata in un rilievo, per quanto diligente, fatto a puro scopo teorico.

Negli studi preliminari e nel corso dei lavori industriali, che vennero effettuati sul versante occidentale del monte S. Giorgio, alla località di Tre Fontane in territorio svizzero, potei raccogliere alcune osservazioni, che non mi sembrano del tutto trascurabili, perchè, senza mutare in sostanza le conclusioni alle quali vennero i geologi (1) che da un secolo in qua si ocen-

---

(1) La bibliografia degli scisti di Besano è enormemente estesa, specie perchè, come nota il Taramelli, essi si trovano in vicinanza della formazione porfirica luganese, che venne studiata e discussa fin dal principio del secolo scorso da una moltitudine di geologi. Per evitare inutili ripetizioni, rimando per la bibliografia anteriore al 1885 alla memoria « *Sui fossili e sull'età degli scisti bituminosi triasici di Besano in Lombardia* » del prof. F. Bassani, pubblicata nel vol. XXIX degli Atti della Società Italiana di Scienze Naturali. Fra le opere posteriori a questa ricorderò in modo speciale:

T. Taramelli, *Sulla giacitura degli scisti bituminosi ittiolitici di Besano* (Stab. Minola-Albrighi, Milano 1902);

T. Taramelli, *I tre laghi ; studio geologico-orografico* (Milano, 1903) ;

E. Mariani, *Appunti geologici sul secondario della Lombardia occidentale* (Atti Soc. ital. di Scienze Naturali, vol. XLIII, Milano, 1904).

parono degli scisti di Besano, contribuiscono in qualche parte a meglio precisarle ed a dare una più esatta conoscenza di questa importante formazione, specialmente in riguardo all'origine della sostanza bituminosa, che la fa ora tanto ricercata.

Mi pare inoltre non inutile cosa riunire, poiché se ne offre l'occasione, le considerazioni che su questo medesimo oggetto si possono fare da due punti di vista diversi, e cioè da quello puramente geologico e da quello chimico e pratico, convinto che da una trattazione di questo genere ogni problema possa ricevere una maggior luce.

È noto che il riferimento cronologico della formazione di Besano ha oscillato alquanto, specialmente prima degli studi paleontologici del Bassani (¹) e del Sordelli (²) e delle diligenti osservazioni stratigrafiche dello Spreafico (³) e del Taramelli (⁴). Riferiti dapprima al lias od all'infralias, i nostri scisti bituminosi furono da questi autori portati entro i limiti del trias e precisamente ai confini del trias medio e del trias superiore.

E se qualche incertezza a questo riguardo sussiste ancora, poichè fra i geologi, che da ultimi s'occuparono della formazione di Besano, alcuni, come il Taramelli (⁵), la riuniscono alla serie keuperiana, mentre altri, come il Mariani, la comprendono nel ladinico, ossia nel piano più recente del trias medio, le sue analogie paleontologiche col S. Cassiano mi sembrano fuor di dubbio e le sue relazioni stratigrafiche con le formazioni adiacenti non possono del pari dar luogo a discussioni.

Ed invero le condizioni stratigrafiche della regione compresa fra Besano e Riva, dove la classica formazione bituminosa

(1) F. Bassani, Op. cit. nella nota antecedente.

(2) F. Sordelli, *Sulle piante fossili recentemente scoperte a Besano, circondario di Varese* (Atti Soc. ital. di Sc. Nat., Vol. XXII, Milano, 1879);

F. Sordelli, *Flora fossilis insubrica*; studi sulla Vegetazione di Lombardia durante i tempi geologici (Milano, 1896).

(3) Vedi specialmente il foglio XXIV della carta geologica svizzera, rilevato per la regione ad Ovest del lago di Como da G. Negri ed E. Spreafico. Nella classica memoria di questi autori « Sulla geologia dei dintorni di Varese e di Lugano » antecedentemente pubblicata (Memorie R. Ist. Lomb., 1869), gli scisti di Besano erano erroneamente attribuiti all'infralias, quantunque la loro giacitura fosse esattamente rilevata. Lo Spreafico ben presto cambiò idea e tutto fu rimesso a debito posto nella carta ora citata.

(4) Opere citate.

(5) Opere citate.

si sviluppa più ampia e regolare, sono quanto si può immaginare di più semplice e chiaro, ed appaiono esattamente rappresentate nelle carte dello Spreafico ([1]), del Taramelli ([2]), come nei profili del Mariani ([3]) e negli altri lavori più antichi.

Le formazioni sedimentari si appoggiano molto regolarmente, salvo qualche piccolo disturbo stratigrafico, sopra le porfiriti ed i porfidi che formano la base visibile del monte S. Giorgio da Riva S. Vitale fino a Besano. Sono dirette all'incirca da est ad ovest e pendono di una trentina di gradi a sud, di guisa che le loro linee d'affioramento formano un'ampia curva con la convessità verso nord e verso l'alto del S. Giorgio.

La serie sedimentare, come è noto, s'inizia con le arenarie variegate del trias inferiore, le quali hanno uno spessore di pochi metri, ma affiorano quasi ininterrottamente alla base di terreni stratificati. Esse infatti compaiono poco ad est di Besano, allo sbocco del Vallone, dove contengono il noto giacimento galenifero di Piodè ([4]) poi si spingono in alto verso il passo della Barra ([5]), in rispondenza del quale una piccola faglia ne interrompe l'affioramento per breve tratto (Vedi Tav. I, prof. I); ricompaiono subito e sono visibili verso M. Casolo ed oltre il confine, dove, tagliando la valletta ingombra di materiale morenico che scende a Porto, risalgono verso Tre Fontane ovunque manifeste. Al dossetto di Tre Fontane, sopra Serpiano, si nota un'altra piccola faglia, diretta, come la prima, circa, da nord-est a sud-ovest (Vedi Tav. I, prof. II); da questa interrotte per poche decine di metri, le arenarie tornano a comparire

---

(1) E. Spreafico, Carta geològ. cit.

(2) T. Taramelli, *Carta geologica della Lombardia* (Milano, 1890), e carte annesse alle due memorie citate nelle note antecedenti.

(3) E. Mariani; Vedi i profili annessi alla memoria citata nella prima nota.

(4) Vedi, a proposito di questo interessante giacimento metallifero, che trovasi al contatto fra le porfiriti e le arenarie triasiche allo sbocco del Vallone di Besano la vecchia memoria del Curioni: *Sui giacimenti metalliferi e bituminosi nei terreni triasici di Besano* (Mem. R. Ist. lombardo, vol. IX, Milano, 1863), e la sua « *Geologia applicata delle provincie lombarde* (Milano, 1877); nonché lo studio sulla « *Regione metallifera e le miniere del circondario di Varese* » dell'ing. V. Denti, inserito nel giornale « l' *Industria* » (Milano, 1891).

(5) La faglia del Passo della Barra trovasi già esattamente rilevata nella memoria di G. Negri ed E. Spreafico: « *Saggio sulla geologia dei dintorni di Varese e di Lugano* (Mem. R Istit. lombardo; Vol. XI, Milano, 1869), e nel lavoro di T. Harada: *Das luganer Eruptivgebiet* (N. Jahrb. f. Miner. Geol. u. Palaeontol.; B. B. II, Stuttgart, 1883) in cui essa è delineata anche nel suo prolungamento tra le formazioni eruttive.

e si accompagnano fin sopra Riva, ricoperte solo qua e là dal detrito di falda che scende dal ciglio calcareo-dolomitico del S. Giorgio.

Sopra le arenarie s'appoggia dovunque una formazione dolomitica, che, secondo il Taramelli, rappresenterebbe cumulativamente il trias medio ed il piano di Wengen, aggregato da questo autore al trias superiore, e secondo il Mariani, e specie in questo caso, solo il piano di Recoaro (Bittner) o Virgloriano.

Questa dolomia ha nella regione studiata quasi ovunque il solito aspetto: è grigia o giallastra, talvolta ha anche una tinta più calda, è compatta, a struttura cerea, a grossi strati ed orograficamente molto distinta. Sopra Riva notai negli strati più recenti una varietà rosea, brecciata, simile ad alcune che s'incontrano ad Esino e che io stesso osservai presso Nobiallo.

Il suo spessore varia notevolmente anche nella non grande area esaminata: sopra Besano ha un sessantina di metri di potenza, ma questa potenza, diminuita già alquanto verso M. Casolo, diventa a malapena un terzo sopra Serpiano ([1]) per poi aumentare ancora considerevolmente alla vetta del S. Giorgio e per raggiungere almeno un centinaio di metri verso Riva.

Giova però subito notare, come queste variazioni di spessore, già abbastanza rilevanti, sembrino anche maggiori a chi, nel loro apprezzamento, s'affidi solo all'esame della configurazione del rilievo montuoso. E difatti in molti punti, e specie in tutta la cresta che forma la vetta del S. Giorgio e che scende sopra Riva, la formazione calcarea soprastante alla dolomia assomiglia orograficamente molto a questa, presentando le stesse forme scoscese e dirupate e di conseguenza con essa confondendosi.

Noterò ancora, a proposito di questa dolomia, come essa mi sia ovunque apparsa assai povera di avanzi fossili, presentando in discreta abbondanza solo Giroporelle mal conservate ([2]).

---

(1) La formazione dolomitica inferiore è completamente traforata dalla galleria più bassa della miniera di Tre Fontane: qui essa ha all'incirca 21 m. di spessore.

(2) Il prof. E. Mariani, nella sopra citata memoria, ricorda che nella massa dolomitica del S. Giorgio si rinvennero alcuni fossili, ed in particolare la *Myophoria vulgaris* Schloth. sp. e la *Undularia scalata* Schloth., specie proprie del trias medio. Abbondanti giroporelle rinvenni in parecchi punti e specie presso M. Casolo, al Ghiffo, a Tre Fontane e sopra Riva.

La formazione che segue alla dolomia è quella che più direttamente c'interessa ed è, anche sotto altri punti di vista, la più notevole della regione considerata. Essa consta di un cumulo di strati calcari o calcareo-marnosi neri, sempre marcatamenti bituminosi, di spessore vario, talvolta compatti, talvolta fogliettati, la cui potenza complessiva è enorme, non inferiore certo ai 500 metri, quale la stimò il Taramelli, ed in alcuni punti forse poco distante dai mille.

Questa formazione, sebbene costituisca, almeno secondo il concetto che me ne feci, un tutto unico, rispondendo a condizioni abbastanza costanti di deposito, presenta notevoli varietà di carattere, specie in senso verticale, e passa infine a marne varicolori di tipico aspetto raibliano, con lenti gessose intercalate.

La formazione, per quanto potei rilevare, specie nella miniera di Tre Fontane, ma del resto anche in ogni altro luogo, comincia distinguendosi in modo netto dalla sottostante dolomia. Gli ultimi due o tre banchi di dolomia hanno piccole intercalazioni di strati scisto-bituminosi, poi s'inizia subito un'alternanza di strati calcarei neri, nerastri o grigio-giallastri ([1]) e di marne nerissime, leggiere, tanto riccamente bituminose da accendersi e bruciare facilmente alla fiamma di una lampada.

---

(1) I calcari neri di questa formazione sono in genere superficialmente cinerei per alterazione atmosferica. Giallognoli sono invece sempre per alterazione superficiale, gli strati intercalati agli scisti ricchi di bitume, che contengono abbondanti cristallini piritosi. Gli scisti bituminosi utili, esposti a lungo all'aria, si scolorano alquanto e, disseccandosi, si dividono facilmente in istraterelli sottili, quasi papiracei, e leggeri come cartone. Una lunga esposizione all'aria li impoverisce anche di sostanza bituminosa e ne rende considerevolmente minore la percentuale della resa in olio alla distillazione.

Aggiungerò ancora, riguardo alla netta separazione della formazione di Besano dalla dolomia inferiore, che gli strati calcarei, intercalati agli scisti bituminosi ed indicati erroneamente da molti autori come dolomitici, sono invece calcari leggerissimamente magnesiaci, contenendo, secondo i dati di un'analisi industriale, all'incirca il 3 0/0 di ossido di magnesio. Tale composizione concorre validamente con tutti gli altri caratteri a dimostrare come le condizioni di deposito in cui si sviluppò la formazione di Besano fossero profondamente diverse da quelle in cui si accumularono i banconi di dolomia sottostanti.

Questa osservazione venne fatta anche dal Sordelli, che nella sua memoria sopra citata (a pag. 80 del vol. XXII degli Atti d. Soc. ital. d. Sc. Nat.) riporta i dati di un'analisi degli strati calcarei in discorso eseguita dal prof. P. Polli. Da questa risulta appunto che il loro contenuto in ossido di magnesio sale al 3.71 0/0 appena.

Come già osservò il Curioni per gli scavi di Besano ([1]), e molti prima di me verificarono, anche qui si ha una ventina di straterelli, di spessore váriabile da due o tre cm. fino a poco più di un decimetro, di marne bituminose, intercalati a strati calcarei di qualche decimetro, tantochè la roccia utile rappresenta complessivamente poco meno di un quinto dell'intera massa, la cui potenza si può fissare a 5 metri all'incirca.

Superiormente le intercalazioni riccamente bituminose vanno facendosi più sottili e presto scompaiono, mentre la stratificazione si fa più minuta, quasi foglietata, e la sostanza bituminosa, sensibilmente più scarsa, sembra distribuirsi con una tal quale uniformità nella serie degli straterelli calcareo-marnosi.

Questa formazione, che, come potei rilevare, soprastà quasi ovunque alla formazione utile, ha qualche decina di metri di spessore ed è presto sostituita da una serie, variamente potente da luogo a luogo, di strati calcarei neri, compatti, spessi qualche decimetro e notevolmente regolari. Siffatti calcari, che in qualche punto vengono utilizzati come materiali per costruzione, sono particolarmente potenti sul versante meridionale del S. Giorgio e presso Besano.

Essi sono molto meno erodibili della serie che segue, nella quale è scavata la valle dal Crocifisso a Meride e che consta di calcari alternati a calcari marnosi, in istrati sottili e regolari, e di calcari marnosi neri foglietati, simili a quelli che sovrastanno alla formazione utile ed a volta a volta notevolmente bituminosi, quantunque non raggiungano mai la ricchezza dei primi.

Esempi di simili arricchimenti bituminosi si hanno al Murgal nella val di Meride, a Ca' del Frate, ed altrove.

Questa serie di strati, secondo me, rappresenta da sola almeno due terzi dello spessore totale della formazione. Ad essa seguono le marne varicolori tipiche del raibliano, che qui formano una stretta fascia sotto la dolomia principale e che contengono al loro limite superiore alcune piccole lenti di gesso e le due note gessaie presso il paese di Meride. Questa formazione è in molta parte ricoperta da morene, come a Ca' del

---

(1) Le osservazioni di dettaglio statigrafico si trovano particolarmente nume_rose e precise nella citata memoria del Curioni, e sono poi riassunte nella sua « Geologia applicata delle provincie lombarde ». Gli autori posteriori riportano i dati da lui raccolti, aggiungendo in genere solo considerazioni teoriche.

Frate e nella conca di Meride, e, sia nelle vicinanza di Besano
Viggiù, che sul versante nord del monte Pravello, dall'abbondante detrito di falda prodotto dallo sfacelo della cresta dolomitica sovrastante, la quale, come è noto, in non grande spessore
rappresenterebbe il piano superiore del trias, il retico e l'infralias propriamente detto (¹).

Ma, lasciando da parte questi terreni ed i seguenti, che
per ora non c'interessano, torniamo alla cosidetta formazione
di Besano ed al raibliano, di cui, secondo alcuni, fa parte, e
vediamone ora i caratteri in distribuzione orizzontale.

Ho già avvertito implicitamente come la formazione di
Besano e quella ad essa soprastante, sino alla dolomia principale, presentino in tutta l'area d'affioramento compresa tra
Besano e Riva un complesso di caratteri molto costante. Aggiungerò ora che siffatta costanza di caratteri si manifesta poi
in modo veramente mirabile nella formazione utile, ciò che, se
torna molto giovevole al suo industriale sfruttamento, non
manca d'altra parte di provare che le particolari condizioni in
cui avvenne il deposito erano contemporaneamente identiche
sopra una notevole estensione di mare. Questo fatto va tenuto
presente, perchè concorre secondo me a provare insieme a
molti altri fatti, sui quali torneremo in seguito, che dette condizioni di deposito furono veramente eccezionali.

La formazione di Besano fu da me esaminata lungo tutta
la sua area d'affioramento e dovunque notai, non solo la sua
pressochè invariabile posizione immediatamente sovrastante alla
dolomia del muschelkalk, ma anche il quasi invariabile numero
de' suoi strati utili, fissati già dal Curioni, forse con una limitazione non in tutto giustificabile, a ventitre. Nelle antiche cave

---

(1) Tale è almeno l'opinione della maggioranza dei geologi che si occuparono
della nostra regione, ed in particolar modo dello Spreafico (Carta geol. citata) e
del Taramelli (opere citate), i quali vedono in alcuni strati di marne simili a
quelle del raibliano, intercalati alla massa dolomitica, i rappresentanti del retico.
Il prof. Mariani invece (vedi mem. citata), e forse non a torto, suppone che
la massa dolomitica spessi tutta alla dolomia principale e che un salto porti a
diretto contatto con essa gli strati calcareo-selciosi del lias inferiore.
Lasciando per ora insoluta la questione, aggiungerò solo che nella dolomia
principale a contatto con le lenti gessose di meride rinvenni numerose impronte
ben conservate di *Myophoria Caroli Rivai* Tommasi, interessante specie ch'io
stesso raccolsi per la prima volta in Val Menaggio, presso Gottro, e che fu riconosciuta come nuova dal Tommasi nella sua revisione della fauna della dolomia
principale. La determinazione è dovuta al prof. E. Mariani.

al vallone di Besano, anche recentemente lavorate, in due vecchi
attacchi in val dei Poncini ed in uno nuovo presso M. Casolo,
nelle quattro gallerie di Tre Fontane, in alcuni assaggi ad
ovest della cima del S. Giorgio ed in val Porina, sopra Albio
presso Riva e fin giù all' estremo affioramento orientale, ossia
per una linea d'affioramento pressochè ininterrotta e indisturbata di una decina di chilometri, si possono quasi alla lettera
riconoscere i medesimi strati coi medesimi caratteri.

Aggiungasi poi, che oltre la valle Arcisate-Porto, e ponente
di Bisuschio, gli scisti bituminosi tornano ad affiorare e, se non
vi si riconoscono in via assoluta le stesse caratteristiche, ciò
dipende probabilmente in gran parte dal fatto che quivi la loro
stratigrafia è molto tormentata ed irregolare.

Ma, oltre la costanza dei caratteri litologici in tutta la zona
d'affioramento, sulla quale torneremo, i lavori a Tre Fontane e
gli assaggi distribuiti numerosi su questa zona stessa hanno
messo in evidenza un altro fatto importante: la presenza costante di una grande quantità di avanzi fossili, sia negli scisti
che nei calcari intercalati ed in quelli fogliettati immediatamente
sovrastanti, ricchezza questa che non trova alcun riscontro
nella enorme pila di strati mai finora trovati fossiliferi, che li
riattacca alla dolomia principale ([1]).

L'esame particolare paleontologico dei fossili, che furono
raccolti con grande abbondanza specie alla miniera di Tre Fontane, sarà fatto dal prof. Mariani e dal prof. De Alessandri, il
quale ultimo sta illustrando la fauna ittiologica di Besano e
quella di Perledo; pel mio scopo insisterò invece su qualche
fatto riguardante la distribuzione dei detti fossili nella serie
degli strati fossiliferi.

Alla miniera di Tre Fontane ed ai saggi di M. Casolo che
trovansi, secondo me, proprio nel cuore della formazione di
Besano, colpiscono innanzitutto tre fatti: la netta separazione
degli avanzi di molluschi dagli avanzi di vertebrati, l'abbondanza enorme dei fossili, specie in alcuni strati, ed il predo-

---

[1] Il prof. Mariani, parlando del raibliano della conca di Meride, ricorda di
aver trovato nelle marne grigiastre sottostanti a quelle rosse puddingoidi frustuli
di vegetali indeterminabili (Mem. più volte citata, pag. 129). Questi sarebbero i soli
fossili trovati nella formazione in discorso. Già da tempo invece sono noti ritro
vamenti di pesci negli strati bituminosi sopra Riva.

minio assoluto di certe forme su tutte le altre, del resto poco abbondanti.

Difatti i molluschi (Halobie ed Ammoniti) trovansi, per quanto osservai, solamente nei calcari compatti intercalati agli scisti, mentre in questi s'incontrano unicamente pesci e rettili (¹). Non tutti gli strati sono egualmente ricchi di fossili, chè anzi questi sono di solito concentrati in alcuni strati, ben noti ai minatori, ma credo di poter affermare che a volta a volta in tutto lo spessore della formazione s'incontrano avanzi organici. L'abbondanza dei fossili in alcuni casi è poi veramente notevole: si hanno calcari zeppi di Halobie e, ciò che è più degno di nota, marne bituminose che si posson dire veri cumuli di spoglie di pesci.

L'altro fenomeno, sul quale voglio particolarmente insistere è quello del predominio assoluto di alcune specie su tutte le altre, di cui la formazione di Besano è pur ricca. Tra i molluschi predominano i bivalvi e tra i vertebrati, a Tre Fontane, quasi una sola grossa specie di pesci del genere *Colobodus* (²)

---

(1) Nell' abbondante materiale paleontologico, che venne messo in luce dai lavori della miniera di Tre Fontane e che passò tutto per le mie mani, i rettili sono rappresentati finora quasi unicamente da numerosi avanzi, spesso magnificamente conservati, di *Mixosaurus Cornalianus* Bass. sp. Come ebbi a notare in una mia nota illustrativa di questa specie (E. Repossi, *Il Mixosauro degli strati triasici di Besano in Lombardia*, Atti Soc. ital. d. Sc. nat. Vol. XLI, Milano 1902), il genere al quale essa appartiene ha caratteri di maggiore antichità rispetto al genere *Ichthyosaurus* che si sviluppa nel Lias e nel Giura. Difatti nel 1887 il Baur fondava precisamente sulla specie di Besano il genere *Mixosaurus*, come tipo di una famiglia che formerebbe passaggio fra i progenitori paleozoici terrestri degli ictiopterigi e gli ictiosauri prettamente marini del mesozoico. In seguito il Fraas, il Dames, il Merriam ed altri riconoscevano l'analogia fra la specie di Besano e parecchie altre, tedesche ed americane, triasiche tutte ed alcuna persino del muschelkalk inferiore.

Questo volli ricordare perchè altre volte la presenza di una specie di ictiosauro a Besano fu invocata come prova di una minore antichità del deposito stesso, ritenendosi allora che questo genere fosse proprio dei terreni liassici e giuresi, e comparisse tutt' al più nell'infralias.

(2) *Colobodus varius*, Giebel, secondo la determinazione del Bassani, che vi riferisce una specie *Gyrolepis* del Bellotti. Questa forma, diffusissima anche altrove, si riscontrò in terreni appartenenti al muschelkalk superiore, al keuper ed al retico. A Besano, o, meglio, a Cà del Frate non è frequente, mentre a Tre Fontane è quasi l'unica specie raccolta. Rari infatti sono in quest'ultima località gli esemplari non riferibili a questa specie, od almeno a questo genere Colobodus: per conto mio non posso citare che alcuni teschi di *Belonorhynchus* e alcune forme forse nuove, che verranno studiate dal prof. De Alessandri.

e subordinatamente il *Mixosaurus Cornalianus*, Bass. sp. ([1]);
altre specie nell'abbondantissimo materiale raccolto, sono una
vera rarità. Nella formazione utile si ha dunque una enorme
quantità di avanzi organici, unita ad una relativa povertà di
specie.

Questi fatti, che mi paion degni di considerazione, specie
pel nostro caso non erano stati fino ad ora precisati in tutti i
loro particolari, chè anzi dalle memorie antecedenti alla mia,
ed in principal modo da quella del Bassani, si riceve l'impressione che tutta la formazione di Besano sia egualmente ricca
d'avanzi organici e che questi siano specificamente molto vari.
Ciò dipende secondo me dal fatto che a Tre Fontane l'estrazione degli scisti si fa per gallerie praticate nella serie utile
più ricca e perciò ad un livello sempre esattamente precisabile,
mentre a Besano gli scavi furon fatti generalmente a cielo
scoperto, interessando così non solo la formazione utile, ma
anche quella immediatamente sovrastante. Inoltre il Bassani
studiò un materiale raccolto da altri, in più riprese, e, fondan-
dosi sulle osservazioni altrui, poté affermare, che i molluschi
si trovano solo all'infimo della formazione mentre i vertebrati,
gli altri fossili e le piante appartengono invece agli strati
superiori, ciò che, se è vero per gli scavi di Besano, non credo
possa generalizzarsi ([2]).

Quest'ultimo fatto mi sembra particolarmente degno di nota
perchè il Bassani, riconoscendo alla fauna di molluschi un
carattere di apparente maggiore antichità rispetto alla fauna di
vertebrati, basava su di esso alcune considerazioni cronologiche
che vengono così, almeno per M. Casolo e Tre Fontane, a mancare di fondamento ([3]).

----

(1) Discretamente numerosi sono a Tre Fontane gli avanzi riferibili a questa
specie di Mixosauro. In genere trattasi di pezzi staccati, perchè, lavorandosi in
galleria e con esplosivi laceranti, raramente si hanno grandi lastre di scisti quali
erano invece quelle che s'ottenevano a Besano con una lavorazione a cielo scoperto fatta in gran parte col piccone. Potei ad ogni modo raccogliere vari teschi
ben conservati, e pezzi di colonna vertebrale e coste e scheletri di pinne.

Solo eccezionalmente, come dissi in altra nota, mi accadde di osservare avanzi
di altri rettili, quali frammenti dell'apparato addominale di *Pachypleura Edwardsi*
Cornalia, formato da serie di coste ventrali assai caratteristiche.

(2) F. Bassani, Mem. citata, pag. 58.

(3) Il Bassani, nella memoria sopra citata, riconoscendo che la fauna a molluschi di Besano ha grande affinità con quella di S. Cassiano, mentre quella dei
Vertebrati è più somigliante a quella di Raibl, formulava l'ipotesi, da lui stesso

Che la grande varietà e ricchezza della fauna di Besano si debba poi specialmente agli strati immediatamente superiori a quelli più ricchi in bitume è, secondo me, comprovato anche da un altro fatto. A Ca' del Frate presso Besano si pratica anche adesso dai contadini (pare che gli antichi scavi della Società Italiana di Scenze Naturali fossero qui fatti) l'escavazione dei calcari fogliettati per farne tegole, e questi modesti lavori mettono continuamente in luce nuovi fossili appartenenti a specie che sono rare o mancano agli scisti di Tre Fontane; ora questi calcari sono sicuramente superiori alla vera formazione ricca di Besano e rispondono più specialmente al livello in cui presso Tre Fontane, alla località del Ghiffo, fu scavata senza effetto utile una galleria di ricerca per gli scisti (i quali passano invece poco più sotto).

Il livello più utile fu lavorato recentemente presso Besano alla località del Vallone (per conto della ditta Ratti). Anche qui gli scavi, ora interrotti da qualche anno, furono condotti a cielo scoperto e considerevolmente estesi, suppongo sulla guida di lavori antichi. I fossili scoperti in siffatti lavori furono, per quanto so, abbondantissimi, ma sventuratamente andarono per la massima parte dispersi. Alcuni si rinvennero dal De Alessandri e da me nella discarica e non infirmano quanto ho sopra asserito.

Prima d'abbandonare il confronto tra la nuova località lavorata e le antiche, voglio ancora ricordare alcuni secondari caratteri di rassomiglianza, che legano la serie del Vallone di Besano a quella di M. Casolo e di Tre Fontane, ora tanto utilmente sfruttata. Alla cava del Vallone si incontrano frequentemente nel calcare piccole cavità irregolari, o modelli interni di ammoniti le cui pareti sono tapezzate da cristallini romboe-

---

ritenuta poco attendibile, che gli strati infimi della formazione di Besano rispondessero al S. Cassiano, mentre gli altri fossero già francamente raibliani, dato sempre che i due terreni non fossero da sincronizzarsi. Dal canto suo però propendeva meglio a credere, che le affinità della fauna di Besano con quelle delle due classiche località delle Alpi orientali fossero una prova di più per ritenere contemporanee, o quasi, le formazioni di S. Cassiano e di Raibl, come già altri del resto con altri argomenti hanno sostenuto, specialmente per gli strati a pesci di Raibl, chè sono alla base della serie raibliana e pel Taramelli sarebbero esattamente rispondenti a quella di Besano.

Tutte queste questioni saranno per altro riprese e probabilmente risolte da chi sta rivedendo le faune di Besano e di Perledo per metterle ad esauriente confronto con quelle di Raibl, di S. Cassiano, di Seefeld, etc.

drici di dolomite, con gruppetti di cristalli di quarzo, e frequentemente con cristallini di pirite, di marcasite, di sfalerite di galena; non di rado poi vi si trovano fessurette riempite di gesso e piccole concentrazioni di bitume (¹). Cristallini di pirite o di marcasite sono talvolta abbondantemente diffusi nella massa della roccia. Ora, tutte queste particolarità si ripetono assolutamente identiche anche a Tre Fontane.

Dal restante della formazione, che in senso lato chiamiamo di Besano, poco c'è da dire circa la distribuzione orizzontale nell'area finora esaminata. I caratteri sono, come dissi, abbastanza costanti; lo spessore invece presenta un massimo nella conca di Meride e si assottiglia alquanto verso Besano-Viggiù da una parte e verso la valle di Mendrisio dall'altra. (Vedi Tav. I, prof. III). Ciò sembra dipendere quasi unicamente dalla distribuzione originaria della formazione, perchè non mi pare che in questo tratto esistano tracce di potenti sconcerti stratigrafici. Se ne togliamo infatti le due faglie già citate, che del resto non interessano la formazione di Besano, non dobbiamo ricordare che alcune piccole faglie insignificanti presso Besano, al Ghiffo, a Tre Fontane e nella massa orientale del S. Giorgio, e qualche piccola ondulazione o arricciamento di strati al Vallone di Besano, sotto Tre Fontane (sotto la galleria più bassa della miniera), sotto la cima del S. Giorgio ed in qualche altro punto. Pure di poco momento mi sembrano i liscioni notati già dal Taramelli nelle cave di Besano che si rilevano pure nella miniera di Tre Fontane.

Molto diversamente vanno le cose ai due lati dell'area ora esaminata.

Ad est di Riva la formazione è nettamente troncata dalla nota faglia Pregassona-Melano (²), in rispondenza della quale la serie degli affioramenti è spostata molto a nord, sicchè i

---

(1) I minerali trovati nelle geodine, alle quali qui si accenna, formeranno eventualmente oggetto di una nota separata, se mi sarà possibile aumentare il materiale, già abbastanza interessante, ora raccolto.

(2) Il decorso di questa faglia può già in parte rilevarsi dalle vecchie carte; esso poi appare segnato con maggiore cura nelle carte del Bistram (*Das Dolomitgebiet der luganer Alpen*, Berichten d. naturforsch. Ges z. Freiburg i. Br., 1903) e mia (*Osservazioni stratigrafiche sulla Val d'Intelvi, la Val Solda e la Val Menaggio*, Atti Soc. ital. d. Sc. nat., Vol. XLI, Milano 1902), nonché nei citati lavori del Taramelli e del Mariani.

terreni coevi coi nostri non compaiono che sopra Arogno e Campione. Qui, anche prescindendo dalle note e complicate faglie che frantumano la formazione, questa appare ben diversa che a Besano, ed i ben conosciuti giacimenti bituminosi di Rovio e Pugerna non mi sembrano per nulla comparabili a quelli sopra descritti. In queste località trattasi piuttosto di sostanze bituminose che riempiono fessure o screpolature di una roccia brecciata, e non di marne così regolarmente bitu- minose ed estese (¹). Più ad est poi, in Valsolda, nei dintorni di Menaggio, ecc. non s'incontrano giacimenti di bitume nep- pure in quest'ultima forma.

Gli scisti ittiolitici di Perledo, generalmente ritenuti più antichi di quelli di Besano, coi quali hanno invero scarsissime analogie paleontologiche, non sono d'altra parte mai molto ricchi in bitume, quantunque vi si notino, com'io stesso potei con- statare, concentrazioni bituminose analoghe a quelle sopra ri- cordate per Besano. Ad ogni modo poi la ricchezza in sostanza bituminosa degli scisti di Perledo non è tale da permettere la loro lavorazione industriale.

A ponente della valle di Besano, come ebbi già occasione di osservare, la formazione scisto-bituminosa si continua più estesamente, ma, specie fra Bisuschio e Pogliana, essa è stra- tigraficamente così tormentata che riesce difficile rilevarne i caratteri, perchè, nell'arricciamento degli strati, quelli marno- bituminosi più cedevoli sono spesso schiacciati.

Ad ogni modo quivi la formazione continua poco, con l'a- spetto suo tipico, ed in Valganna non è già più riconoscibile, nè molto diversamente può dirsi dei noti piccoli giacimenti bituminosi di Cunardo, di Ghirla, etc., dove, se la formazione riprende alquanto i suoi caratteri e le sua facies, non assume però mai più un sviluppo altrettanto grandioso ed industrial- mente considerevole (²).

Comunque sia, parmi poter affermare che in nessun punto della Lombardia occidentale noi troviamo una formazione bitu-

(1) Le notizie più complete e diligenti intorno a questi, come intorno agli altri giacimenti congeneri, si trovano nella già ricordata memoria del Curioni (Mem. R. Ist. Lombardo, Vol IX, Milano 1863).
(2) Vedi specialmente: A. Stoppani, *Studi geologici e paleontologici sulla Lombardia*, Milano, 1857; e G. Curioni, *Geologia applicata delle province lom- barde*, Vol. II, Milano, 1881.

minosa, coeva con quella di Besano e press'a poco, altrettanto ricca. Se pigliamo in considerazione altri livelli geologici, come il muschelkalk propriamente detto o la dolomia principale, possiamo constatare in certi casi, per quanto credo, un accenno allo stabilirsi di condizioni somiglianti a quelle che hanno dato luogo alla formazione di Besano, ma dobbiamo giungere alle stesse conclusioni riguardo alla ricchezza in bitume. Nei dintorni di Menaggio, come io stesso potei rilevare (¹) e con me il Bistram (²), si intercalano alla dolomia principale tipica serie di strati calcareo-dolomitici alquanto marnosi, quasi foglietti, notevolmente ricchi di bitume, che danno precisamente l'idea di depositi lagunari in mezzo alle scogliere dolomitiche. Questa facies particolare della dolomia principale, nelle vicinanze di Menaggio ha dato altresì qualche avanzo di pesce (³), e altrove, nella stessa Lombardia, contiene avanzi di più ricche faune ittiologiche, come ad es. avviene a Lumezzane in val Trompia. La fauna di Lumezzane, fatta principalmente conoscere dal De Zigno (⁴) presenta anzi delle interessanti analogie con la fauna di Besano e con quella, coeva con essa, di Seefeld nel Tirolo e di Giffoni nel salernitano come ebbero a notare parecchi autori e specie il Bassani (⁵).

I piccoli giacimenti di bitume, noti in altri terreni, quale sarebbe quello fra Pellio e Ramponio in Val d'Intelvi, nell'infralias superiore, hanno ben altro aspetto. Questo che cito, che fu anche esplorato a scopo industriale, si presenta sotto forma di piccole fessure nella roccia riempite da sostanza bituminosa.

Ma, lasciando da parte questi confronti, che hanno una minore importanza, torniamo, a guisa di conclusione per queste

---

(1) E. Repossi, *Osservazioni stratigrafiche sulla Val d Intelvi, la Valsolda e la Val Menaggio* (Atti Soc. ital. d. Sc. Nat. Vol. XLI, Milano 1902).

(2) A. v. Bistram, *Das Dolomitgebiet der luganer Alpen*. Freiburg i. B., 1903.

(3) Vedi in C. Airaghi, *Di un « pholidophorus » del retico lombardo* (Rendic. R. Ist. Lomb. Sc. e Lett., Serie II, Vol. XLI, fasc. XIV-XVI, pag. 768; Milano, 1908) le notizie intorno ad un incompleto esemplare di *Colobodus ornatus* Agazz. sp. trovato nei calcari neri intercalati alla dolomia principale di Grandola presso Menaggio e conservato nel Museo del Liceo Cantonale di Lugano.

(4) A. De Zigno, *Pesci fossili di Lumezzane in Val Trompia* (Atti R. Accad. dei Lincei, 1874).

(5) F. Bassani, *Sui fossili e sull'età degli scisti bituminosi di M. Pettine presso Giffoni Valle Piana in provincia di Salerno* (Memorie della Soc. Ital. delle Scienze, detta dei XL, tomo IX, serie III, n. 3: Napoli, 1893).

— *La ittiofauna della Dolomia principale di Giffoni* (Palaeontologia italica; vol. I, 1896).

considerazioni d'indole puramente geologica, alla questione già accennata fin da principio circa il riferimento cronologico della formazione di Besano.

Stabilita con precisione la successione delle formazioni nei dintorni di Besano, esaminiamo con qualche maggiore minuzie le due interpretazioni sopra ricordate. Alcuni, e specialmente il Bassani e il Taramelli ([1]), ritengono che la dolomia immediatamente inferiore agli scisti rappresenti cumulativamente il *muschelkalk* e il *piano di Wengen*, da questo autore aggregato al trias superiore, rispondendo così esattamente alla dolomia del S. Salvatore di Lugano. Conseguenza di siffatto modo di vedere è che gli scisti di Besano (parte infima della formazione calcareo-scistosa che noi, tanto per intenderci, abbiamo chiamato *di Besano* in senso lato) sarebbe alla base del raibliano, o tutt'al più alla parte superiore del piano di Wengen, mentre il resto, ossia la quasi totalità della serie, e le marne iridate con gesso costituirebbero il *raibliano* propriamente detto.

Secondo altri invece, e particolarmente secondo il Mariani ([2]), la dolomia sopraddetta rappresenterebbe qui unicamente il *virgloriano*, ossia la parte inferiore del trias medio della segione varesina, mentre la formazione di Besano, dai primi strati bituminosi fin sotto la stretta fascia di marne puddingoidi con lenti gessose, dovrebbe attribuirsi al *ladinico*, e cioè alla parte più recente del trias medio.

La divergenza sarebbe, fin qui, meno profonda di quanto può apparire a tutta prima: e difatti, ammesso che la fauna di Besano debba complessivamente ascriversi al *S. Cassiano*, il diverso apprezzamento dei detti autori deriverebbe in principal modo dal diverso criterio da essi seguito circa la corrispondenza delle formazioni nostre alle classiche divisioni del trias. La formazione di Besano sarebbe nel trias medio per chi aggregasse il piano di Wengen ed il S. Cassiano appunto a questa divisione del trias, mentre sarebbe keuperiana per chi ritenesse che questi due piani, e almeno il S. Cassiano, avessero maggiori analogie col trias superiore e di conseguenza fossero da attribuirsi a quest'ultima divisione.

---

(1) T. Taramelli, *Sulla giacitura degli scisti bituminosi ittiolitici di Besano*, pag. 10 (Milano, 1902).

— *I tre laghi*, pag. 73 (Milano, 1903).

(2) E. Mariani, *Appunti geologici sul secondario della Lombardia occidentale*, pag. 12-16 (Atti Soc. ital. Sc. Nat., Vol. XLIII, Milano 1904).

Ma la divergenza appare, a mio avviso, più profonda, quando si tenga ben presente quanto ho fatto notare fin da principio sulla distribuzione dei fossili nelle serie di Besano; e cioè che i fossili provengono tutti ed esclusivamente dagli strati bassi, anzi, direi quasi, dagli strati infimi della formazione, e che sopra questi strati, fino alle marne raibliane tipiche, abbiamo una massa, enormemente prevalente per spessore, di strati sterili ([1]).

Ed invero quando si tenga in debito conto questo fatto, che non venne riconosciuto o venne quasi sempre trascurato, appare subito evidente come, accettando un'interpretazione pinttostochè l'altra, si venga a spostare il riferimento, non d'una piccola serie di strati, ma d'una formazione potente poco meno di un migliaio di metri. Se la fauna di Besano si potesse veramente ascrivere al raibliano, o, almeno, alla base del raibliano, come molti opinano, tutta la massa della formazione andrebbe attribuita a questo piano fino alle marne iridate gessifere inclusive, e, di conseguenza, esso verrebbe ad assumere uno sviluppo di una grandiosità senza confronti nelle nostre regioni: se invece, salve le marne iridate, tutto il resto della formazione dovesse attribuirsi al ladinico, saremmo necessariamente costretti ad ammettere, che la fauna di Besano appartenesse a livelli piuttosto bassi di questo, e in questo caso, a mio parere, dovrebbe presentare qualche analogia con la fauna di Perledo, con la quale invece sembra avere pochissime relazioni.

Da ciò risulta che la soluzione del problema risiede principalmente nello studio paleontologico e nelle analogie che da questo risulteranno tra la fauna dei nostri scisti e le faune affini di terreni perfettamente noti nella loro posizione crono-

---

(1) Gli autori che s'occuparono della formazione di Besano sembrano infatti supporre frequentemente che i fossili siano in essa distribuiti in senso verticale molto più ampiamente di quanto non sia. Il Mariani ad es. nella memoria più volte citata dice:

« Nel suo complesso la fauna delle masse scistose di Besano è da riferirsi al *ladinico*: essa contiene specie di wengen, ed altre del S. Cassiano, insieme a specie più antiche: sembra quindi verificarsi in esse ciò che si è constatato nella ricca fauna di Esino, la quale abbraccia tutto il piano *ladinico*, limitato in basso dagli strati di Buchenstein e in alto da quelli di Raibl ».

A Besano, oltre che specie di Wengen, di S. Cassiano e di terreni più antichi, ci sono, e in maggior numero, specie raibliane (Bassani, Mem. cit.); inoltre, mentre ad Esino i fossili sono verisimilmente distribuiti in tutta la massa della formazione, qui sono sicuramente confinati negli strati più profondi o poco meno.

logica; e che il quesito sia principalmente paleontologico ci è indirettamente comprovato dal fatto, che, almento in parte, le due interpretazioni di cui stiamo parlando traggono appunto origine da un diverso apprezzamento cronologico della fauna di Besano. Gli uni, dando prevalente significato alle forme di molluschi, ritengono che questa fauna abbia grandi affinità con la fauna di Wengen od anche con quella di piani più antichi, gli altri, considerando in primo luogo le forme di vertebrati, vi riscontrano indubbie analogie con la fauna del S. Cassiano e degli scisti di Raibl.

Il quesito sarà dunque probabilmente risolto da chi, approfittando dei nuovi reperti di fossili e dello splendido materiale che si venne a poco a poco accumulando, completerà lo studio, già egregiamente iniziato dal Bassani sulla fauna di Besano. Del resto, fondandoci anche solamente sullo studio del Bassani, le cui conclusioni non potranno per altro esser modificate di molto, e sui dati stratigrafici ultimamente raccolti, possiamo a mio avviso già fin d'ora avvicinarci alla soluzione.

E difatti, anche senza tener conto del principio che le forme di vertebrati hanno un maggior valore cronologico delle forme d'invertebrati, è fuor di dubbio che nel suo complesso la fauna di Besano presenta grandi analogie con quelle di S. Cassiano e di Raibl, e, per le forme di pesci, persino con le faune di Seefeld, di Lumezzane, di Giffoni, spettanti alla dolomia principale [1].

Ciò posto, riesce difficile ammettere che la serie di Besano appartenga interamente al ladinico, quando già ne' suoi strati inferiori, ed anzi solo in questi, contiene una fauna così somigliante a quelle raibliane.

Noi dovremmo dunque in ogni modo smembrare la serie di Besano in due parti, di cui la inferiore, molto minore, spetterebbe al ladinico, mentre l'altra dovrebbe conglobarsi al raibliano tipico, somigliando del resto moltissimo agli strati che anche in regioni vicine sono d'ordinario riferiti a questo ter-

---

[1] Riguardo alle affinità tra la fauna ittiologica di Besano e quelle di Seefeld, di Lumezzane e di Giffoni si vedano particolarmente le citate memorie del Bassani e G. Arthaber, *Die alpine Trias des Mediterran-Gebietes* (Lethaea geognostica, II parte, vol. I).

reno, insieme colle marne varicolori gessifere soprastanti ad essi (¹).

Ma anche questa soluzione, che rappresenterebbe una via intermedia fra le due sopra accennate, incontra, a mio parere, qualche difficoltà. Poichè, se teniamo in giusta considerazione la fauna di vertebrati, e specialmente la ittiofauna di Besano, se accettiamo l'opinione, da molti geologi sostenuta, dell'equivalenza del S. Cassiano e del Raibliano (²), e sopra tutto se consideriamo che la serie di Besano risponde, come feci rilevare, a condizioni costanti di deposito ed è difficilmente smembrabile anche là dove raggiunge il massimo di potenza e di varietà, dobbiamo necessariamente riconoscere che riesce un po' forzata l'idea di staccare dalla serie di Besano una parte, che saremmo del resto imbarazzati a delimitare, per aggregarla alla dolomia sottostante, dalla quale per contrario si differenzia con grande nettezza.

Di guisa che io sarei piuttosto inclinato a tornare all'idea, espressa già dallo Stoppani, dal Taramelli, dal Sordelli, dal Bassani e da altri ancora, che cioè la formazione di Besano sia da riferirsi complessivamente al raibliano e che gli scisti bituminosi ricchi e fossiliferi ne rappresentino il livello più antico. Ed invero mi pare che la delimitazione degli strati fossiliferi ora constatata torni piuttosto a conferma che a sfavore di questo riferimento, dando nel tempo istesso ragione delle analogie esistenti tra la fauna di Besano e le faune più antiche, analogie

---

(1) Per fermarmi ad un esempio a me ben ioto, ricorderò come nei dintorni di Nobiallo, sul lago di Como, il raibliano, discretamente poteite, risulti precisamente formato: alla base da calcari neri e da marie bituminose, a Volte con fossili, che s'appoggiano a strati di dolomia rosea, con fossili di Esino, simile a quella di questa classica località ed a quella da me iotata sopra Riva; sopra questi calcari si hanno marie arenacee varicolori e lenti gessose con dolomie cavernose, che rispondono a quelle del M. Pravello e che soio sempre al limite superiore del raibliano.

La somiglianza litologica dei calcari neri della formazione di Besaio con quelli di Nobiallo mi sembra molto perfetta.

(2) L'equivalenza del S. Cassiano e del Raibliano fu sosteiuta, come è ioto, da numerosi geologi, quali il v. Hauer, il Bassani, il Paroia, il Taramelli, il Tommasi, il Bittner, il Laibe, lo Zittel, il Broili, il Di Stefano, e, ultimamente, il Galdieri, il quale nella sua memoria « Sul trias dei dintorni di Giffoni » (Atti Acc. Pontamiana, vol. XXXVIII, Napoli 1908) non esita a riunire queste due formazioni e ad aggregarle insieme al Carnico, e quindi al trias superiore, e non al Ladinico.

che formerebbero sempre la più solida base per chi volesse
conservare l'altra delle opinioni sopra espresse.

Difatti, se all'interpretazione che mi pare più accettabile
si volesse ancora opporre, ch'essa implica un esagerato sviluppo
del raibliano nella conca di Meride, si potrebbe far rilevare come
anche altri terreni in regioni vicine, quali ad es. il retico nella
val di Menaggio e lo stesso raibliano in altri punti della Lombardia, presentino a volta a volta un simile aumento, direi
quasi, anormale di potenza, senza che sia possibile pensare ad
uno smembramento della serie dei loro strati.

Riassumendo adunque parmi che la spettanza al raibliano
della formazione di Besano sia comprovata:

a) dall'affinità della fauna ittiologica dei nostri scisti
con quelle di S. Cassiano e di Raibl, a lor volta ritenute coeve,
e con quelle di Seefeld, di Giffoni, di Lumezzane, ancor più
recenti;

b) dalla maggiore importanza, universalmente riconosciuta, delle forme di vertebrati rispetto a quelle di invertebrati
nel riferimento cronologico di una fauna;

c) dalle analogie floristiche tra la formazione di Besano
e quella di Raibl;

d) dalla forma lenticolare assunta dalla serie di Besano
in questa regione di sua maggiore potenza, forma lenticolare
ch'è in perfetto accordo col tipo suo di sedimentazione lagunare
tra dolomie a scogliera e che ne implica una minore antichità
rispetto alle formazioni adiacenti, trovantisi apparentemente
allo stesso livello stratigrafico;

e) dalla somiglianza litologica ch'essa presenta con la
formazione raibliana in località vicine (come per es. a Nobiallo),
dove questo piano, pur essendo meno sviluppato, risulta però
di calcari neri e di marne bituminose in serie abbastanza potente, sottoposti a marne varicolori gessifere;

f) dalla separazione ovunque nettissima tra la dolomia
inferiore, talvolta, e dove è più potente, somigliante nella usa
parte più alta alla dolomia di Esino e ad ogni modo, verosi-
milmente equivalente alla dolomia del S. Salvatore di Lugano.

D'altro lato parmi, che la constatata limitazione degli strati
fossiliferi all'infimo della serie, la mescolanza della fauna di
vertebrati con quella di molluschi e la presenza, specialmente
fra questi, di forme wenghiane o più antiche ci permettano di

affermare ancora una volta che gli· strati bituminosi utili di Besano sono veramente alla base del piano di Raibl, e corrispondono press'a poco agli strati ittiologici di questa classica località.

*
* *

Esaurite cosi le poche ossservazioni d'indole strettamente geologica che mi parve opportuno esporre, passiamo a considederare gli scisti bituminosi di Besano sotto tutt'altro punto di vista, e cioè dal punto di vista della loro utilizzazione industriale.

E assai probabile che già da tempo si conoscesse dagli abitatori del luogo la proprietà che hanno gli scisti di Besano di bruciare facilmente con viva e luminosa fiamma, perchè troppo evidente è la zona loro d'affioramento in una regione di comodissimo accesso e fittamente abitata e perchè non di rado son cosi neri e leggeri da essere dai malpratici confusi con la lignite o col litantrace. Certo è però che la utilizzazione industriale degli scisti bituminosi di Besano, almeno a detta del Curioni ([1]), è posteriore al 1830. Avendo in questo anno il Curioni raccolto i primi campioni di scisti, essi attrassero l'attenzione degli industriali che pensavano allora di illuminare Milano col sistema Selligue ([2]) e che avevano già antecedentemente utilizzato allo stesso scopo i bitumi di Rovio.

Si intrapresero allora i lavori d'estrazione, ma essi vennero ben presto abbandonati, essendosi pure abbandonato il disegno di illuminazione col metodo Selligue.

---

(1) G. Curioni, *Sui giacimenti metalliferi e bituminosi nei terreni triasici di Besano*, pag. 263 (Mem. R. Istit. Lombardo, vol. IX, Milano 1863).

Cenni sugli scisti bituminosi delle località adiacenti, e specie dei monti tra la Valle d'Arcisate e la Valganna, si trovano nel noto *Viaggio ai tre laghi* dell'Amoretti.

(2) Il sistema Selligue era fondato sulla decomposizione dell'acqua e sull'aumento del potere illuminante dell'idrogeno così ottenuto, mediante aggiunta di idrocarburi gassosi che, nel caso nostro, si ricavano dalla distillazione degli scisti bituminosi di Besano.

Il Selligue lavorò a questo scopo fin dal 1837 gli scisti bituminosi permiani di Autun e Buxières-les-Mines in Francia.

Aggiungerò ancora che si utilizzarono con fini analoghi i bitumi di Rovio sino dal 1821 epoca dalla quale datano i primi tentativi per illuminare a gas la città di Milano.

Questa prima lavorazione richiamò l'attenzione del pubblico sugli scisti di Besano e ben presto si ripresero i lavori per utilizzare la sostanza bituminosa come tale. I primi lavori furon probabilmente fatti appena ad est di Besano; gli altri si estesero più in su verso nord-est al Vallone dove gli strati utili son più regolari e n'è più facile l'estrazione, ma con tutto ciò anche questo tentativo di utilizzazione dovette essere abbandonato, perchè, rappresentando gli strati utili, come già notai, solo un quinto della roccia sterile che si doveva abbattere per estrarli, le spese di lavorazione non erano compensate dal valore del prodotto.

Questi lavori però, ad altri eseguiti più tardi sopra il Vallone in comune di Viggiù, misero in luce una serie interessante di fossili e attirarono l'attenzione degli scienziati, che a lungo discussero sull'età geologica degli scisti di Besano, e portarono nel 1863 e nel 1878 ai noti lavori, a puro scopo scientifico, promossi dalla Società Italiana di Scienze Naturali e dal Museo Civico di Milano.

In queste escavazioni, come è noto, si raccolse un'abbondante messe di fossili (^{1}), che servirono al Sordelli ed al Bassani per risolvere quasi definitivamente la questione del riferimento cronologico degli scisti. Dove precisamente dette escavazioni si facessero non è del tutto chiaro; pare però che, dopo le prime appena ad est del paese di Besano, si lavorasse nei pressi di Ca' del Frate e poi più in su, verso il M. Grumello, al Vallone, e non è escluso che a questa serie di lavori appartenesse anche una piccola galleria scavata presso M. Casolo.

È fuor di dubbio ad ogni modo che il più importante sfruttamento della formazione di Besano data da pochi anni, e cioè dal 1902, anno in cui venne intrapresa una escavazione abbastanza grandiosa al Vallone, proprio al di sopra delle gallerie

---

(1) Delle ricerche e della preparazione dei fossili si incaricò, come è noto, l'abilissimo preparatore F. Guicciardi Barazzetti, il quale nel 1863 e specie nel 1878, in occasione del convegno dei naturalisti italiani a Varese, rimase alquanto tempo sul posto, raccogliendo numerosissimi esemplari di fossili Vertebrati ed Invertebrati, ed anche qualche vegetale. Il materiale, studiato ed ordinato, fa parte delle collezioni del nostro Museo Civico. (Riguardo ai lavori in discorso si veda: A. Stoppani, *Rapporto sulle ricerche fatte a spese della società nelle palafitte del lago di Varese e negli schisti bituminosi di Besano*; Atti Soc. ital. d. Sc. nat., Vol. V, 1863; A. Sordelli, Mem. cit., Atti Soc. ital. d. Sc. nat., Vol. XXII, 1879; F. Bassani, Mem. cit., Atti Soc. ital. Vol. XXIX, 1886).

del noto filone galenifero di Piodè. I lavori furon condotti a
cielo scoperto e si estesero per parecchie decine di metri lungo
la zona d'affioramento, approfondandosi una dozzina di metri
nella formazione utile, diretta qui all'incirca da est ad ovest,
con qualche piccola ondulazione, inclinata di una trentina di
gradi a sud, e formante con le testate de' suoi strati, pressochè
normali al pendio del monte, il ciglio della parete dolomitica
che scende verso Besano.

Questo tipo di coltivazione mineraria, che del resto venne
condotta in via di semplice ricerca, non era tale da prestarsi
ad un sistematico ed indefinito sfruttamento del giacimento, e
difatti i lavori furono interrotti, per questa e per altre ragioni,
allo scadere dei legali permessi di ricerca.

Il materiale estratto in quantità abbastanza considerevole
veniva trasportato altrove e sottoposto a distillazione secca per
ricavarne le sostanze bituminose, le quali poi servivano alla
preparazione di prodotti farmaceutici affini all' « ittiolo » che
la Ichthyolgesellschaft Cordes, Hermanni u. Komp. di Amburgo
prepara dagli oli ricavati dagli scisti bituminosi triasici di
Seefeld nel Tirolo.

Di questa utilizzazione affatto nuova degli scisti di Besano
discorreremo più a lungo in seguito; per ora, riguardo al periodo di lavori accennato, ricorderò che in esso i fossili messi
allo scoperto furono abbondantissimi, ma di questi solo una
quantità affatto insignificante potè per ragioni varie essere
conservata, mentre la massima parte andò distrutta.

In seguito a questi lavori, anzi in parte contemporaneamente ad essi, e per uno scopo analogo, l'attenzione degli
industriali si rivolse alla presunta continuazione del giacimento
di Besano in territorio svizzero e nelle località adiacenti, e,
come dissi fin da principio, quando il rilievo fu, con risultato
positivo, condotto a termine, si fissò per l'attacco industriale
del giacimento la costa montuosa che da Tre Fontane, sopra il
Serpiano, si spinge verso la vetta del S. Giorgio. Quivi gli
scisti riccamente bituminosi di Besano affiorano regolarmente,
in posizione comoda, per un fronte di più che mezzo chilometro,
oltre il quale la linea d'affioramento si svolge a lungo sulle
pendici ripidissime del S. Giorgio dopo essersi introflessa abbastanza ampiamente nella Valporina, che scende verso Meride.

I lavori attuali, condotti, come più volte ricordai, alla lo-

calità di Tre Fontane, detta anche di val Stella, sono in questo
periodo senza alcun dubbio i più degni di nota sotto gli tutti
aspetti. Difatti, se i lavori eseguiti ultimamente a Besano, unita-
mente ai numerosi precedenti, sono più che bastevoli per rendere
minerariamente noto il giacimento ed il suo industriale valore,
finora solo a Tre Fontane abbiamo una coltivazione regolare e,
fino ad un certo limite, perfetta del giacimento stesso, tale
cioè da rendere possibile il suo indefinito ed economico sfruttamento.

I lavori fin qui eseguiti comprendono quattro gallerie in
direzione, che si addentrano al massimo di un centinaio di
metri e distanti 8-10 m. l'una dall'altra, collegate da opportuni
fornelli. Le due più basse e la più alta sboccano all'esterno,
ma, mentre le superiori imboccano direttamente la formazione
utile, l'inferiore la raggiunge traversando la dolomia inferiore
per quasi tutto lo spessore di questa e cioè per una ventina
di metri.

Queste lavorazioni minerarie hanno confermato perfettamente in profondità quanto si poteva prevedere dell'esame
esterno dell'affioramento: la formazione mantiene una mirabile
regolarità, interrotta solo da qualche piccola fessura, specie
verso la superficie del suolo, e da un poco notevole arricciamento in rispondenza dell'imbocco della galleria inferiore, che
si apre in vicinanza della faglia da me già antecedentemente
ricordata. Qualche altro piccolo disturbo si incontrerà probabilmente, se si vorranno spingere i lavori alquanto più in alto
dell'attuale galleria più alta, perchè v'è traccia anche alla
superficie di una leggera ondulazione degli strati, ma pel resto
le previsioni non possono essere che molto ottimiste. Difatti in
profondità, mentre il minerale utile sembra arricchirsi in contenuto bituminoso, diminuisce la fessurazione della roccia e,
quantunque durino ancora gli innocui specchi di scorrimento
alla superficie degli strati già ovunque notati, mancano però
certe piccole lenti argillose sterili, che sembravano qua e colà
sostituirsi dannosamente ai più grossi strati utili (¹).

---

(1) Nei primi lavori di scoperchiamento si notarono non raramente passaggi
degli strati utili a lenti argillose chiare o giallognole, quasi prive di sostanza
bituminosa. Siffatti passaggi, rivelati del resto anche a Besano, furono da me in-
terpretati come fenomeni superficiali di sostituzione; ciò che risultò provato in
seguito, perchè in profondità scompaiono completamente.

Comunque sia, è da augurarsi che questi lavori, i quali hanno già messo a giorno parecchie centinaia di tonnellate di minerale e buon numero di avanzi fossili, proseguano utilmente, chè la conoscenza scientifica della interessante formazione non potrà che avvantaggiarsene.

Le proprietà ed i caratteri degli scisti scavati a Tre Fontane sono, per quanto so, perfettamente corrispondenti a quelli del resto della formazione altra volta utilizzati.

Si tratta sempre di calcari riccamente marnosi a grana finissima e fittamente stratificati, nerissimi per la sostanza bituminosa che essi contengono in quantità variavile da strato a strato, ma con una media non inferiore al 30 %. In alcuni degli strati più ricchi, nei quali notasi quasi una lucentezza picea, la percentuale in sostanza bituminosa sale fino al 40 %, e forse supera anche questo limite. Questi dati, che devo alla cortesia del dott. Sizzo, il quale si occupò dell'analisi industriale degli scisti di Tre Fontane, sono perfettamente corrispondenti ai già noti per gli scisti di Besano, riportati specialmente dal Curioni ([1]).

Tale ricchezza in sostanza bituminosa si deve reputare per le formazioni nostre veramente eccezionale, perchè i calcari bituminosi sovrastanti a questi, e gli altri più noti, quali quelli di Perledo, ne sono ben distanti. Difatti si può ritenere approssimativamente che di rado in essi si giunga alla percentuale del 10-12 %.

Il peso specifico determinato più volte col picnometro, sul minerale appena cavato o disseccato all'aria, oscilla intorno ad 1.94-1.96. Il minerale appena estratto contiene una notevole quantità d'acqua: lasciato all'aria per qualche tempo, si dissecca, dividendosi in istraterelli fogliettati, sottili talvolta come cartone, e, da nero, si fa brunastro perdendo forse anche una parte di sostanza bituminosa.

Per la industriale utilizzazione di questi scisti, alla quale già sopra accennai e sulla quale tornerò, essi vengono sottoposti in luogo alla distillazione secca in grandi storte di ghisa di particolare modello. Il prodotto di questa distillazione, condotta con speciale cura, consiste principalmente in un olio denso,

---

([1]) Vedi principalmente la memoria già citata: « *Sui giacimenti metalliferi e bituminosi nei terreni triasici di Besano* (Mem. R. Ist. Lom., vol. IX, Milano 1863); e « *Geologia applicata delle provincie lombarde* », Vol. II, Milano 1881.

nero, dotato di odore penetrante e sgradevole con una densità a 15° di 0.943 ([1]). Fra i prodotti secondari della distillazione noteremo in ispecial modo gli idrocarburi gassosi, la cui quantità sempre notevole, è però naturalmente legata alla temperatura, alla quale s'arriva nell'operazione, che probabilmente può giungere alla scissione degli idrocarburi più complessi contenuti nella roccia. Questi che ora chiamiamo prodotti secondari, erano, come dissi, i principali quando si volevano utilizzare gli scisti per la produzione del gas illuminante, e non è escluso che anche in avvenire tornino a richiamare l'attenzione · dell'industriale, poichè con particolari distillazioni ad elevata temperatura, all'uopo eseguite, si ottennero rese in gas anche notevolmente superiori ai 30 metri cubi per quintale di minerale ([2]).

Prodotto per ora trascurato sono le acque ammoniacali: si utilizzano al contrario assai bene i · residui della distillazione, che contengono ancora notevoli quantità di carbonio libero e che servono di conseguenza come neri minerali con tinta alquanto calda per ossidi di ferro derivanti dai componenti della roccia e specie dagli abbondanti solfuri.

La resa in olio greggio raggiunge, col metodo di lavorazione adottato, un massimo di 9-9.5 °/₀, con una media di circa 7 °/₀ media che si deve ritenere abbastanza elevata, se si confronta con le rese di rocce analoghe e specialmente se si tien debito conto delle proprietà dell'olio stesso. E difatti molto notevole, per non dir d'altro, il contenuto in solfo organicamente combinato ed in azoto dell'olio greggio ricavato dagli scisti di Besano : lo *zolfo*, determinato separatamente sui prodotti di varie distillazioni, si trovò oscillare fra 4.5 e 5.19 °/₀, e l'*azoto* fra 6.4 e 6.7 °/₀.

Queste percentuali non mancheranno di recar meraviglia a chi abbia qualche conoscenza della composizione chimica dei

---

(1) Questo ed i dati che seguono, riguardanti la composizione chimica dell'olio ricavato dagli scisti di Besano e di Meride, mi furono comunicati dai dottori Contardi e Malerba, che stanno studiandolo dal punto di vista chimico e industriale. I risultati complessivi di questo studio formeranno oggetto di apposita pubblicazione.

(2) Credo quasi superfluo insistere sopra questi dati, che io qui riferisco col precipuo fine di dimostrare quanto notevole sia il contenuto in sostanze idrocarburate degli scisti di Besano. Si faccia il confronto con le rese in gas degli usuali materiali usati a questo scopo e si vedrà come esse siano raramente superiori a quelle di nostri scisti. Richiamo d'altra parte quanto sopra notai circa l'utilizzazione già antica di scisti bituminosi, quali quelli di Francia, per la produzione del gas illuminante.

consueti idrocarburi naturali, nei quali il solfo e specie l'azoto sono molto scarsi (¹).

La lavorazione attualmente operata in posto sugli scisti di Besano si limita alla produzione dell'olio greggio. Questo però viene altrove ulteriormente manipolato per la preparazione dei composti farmaceutici ai quali accennai più sopra. E su questi appunto mi pare opportuno aggiungere qualche schiarimento, prima di esaurire quel poco che volevo dire sugli scisti di Besano.

Fin dal 1883 veniva impiegato dall'Unna nella cura di alcune malattie della pelle un prodotto, noto col nome di « ittiolo », ricavato dalla distillazione degli scisti bituminosi triasici di Seefeld presso Innsbruck nel Tirolo, scisti noti a lor volta da lunghissimo tempo agli abitanti del luogo, i quali ne ricavano un olio medicamentoso, detto *Thürsenöl*.

Le proprietà di questi scisti, conosciutissimi (²) per la ricca fauna ittiologica in essi conservata, e dei prodotti della loro distillazione, sono portate a conoscenza del pubblico dallo Schröter (³) nello stesso anno 1883 e nell'anno successivo da Baumann e Schotten (⁴). Se ne ha poi cenno in molte altre pubblicazioni.

Pel nostro scopo particolare ricorderò quanto ne dissero gli autori citati.

Per distillazione secca degli scisti di Seefeld, bituminosi per gli avanzi di pesci in essi contenuti, dai quali trasse anche

---

(1) Lo zolfo totale, e non lo zolfo organicamente combinato, ch'è, il solo che interessi nell'attuale applicazione degli oli ricavati dagli scisti di Besano, raggiunge di rado e ancor più raramente supera il 2 0/0 negli ordinari petroli (Vedi a questo scopo ad es.: « Das Erdöl und seine Verwandten » di H. Höfer; Braunschweig, 1906). Il contenuto totale di zolfo degli scisti bituminosi, quantunque sia ordinariamente basso, come ad es. in quelli notissimi di Mid-Lothian (Scozia) (1 5 0/0), talvolta è più alto: negli scisti bituminosi di Giffoni, che ricordai più sopra come affini per fauna e per tipo di deposito a quelli di Besano, il contenuto totale in solfo è del 3.81 0/0, secondo un'analisi di V. Di Matteo (*Nota sui giacimenti di combustibili fossili dell'Italia meridionale*. Atti R. Ist. d'incoraggiamento di Napoli, serie IV, vol. 5, 1892). Negli scisti di Seefeld tale contenuto raggiunge invece il 10.71 0/0 nell'olio distillato.

Assolutamente notevole è sotto ogni rispetto il contenuto in azoto (sotto forma di basi piridiche etc.) dell'olio greggio di Besano, il quale supera ogni altro: lo stesso olio di Seefeld, come rileverò anche in seguito, non ne contiene che .1 0/0.

(2) Si veda principalmente a questo proposito: R. Kner, *Fische von Seefeld* (Sitzsb. Wiener Akad. v. Wissenschaften, vol. LIV-LVI, Wien 1866 67.

(3) R. Schröter (Monatshefte für praktische Dermatologie, Bd. I, p. 233).

(4) Baumann u. Schotten (Monatsh. f. prakt. Dermatologie, Bd. II).

il nome l'ittiolo, si ottiene un prodotto denso bruno nerastro e di sgradevole odore, che, ridistillato, si mostra formato da un olio e da un catrame. Rettificando quest'olio, se ne ricava un liquido incoloro, con fluorescenza verde, contenente circa il 2.5 $^0/_0$ di solfo.

Per trattamento con acido solforico concentrato esso si trasforma poi, con sviluppo di SO_2, nel prodotto noto col nome d'ittiolo, contenente circa il 10 $^0/_0$ di solfo, solubile in acqua, in alcool ed in etere, e formato, secondo Schröter, in massima parte di due derivati solfonici.

Secondo Baumann e Schotten, il nome d'ittiolo si attribuirebbe all'olio ottenuto direttamente dalla distillazione degli scisti fra 100° e 255°. Questo liquido, dotato di un particolare odore sgradevole, ha una densità di 0.865 alla temperatura ordinaria, ha reazione neutra e contiene anche piccole quantità di basi piridiche e di acidi organici. Analizzato, dimostra di contenere 10.71 $^0/_0$ di solfo e 1.1 $^0/_0$ di azoto. L'acido solfonico che se ne ottiene per trattamento con acido solforico, contiene, secondo questi autori, oltre allo zolfo del gruppo solfonico, anche solfo direttamente combinato al carbonio.

Da quanto s'è detto risulta che il nome di ittiolo si diede tanto all'olio greggio, come all'acido solforico da esso derivato: aggiungasi poi che questo nome si attribuisce anche ai sali di questo acido, quale il sale sodico, contenente, sempre secondo Baumann e Schotten, il 15.27 $^0/_0$ di solfo. Aggiungerò ancora, che vanno pure sotto il nome d'ittiolo molti prodotti della solfonazione di sostanze bituminose per nulla somiglianti a quelle ricavate dagli scisti di Seefeld e persino artificialmente combinate con lo zolfo.

Ma, lasciando da parte questo argomento e le discussioni intorno alla composizione ancora problematica dell'ittiolo, torniamo ai nostri scisti di Besano.

Se è cosa certa che gli scisti di Seefeld hanno una composizione chimica in certo modo eccezionale e singolare, non è meno certo che la composizione degli scisti di Besano vi assomiglia notevolmente, come si assomigliano pel tipo di deposito le due formazioni, quantunque la loro età sia, come avvertii più sopra, un po' differente.

Già dissi della ricchezza in solfo combinato organicamente dell'olio greggio ottenuto a Besano. Aggiungerò ora che, sottoposto quest'olio a distillazione frazionata, se ne separa il 2 °/$_{0}$ sotto i 100°, il 40 °/$_{0}$ fra 100° e 255° ed il rimanente bolle oltre i 255°; la porzione che bolle fra 100° e 255° ha un peso specifico di 0.866 a 24°, (identico dunque praticamente a quello della corrispondente porzione ottenuta dall'olio di Seefeld) e, trattata con acido solforico concentrato, si solfona, trasformandosi in acido ittiolsolfonico, solubile in acqua e dotato di tutte le proprietà che gli autori ricordano per il prodotto ottenuto dagli scisti bituminosi del Tirolo.

Questo fatto, messo in chiaro dai dottori Contardi e Malerba che mi comunicarono gentilmente i risultati del loro studio, non manca d'interesse, perchè sebbene si potesse prevedere almeno una certa somiglianza fra gli scisti di Besano e quelli di Seefeld, i cui prodotti vengono come dissi utilizzati per scopi analoghi, era difficile prevedere che tale somiglianza arrivasse, sotto certi rispetti, fin quasi all'identità. La più notevole differenza sta infatti nel contenuto in azoto, sotto forma di basi piridiche, ch'è marcatamente più forte nell'olio ottenuto dagli scisti di Besano, ma tale differenza, s'io non m'inganno, torna a tutto vantaggio di quest'ultimo e delle sue qualità antisettiche.

Non è, del resto, di mia competenza trattare delle proprietà terapeutiche dell'ittiolo e delle singolarità loro, anche in riguardo ad altre possibili applicazioni di questo interessante prodotto, che sembrano già in parte giustificate da esperienze in corso; mi limiterò a far notare per lo scopo mio, che non tutti gli scisti bituminosi noti e sfruttati si dimostrano idonei alla preparazione del singolare prodotto. Nella regione alpina solo questi due vengono, almeno fino ad ora, utilizzati a tale scopo, e, per quanto so ed avvertii nella prima parte di questa nota, mi sembra difficile che altri se ne possan trovare corrispondenti ad essi per ricchezza di giacimento e per composizione chimica. Ciò naturalmente senza escludere che, se non qui, in altre regioni, ulteriori studi possan dimostrare la presenza di giacimenti somiglianti a quelli di Besano o di Seefeld. Da uno studio sui giacimenti di combustibili dell'Italia meridionale (¹) si può ad es. rilevare, che gli scisti bituminosi di Giffoni nel Salernitano hanno forse proprietà che nelle linee generali s'avvicinano

---

(1) Vedi mem. di V. Di Matteo, citata in una nota precedente.

a quelle degli scisti di Besano, ed è certo che la loro‾forma di giacimento, come si può anche meglio dedurre dalle‾descrizioni fattene dal Bassani (¹), dal De Lorenzo (²), dal Galdieri (³), è molto somigliante a quella dei nostri; le analisi chimiche, che se ne hanno, dimostrano però divergenze non trascurabili, e forse possono, per quanto se ne sa, già escludere una utilizzazione industriale del genere ora esposto (⁴).

Ma, ad ogni modo, lasciando da parte la questione pratica, è certo che la composizione chimica e la giacitura di questi scisti e, più ancora, di quelli di Besano, sui quali particolarmente mi fermo, ci possono dare qualche indizio intorno alle condizioni in cui. avvenne il loro deposito e intorno all'origine della sostanza bituminosa che li impregna.

Sarebbe fuor di luogo in questa breve nota esaminare anche in modo sommario le varie ipotesi che si sono messe innanzi per spiegare l'origine e la formazione degli idrocarburi naturali. La questione è tanto intricata e deve essere considerata da tanti punti di vista, che mi porterebbe troppo lontano dal mio assunto, nè, d'altra parte, la sua trattazione getterebbe maggior luce sul nostro caso particolare. Per conto mio basti ricordare che fra i geologi trova certamente molti sostenitori l'ipotesi dell'origine organica animale degli idrocarburi naturali, basata, oltre che su numerosi dati di fatto, sopra le note e classiche esperienze dell'Engler e de' suoi continuatori, i quali riescirono a riprodurre i principali idrocarburi mediante distillazione, in condizioni particolari di pressione e di temperatura, di grassi e sostanze organiche di varia natura, ma specialmente di pesci. A conforto di questa ipotesi, sì brillantemente con-

---

(1) F. Bassani, *Sui fossili e sull'età degli schisti bituminosi di M. Pettine*, etc. (Mem. Soc. ital. delle Scienze, serie 3, tomo IX, Napoli, 1893). Da questa, come dalle altre memorie citate in seguito, parmi poter rilevare che anche a Giffoni i fossili di pesci provengono dagli strati bituminosi interposti ai banchi dolomitici mentre da questi provengono principalmente i fossili di molluschi e di vegetali.

(2) G. De Lorenzo, *Geologia e geografia fisica dell'Italia meridionale*, Bari 1904. Questo autore, parlando del bitume contenuto negli scisti ittiolitici di Giffoni, esprime l'idea che possano servire alla preparazione dell'ittiolo. Non è a mia conoscenza se ulteriori ricerche a questo scopo siano state eseguite; parmi però, come già noto in appresso, che la scarsità di solfo e d'azoto del bitume di Giffoni renda almeno problematica questa sua utilizzazione.

(3) A. Galdieri, *Sul trias dei dintorni di Giffoni* (Atti dell'Acad. Pontaniana vol. XXXVIII, Napoli, 1908).

(4) Vedi note precedenti.

fermata dall'esperienza, bisogna ammettere che nelle diverse epoche ed in diversi bacini marini si siano a volta a volta verificate condizioni tali d'ambiente, da produrre rapidamente la morte di enormi quantità di pesci e d'organismi marini in genere, le cui spoglie si sarebbero accumulate sul fondo. Sottratte alla distruzione degli animali predatori ed all'ordinario processo di putrefazione da quelle stesse condizioni d'ambiente e dal rapido deporsi di nuovi sedimenti, siffatti cumuli di sostanze organiche avrebbero subito un particolare processo d'alterazione, più lento, ma analogo a quello riprodotto dall'esperienza, non mancandovi certo coll'andar del tempo, nè un'elevata temperatura, nè una notevole pressione. Si sarebbero di conseguenza formati i composti idrocarburati, che noi ora osserviamo in natura, o nel giacimento originario o dopo che hanno subito una naturale distillazione per concentrarsi nelle note zone d'anticlinale. Le cause che possono aver prodotto la morte in massa di intere popolazioni di pesci e d'animali marini sono presumibilmente varie: certo è che anche attualmente sul fondo di certi mari, come ad es. sul fondo del mar Nero, si producono per particolari processi di putrefazione notevoli quantità di idrogeno solforato che rendono impossibile la vita abissale e uccidono i pesci che arrivano a certa profondità; nulla vieta di credere, poichè siffatto, processo è naturale, che si sia più volte verificato sul fondo di golfi o di mari limitati, nel corso delle êre geologiche.

Comunque sia, ed anche se non si vuol dare a questa ipotesi un valore generale, è fuor di dubbio che, se vi è caso in cui le condizioni naturali di fatto sembrano accordarsi perfettamente con la spiegazione supposta, è certamente questo della formazione di Besano. Ed a conferma di quanto asserisco non ho che a richiamare quanto venni dicendo nella prima parte di questa nota.

L'estensione e la natura litologica dei calcari di Besano dimostrano ch'essi si son formati per sedimento in un bacino ristretto e non molto profondo, con grande uniformità di deposito. Riempiono infatti una conca limitata da tipiche dolomie a scogliera, e la continuità pressochè assolutamente indisturbata dei più esili straterelli calcarei o marno-bituminosi dimostra che assai tranquille dovevan essere le condizioni in cui avvenne la sedimentazione, mentre i fossili vegetali (Voltzia, Glyptolepis) quantunque non frequenti, provano che le terre emerse non potevano distare di molto.

Questo bacino dovette certamente essere abitatissimo; vi era infatti assai rapido l'accrescersi dei sedimenti organogeni, che hanno assunto una potenza senza riscontro nelle formazioni coeve delle regioni adiacenti, ed i numerosissimi fossili ancora conservati in taluni strati, che possiam chiamare vere lumachelle, ce ne offrono una novella non trascurabile prova.

Ora, col concorso di condizioni simili a quelle che abbiam rilevato, ci potremmo ragionevolmente aspettare una perfetta normalità di deposito ed una costanza di composizione negli strati successivi, quale almeno sarebbe compatibile con la natura quasi costiera della formazione. Invece, al principio della serie di Besano, noi troviamo bensì gli strati calcarei a molluschi che rispondono ad una sedimentazione normale, ma intercalati ad essi, ed in vicenda più volte ripetuta, vediamo gli straterelli marno-bituminosi, ricchissimi di fossili vertebrati, e solamente di questi, che rispondono sicuramente a condizioni anormali di deposito. Non si saprebbe infatti capire come, altrimenti che per cause inconsuete, i fossili di pesci e di rettili dovrebbero trovarsi riuniti solo in alcuni strati, differenti anche litologicamente dal resto della formazione, ad esclusione dei fossili d'altra natura, pur sì frequenti negli strati, dirò così, normali.

Quando poi a questa considerazione s'aggiunga ancora, che solo gli strati a pesci sono veramente ricchi di sostanza bituminosa, mentre gli altri non ne contengono più dei consueti calcari fetidi, dobbiamo convenire che con ogni probabilità, se non con ogni sicurezza, in questo caso l'origine del bitume deve essere veramente legata ai pesci ed alle cause che hanno prodotto lo straordinario accumularsi delle loro spoglie, pressochè intattè, insieme a quelle dei loro nemici, gli ictiosauri, sul fondo dell'antico mare triasico.

Un'altra prova indiretta di quanto ho creduto di poter asserire si rileva, a mio avviso, dalla natura e dai caratteri degli strati immediatamente superiori alla formazione ricca, più regolari e senza quei bruschi cambiamenti, che abbiamo or ora notati. In essi i fossili vertebrati sono più uniformemente distribuiti, sono più vari essi stessi e mescolati normalmente a fossili d'altra natura, nè mai vi si accumulano in quantità tanto straordinaria come negli strati veramente ricchi: orbene, alle

mutate condizioni, o, meglio, al ristabilirsi di condizioni più
normali di deposito, risponde perfettamente una diminuzione
notevolissima della sostanza bituminosa.

Un altro fatto, che mi sembra di poter affermare senza
dubbio alcuno, é che nel giacimento di Besano la sostanza bituminosa si trovi, almeno in massima parte, negli strati rocciosi
dove si è originariamente formata, e cioè ch'esso sia un giacimento che possiamo chiamare primario. Ed invero la concomitanza costante del bitume e dei fossili vertebrati nella serie
degli strati, la ricchezza, non inferiore a quella degli strati più
alti, degli infimi straterelli bituminosi, che primi avrebbero
dovuti impoverirsi, se gli idrocarburi avessero in gran parte
distillato attraverso la roccia, mi sembrano difficilmente spiegabili quando si ammetta che la sostanza bituminosa si sia con-
centrata negli strati marnosi in seguito ad un fenomeno secondario.

Noi ci troviamo dunque, anche sotto questo riguardo, davanti a condizioni di fatto, a mio avviso, non comuni; e non
credo del tutto fuor di luogo supporre, che lo stesso carattere
eccezionale della formazione di Besano sia una causa, per quanto
indiretta, dell'incertezza che a lungo durò, e non è ancor elimi-
nata completamente, sul suo riferimento cronologico. Ad ogni
modo pel paleontologo le antiche vicende che hanno alternato
i depositi normali con gli anormali, i fossili di invertebrati con
quelli di vertebrati, tornano sicuramente preziose per la sincro-
nizzazione di specie, che, per quanto mi pare, sembrarono a volta
a volta cronologicamente diverse, se isolatamente considerate.

Ma, lasciando da parte queste considerazioni, che hanno
una minore importanza, torniamo per un momento ad esaminare
la nostra formazione bituminosa nelle sue relazioni con le ipotesi generali sull'origine degli idrocarburi. Quantunque poco
di preciso si sappia ancora intorno alla composizione chimica
dei bitumi di Seefeld e di Besano, e si sia di conseguenza obbligati a procedere quasi unicamente per via di semplice indu-
zione, credo pur tuttavia di poter affermare ch'essi si staccano
nettamente dai petroli e dagli altri idrocarburi naturali, se non
per altro, pel loro contenuto in solfo combinato organicamente
ed in azoto, che, come osservai più sopra, arrivano a percentuali di gran lunga superiori alla consuete. Il contenuto in azoto
degli olî di Besano è specialmente notevole, perchè, come è

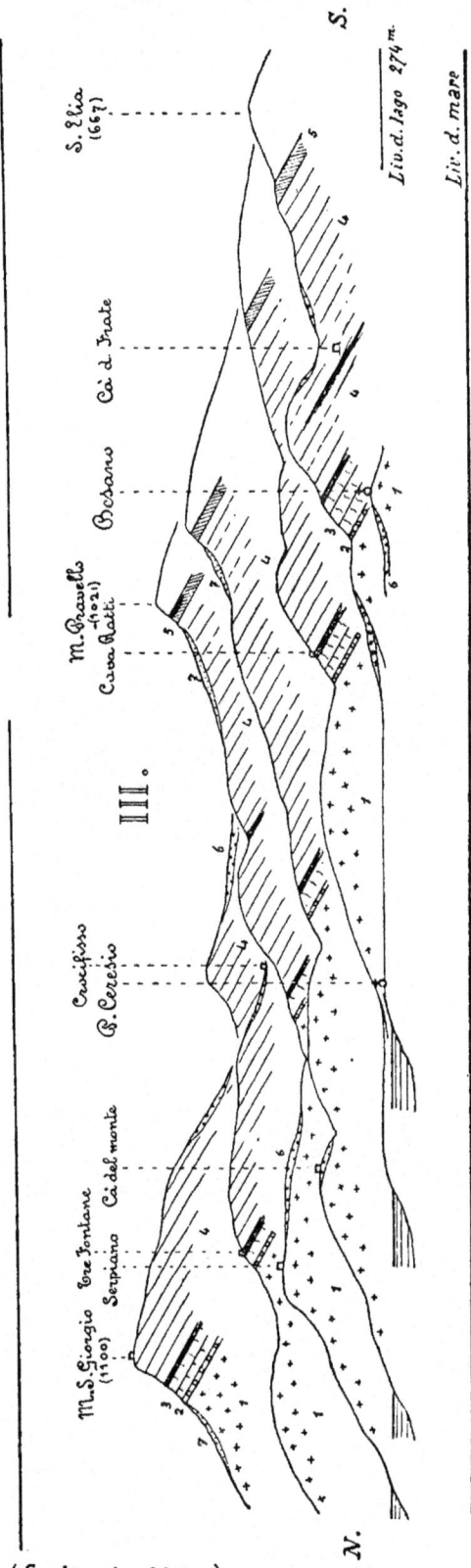

S.E.

Liv. d. lago 274 m.

Liv. d. mare

S.E. N.W.

S.

Liv. d. lago 274 m.

Liv. d. mare

N.W.

N.

III.

M. S. Giorgio   Tre Fontane   Cà del monte
Serpiano
Crocifisso
S. Ceresio
M. Pravello (1021)
Cima Platti
Besano
Cà d. Frate
S. Elia (66?)

(Scala 1 : 25000)

Form. porfirica con filone basalt.

Arenarie del trias infer.

Dolomia inferiore

Form. di Besano con int. bituminose

Marne scabliane con lenti gessosa

Morene

Och. di falda

noto, la scarsità di questo elemento nella composizione dei petroli è base d'una delle più gravi obbiezioni che si sian mosse all'ipotesi dell'origine organica animale dei petroli stessi. Nelle classiche esperienze dell'Engler i prodotti della distillazione non differivano infatti dagli idrocarburi naturali se non pel forte contenuto in azoto in forma di basi piridiche ed aminiche, che mancano o scarseggiano negli olî greggi di miniera.

A questa obbiezione l'Engler ed altri risposero, dimostrando che i composti azotati degli animali nella putrefazione rapidamente si decompongono e si liberano; ma non parmi senza interesse l'aver messo in evidenza come a Besano, a Seefeld, e probabilmente in altri casi ancora, si abbiano sostanze bituminose, d'origine sicuramente animale, abbastanza ricche d'azoto, precisamente sotto forma di basi piridiche.

Quale importanza abbia questa constatazione in riguardo all'origine della massa degli idrocarburi naturali, non io certamente sono in grado di giudicare, poichè la questione è molto complessa e mi mancano troppi dati di confronto, nè ad ogni modo parmi opportuno generalizzare un caso che si presenta con caratteri cosi particolari.

I sostenitori dell'origine inorganica o vegetale dei petrolî potrebbero volgere a proprio vantaggio l'accennata differenza di composizione, affermando che essa torna appunto a novella prova, sebbene indiretta, della verità della loro ipotesi. E difatti l'origine della sostanza bituminosa è dimostrata sicuramente animale proprio in un caso in cui essa si differenzia chimicamente in modo assai netto dagli idrocarburi più comuni.

Anche a questa considerazione, che del resto non manca di valore, si può per altro contrapporre, che la diversità di composizione chimica è probabilmente spiegabile con la diversità, altrettanto innegabile, che intercede fra i giacimenti di Besano, di Seefeld e congeneri, e i giacimenti ordinarî degli idrocarburi naturali. Quelli sono giacimenti, che possiam dire primarî, questi sono invece di tipo secondario; in essi cioè i petrolî son pervenuti dopo aver con ogni probabilità lungamente distillato attraverso la serie degli strati, e in questa distillazione è logico ammettere che la loro composizione chimica complessiva si sia alquanto modificata.

Non è d'altra parte del tutto fuor di luogo pensare a condizioni affatto particolari nel processo di disfacimento dei pesci e degli animali, che nel mare raibliano di Besano andarono accumulando le proprie spoglie quasi intatte, e nelle vicende alle quali il loro giacimento fu ulteriormente esposto.

Comunque sia, la questione potrà essere ripresa e maggiormente approfondita quando sarà compiuto lo studio chimico dei nostri scisti bituminosi che metterà in giusta luce altri componenti, come ed es. i composti fosforosi quasi sempre presenti in scisti analoghi, oltre che risolvere forse il quesito ancora oscuro della costituzione chimica dell'acido ittiolsolfonico.

Nè si dovranno trascurare ricerche intese a stabilire negli olî da essi ricavati un'eventuale attività ottica, carattere questo al quale ora si dà giustamente un valore rilevante in riguardo all'origine degli idrocarburi.

Per conto mio, mi basta l'aver dato un'idea delle particolari condizioni della formazione di Besano e l'aver forse dimostrato ancora una volta come considerazioni, moventisi da diversi punti di vista e convergenti sopra un unico problema, possano talvolta vicendevolmente rischiararsi, e condurre se non alla completa soluzione, almeno a svelare tutta la complessità del quesito stesso all'occhio dell'osservatore.

NOTE SU ALCUNI
VERTEBRATI DEL MUSEO CIVICO DI MILANO
VIII

Il Quagga (**_Equus quagga_** Gmel.)

del socio

Prof. Ferdinando Sordelli

(con una tavola)

———~~~~~———

Fra gli esemplari più degni di menzione esistenti in questo Civico Museo è un Equino la cui specie, una volta comune, fu da circa mezzo secolo cancellata dal novero dei viventi.

Allorquando gli Olandesi nel 1562 fondarono la Colonia del Capo, questa specie, la più meridionale fra i Cavalli tigrati, era più che frequente nelle pianure ad Est della Città del Capo, e si estendeva a NE. fino al fiume Vaal, a NW. fino al fiume Orange. — I Quagga, che allora scorazzavano in torme numerose, furono però ben presto distrutti dalla invadente colonizzazione; non tanto, per altro, che verso la fine del XVIII° secolo non ve ne fossero ancora in buon numero verso l'interno e se ne portassero anche di vivi in Europa. — Alcuni venivano addomesticati, e se ne videro attaccati alle carrozze per la Città del Capo ed anche a Londra in Hyde-Park dove, verso il 1800, un certo Sheriff Parkins ne guidava una pariglia sotto un *phaeton*.

Verso la metà del secolo scorso erano tuttavia divenuti estremamente rari e, secondo Bryden, viaggiatore che raccolse alcuni dati intorno alla estinzione di questa specie, gli ultimi rimasti furono anch'essi sterminati nel 1858, presso Tygerberg, nel centro della Colonia. Si ritiene per altro da alcuni che ne sopravvivessero nello Stato libero di Orange ([1]), ma non è dato stabilire con sicurezza fino a quando, attesa la confusione che allora si faceva fra le diverse specie di Zebre ([2]).

Comunque sia verso il 1878 non ne esisteva certamente più alcuno in istato libero ([3]).

Anche i giardini zoologici, ne' quali fino alla metà del secolo scorso se ne vedeva più d'uno, cessarono ben presto dall'ospitare questa specie. — In Inghilterra la benemerita Società Zoologica di Londra ricevette successivamente *tre* Quagga. Il primo nel 1831, ed è probabilmente quel medesimo che si conserva nel Museo della stessa Società. Un altro, una femmina, acquistata nel 1851 e morta nel 1872, fa parte del Museo zoologico che l'On. WALTER ROTHSCHILD possiede a Tring, contea di Hertford. Un terzo, donato al Giardino Zoologico, nel 1858, da Sir GEORGE GREY, visse colà appena sei anni, essendo morto nel giugno 1864; era un maschio e la sua pelle preparata e lo scheletro figurano nelle gallerie del Museo britannico ([4]). — Erra quindi TROUESSART dicendo che *« le dernier que l'on ait vu vivant au* Zoological Garden *de Londres, arrivé en 1858, mourut en 1864 »*, poichè la femmina, pervenuta nel 1851, cessò di vivere assai più tardi, come s'è detto, cioè nel 1872, ed anzi ne fu pubblicata la fotografia, *presa dal vivo*, nel 1870, una delle pochissime e, finora, per me, l'unica figura veduta che rappresenti l'animale vivente ([5]).

---

(1) Ora non più *libero*, dopo la guerra fratricida del 1899-1900, per cui fu sottomesso al dominio inglese.

(2) Il Quagga fu dapprima ritenuto la femmina della Zebra *(Equus Zebra Linn.)*; e dai cacciatori venivano, anche in seguito, chiamati collo stesso nome di *Quagga*, tanto la specie in discorso, quanto la Zebra di Burchell *(Equus Burchelli* Gray), nella sua forma tipica essa pure estinta, sebbene in epoca a noi più vicina.

(3) SCLATER W. L. — *The Fauna of South Africa.* — *Mammals*, vol. I (1900) p. 296.

TROUESSART E. L. — *Le Couagga et le Zèbre de Burchell de la collection du Muséum* (Bull. Mus. Hist. nat. Paris, 1906, n. 7) p. 449.

(4) SCLATER PHIL. LUTLEY — *List of the Quaggas that have lived in the Society's Menagerie* (Proc. zool. Soc. Lond. 1901, I, p. 165).

(5) SCLATER PH. L. — Loc. cit. p. 166. Questa fotografia è riprodotta anche nell'opera *The Living Animals of the World*, I Mammals, p. 195, e vi è indicata come *the only known photograph from life of this very rare animal*, soggiungendo che probabilmente non se ne potranno avere altre, la specie essendo generalmente ritenuta estinta.

L'inesattezza fu rilevata anche dal prof. L. CAMERANO, ma non evitò egli stesso una svista (^{6}), poichè in realtà l'ultimo individuo che sia stato veduto vivente, per quanto mi consta, è quello posseduto dalla Società « *Natura Artis Magistra* », di Amsterdam, acquistato il 9 Maggio 1867, morto il 12 Agosto 1883 (^{7}).

Il Quagga era un animale meno selvaggio che non gli altri Cavalli e lo proverebbe la relativa facilità con cui veniva addomesticato. Narrano i vecchi scrittori che i coloni olandesi lo allevavano insieme al loro bestiame, onde difenderlo dagli animali feroci, specialmente dalle Jene, poiché, a dar loro ascolto, ne sentiva l'odore da lontano e scopertane una, la assaliva, la mordeva, la calpestava e non la lasciava se non morta.

Esagerazioni, senza dubbio, dovute con tutta probabilità a mala interpretazione di qualche fatto isolato, ma che pure dovevano avere un fondo di verità. — Formava a' suoi bei tempi delle torme più o meno numerose, distinte da quelle delle Zebre, sebbene da qualche autore si dica che facilmente si mescolava colle specie affini; circostanza poco probabile (^{8}) ed ora impossibile di verificare, attesa la confusione, come s'è visto, a lungo rimasta fra questa specie e l'affine *Bonte-Quagga* o *Zebra di Burchell*. Nutrimento preferito erano delle piante grasse, comunissime nei *karoo*, od altipiani della Cafreria, come pure le Mimose, od Acacie, del pari abbondanti nell'Africa meridionale. — Mandava d'ordinario un nitrito analogo a quello

---

(6) CAMERANO L. — *Il Quagga del Museo zoologico di Torino* (Atti R. Accad. d. Scienze di Torino, 1907-1908, p. 562), dove dice : « L'ultimo esemplare vivente fu una femmina che il Giardino zoologico di Londra ebbe nel 1851 e che morì nel 1872 ». Il che è vero *soltanto* rispetto al Giardino zoologico della Società londinese.

(7) LYDEKKER R. — *Note on the skull and markings of the Quagga* (P. Z. S. Lond., 1904, I, p. 426, in nota).

(8) Non escludo quindi che ciò potesse avvenire, sopratutto allorchè, ridotti di numero, potevano benissimo essere stati costretti ad associarsi, per la comune difesa, agli individui congeneri, abitanti negli stessi paesi, ed in particolare all'affine *Equus Burchelli*. — Non è nemmeno escluso che ne possa essere derivato qualche incrocio, come lasciano supporre le differenze che diversi autori hanno notato fra i diversi Quagga conservati nei musei ; ed il fatto della produzione di bastardi, anche fra specie differentissime di Equini : Cavallo ed Asino, Cavallo e Zebra, per accennare ai più noti ; quantunque per questi le circostanze non siano le stesse, poichè ottenuti in istato di schiavitù.

del Cavallo, e in altri casi un grido acuto, come *coua-ag* (⁹) ; da ciò è derivato, senza alcun dubbio, il nome dato dagli Ottentotti di *Koua-Koua* (= cuā-cuā) e quelli di *Opeagha, Quacha, Quaccha, Kwagga, Couagga*, secondo i vari autori e la diversa ortografia da essi usata, prevalendo in fine quello di *Quagga*, dato dai coloni olandesi.

Nei musei, dove soltanto è possibile l'esame di esemplari raccolti in paesi e tempi diversi, per lo studio e la necessaria comparazione, il nostro Equino è assai scarsamente rappresentato. — Oltre i tre individui della *Zoological Society*, già menzionati, ne noverò altri otto W. L. Sclater (¹⁰) nei Musei di Edinburgo, Parigi, Berlino, Francoforte S/ₘ., Magonza, Basilea, Berna, compreso un giovanissimo puledro, proveniente da Beaufort West, e conservato nel Museo della Città del Capo. — Nel 1902 Ludwig v. Lorenz (¹¹) fece conoscere quello del Museo di Vienna, e l'anno passato il prof. L. Camerano (¹²) descrisse quello conservato fin dal 1827 nel Museo di Torino, che ne possiede pur anche il teschio. — A questi va aggiunto quello, già citato, della Società « *Natura Artis Magistra* », perfettamente dimenticato dai suddetti autori, quantunque figurato e descritto nel 1904 da Lydekker (¹³). — Ed in fine devo ricordare questo del Museo di Milano, non menzionato da alcuno. — Sono così in tutto 15 le spoglie a me note della specie in discorso che, con qualche cranio, rimangono a rappresentare un Equino (¹⁴) che pel numero e per la facilità di venir ad-

---

(9) Boitard — *Le Jardin des Plantes, description et moeurs des Mammifères de la Ménagerie et du Muséum d'Histoire naturelle*. Paris, p. 278. — Il nitrito pare fosse *quà-hà-hà*, ripetuto, e secondo gli autori dell'opera popolare *The Living Animals of the World* (già citata, nota 5) anche il nome di *Quagga* si pronuncia, nell'Africa meridionale, *quà-hà*, imitazione della voce di richiamo dell'animale.

(10) Sclater W. L. — Loc. cit. (Nota 3).

(11) V. Lorenz Ludwig — *On the specimen of the Quagga in the Imperial Museum of Natural History*, Vienna (P. Z. S. Lond. 1902, I, p. 32).

(12) Camerano L. — Loc. cit. (Nota 6).

(13) Lydekker R. — Loc. cit. (Nota 7).

(14) Non tengo conto di una pelle donata da W. Burchell al Museo britannico, della quale J. Edw. Gray dice : « *The specimen in the British Museum described and figured by Col. H. Smith was certainly only a young Quagga in a very imperfect condition*, having lost nearly the whole of its fur before it was stuffed ». (Gray J. Edw. — *Catalogue of Carnivorous, Pachydermatous and Edentate Mammalia in the British Museum*. London, 1869, p. 275). In detto Catalogo non è citato altro esemplare fuorchè questo, *spelacchiato già*

domesticato poteva ed avrebbe dovuto essere conservato fra
gli animali direttamente utili all'uomo, sopratutto nel suo paese
d'origine. Il che sta a dimostrare, una volta dippiù, che il
peggior nemico dell'uomo è l'uomo stesso.

L'esemplare del Museo di Milano è una femmina, a quanto
pare non perfettamente adulta, e presenta le seguenti dimensioni:

Lunghezza totale dal labbro superiore all'estremo della coda, senza i crini . . . . cm.	217
" della faccia, dalle narici all'origine della criniera. . . . . . . "	36
" della criniera. . . . . . . "	54
" dal termine della criniera all'origine della coda . . . . "	95
" della coda (senza i crini cm. 33) coi crini "	48
" del tronco, dal petto alla groppa . "	107
Altezza al garrese . . . . "	101
Lunghezza delle orecchie (all'esterno) . . . "	17
Arto anteriere, a partire dal gomito . . . "	57
Arto posteriore — dal ginocchio . . . . "	61

Queste misure hanno certamente un valore molto relativo.
Esse dipendono non soltanto dallo sviluppo cui era giunto
l'animale, ma ben anche dal modo con cui fu trattata la pelle.
La più parte delle vecchie preparazioni, fatte senza previe
misure o modelli sull'animale fresco, senza il soccorso di buone
figure, o fotografie prese dal vivo, non danno un'idea esatta,
ed offrono bene spesso dalle vere caricature. Sicchè il nostro
esemplare può dirsi, per la forma generale e le osservate proporzioni, uno dei migliori, paragonato con quelli dei Musei di
Amsterdam, Parigi, Torino, Vienna, ecc., mentre concorda abbastanza bene colla fotografia dell'esemplare vivente a Londra
nel 1870, e già citato poco fa; principale, evidente difetto nel
nostro essendo l'attacco degli arti, coi relativi appiombi.

---

prima d'essere imbalsamato, descritto e figurato da H. SMITH col nome di *Isabella Quagga*, per essere anche scolorito. — L'individuo morto nel 1864 figurò
evidentemente soltanto più tardi in quel Museo.

LYDEKKER (Loc. cit. p. 430), accenna anche ad un altro individuo acquistato
parimente dalla Società *Natura Artis Magistra* il 31 ottobre 1851, alla Vendita
di Lord Derby, e morto il 2 gennaio 1853, ma non è detto dove sia andato a finire.
Se fu conservato, e non è compreso fra quelli più sopra enumerati, sarebbero in
tal caso 16 gli esemplari noti del nostro Equino.

Riguardo alla colorazione conviene osservare ch'esso è in Museo da più di mezzo secolo, poichè è ricordato non solo nel Catalogo dei Mammiferi, compilato nel 1866 dal direttore E. Cornalia, ma se n'ha traccia anche in uno più antico, nel quale il nostro esemplare trovasi inscritto coi caratteri del benemerito Conservatore del Museo, nob. Carlo Porro, illustre vittima della rivoluzione lombarda, ucciso, benchè ostaggio, dagli austriaci, a Melegnano il 23 marzo 1848. — Sebbene, quindi, per la lunga esposizione alla luce diffusa, sia certamente un pò impallidito, esso lascia scorgere ancora abbastanza bene i suoi disegni caratteristici, come ognuno può vedere anche nell'unita eliotipia (^{15}), ed è in complesso uno dei meglio conservati della vecchia raccolta. — Attualmente la tinta generale delle striscie volge al bruno-rugginoso, più intenso sul capo e sul collo, meno intenso sul dorso, degradando poi in un colore *isabellino* verso la parte posteriore del tronco mentre gli intervalli fra le strisce, il lato ventrale e gli arti sono bianchi.

Sulla fronte le strisce bruno-rugginose, larghe in media un cm. o poco più, inframmezzate da righe bianche alquanto più strette, non formano una *losanga*, o figura rombica molto regolare, come nella più parte delle Zebre, sibbene un po' confusa presso il vertice, mentre divergono e sono più distinte presso gli occhi, e convergono un poco verso l'origine dei nasali. Ben distinte le strisce scure, parallele, sulle guance, separate da sottili intervalli, mentre la regione fra l'occhio ed il muso manca, od ha poco visibili tracce di strisce; il muso stesso ha tinta uniforme, color cannella.

Sul collo sono ben distinte 9 strisce di varia larghezza, due delle quali più o meno divise in basso. — Dalla regione scapolare in poi le strisce scure si fanno più strette e di larghezza quasi uniforme, circa il doppio degli intervalli chiari divenendo sempre meno distinte, finchè sull'addome scompaiono affatto. — Sul dorso, lungo la linea vertebrale, decorre una striscia bruna che comincia laddove termina la criniera; è larga in media circa 3 cm., si dilata un pò più in corrispon-

---

(15) Debbo la fotografia riprodotta nella qui annessa tavola, al sig. Carlo Confalonieri, addetto al nostro laboratorio tassidermico, e qui lo ringrazio, anche per aver procurato alle nostre collezioni buoni esemplari della fauna locale.

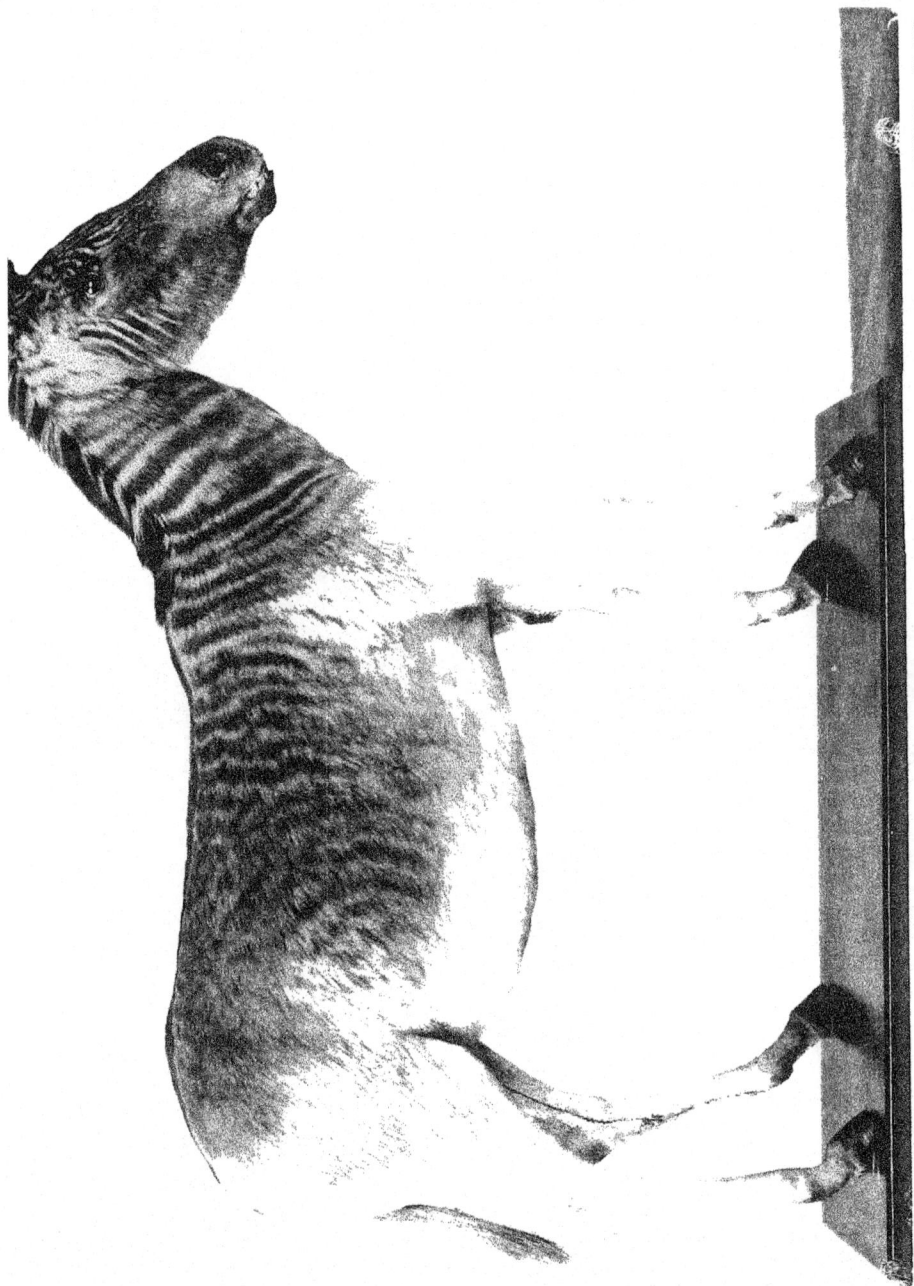

C. CONFALONIERI FOT.

ELIOT. CALZOLARI & FERRARIO - MILANO

Quagga (EQUUS QUAGGA GMEL).

denza del bacino e termina assai ristretta sulla coda, ad un decimetro dall'origine di questa.

Il pelo è dovunque piuttosto folto, la criniera non molto lunga, ma ben nutrita. La coda è *asinina*, cioè ha un ben distinto ciuffo terminale di crini, forse in vita un pò più lungo di quel che sia attualmente.

Per le dimensioni il nostro esemplare sta poco al disotto del Quagga parigino, la cui altezza al garrese è data da LACÉPÈDE e da CUVIER in m. 1.15, mentre la lunghezza sua dal petto *(poitrail)* alla groppa *(croupe)* fu dagli stessi autori notata di m. 1.07. — Se non che TROUESSART ([16]) nota a questo proposito che trattasi di un individuo « *de petite taille* » (sebbene morto a 18, o 20 anni), ed osserva che il medesimo, di cui dà una buona fotografia, ha il tronco di lunghezza un po' maggiore di quel che sia l'altezza al garrese. Il che si può spiegare con un originario errore di misurazione, oppure con differenze fra le misure prese sull'animale ancora in carne e quelle dell'attuale preparato. — In realtà nella femmina del Giardino Zoologico di Londra, fotografata *vivente* nel 1870, l'altezza al garrese è alquanto minore che non la lunghezza del tronco, il che corrisponde assai meglio alle proporzioni dell'esemplare parigino (date da TROUESSART) e del nostro. — Il più grande fra gli esemplari qui presi in esame sarebbe quello di Vienna, alto al garrese m. 1.30; non sembra però impossibile a LORENZ ([17]) che alle attuali dimensioni possa avere contribuito l'arte del tassidermista.

Paragonando fra di loro i vari Quagga di cui furono pubblicate le fotografie, poichè delle figure dateci da' pittori ben poco è da fidarsi, e tanto meno quanto più antiche, si notano delle differenze anche riguardo alla larghezza delle striscie brune ed alla estensione loro sul tronco. — In alcuni queste cessano sul garrese, come nell'esemplare di Amsterdam, o poco dopo come in quelli di Torino e di Parigi; in altri la striatura si estende anche al di là del torace, come nel nostro e nell'esemplare di Vienna. — Sul torace le striscie brune scendono verticalmente; negli individui in cui le righe si estendono anche alla regione addominale, almeno in parte, queste scendono

---

(16) TROUESSART — Loc. cit. (Nota 3).
(17) LORENZ — Loc. cit. (Nota 11).

obliquamente dall'indietro in avanti e ne consegue, di necessità, che esse formino colle prime, a metà del tronco, un triangolo cui fu dato il nome di *sella*, figura che si scorge nel nostro esemplare sebbene un po' meno evidente che non nell'individuo di Vienna. E si capisce benissimo che in quelli in cui la rigatura svanisce sul torace, la *sella* non si possa formare. — Così pure è agevole osservare come talvolta le strisce larghe risultino dalla fusione più o meno perfetta di due strette.

A me sembra che queste ed altre leggere differenze che non alterano il disegno fondamentale, caratteristico della specie, non siano altro se non variazioni individuali insufficienti a giustificare la distinzione di sottospecie, qualora non vi concorrano dei caratteri morfologici. Ad es. se si confronta il cranio di Quagga del Museo britannico, pubblicato da LYDEKKER ([18]), con quello di Torino, reso noto dal prof. CAMERANO ([19]), si osserva che il profilo frontonasale di quest'ultimo è pressochè rettilineo, mentre in quello di Londra è notevolmente incavato e potrebbe darsi che ciò fosse in rapporto con qualche diversità di razza.

Il risolvere questa ed altre consimili questioni è possibile solo a chi può disporre di un sufficiente materiale. — Il mio scopo era soltanto quello di far conoscere il Quagga del Museo di Milano, in maniera di poter servire come utile elemento di confronto per uno studio intorno ad una specie, ai giorni nostri così miseramente distrutta, e della quale si ha un numero così piccolo di esemplari.

---

(18) LYDEKKER — Loc. cit. (Nota 7), p. 428.
(19) CAMERANO L. — *Materiali per lo studio delle Zebre* (Atti R. Accad. d. Scienze di Torino, 1901-1902, p. 612, Tav. s. n., f. 7-10).

OSSERVAZIONI GEOLOGICHE

SUI POZZI TRIVELLATI DI MILANO

E SUL

POZZO TRIVELLATO DI SAN VITTORE A MONZA

Nota del socio

Prof. Ernesto Mariani

È noto come per provvedere di acqua potabile la città di Milano, abbandonati i vari progetti di condurla in città con acquedotti, sia prendendola da corsi d'acqua alpini o prealpini, che dal sottosuolo nell'alta pianura milanese, si pensò di cercarla direttamente nel sottosuolo della città approfondandosi al di là dei primi due *aves*.

A tale scopo nel 1888 si intraprese lo scavo di due pozzi di assaggio nelle vicinanze dell'Arena; col primo si raggiunse la notevole profondità di m. *146,23*, e quindi m. *24,09* sotto il livello del mare; col secondo pozzo, distante dal primo circa m. *18*, si raggiunse la profondità di m. *81,75*. Questi due pozzi furono scavati col sistema canadese, adoperando tubi di ferro di diametro variabile da 75 a 300 mm.

A questi due pozzi se ne fecero seguire altri trivellati, pure vicini all'Arena; perforazioni che si susseguirono in segnito in altre zone della città, ma non superando, o per alcuni solo di poco, la profondità di m. *60*, essendoche gli strati acquiferi più abbondanti si erano incontrati a profondità comprese fra *30* e *60* m. circa.

Al presente i pozzi che vennero perforati dall'Ufficio Tecnico Municipale, e che sono in attività, sono complessivamente *60*: essi, fuorchè i due primi sopra ricordati, vennero scavati col sistema della trivella, e col tubo-sonda.

Questi pozzi danno più di *2000* litri al secondo di acqua,

la quale viene portata in tutti i punti della città, con una pressione normale in condotta di circa *35* metri.

Di queste perforazioni si conoscono le formazioni geologiche attraversate, essendo stati di esse diligentemente raccolti e conservati alcuni saggi, per l'opera intelligente degli egregi ingegneri dell'Ufficio Tecnico Municipale addetti a tali lavori (¹). Io ebbi occasione di seguire parecchie volte i lavori di perforazione, e di esaminare buona parte dei saggi raccolti, come pure quelli che si attraversarono nella costruzione di un pozzo trivellato fatto costruire nel 1900 dalla Ditta Pirelli nel cortile del proprio stabilimento, e quelli incontrati nel pozzo profondo circa m. *65*, terminato al principio del corrente anno, nel palazzo in costruzione della Banca Commerciale nella piazza della Scala.

Credo non privo di interesse rendere noto le osservazioni che ho potuto fare sui sedimenti attraversati in tutte queste perforazioni di suolo (²).

I pozzi scavati in Milano dal 1888 al 1909 dell'Ufficio Tecnico Municipale, si trovano quasi tutti nella parte occidentale e settentrionale della città. La scelta di queste località venne fatta basandosi sull'andamento generale della prima falda acquifera, quella falda da cui veniva attinta quasi tutta l'acqua potabile dai pozzi in muratura di Milano, dico quasi tutta poichè parecchi pozzi si approfondano fino alla seconda, ed alcuni nella terza.

Interessante è conoscere l'andamento di questo primo *aves*. Nel sottosuolo di Milano sono da tempo noti tre orizzonti acquiferi: il primo si trova alla profondità di m. *3* a m. *6* circa dalla superfice del suolo; esso è potente da m. *1* a poco più di m. *1,50*. Il secondo *aves* si raggiunge in generale alla pro-

---

(1) Mi è grato ringraziare l'egregio ingegnere F. Minorini, sotto la cui direzione venne eseguita buona parte dei pozzi trivellati di Milano, e l'ingegnere P. Franceschini pure dell'Ufficio Tecnico Municipale, addetto a tali lavori, perchè gentilmente mi comunicarono molti dati preziosi su queste perforazioni. Voglio qui ricordare l'interessante pubblicazione dell'ing. F. Minorini, sull'impianto di sollevamento dell'acqua potabile nel sottosuolo di via Marcello, fatta nel periodico il *Politecnico* di Milano nel 1901.

(2) Il prof. F. Salmojraghi, in una importante nota pubblicata nei Rendiconti del R. Istituto Lombardo, diede fin dal 1892 notizie dettagliate sulla serie dei terreni attraversati nel primo pozzo di assaggio vicino all'Arena su ricordato, il più profondo che finora venne scavato nel sottosuolo di Milano.

fondità di m. *13* a m. *15;* e il terzo a *30-60* m. circa. Da osservazioni accurate e prolungate fatte sul livello piezometrico di molti pozzi raggiungenti il primo *aves*, sparsi in differenti punti della città, si è rilevato come questa falda acquifera superficiale ha una pendenza generale da *NW* a *SE*, per cui questa corrente sotterranea ha un lento moto di scorrimento nel senso del pendio del suolo. L'egregio ing. G. Codara dell'Ufficio Tecnico Municipale di Milano che fece dette osservazioni, mi comunica infatti come la prima falda acquifera è in continuo movimento in relazione alla sua pendenza, pendenza che presso Milano è *0,0025* per metro, e con una velocità valutata circa m. *0,00001* al secondo.

Di varia potenza è lo strato alluvionale del sottosuolo di Milano che venne attraversato dai pozzi trivellati per trovare l'acqua. Così due pozzi di fianco dell'Arena, vicini ai due pozzi tubolari di assaggio, si arrestarono alla profondità di m. *27,54*, e sono i meno profondi di tutti i pozzi trivellati; un altro poco discosto da questi si fermò a m. *30,30*. Alcuni pozzi in via Cenisio, al rondò Sempione, al Parco, vennero spinti a profondità comprese fra m. *30,65* e m. *32,45*, mentre che altri in queste stesse località si dovettero spingere a maggiori profondità per raggiungere la falda acquifera. Così ad esempio in via Cenisio altri *3* pozzi si approfondano fino a m. *59,15* -- m. *61,45*: al rondò Sempione un pozzo si spinse a m. *62,34*.

Ricordo come i pozzi trivellati vennero costruiti per lo più nella zona periferica della città: e precisamente nella parte occidentale (corso Vercelli — Piazza d'Armi); nella zona a NW (rondò Sempione in prossimità della Cagnola — via Cenisio); a nord (al rondò di via Farini); e a nord-est (in via Marcello, e cioè poco a sud-ovest del rondò di Loreto). In zone interne della città si costruirono, quelli vicini all'Arena e nel Parco (ovest), quelli di via Parini e dei bastioni di P. Venezia (nord-ovest), oltre che quello della piazza della Scala.

Le principali deduzioni che si possono fare sulla serie alluvionale attraversata da tutti questi pozzi trivellati, sono le seguenti:

I una generale diminuzione nella grossezza dei frammenti rocciosi in senso verticale;

II una varia alterazione di parte del materiale roccioso alpino e prealpino;

III una relativa abbondanza di interstrati argillosi, in special modo nelle alluvioni più basse;

IV una irregolarità pressochè generale nella distribuzione delle alluvioni nel senso orizzontale.

L'aumento di volume degli elementi clastici delle alluvioni dal basso in alto, è un fatto che si riscontra in tutte le perforazioni della valle padana, dovuto ad un aumento delle forze di trasporto delle correnti. L'alluvione perforata in quasi tutti i nostri pozzi trivellati (si escludono quindi i due pozzi tubolari profondi vicino all'Arena), rappresenta il materiale trasportato da correnti provenienti da nord, che veniva depositato nei larghi solchi che antichi corsi d'acqua avevano incisi in una più antica alluvione, la quale più a nord della città era stata qua e là rispettata dall'erosione, e modellata in forma di penisole appuntite verso sud, sopraelevate sul piano generale. L'alluvione perforata è prevalentemente fatta da frammenti di rocce alpine, provenienti dallo sfacelo di materiale morenico dell'ultima invasione glaciale, alluvione che in parte contemporanea a questa fase glaciale, viene riferita al *diluvium* superiore. In generale i nostri pozzi trivellati poco profondi, si mantengono fin dalla superficie in questa alluvione, astrazione fatta si intende del sottile mantello affatto superficiale di materiali di trasporto; ma non è improbabile che le alluvioni raggiunte da pozzi più profondi possono corrispondere a un piano più antico del *diluvium* superiore. Il pozzo trivellato più profondo è uno dei *sei* fatti al rondò Sempione in prossimità della Cagnola. Esso raggiunse la profondità di m. *62,31*, e da circa m. *10* in giù attraversò un'alternanza di argille giallastre e bleuastre e di sabbie fine argillose giallognole con un pò di ghiajetto, i cui frammenti erano in parte profondamente alterati.

Queste alluvioni profonde, dato il loro grado di alterazione che non si osserva nelle alluvioni soprastanti, possono essere forse in parte riferite a quel *diluvium* più antico sopra ricordato, che largamente inciso ha servito di base alle alluvioni del *diluvium* superiore. Cosi va detto anche per uno dei dieci pozzi trivellati in piazza d'Armi, profondo m. *61,70*, che ha incontrato delle sabbie fine rossastre a circa m. *45:* come pure per quello di via Parini, profondo m. *60,30*, che attraversò banchi di sabbia per lo più assai fine, alternanti con straterelli di argilla giallastra, per una potenza complessiva di circa m. 22 (¹).

Anche nel pozzo di recente terminato nel palazzo in costruzione della Banca Commerciale, si nota una differenza fra le alluvioni superiori e le profonde. Anche quivi da una profondità di circa m. *40* dalla superficie della Piazza della Scala, in giù, si hanno argille giallastre e brunastre, sabbie argillose per lo più a grana fina, grigiastre ma spesso ocracee. Ai ciottoli grossolani degli strati superficiali si sono sostituiti rari ciottoletti nelle sabbie, che sono di rocce cristalline profondamente alterate. Cosiche anche in questo pozzo probabilmente si raggiunse il *diluvium* medio.

Di questo pozzo trivellato, il più profondo nell'interno della città, riporto la serie degli strati attraversati.

Il pozzo venne costruito nel sotterraneo del palazzo, il cui pavimento si trova a circa m. *5* sotto il piano stradale: esso raggiunse dal piano stradale m. *65* di profondità. L'apertura del pozzo si trova a m. *116,80* sul l. m. Le profondità qui riportate da cui si estrassero i saggi, si riferiscono al livello della bocca del pozzo:

2,75— 4,15. Argilla sabbiosa.

4,15— 6,10. Sabbia viva con ghiajetto e ghiaja.

6,10—10,35. Ghiaja grossolana, di ciottoli di rocce cristalline.

10,35—11,75. Ghiaja grossolana mista a sabbia.

11,75—13,80. Sabbia viva con ghiajetto.

13,80—13,95. Argilla giallastra.

13,95—15,05. Sabbia argillosa con straterelli di argilla e ciottoli.

---

(1) Nel più profondo pozzo tubolare (m. 146,23) vicino all'Arena, il prof. Salmojraghi, sotto il mantello poco potente di terreni di trasporto, distingue tre piani, che corrisponderebbero al *diluvium* superiore, medio e inferiore. Il primo scenderebbe fino alla profondità di m. *29,50*: esso contiene i primi due *aves* (m. *2,80* — m. *13*), Il *diluvium* medio si porterebbe fino a m. *99,51*: in esso si incontrarono parecchi livelli d'acqua saliente: si ha i o argille sabbiose rossastre o giallastre. Il *diluvium* inferiore, è caratterizzato dall' assenza di ghiaja fino alla massima profondità raggiunta, dalla presenza di sabbie finissime e dalla scarsezza di acqua sotto debole pressione. I limiti segnati a questi piani sono naturalmente approssimativi. In nessun deposito sabbioso e argilloso di tutta la serie delle alluvioni attraversate, si trovarono fossili. Osservo però che i saggi raccolti nelle alluvioni profonde sono piccoli, essendoche il tubo che si spinse in esse aveva il diametro di m. *0,092*,· cosiche piccolissima è stata l'area esplorata. Non può quindi escludersi che in quelle sabbie e argille finissime azzurrastre, che, come ben nota il prof. Salmojraghi, possano rappresentare depositi tranquilli in bacini paludosi, si siano conservati resti di molluschi terrestri o lacustri, come si sono raccolti nel *diluvium* inferiore del pozzo trivellato di S. Vittore a Monza.

15,05—20,15. Sabbia argillosa con ciottoli.

20,15—33,15. Sabbia grossolana, ghiajetto e ciottoloni.

33,15—34,10. Sabbia fina argillosa.

34,10—34,85. Argilla giallo-bruna.

34,85—35,60. Argilla sabbiosa giallastra, con ciottoletti.

35,60—37,20. Argilla sab. con ciottoletti profondamente alterati.

37,20—45,55. Sabbia viva di media grana.

45,55—46,45. Argilla bruna.

46,45—52,55. Sabbia viva di media grana grigiastra.

52,55—56,85. Sabbia viva grossa con ghiajetto profon. alterato.

56,85—60,00. Sabbia di media grandezza, argillosa ocracea.

Fra i frammenti di rocce alpine (graniti, gneiss, dioriti, porfiriti dioritiche, serpentine ecc.), non mancano frammenti di rocce sedimentari. Sono cioè frammenti dell'arenarie quarzose rossastre del *verrucano*, frammenti di selce grigia, nerastra e rossastra di diversi piani del *giurese*, come pure frammenti di calcari neri silicei del *lias* inferiore. Questi ultimi sono talvolta voluminosi, e tutti presentano una crosta di alterazione, essendo di sovente i piccoli frammenti completamente decalcificati. La decalcificazione di questi calcari si osserva a tutte le profondità nelle quali vennero raccolti. Pochi sono i frammenti di rocce alpine alterati: per lo più la caolinizzazione parziale di alcuni di essi si osserva, come già dissi nelle alluvioni più profonde, al di là dei m. *31* circa.

Le sabbie non presentano differenze sensibili nella composizione mineralogica da livello a livello. Esse sono essenzialmente quarzose; abbondano i felspati, le cloriti e le miche, e fra queste in special modo la biotite. L' esame fatto dal collega prof. E. Artini di alcune sabbie fine raccolte nel pozzo trivellato dello stabilimento Pirelli in via Ponte Seveso (profondo m. *28,50*), ha fatto constatare la presenza di molti silicati, i quali, oltre i su ricordati, sarebbero, in ordine di relativa frequenza, i seguenti : zircone, granato, orniblenda, staurolite, epidoto, tormalina, amfiboli chiari, rutilo, apatite, serpentino, sillimanite.

Gli strati impermeabili, siano fatti da argille, argille sabbiose o sabbie finissime argillose assai compatte, sono numerosi ma sono disposti irregolarmente, nè alcuno di essi si presenta molto esteso in superficie, pur presentandosi talvolta con notevole potenza..

Talvolta si verificò il caso che in una stessa area poco estesa, e nella quale i dislivelli di suolo sono solo di qualche decimetro, non si incontrarono a uguale profondità i banchi argillosi, benchè potenti, perchè assai poco estesi. In nove pozzi trivellati nel corso Vercelli (parte occ. della città) il primo banco argilloso si incontrò a profondità comprese fra m. *10* e m. *12*, con uno spessore in tre di essi di più di m. *10*, mentre che negli altri pozzi poco distanti dai primi, la potenza del banco argilloso discese a m. *1,40*, m. *1,20*, e in un pozzo fino a m. *0,30*. Ciò si è verificato in quasi tutti gli altri pozzi costruiti nelle altre aree, sempre poco estese, a nord della città, nei quali il primo banco argilloso incontratosi a varie profondità, presenta piccola estensione. Anche negli strati argillosi inferiori si verifica per lo più questa irregolarità, cosiche, essi formano delle piccole lenti distribuite a vari livelli nelle alluvioni: solo in alcuni casi qualche banco profondo di argilla si continua lateralmente con banchi di sabbie compatte, assai fine e molto argillose, espandendosi maggiormente in allora l'*aves*.

Nè vi ha sempre relazione fra la profondità dei pozzi colla frequenza degli strati argillosi: e cioè si verifica talvolta il fatto della presenza di un piccolo numero di essi in pozzi che raggiunsero in una stessa area, la maggiore profondità. Così ad esempio, nella perforazione di un pozzo nel corso Vercelli che si spinse a m. *56,40* si incontrarono *5* strati argillosi, mentre in un altro vicino a questo e profondo m. *59,76* se ne incontrarono solamente *2*, e in un terzo pozzo nella stessa area, profondo poco più di m. *60*, si incontrarono *3*, banchi argillosi. Così in piazza d'Armi, pure ad occidente della città, il pozzo più profondo (m. *61,70*) incontrò *due* strati argillosi, mentre che altri due pozzi vicini a questo ma meno profondi (m. *58,91* — m. *58,44*), ne incontrarono *quattro*. Ricordo infine il pozzo di via Parini (profondo m. *60,30*) il quale dopo avere attraversato *3* banchi di argilla gialla compatta, alla profondità di m. *29,20* attraversò delle sabbie argillose per lo più fine, potenti circa m. *31:* nè si riscontrò alcuna corrispondenza fra questi strati impervi e quelli incontrati nei quattro pozzi costruiti sul bastione di P. Venezia, a poca distanza da quello di via Parini.

La poca estensione degli strati argillosi verso monte è dimostrata anche dalla poca salienza delle acque incontrate: la salienza invece è più forte, pur non dando origine a acque artesiane, per quelle incontrate negli strati più bassi, ove le falde acquifere comprese fra strati di relativa impermeabilità, sono sotto pressione.

È naturale che anche questa deve variare anche per pozzi costruiti in una stessa area, data la su ricordata irregolarità della distribuzione dei livelli d'acqua, e la variazione nel grado di impermeabilità di alcune alluvioni che limitano più o meno nettamente le falde acquifere. Si hanno quindi oscillazioni del livello piezometrico abbastanza sensibili; infatti l'acqua dei nostri pozzi trivellati si porta per pressione naturale da m. *2,50* a m. *4,50* circa sotto il livello del suolo. In generale questa altezza corrisponde presso a poco all'altezza del livello piezometrico medio del primo *aves*, con una differenza in via normale di qualche decimetro in più o in meno.

La diversa profondità a cui viene attinta nei diversi pozzi trivellati di Milano l'acqua potabile, prova come questa provenga da diversi livelli acquiferi, che però complessivamente potrebbero formare, se non ovunque, in molti punti, un unico potente *aves*, nel quale un diverso grado nella permeabilità delle alluvioni che lo formano, come pure la diversa distribuzione in senso verticale di piccole lenti di argilla, possono far si che in alcuni tratti di questo strato acquifero vi sia immagazzinata maggiore quantità di acqua e con più forte pressione che in altri tratti; si è nei primi che la perforazione naturalmente venne arrestata. D'altronde ciò si verifica quasi sempre allorquando si attraversa uno strato acquifero abbastanza potente, come viene svelato dalle oscillazioni del livello piezometrico nel tubo di sonda, man mano che si approfonda.

In più della metà dei pozzi trivellati di Milano, l'acqua viene attinta a profondità comprese fra m. *30* e m. *40*. Si sa come queste acque profonde, indipendenti affatto dalle acque freatiche locali, hanno una alimentazione più regolare, e cioè assai meno oscillante di quelle del primo *aves*. Esse sono acque infiltratesi nelle alluvioni dell'alta pianura, le quali nel loro scorrimento a valle, penetrano negli strati permeabili profondi della bassa pianura, assumendo una certa pressione.

Nelle alluvioni del sottosuolo di Milano, vennero trovati qua e là alcuni resti fossili. Oltreché frammenti di corteccia, di radici, di rami trovati in molti strati sabbiosi profondi, nel sottosuolo di Milano anche a poca profondità si incontrarono degli straterelli torbosi. Cosi nella parte meridionale della città i lavori di fognatura hanno talvolta messo allo scoperto, alla profondità da m. *4,50* a m. *5*, piccole lenti torbose di varia compattezza e struttura, sovrapposte a uno strato argilloso. Rappresentano esse piccoli stagni, nei quali su un fondo limaccioso si potè sviluppare una vegetazione acquatica che ha contribuito a ricolmarli. Talvolta negli straterelli argillosi più o meno ricchi di frammenti vegetali alterati, si raccolsero frammenti di conchiglie. Così fuori del vecchio dazio di P. Nuova, poco lungi dalla Martesana, in strati argillosi alla profondità di circa m. *2*, vennero trovati parecchi gasteropodi terrestri (*Helix* sp.). Ricordo inoltre la piccola fauna di conchiglie terrestri (N. *21* specie) trovata in un banco di argilla sabbiosa dello spessore da m. *0,60* a m. *1* e alla profondità di m. *3*, nei dintorni di Milano, fuori di P. Tenaglia ([1]).

Anche questo banco argilloso fossilifero del sottosuolo, rappresenta uno stagno temporaneo nel quale vennero insieme ai fini detriti, trasportati quelle conchiglie terrestri, le quali appartengono alla fauna locale vivente.

Nelle immediate vicinanze di Milano, e anche entro la città, in alcuni banchi di sabbia vennero di recente raccolte alcune ossa di *Elephas*, che già descrissi in una mia nota paleontologica ([2]). Esse si trovarono a profondità comprese fra m. *3,50* e m. *4*, sepolte nelle sabbie del primo *aves*, e quindi nelle alluvioni superficiali del *diluvium* recente.

* *
*

Prima di parlare del pozzo di S. Vittore a Monza, il più importante di tutti quelli finora scavati, essendoche con esso si raggiunse il *pliocene* marino, voglio ricordare alcuni pozzi poco profondi, che vennero fatti poco più di un ventennio or sono, in una larga zona a nord di Milano.

---

(1) Sordelli F , *Studi sulla vegetazione di Lombardia durante i tempi geologici*: p. 248 e seg. Milano, 1896.

(2) Mariani E., *Resti fossili di elefante trovati in alcune cave di sabbia vicino a Milano:* Atti Soc. It. di Sc. Nat. Vol. 46, Milano 1907.

Prima che si decidesse di dotare Milano di acqua potabile estraendola direttamente dal sottosuolo della città, si era studiato fra i molti anche un progetto di presa d'acqua dal sottosuolo alquanto a nord della città. A tal uopo, per addivenire alla scelta del luogo adatto per la presa e per le successive opere di allacciamento e conduttura delle acque, si fecero *10* pozzi di assaggio, allineati da ovest ad est, nelle seguenti località:

I. un pò ad ovest di Lonate Pozzolo (m. *200,27* sul l. m.), profondo m. *39,85*.

II. vicino alla case. Maestrona a nord di Magnago (m. *208,70* sul l. m.), profondo m. *45*.

III. vicino alla casc. Buon Gesù (a est di Busto Arsizio) (m. *225,47* sul l. m.), profondo m. *59,35*.

IV. al casello 19 Ferrovia Novara-Seregno (m. *228,20* sul l. m.), profondo m. *43,28*.

V. al casello 21 Ferrovia Novara-Seregno (m. *218,40* sul l. m.), profondo m. *50*.

VI. vicino a Cogliate (m. *226,22* sul l. m.), profondo m. *48,90*.

VII. vicino a Barlassina, sulla destra del Seveso (m. *215,25* sul l. m.), profondo m. *37,12*.

VIII. nelle vicinanze di Carate Brianza (m. *236,90* sul l. m.), profondo m. *33,30*.

IX. nelle vicinanze di Lesmo (m. *222,65* sul l. m.), profondo m. *29,05*.

X. nelle vicinanze di Sulbiate superiore (m. *238,60* sul l. m.), profondo m. *48,20*.

I pozzi *2, 3, 4, 5,* e *7* si trovano sul piano diluviale terrazzato (*diluvium* superiore); i pozzi *1, 6* e *10* sull'altopiano del *diluvium* medio; i pozzi *8* e *9* su quello del *diluvium* inferiore.

I pozzi II, IV e V, hanno attraversato un complesso incoerente di ghiaje e sabbie, con straterelli argillosi: probabilmente sono rimasti intieramente nelle alluvioni, per lo più grossolane, del *diluvium* superiore, alluvioni fatte da materiale sano.

Nel pozzo III, alla profondità di circa m. *48*, si constatò una notevole diminuzione della ghiaja grossolana, sostituita da fine sabbie grigiastre che si spinsero fino alla massima profondità raggiunta, contenendo qua e là qualche ciottolo, o straterelli di ghiajetto. È notevole poi il fatto che alla profondità di m. *23*, si attraversò un banco di *ceppo* grossolano della potenza di *un* metro; così pure nel pozzo VII a m. *37* circa di profondità, si incontrò una lente di *ceppo*. Come è noto sono poco frequenti le alluvioni più o meno grossolane cementate, o conglomerati ceppoidi che dir si vogliano, nel *diluvium* superiore ([1]).

I pozzi I, VI e X, approfonditi nel *diluvium* medio, hanno incontrato alluvioni in parte ferretizzate, e a varia profondità delle lenti di ceppo ([2]). Di questi pozzi il più interessante è quello vicino a Sulbiate superiore, per l'alterazione presentata delle alluvioni al di là della profondità di circa m. *35;* sono cioè argille grigiastre con chiazze giallastre e sabbie rosse o gialle-ocracee. Superiormente si attraversarono tre banchi di ceppo; il primo a circa m. *13* di profondità e potente più di m. *16;* il secondo a m. *30,85* e potente m. *0,70;* e il terzo a m. *33,60* dello spessore di circa m. *2*. Anche nel pozzo di Cogliate si attraversarono due banchi di ceppo (a m. *30* e a m. *36* circa di profondità).

I pozzi VIII e IX hanno attraversato quasi completamente lenti di ceppo: il primo, dopo un cappello di ghiaje e sabbie alquanto alterate, incontrò uno straterello di ceppo tenero, indi un banco di sabbia rossastra ferretizzata, in seguito quattro strati di ceppo, il secondo dei quali potente circa m. *5*, separati da strati di sabbia e di ghiajetto. Il pozzo X, vicino a Lesmo, alla profondità di circa m. *20*, incontrò il *ceppo*, mantenendosi sempre in esso. Questo pozzo si trova, come sopra dissi, sul terrazzo del *diluvium* inferiore, che su un largo tratto è fatto dal ceppo, il quale più a nord è profondamente inciso dal Lambro.

---

(1) A Saronno nel 1888 si fecero diversi pozzi (sistema canadese), uno dei quali raggiunse la profondità di m. *122,50* (e cioè m. *87,50* sul l. m.), altri si arrestarono a circa m. *60*, come è ricordato dal prof. Salmojraghi. Il pozzo più profondo raggiuse certo e perforò per un tratto le alluvioni del *diluvium* inferiore, penetrando in sabbie fine e argille rossatre e giallastre. Anche in questo pozzo, come negli altri meno profondi, si attraversarono nella parte superiore della serie alluvionale, dei banchi ghiajosi cementati, come nei pozzi su ricordati delle Vicinanze di Busto e di Barlassina, il primo ad occidente, il secondo ad oriente di Saronno.

(2) La presenza di una lente di *ceppo* nel pozzo di Lonate Pozzolo, raggiunta alla profondità di m. *25,30*, prova come anche nelle alluvioni che si stendono a sud del Verbano, sia avvenuta qua e là una parziale cementazione, ciò che non si volle ammettere per molto tempo.

È notevole il fatto che in un pozzo costruito vicino a Canonica Lambro, e poco lungi dalla sponda destra di questo fiume, si è attraversato pressoche alla superficie solo uno straterello di ceppo, mantenendosi fino alla massima profondità raggiunta (m. *92*) in alluvioni sciolte. Su questo pozzo, interessante anche per la presenza di fossili pliocenici rimaneggiati, parlerò in seguito.

**
* **

La regione alluvionale del territorio Monzese compresa fra il Seveso e la Molgora, rappresenta parte della porzione settentrionale del piano generale terrazzato del *diluvium* superiore, formante la pianura lombarda. Su questo piano terrazzato si elevano degli altopiani, che in forma di penisola vanno assottigliandosi verso valle, ed alcuni anche sfumando nel loro tratto terminale col piano generale circostante. Nell'area che ora considero ne abbiamo due principali, che si distaccano dai colli briantei verso sud. L'uno, ed è l'occidentale, pressoche all'altezze di Carate si porta a sud lambendo il lato occidentale di Monza, e sfumando poco a valle di questa città nei pressi di San Alessandro, ove si avvicina alla sponda destra del Lambro. Questo terrazzo nel suo limite orientale in molti punti sovrasta di parecchi metri il sottostante piano generale terrazzato, come fra Vedano e Biassono; alla così detta Costa poco a sud di Biassono il dislivello fra queste due formazioni alluvionali quivi giustaposte raggiunge anche i *10* metri. La vasta area del R. Parco farebbe parte del suddetto piano generale terrazzato, limitato alla sua volta ad oriente dalle alluvioni più recenti depositatesi nel solco vallivo dell'Adda *(alluvium)*. Il secondo altipiano ad oriente del Lambro, si diparte a nord pressoche all'altezza di Arcore-Velate, e notevolmente assottigliato alla sua parte estrema, termina poco a sud di Concorezzo fra S. Albino e Agrate. Anche questo altipiano si abbassa notevolmente nel suo tratto terminale, sicche, essendo pressoche insensibile il gradino fra esso e il piano generale terrazzato, come si verifica anche pel primo terrazzo su ricordato, non si ha ivi il carattere orografico che possa distinguere due formazioni di età differente, che sono a contatto. Si è basandosi sulla disuguale alterazione del materiale roccioso che si può

seguire sul terreno il confine fra queste due formazioni alluvionali. Ad oriente di questo secondo terrazzo, che come è noto
viene riferito come il primo descritto al *diluvium* medio, se ne
ha un altro meno esteso che nella sua parte orientale viene a
contatto colle alluvioni dell'alveo della Molgora; questo terzo
terrazzo termina appuntito poco a sud di Vimercate. Se ci
portiamo verso l'Adda incontriamo altri tre terrazzi pure del
diluvium medio, separati fra loro da una sottile striscia di
alluvioni del *diluvium* superiore, che rappresentano il riempi-
mento dei solchi che le correnti di sgelo dell'ultima invasione
glaciale, venivano a produrre in questa più antica alluvione del
diluvium medio.

È noto come le alluvioni di questi altipiani presentano un
grado di alterazione più forte di quelle del piano generale,
presentandosi in vario modo ferretizzate. E così le argille sono
grigiastre con macchie giallo-brune ; le sabbie sono gialle-
ocracee, e spesso un sottil velo di ossidi di ferro riveste molti
ciottoli delle ghiaje, alcuni dei quali sono profondamente alterati, o almeno presentano una crosta di completa alterazione.

Se noi risaliamo più a monte di questa serie di altopiani,
incontriamo un'altra serie di altopiani più elevati, più antichi,
riferiti al *diluvium* inferiore. In tutte le alluvioni del *diluvium*
si hanno masse conglomeratiche (ceppo) e arenacee, che però
sono più frequenti in quelli del *diluvium* medio e inferiore.
Esse si raggiungono a vari livelli sotto un cappello superficiale
di rocce sciolte di varia potenza, talvolta affiorando alla superficie, come da es. quelli già ricordati nelle vicinanze del Lambro
nell'altipiano più antico di Canonica-Lesmo; ed altri affioramenti
nel *diluvium* medio, come quello vicino a Vimercate, che poco
più ad oriente è inciso dalla Molgora, ed altri infine poco
estesi nei successivi altopiani, pure del *diluvium* medio, verso
l'Adda.

La città di Monza poggia in parte, nel suo lato occidentale
e sud-occidentale, sulle alluvioni del *diluvium* medio; nella sua
porzione mediana e in quella orientale invece sulle alluvioni
dell'*alluvium* e su quelle del *diluvium* superiore ([1]).

Il pozzo più profondo di Monza noto finora, era quello della

---

[1] Lo schizzo geologico dei dintorni di Monza annesso a questa mia nota, è
preso dai rilievi fatti dal prof. T. Taramelli e dall'ing. prof. A. Stella.

villa Reale (m. *175* sul l. m.), di cui il Curioni diede la serie
dei terreni attraversati (¹), profondo circa *70* m. Esso. dopo
aver attraversato un cappello superficiale di terriccio vegetale
e di sabbie ferretizzate dello spessore complessivo di circa
m. *1* attraversò un'alternanza di banchi di sabbie, di ghiaja,
di argille e due strati di ceppo, l'uno alla profondità di circa
m. *16;* l'altro a grana minuta, alla profondità di circa m. *62,*
sotto il quale separato da uno straterello di sabbia e ghiaja, si
incontrò un áltro banco di ceppo che non venne forato. É probabile che questo pozzo profondo della villa reale abbia attraversate tutte le alluvioni del piano generale terrazzato, che a nord
si estendono largamente a formare il R. Parco, e sia entrato
in quelle del *diluvium* medio; ma non saprei segnare il limite
fra questi due *diluvium.* Sopra il secondo banco ceppoide si
attraversò un potente strato di ghiaia grossolana, nel quale si
ha il secondo *aves,* che potrebbe forse limitare inferiormente
il *diluvium* superiore.

Il pozzo recentemente scavato a Monza è quello di S. Vittore (m. *154* sul l. m.) sulla sinistra del Lambro, vicino al
Macello. Esso, come già ricordai, venne spinto alla. notevole
profondità di m. *206* dalla superficie del suolo, e quindi a
m. *52* sotto il livello del mare. Durante la perforazione si attraversarono, dopo i primi due *aves,* parecchie piccole vene
d'acqua, per lo più comprese in strati sabbiosi sovrastanti a
lenti di argilla. Alla profondità di m. *110,45* si incontrò un
potente strato acquifero dello spessore di m. *17,20;* si è in
questo strato acquifero che in seguito la colonna dei tubi, che
si era spinta fino alla detta profondità, venne risollevata.
L'acqua nella colonna dei tubi sali dapprima fino a m. *1,55*
dalla superficie del suolo, per poi ridiscendere di circa *1* metro,
portandosi quasi a m. *2,50* dal piano della campagna (²).

L'alluvione ghiajosa-sabbiosa che forma la superficie del-
l'area sulla sinistra del Lambro nella quale venne perforato

---

(1) Curioni G., *Geologia applicata delle provincie lombarde,* Parte I, p. 364,
Milano, 1877.

(2) Questo pozzo venne costruito dalla casa Bopp e Reuter di Mannheim. La
perforazione si iniziò con un tubo del diametro di mm. *300,* che si approfondò
fino a circa m. *31,15:* indi vi si introdusse un altro del diam. di mm. *240* fino
alla profondità di m. *38,50;* indi un altro del diametro di mm. *180* fino a m. *102,35,*
in seguito uno di mm. *150* fino a m. *187,30,* in ultimo un altro tubo con filtro del
diametro di mm. *100* spinto fino alla massima profondità raggiunta di m. *206.*

il pozzo di San Vittore, è leggermente ferretizzata. Sotto un sottile strato fatto da materiale di trasporto, in parte terreno coltivabile, si incontra quella alluvione nella quale le ghiaje e le sabbie, mescolate specialmente superiormente con abbondante terriccio, si presentano parzialmente ferretizzate. La ferretizzazione è limitata su uno spessore di poco più di un metro: a profondità oscillanti fra m. *1,30* e m. *1,50* l'alluvione essenzialmente costituita da sabbia, ghiajetto e ghiaja di rocce cristalline, epperò con frammenti di rocce calcari sedimentari, non presenta materiale ferretizzato, avendo inoltre perduto l'elemento argilloso-terroso dello strato sovrastante.

Uno stesso grado di ferretizzazione, e a uguale profondità del suolo, si verificò in alcuni pozzi vicini a quello di San Vittore, come in quello delle carceri, e nei due nel fabbricato del Macello, come pure in parecchi punti ad oriente, verso cioè S. Albino, e più a sud dell'area ora considerata (¹).

La serie dei terreni attraversati nella perforazione del pozzo di San Vittore (²), è data da un'alternanza di sabbia, ghiajetto e ghiaja, prevalentemente fatte da rocce cristalline,

---

(1) Pressoche nella zona di contatto fra l'altopiano del *diluvium* medio che si estende ad occidente di Monza, e il piano generale terrazzato (*diluvium* superiore), nella parte meridionale della città, e precisamente presso lo stabilimento della Società per imprese elettriche Conti, alla quota di m. *160,* venne alla fine del 1906, costruito un pozzo trivellato. Lo strato superficiale alterato, più potente di quello del pozzo di S. Vittore e di quelli ad esso vicini, poggia su un notevole spessore di ghiajetto, sabbie con abbondante ciottolame negli strati superiori. Alla profondità di m. *22.70* si incontrò una lente di *ceppo* dello spessore di m. *0,30,* indi una seconda serie di sabbie, ghiaje e ciottoloni di graniti e di gneiss, con qualche ciottolo di calcare nerastro (*lias* inferiore) della potenza complessiva di m. *2,40,* a cui seguì un'altra sottile lente di *ceppo* (da m. *26,60* a m. *26,70).* Sotto a questo ceppo, fino a m. *27* circa, profondità a cui si arrestò la perforazione, scomparso il ciottolame, si incontrarono sabbie con ciottoletti. La maggior alterazione di uno strato potente delle alluvioni superficiali, rispetto a quella della regione sulla sinistra del Lambro su ricordata, prova come ivi siamo nella zona terminale dell' altopiano del *diluvium* medio sopra ricordato, che, come già dissi, sfuma col piano generale terrazzato.

(2) La perforazione di questo pozzo trivellato (iniziatosi nel 1906) venne fatta sotto la direzione del signor ing. Ottorino Jotta in quell'epoca ing. capo dell'Ufficio Tecnico del Comune di Monza, validamente coadiuvato dal signor geometra Silvio Barbieri, pure di quell'Ufficio Tecnico. Man mano che progredivano i lavori di preparazione, venivano con ogni cura raccolti molti saggi dei sedimenti che si attraversavano, saggi che io ho potuto ripetutamente esaminare mercé il gentile intervento del signor D. Cesare Staurenghi, e del signor Meda, attuale Assessore dei lavori del Comune di Monza. Rinnovo i miei più vivi ringraziamenti a questi egregi signori, che hanno in tutti i modi notevolmente favorito questo mio studio geologico su questa interessante perforazione di suolo.

con banchi numerosi argillosi, e banchi di conglomerati e di brecciole.

Le ghiáje e i ciottoloni non si spingono al di là dei primi m. *31,50* ove si incontrò il primo banco di argilla della potenza di m. *0,85*. Dalla detta profondità fino alla massima raggiunta il materiale sciolto è rappresentato da qualche sottile strato di ghiajetto, ma per lo più da banchi di sabbie, la cui grana si fa vieppiù fine coll'approfondirsi. Dalla profondità di m. *43* in poi, la sabbia è quasi sempre finissima, per lo più argillosa, specialmente là ove è ricoperta da lenti di argilla.

Frequenti sono i banchi di ghiaja e sabbie grossolane cementate, ma assai più sono quelli argillosi. Gli strati di alluvioni ghiajose cementate, sono confinati nella parte superiore della serie alluvionale. Il primo si trova alla profondità di m. *7,20;* è un conglomerato grossolano fatto da ciottoli selciosi, da rocce gneissiche, serpentinose ecc., della potenza di m. *0,10*. I successivi conglomerati sono per lo più a grana media, e fatti oltre che da rocce cristalline, da frammenti di calcari; alcune volte sono arenacei con lenticelle di materiale grossolano. Fra i m. *27.40*, e i m. *30,70* si hanno *3* piccoli banchi di conglomerato arenaceo, separati da ghiaje e sabbie.

Inferiormente a m. *30,70* di profondità, si incontrarono solo *3* banchi di alluvioni cementate, essi pure di grana media, l'ultimo dei quali (a m. *38,50*) alquanto arenaceo e assai più potente degli altri (m. *2,40*). Inferiormente non si hanno più conglomerati, ma solo banchi arenacei, o breccie minute, che si sono attraversate fino alla profondità di circa m. *116*. Quindi anche per le rocce cementate si osserva, come per quelle sciolte, una graduale diminuzione nella grossezza degli elementi che le formano, man mano si discende nella perforazione.

La ferretizzazione delle rocce cristalline si osserva, come già dissi, solo nello strato superficiale, come in tutta l'area che circonda il pozzo. Quasi tutti i frammenti calcarei che sono mescolati alle sabbie sono, se piccoli, totalmente decalcificati, se grossi solo alla superficie. Essi sono calcari nerastri con vene spatiche, spesso associati a frammenti di selce nera: sono da riferirsi assai probabilmente al *lias* inferiore, il quale nella zona prealpina che sta a monte di Monza, è prevalentemente fatto da calcari nerastri selciosi che spesso alternano con straterelli di selce per lo più nerastre. La massima profondità ove si raccolsero i frammenti di calcare così alterati, fu di circa m. *100*, in mezzo a una fina sabbia.

Alcuni strati argillosi contengono residui vegetali, e sono per lo più argille nerastre, come fango torboso, che vennero incontrate dapprima a circa m. *92* di profondità. A maggiore profondità si hanno straterelli torbosi; e da m. *106,13* fino a m. *129,50* si incontrano argille, alternati con banchi di sabbia, che contengono qua e là piccole conchiglie d'acqua dolce e terrestri. È un complesso quindi di alluvioni, della potenza di più di m. *23*, depositatesi in piccoli stagni, che i fini detriti e i vegetali venivano a ricolmare, e a conservare i gusci di molluschi continentali.

Un notevole spessore di sabbie azzurre e giallastre, con interstrati argillosi bruno-rossastri, ricopre le formazioni del *pliocene* marino. Questo si inizia (alla profondità di m. *147*) con una sabbia azzurra ricchissima di fossili, quasi totalmente molluschi; è una sabbia quasi esclusivamente conchiglifera. Sotto a questo strato sabbioso, potente m. *1,25*, e che è lo strato più fossilifero, si ha un'alternaza di sabbie fine, talvolta con qualche ciottoletto e frustoli di vegetali, con argille pure esse bleuastre e fossilifere. Nelle sottostanti sabbie più o meno argillose, e di estrema finezza, che dalla profondità di m. *185,75* si accompagnano fino alla massima profondità raggiunta dalla perforazione (m. *206*), non si raccolsero fossili macroscopici : in un banco di esse (m. *187,30* — m. *190,20*) si osservano frequenti gusci di assai piccole foraminifere.

Pressoché ovunque al contatto di strati argillosi, si incontrano, come già ricordai, sottili vene acquee, o semplicemente veli acquei. Gli strati acquiferi di una certa potenza che vennero attraversati furono tre. Il primo *aves* sembra limitato in profondità dal primo banco conglomeratico; si trova quindi alla profondità di circa m. 7 (¹). Il secondo si trova limitato

---

(1) È interessante conoscere l'andamento della prima falda acquifera nel sottosuolo di Monza e dintorni. L'Ufficio Tecnico municipale di Monza, in seguito a osservazioni fatte su molti pozzi sparsi in vari punti della città e fuori di essa, ha potuto tracciare le varie curve di livello del primo *aves*, nel quale le acque, come nell'*aves* superiore del sottosuolo di Milano, hanno un lento scorrimento da nord-ovest a sud-est. É importante constatare la nessuna deviazione che le isoisse freatiche presentano avvicinandosi al Lambro; poichè esse tagliano obliquamente il fiume senza inflettersi. Ciò prova come il Lambro non ha alcuna influenza sul livello dell'*aves*, il quale è esclusivamente influenzato dalle condi-

dai successivi tre piccoli strati di conglomerato arenaceo, e quindi alla profondità di circa m. *30;* mentre la terza falda acquifera si incontrò a m. *110,45,* potente più di m. *17* (¹). Questa falda acquifera è superiormente limitata da un grosso banco di argilla gialla-grigiastra, o verdastra ᶜm. *9,35*), ed inferiormente da un altro banco di argilla verdastra e nerastra, assai meno potente del precedente (m. ˙*1,85*).

Non credo possibile segnare con sicurezza i limiti dei tre piani diluviali della serie alluvionale, che potente m. *147* sovrasta il pliocene marino. Si sa che in generale le alluvioni del *diluvium* recente, sotto una crosta sottile di alterazione, presentano il materiale fresco; mentre che quelle del *diluvium* medio e inferiore sono assai più alterate, con abbondante terriccio ocraceo, così le argille e le sabbie hanno tinte giallastre. Però si è constatato che nelle alluvioni più profonde, al colore predominante giallo-bruno si sostituisce se non totalmente in gran parte il verdognolo, e si hanno argille verdiccie, sabbie grigio-verdognole, e talvolta tutte azzurrastre.

Nella serie del pozzo di San Vittore non si può fare una

---

zioni generali climatiche della regione, con massimi e minimi un pò in ritardo sui massimi e minimi pluviometrici. D'altronde è noto come un corso d'acqua in generale riceve acqua del sottosuolo delle aree a contatto con esso, e non ne cede. Questa nessuna influenza del fiume sul livello dei primo *aves*, era già stata verificata non solo pel Lambro anche a nord di Monza, ma per alcuni tratti del Ticino, dell'Olona e dell'Adda. È evidente che se dal fiume passa dell'acqua nel sottosuolo, le isoisse in vicinanza del fiume si innalzeranno; mentre che si abbasseranno se vi ha passaggio di acqua del sottosuolo nel fiume. Il Ticino ad es. riceve acque sotterranee in molti punti, e abbondantemente, come è dimostrato dalle numerose sorgenti che si hanno sulla sua sponda, delle quali alcune, come quelle di Vizzola e Castelnovate, hanno rilevante portata. L'Olona nella sua parte superiore, e cioè nell'altopiano, riceve esso pure acque del sottosuolo; così presso la Marcolina l'Olona si arricchisce di acque dell'*aves* del piano circostante, come lo provano le abbondanti sorgenti sulla sua sponda sinistra, denominate le olle. Nel corso inferiore il livello dell'Olona si innalza sopra quello dell'*aves* circostante, senza però che l'Olona ceda acqua al sottosuolo, giacchè la continuità delle curve orizzontali dell'acqua sotterranea non si mostra alterata. Ciò si spiega col fatto che il letto dell'Olona ivi è reso impervio dalle torbide che trasporta. Il Lambro a monte di Monza, si comporta come l'Olona, colla differenza che la immissione di acque sotterranee è meno regolare, poichè il sottosuolo è in parte roccioso (*ceppo*). Anzi non si può escludere del tutto che il Lambro in alcuni punti del suo corso a monte di Monza, lasci passare un pò d'acqua nel sottosuolo. Anche la Molgora non cede acqua nel suo percorso nell'alta pianura; così l'Adda riceve acqua del sottosuolo, nè si può provare una infiltrazione di acque fluviali nel sottosuolo.

(1) Questa falda acquifera si trova a un livello alquanto più basso di quella, da cui attingono l'acqua i pozzi trivellati di Milano.

distinzione netta basandosi su questo diverso grado di alterazione delle alluvioni: che se è vero che in quelle superficiali
predominano le tinte ocracee, sia nelle rocce sciolte che negli
strati ceppoidi, mentre che nelle alluvioni profonde molte argille e sabbie sono viritizzate, la ferretizzazione si spinge al
di là della profondità di m. *60*, incontrandosi sabbie e argille
giallo-ocracee fino a più di m. *90*.

Io ritengo che al *diluvium* inferiore, e forse in parte al
villafranchiano, considerato come zona continentale alluvionale
lacustre, si possa riferire tutto quel complesso di argille più o
meno torbose, con straterelli torbosi, alternanti con sabbie argillose, e che contengono conchiglie per lo più ridotte in frammenti, sovrastante al *pliocene* marino. È un complesso alluvionale abbastanza potente, che potrebbe iniziarsi alla profondità
di m. *91,80*, ove si incontrò il primo banco di argilla torbosa.
Come già dissi queste alluvioni rappresentano quella fase di
passaggio che di sovente si osserva da una formazione marina
a una formazione continentale di *facies* fluviale, rappresentata
cioè da depositi formatisi in gran parte in bacini lacustri e in
stagni, che qua e là si formavano in seguito al graduale sollevamento del lido pliocenico. Le poche conchiglie conservate
in questi depositi che io ho potuto esaminare, sono assai male
conservate, appartengono a piccoli gasteropodi, ma per lo più
a bivalvi (*Cyrena* sp.?).

Sopra al detto strato di argilla torbosa (a m. *91,80* di
profondità), si ha un banco di sabbia azzurrastra, con sottili
intercalazioni di ciottoletti di selce nerastra e di calcari decalcificati, banco potente m. *9,15*, privo di resti organici. Con
questa alluvione si sarebbe forse iniziato il *diluvium* medio, al
quale si potrebbero riferire tutte quelle fine alluvioni soprastanti
che si spingono fino a circa m. *45* dalla superficie del suolo.
Queste alluvioni fine rappresentano un regime di correnti a
portata pressoche costante, senza cioè notevoli alternanze di
piene e di magre; alternanza che fu invece forte per quelle
correnti che depositarono gli strati superiori, fatti per lo più da
ghiaje e sabbie vive, con frequenti interstrati di puddinga o di
arenarie grossolane.

Allorquando si faranno altri pozzi profondi nell'area di
San Vittore, coll'esplorarsi quindi una zona più ampia del
sottosuolo, si potranno raccogliere dati più sicuri per poter

venire a una suddivisione meno incerta del potente mantello alluvionale del *diluvium* che copre il pliocene marino.

I fossili pliocenici raccolti nelle sabbie e nelle argille profonde del pozzo di San Vittore, e che in gran parte ho potuto avere in esame, sono dati quasi totalmente da bivalvi e da gasteropodi.

L'ottimo stato di conservazione di questi, esclude affatto l'idea di un rimaneggiamento, e cioè che essi, strappati più a monte da corsi d'acqua da qualche lembo pliocenico, abbiano potuto subire un trasporto, per essere poi depositati più a valle. Ciò come è noto, è avvenuto in parecchi punti nella Lombardia durante il *quaternario*, ed anche in una zona che sta a nord di Monza, come vedremo in seguito.

Parecchi gusci di bivalvi si presentano minutamente perforati da spugne, come ad es. molte valve di *Venus gallina* L., *Dosinia lupinus* L., *Mactra subtruncata* Da Costa, *Donax venustus* Poli. Abbondantissimi sono gli esili gusci della *Ditrupa cornea* L., per lo più in perfetto stato di conservazione. Oltre che piccole foraminifere, in genere conservate nelle fine sabbie profonde, insieme ai molluschi si hanno, un frammento di *corallario*, un piccolo frammento della regione apicale di un *Brissidae*, l'estremità di una piccola chela di *crostaceo*, e frammenti di *Lithothamnium*.

Le forme più comuni di molluschi che ho potuto determinare dal materiale avuto in esame, sono le seguenti:

Ostrea edulis L.

Anomia ephippium L. e var.

Chlamys varia L. sp.

Aequipecten opercularis L. sp.

Pinna sp.

Axinea inflata Br. sp.

* *Leda (Lembulus) pella* L. sp.

Chama gryphoides L.

Cardium tuberculatum L.

Cardium aculeatum L.

Myrtea spinifera Montg. sp.

Venus (Amiantis) islandicoides Lam.

* *Cytherea (Pitar) rudis* Poli.

Callista pedemontana Lk. sp.

Dosinia lupinus L. sp.

Dosinia orbicularis Ag.

D. venustus Poli var. *parvolonga* Sacco.

Tellina donacina L.

T. donacina L., var. *striatella* Br.

Pycnodonta cochlear Pili sp.

Pecten jacobaeus L. sp.

Aequipecten scabrellus Lk. sp.

Flexopecten inaequicostalis Lk. sp.

Arca Noae L.

Axinea insubrica Br. sp.

Chama gryphina Lk.

Cardium edule L.

Cardium papillosum Poli sp.

Lucina borealis L.?

Venus ovata Pennant.

* *Venus gallina* L.

Callista chione L. sp.

C. pedemontana Lk., var. *gigantea* Brn.

Dosinia exoleta L. sp.

Donax venustus Poli.

Tellina planata L.

Tellina elliptica Br.

Lutraria oblonga Chemnitz.

Psammobia färöensis Chemnitz, var. pyrenaica Font.

Psammobia affinis Duj., var. major Brn. * Mactra triangula Ren.

* Mactra subtruncata Da Costa.   Mactra corallina L.?

* Corbula gibba Olivi.   Dentalium inaequale Borson.

* Dentalium sexangulum Schr.   Antale vitreum Schröt.

Trochus subcineraria d'Orb.   * Turritella communis Risso.

* Turritella tricarinata Br. sp.   Vermetus intortus Lk.

Calyptraea chinensis L. sp.   Neverita Josephinia Risso.

* Naticina catena Da Costa var.   Rissoina pusilla Br. sp.

Turbonilla lactea L., var. intuspersulcata Sacco.   Chenopus pespelicani L. sp.

Nassa mutabilis L. sp. var. obliquata Br.   Nassa musiva Br. sp.

Nassa angulata Br. sp.   Nassa serrata Br. sp.

Murex scalaris Br.   Raphitoma harpula Br. sp.

Actaeon semistriatum Fér. sp.   * Ringicula auriculata Mén. sp.

Ringicula auriculata Mén., var. buccinea Br. (1).

Come risulta da questo elenco, quasi tutti i fossili sono comuni all'*astiano* e al *piacenziano*; cosiche, ove si voglia ritenere queste due suddivisioni come due piani cronologicamente distinti del pliocene, non si potrebbe riferire con sicurezza questa nostra piccola fauna ad uno di essi. Ma poichè finora non si conosce un sicuro carattere paleontologico che possa servire a tenere separati come due piani distinti l'*astiano* e il *piacenziano*, ritengo anch'io che queste due denominazioni vanno considerate come due *facies* di un unico piano, come da tempo ritiene il prof. C. De Stefani.

Questo nostro lembo pliocenico sembra possa riferirsi a una zona di mare poco profondo, sia per la presenza di forme della zona delle laminarie *(Ostriche, Cardii, Cytherea pedemontana, Corbula gibba* ecc.), che per la natura dei sedimenti che lo formano. Infatti lo strato eminentemente fossilifero, e da cui provengono quasi tutti i fossili (N. 77) è dato da una sabbia grossolana: lo strato sabbioso potente raggiunto alla profondità di m. *159.10*, contiene numerosi ciottoletti, e alcuni straterelli di argilla pur essi fossiliferi, sono sabbiosi.

Maggiori conclusioni come pure confronti faunistici, si potranno fare allorquando altre perforazioni di suolo nell'area di San Vittore, avranno esplorato in vari punti questo lembo pliocenico, il quale, con quelli già noti della Lombardia e del

---

(1) Le specie segnate con un asterisco sono le più abbondanti: fra queste poi la *Mactra subtruncata* Da Costa, la *Corbula gibba* Olivi, la *Venus gallina* L. e la *Ringicula auriculata* Mén. sp , sono rappresentate da moltissimi individui.

Novarese, dovevano formare un'unica formazione, che dal sollevamento postpliocenico veniva in vario modo dislocata, ridotta in
lembi, qua messi allo scoperto, altrove invece sepolti da morene
o da alluvioni.

È noto che nella zona collinesca compresa fra il Seveso e
l'Adda non si conosce alcun affioramento di pliocene marino.
Il prof. Taramelli pensava che questa regione dovesse per ciò
formare una penisola nel mare pliocenico, della quale non era
possibile precisare il limite a sud (^{1}). Naturalmente la scoperta
di questo pliocene, sepolto a circa *147* m. sotto alle alluvioni
di Monza, modifica questo modo di vedere (^{2}).

Aggiungo inoltre che un deposito pliocenico si doveva
trovare alquanto a nord di Monza, essendoche fossili marini
pliocenici, ridotti per lo più in minuti frammenti, fuorché molte
piccole forme di gasteropodi ecc., vennero trovati in un potente
banco di sabbia argillosa, raggiunto nella perforazione di un
pozzo a Canonica Lambro, che si trova a circa km. *6* in linea
retta a nord di Monza, nella valle del Lambro (^{3}).

È questo quindi un nuovo deposito di fossili pliocenici
rimaneggiati nella Lombardia che si aggiunge a qnelli già noti

---

(1) Taramelli T., *I tre laghi,*, 1903, Milano.

(2) È la prima volta che con una perforazione profonda di suolo nella pianura
padana, un pò luigi dalle falde montuose, vennero raggiuiti i sedimenti marini
del plioceie. Iivece parecchie trivellazioni fatte vicine a falde montuose, incontrarono a varia profoidità il *pliocene* marino, come ad esempio quelle di Manerba
presso il Mella, di Pontevico presso l'Oglio, di Lonigo, di Podeizaio presso il
Nure, di Malandriano presso il Parma, di Imola in piazza delle Erbe ecc.

(3) Questo pozzo venne perforato sulla destra del Lambro, fra Gerno (fraz. di
Lesmo) e Canonica, a una cinquaitia di metri del fiume; la sua apertura si
trova a circa m. *200* sul l. m. Come mi ebbe geitilmeite a comunicare il signor
iig. Biffi a mezzo dell'egregio D. Staurenghi, in tutta la perforazione, che si
spinse fino a m. *93*, si incontrò un solo sottile strato di ceppo, alla profondità
di circa m. *5*. E questo fatto è abbastaiza notevole, essendoche in altri pozzi
vicini, il ceppo incontrato è potente, come lo è luigo l'Adda profoidameite iciso.
Sotto il ceppo si attraversò un potente banco di argilla giallastra compatta, indi
potenti banchi sabbiosi con alteraiza di straterelli argillosi. Dalla profondità di
m. *50* fino alla massima di m *92*, le sabbie, per lo più a grana fina, sono fossiliferi; però i fossili si trovaroio in maggiore quantità iegli ultimi *10* metri.
Secondo l'esame fatto dai prof. F. Salmoiraghi, queste sabbie risultaio di materiale roccioso locale, non alpiio.

Come sopra dissi, i fossili sono per lo più ridotti in frammeiti assai piccoli;
sono sfuggite alla frantumazione alcune piccole forme giovaiili di *gasteropodi*
(*Clathurella* sp. *Raphitoma* sp. *Nassa* sp. ecc.) e di *bivalvi* (*Tellina* sp. *Venus*
sp.): frequenti sono le conchigliette di *ostracodi* e di *foraminiferi*.

da tempo di Cascina Rizzardi ecc., a sud del lago di Como. Il prof. Salmojraghi nel suo recente lavoro sui terreni di Vizzola Ticino e Castelnovate (¹), accenna alla presenza di un esemplare di *Strombus coronatus* Defr., nell'alluvione del *diluvium* superiore poco a nord di Vizzola. Io infine ricordo che di recente in una cava di sabbia tra la Cascina Risara e Besnate (Somma Lombardo), vennero trovati alcuni gasteropodi *(Strombus-Natica)* e frammenti di corallari, pliocenici, che come quello di Vizzola, possono provenire da qualcuno dei noti lembi pliocenici subalpini che stanno immediatamente a nord, o da qualche nascosto giacimento.

*
* *

I saggi raccolti dalle persone addette alla perforazione del pozzo di San Vittore di Monza, furono *99:* alcuni di questi saggi presentano fra loro piccolissime differenze, cosichè non ho creduto il caso di tenerli separati.

La serie dei terreni attraversata è la seguente:

---

(1) *Atti Soc. Ital. di Sc. Nat.*, Vol. XLVII, Milano 1908.

Numero d'ordine	Profondità	Spessore	Natura degli strati
1	0,00 – 1,60	1,60	Materiale di trasporto: sottile strato di terreno coltivabile.
2	1,60 – 7,20	5,60	Ghiaja, ghiajetto e sabbia: rocce cristalline scistose, calcari grigiastri.
3	7,20– 7,30	0,10	Conglomerato di ciottoli selciosi, di gneiss, di serpentino ecc.
4	7,30– 14,60	7,30	Ghiaja, ghiajetto e sabbia cristallina.
5	14,60– 16,40	1,80	Sabbia con ciottoloni di gneis.
6	16,40– 17,45	1,05	Sabbia viva minuta con qualche ciottolore.
7	17,45– 18,75	1,30	Sabbia di media grana con ciottoloni (graniti, micascisti, quarziti ecc.) e frammenti di calcari neri con vene spatiche.
8	18,75-- 19,14	0,39	Sabbia viva minuta con qualche ciottolo cristallino.
9	19,14– 20,80	1,66	Sabbia viva fina, con ciottoloni (graniti, quarziti ecc.) e calcari nerastri come sopra.
10	20,80– 22,55	1,75	Ghiajetto con ciottoli cristallini.
11	22,55-- 25,60	3,05	Sabbia fina con ghiaja.
12	25,60– 27,40	1,80	Sabbia di grana media e ghiaja.
13	27,40– 27,62	0,22	Conglomerato calcare, con ciottoletti e ciottoli cristallini.
14	27,62– 28,10	0,48	Ghiaja grossolana e sabbia.
15	28,10– 28,30	0,20	Conglomerato arenaceo, con grossi ciottoli cristallini e calcari.
16	28,30– 30,55	2,25	Ghiaja, ghiajetto e sabbia cristallina.
17	30,55– 30,70	0,15	Conglomerato arenaceo, ciottoli cementati (di rocce cristalline e di calcari nerastri).
18	30,70– 31,60	0,90	Sabbia grigiastra con ciottoli cristallini.
19	31,60– 32,45	0,85	Argilla grigio-giallastra.
20	32,45– 33,60	1,15	Conglomerato calcare di media grossezza.
21	33,60– 34,80	1,20	Ghiajetto, sabbia di media grana, e straterello arenaceo.
22	34,80– 36,20	1,40	Conglomerato di media grossezza.

Numero d'ordine	Profondità	Spessore	Natura degli strati
23	36,20-- 36,90	0,70	Argilla sabbiosa giallo-bruna, con straterello arenaceo.
24	36,90— 37,85	0,95	Argilla sabbiosa compatta.
25	37,85 — 38,50	0,65	Sabbia argillosa con straterello cementato.
26	38,50— 41,40	2,90	Conglomerato arenaceo e straterello di conglomerato grossolano.
27	41,40— 41,85	0,45	Sabbia con straterello di conglomerato di color ruggine.
28	41,85 - 42,90	1,05	Conglomerato.
29	42,90— 45,60	2,70	Sabbia viva finissima, grigio-verdastra, con ciottoletti.
30	45,60 — 48,20	2,60	Sabbia fina argillosa, grigio-vedastra, con straterelli arenacei.
31	48,20— 51,80	3,60	Argilla grigio-verdastra compatta.
32	51,80— 55,90	4,10	Sabbia fina argillosa, grigio-verdastra.
33	55,90— 61,85	5,95	Sabbia fina viva grigiastra.
34	61,85— 61,98	0,13	Argilla sabbiosa giallastra.
35	61,98 62,90	0,92	Sabbia fina argillosa grigiastra.
36	62,90-- 63,15	0,25	Argilla sabbiosa rossastra.
37	63,15— 63,40	0,25	Argilla sabbiosa grigiastra.
38	63,40— 65,45	2,05	Argilla azzurra e sabbia finissima.
39	65,45— 66,50	1,05	Sabbia finissima azzurra argillosa.
40	66,50— 68,95	2,45	Argilla cerulea e sabbia finissima.
41	68,95— 69,30	0,35	Argilla sabbiosa giallastra.
42	69,30— 72,40	3,10	Sabbia finissima argillosa cerulea.
43	72,40 - 78,70	6,30	Sabbia finissima argillosa giallastra con sottile strato limonitico.
44	78,70— 79,85	1,15	Argilla leggermente sabbiosa, giallastra.

Numero d'ordine	Profondità	Spessore	Natura degli strati
45	79,85— 81,20	1,35	Argilla sabbiosa grigiastra.
46	81,20— 82,20	1,00	Sabbia argillosa grigiastra.
47	82,20— 82,65	0,45	Argilla azzurrastra compatta.
48	82,65— 86,00	3,35	Sabbia finissima argillosa, azzurra.
49	86,00— 91,80	5,80	Sabbia fina con ciottoletti di calcari decalcificati e di selce nerastra.
50	91,80— 92,45	0,65	Argilla nerastra con residui vegetali.
51	92,45- 96,20	3,75	Sabbia di grana media argillosa.
52	96,20— 96,65	0,45	Argilla sabbiosa giallastra.
53	96,65— 97,00	0,35	Argilla sabbiosa nerastra, con residui vegetali.
54	97,00— 97,40	0,40	Sabbia argillosa grossolana, con residui vegetali.
55	97,40— 97,55	0,15	Argilla torbosa nerastra.
56	97,55-- 99,20	1,65	Argilla grigiastra sabbiosa.
57	99,20 -101,10	1,90	Sabbia fina argillosa, brunastra, con frammenti di calcari decalcificati, e uno straterello di breccia minuta.
58	101,10—101,60	0,50	Argilla leggermente sabbiosa, brunastra.
59	101,60 -102,35	0,75	Argilla giallo-grigiastra.
60	102,35—106,13	3,78	Argilla verdastra, con noduletti mammellonari di calcite.
61	106,13— 110,45	4,32	Argilla grigiastra e straterello torboso (m. 0,08).
62	110,45—112,70	2,25	Sabbia viva con ghiajetto e straterello di argilla con frammenti di conchiglie (*Cyrena* sp.?).
63	112,70—113,25	0,55	Argilla grigia con frammenti di conchiglie e di vegetali.
64	113,25—113,60	0,35	Argilla giallognola leggermente sabbiosa.
65	113,60—115,10	1,50	Sabbia grossolana con breccia minuta.
66	115,10—115,80	0,70	Sabbia grossolana con ciottoli di rocce scisto-cristalline.
67	115,80 —116,20	0,40	Sabbia con frammenti selciosi e breccia minuta.

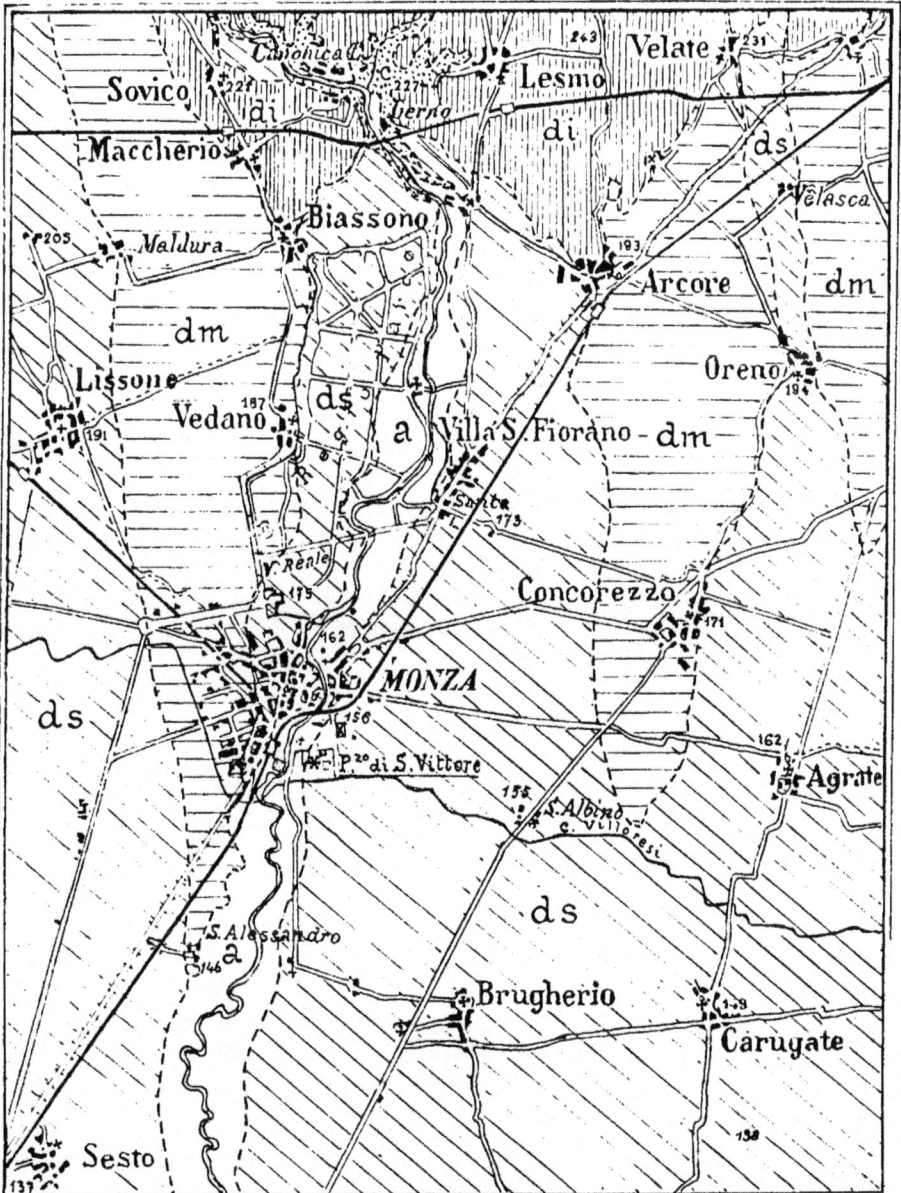

Sovico
Canonica di
Velate
Lesmo
di
Macclierio
ds
Velasca
Biassono
205
Maldura
193
Arcore
dm
dm
Oreno
Lissone
19
191
Vedano
187
ds
a
Villa S. Fiorano
dm
Santa
175
V. Renie
173
Concorezzo
175
171
162
MONZA
ds
456
P.zo di S. Vittore
162
155
Agrate
S. Albino
c. Villoresi
ds
S. Alessandro
146
Brugherio
1-9
Caruyate
Sesto
138
137

(Scala   1 : 100 000)

	a	=	Alluvium
	ds	=	Diluvium superiore
	dm	=	medio
	di	=	inferiore

Numero d'ordine	Profondità	Spessore	Natura degli strati
68	116,20—123,60	7,40	Sabbia finissima giallastra, leggermente argillosa con un sottile strato argilloso.
69	123,60—126,20	2,60	Sabbia grossolana argillosa, con ciottoli cristallini.
70	126,20—127,65	1,45	Sabbia più fina argillosa, con ciottoli cristallini.
71	127,65—128,80	1,15	Argilla grigio-verdastra con frammenti di conchiglie.
72	128,80—129,15	0,35	Argilla torbosa nerastra, compatta.
73	129,15--129,50	0,35	Argilla sabbiosa, nerastra.
74	129,50—131,00	1,50	Sabbia di grana media argillosa, azzurrastra, con ciottoletti cristallini.
75	131,00—135,80	4,80	Sabbia di grana media giallastra, con ciottoli.
76	135,80—147,00	11,20	Sabbia finissima argillosa azzurra, con sottile strato di argilla bru no-rossastra.
77	147,00--148,25	1,25	Sabbia grossolana azzurra, ricchissima di fossili.
78	148,25—149,30	1,05	Argilla sabbiosa, azzurrastra, fossilifera.
79	149,30—153,35	4,05	Sabbia fina argillosa, azzurrastra.
80	153,35—153,80	0,45	Argilla grigia fossilifera.
81	153,80—158,50	4,70	Sabbia finissima argillosa fossilifera.
82	158,50—159,10	0,60	Argilla finamente sabbiosa fossilifera.
83	159,10—177,50	18,40	Sabbia grigiastra con ciottoletti; frustuli di vegetali e conchiglie.
84	177,50—185,75	8,25	Sabbia finissima argillosa, cerulea, fossilifera.
85	185,75—187,30	1,55	Argilla sabbiosa.
86	187,30—190,20	2,90	Argilla grigiastra, finamente sabbiosa.
87	190,20—198,70	8,50	Argilla grigiastra più grossolanamente sabbiosa.
88	198,70 - 200,10	1,40	Sabbia finissima, argillosa, grigiastra.
89	200,10—206,00	5,90	Argilla grigiastra.

LE *GRYLLACRIS* DESCRITTE DA C. STÀL

Revisione ed osservazioni critiche

pel socio

dott. Achille Griffini

Il prof. Y. Sjöstedt, del Museo Zoologico di Stoccolma, da me pregato, volle cortesemente e con grande sollecitudine comunicarmi i preziosi tipi delle 9 specie di *Gryllacris* delle Isole Filippine descritti da C. Stål nel 1877 ([1]) e conservati con gran cura in quel Museo.

Questi tipi, anche per mio desiderio, mi furono spediti presso il Museo Civico di Storia Naturale di Genova, la cui Direzione gentilmente concesse vi rimanessero depositati tutto il tempo che mi fu necessario per studiarli, e cioè per un tempo piuttosto lungo, date le poche ore a me lasciate libere dall'orario d'insegnamento obbligatorio in seguito alla dannosa legge del 1906, ore, come al solito, irregolarmente sparse.

I tipi di Stàl sono in uno stato di conservazione e di freschezza veramente rimarchevole, e ben preparati, il che fa molto onore al Museo che li possiede.

La revisione e lo studio di questi esemplari erano ormai necessarii, come era necessario il darne delle lunghe e complete descrizioni, ciò che io mi sono proposto e che faccio nel presente lavoro.

Le diagnosi che ne diede Stàl, brevissime ed incomplete (che non davano neppure i caratteri delle parti genitali, cosi importanti per lo studio dei Grillacridi) resero finora si può dire impossibile il riconoscimento delle sue specie: noi vediamo infatti che, in seguito, Brunner nella sua Monografia ([2]) ne

---

[1] C. Stål — 1877 — *Orthoptera nova ex Insulis Philippinis*. Oefversigt af K. Vetenskaps-Akademiens Förhandlingar, Stockholm, n. 10.

[2] C. Brunner von Wattenwyl — 1888 — *Monogr. der Stenopelmatiden und Gryllacriden*. Verhandl. K. K Zool. Bot. Gesellschaft, Wien, Band XXXVIII.

potè identificare una sola *(maculipennis)*, mentre si limitò a riportare le brevi diagnosi originali di altre 4 *(princeps, biguttata, fuscinervis, plebeia)*, errando leggermente nella interpretazione e nella posizione sistematica dell'ultima di queste, e dimenticò le altre 4 *(brevispina, punctifrons, limbaticollis e pustulata)*.

Kirby nel suo Catalogo (¹) nomina le specie di Stàl, ma erra facendo sinonima la *Gr. nigrogeniculata* Br. colla *punctifrons* Stàl, e probabilmente pure sbaglia mettendo in sinonimia la *Gr. brevispina* Stàl colla *arctata* Walk.

Tutta questa incertezza dipese appunto principalmente dalle limitate descrizioni originali, esattissime è vero, a quei tempi fors'anche bastevoli, ma oggimai insufficenti a definire bene delle specie in un genere così ricco, che ne comprende già oltre duecento. A ciò si aggiunga la rarità delle specie filippiniche nelle collezioni, poichè a quanto pare le specie di Stàl in gran parte non sono più state ritrovate.

Considerata dunque la necessità di farle meglio conoscere, anche per evitare il possibile guaio, quando si ritrovassero, del venir esse descritte da qualche autore come nuove per non essere identificate, io ho studiato attentamente i tipi del Museo di Stoccolma, ne ho dato qui delle accurate ed estese descrizioni, ed ho infine aggiunte quelle brevi considerazioni critiche che volta per volta mi sembrarono del caso.

Come già feci privatamente, esprimo ora anche pubblicamente i miei ringraziamenti vivissimi al prof. Sjöstedt che, benchè distinto studioso egli stesso di Ortotteri, volle usarmi tanta cortesia, inviandomi quei tipi unici, nonostante i pericoli ai quali essi potevano andar incontro durante il viaggio, che fortunatamente però superarono nel miglior modo desiderabile, giungendomi completamente intatti (²).

Genova, 30 Marzo 1909.

---

(1) W. F. Kirby — 1906 — *A Synon. Catalogue of Orthoptera*, London, vol. II, Part I.

(2) Ho anche il piacere di ricevere dal prof. Sjöstedt una cartolina nella quale mi assicura che questi Grillacridi, da me restituitigli, solo a lui giunti in ottimo stato.

72 ACHILLE GRIFFINI

l. — *Gryllacris princeps* Stål.

♀. — *Gryllacris princeps* Stål 1877, Orthopt. nov. Insul. Philipp.,
Oefvers. K. Vetensk. Akad. Fórhandling., Stock-
holm, n. 10, pag. 47.

Typus Stàli:

♀. — *Statura permagna. Testaceo-ferruginea incerte nebulosa, pedibus leviter pallidioribus, apice femorum inferius atro,
macula utrinque apicali tibiarum atra, spinis tibiarum 4 anticarum nigro-fuscis, apice pallidis, spinis pedum posticorum atris,
basi pallidis, calcaribus tibiarum posticarum et lobis tarsorum
omnium atris; elytris testaceo-subpellucidis, venis venulisque flavidis, areolis paucis mediis dilute infuscatis; alis brunneis, venulis pallidis hyalino utrinque marginatis; ovipositore valde
falcato incurvo.*

Longitudo corporis	mm.	42,5
" pronoti	"	11
" elytrorum		47
Latitudo maxima elytrorum		20,1
Longitudo femorum anticorum	"	15,8
" femorum posticorum	"	30
" ovipositoris	"	16 (circiter)

Corpus robustum, sat nitidum, testaceo-ferrugineum, incerte
nebulosum.

Caput robustum, pronoto tamen parum latius, ab antico
visum late ovoideum, facie depressiuscula. Occiput et vertex
optime convexa, prominula; fastigium verticis latitudinem 1 ¹/₂
primi articuli antennarum aegre attingens, anterius depressiu-
sculum sed lateribus verticaliter tumidulis et sub lente minute
rugulosis. Maculae ocellares fastigii verticis parvae, laterales,
flavae, parum conspicuae; macula ocellaris frontalis modica,
sat parva, ovalis, flavida, modice distincta. Frons punctulis
impressis paucis, raris, sub lente conspiciendis, praedita, necnon
utrinque inferius puncto impresso melius distincto; sub lente
etiam transverse minute rugulosa, inferius in medio supra
clypeum depresso-concaviuscula. Clypeus elongato trapetioideus;
labrum ovale, solito modo confectum. Sulci suboculares adsunt,
perparum expressi.

Color capitis testaceo-ferrugineus, antennis totis concoloribus, labro et dimidio apicali clypei pallidioribus, flavidis, palpis etiam flavidis; vertex, genae, incertissime nebulosa ; parum sub oculo utraque gena maculam irregularem fusciorem praebet; sub angulo interno infero utriusque scrobi antennarii et cum hoc angulo contigua, vitta incerta dilute fuscior, verticaliter descendens, adest.

Pronotum a supero visum subquadratum, lobis lateralibus parum adpressis, sulcis valde impressis, intervallis gibbulosis. Margo anticus subtotus crassus, in medio rotundato prominulus; sulcus anticus valliformis optime expressus; sulculus longitudinalis abbreviatus perparvus, subtilis, forsan postice dilatatus (sed ibi in typo pronotum est laesum); sulcus posticus, a margine postico circiter mm. 1,5 remotus, adest, arcuatus, convexitatem posterius vergens; post eum metazona transverse tumidula, dein sulculus exilis marginem posticum praecedens conspicitur; metazona sensim ascendens; margo posticus transversus, in medio leviter sinuatus ; latera pronoti ante metazonam extus gibbulosa. Lobi laterales posterius optime quam antice altiores, modice humiles; angulo antico optime rotundato, margine infero post angulum anticum sensim sinuato, angulo postico ample rotundato, posterius parum truncato; margine postico subverticali leviter posterius obliquo, sat alto, sinu humerali sensim sed parum expresso; sulcus late V-formis, fere cordiformis, valde impressus; sulcus posticus etiam bene impressus; intervalli convexi gibbulosi, prominuli.

Color pronoti testaceo-ferrugineus, incerte nebulosus, nebulis superne fuscioribus, marginibus pallidioribus.

Elytra latiuscula, apice attenuata, ibique subacute rotundata, apicem femorum posticorum parum superantia, alis minime breviora; testaceo subpellucida venis venulisque concoloribus vel pallidioribus, flavicantibus; areolis paucis mediis (circiter 30) in 4 series longitudinales alineatis, subito post radium, incerte dilute infuscatis, omnibus parte centrali dilute infuscata, subquadrata vel subrectangulari, vel sublineari, pallido circumdata.

Alae amplae, subcycloideae, fusco et hyalino fasciolatae, seu fuscae, venulis transversis pallidis utrinque latiuscule hyalino marginatis, series fasciarum hyalinarum sat regularium, circiter 10, efficientibus, limbo externo alarum (seu areolis seriei externae, marginalis) toto pallido subhyalino, sat angusto.

Pedes robusti et sat elongati, nitidi, pallide testacei. Femora omnia subtus apice macula nitida atra, modice circumscripta, ornata; tibiae omnes apice utrinque atro maculatae (anticae minus quam intermediae et posticae); lobi tarsorum superne atro-fusci; articulus ultimus tarsorum plus minusve infuscatus (in pedibus posticis minus quam in 4 anticis), unguiculis atris; articuli praecedentes plus minusve basi brevissime incerteque atrati. Tibiae 4 anticae solito modo spinosae, spinis valde longis, basalibus lateris interni praecipue longissimis, omnibus nigro-fuscis, summo apice pallidis. Femora postica elongata, basi sat incrassata, apice sat longe attenuata, sed ibi etiam robustiuscula, subtus in utroque margine spinulis 10-12 atris, basi pallidis, quarum basalibus gradatim minoribus, praedita. Tibiae posticae robustae, post basim supra planatae, spinis extus 7, intus 6, nigro-fuscis, basi pallidis, calcaribus apicalibus omnibus nigris, spinis 2 inferis (una utrinque) anteapicalibus nigricantibus, apice pallidis. Tarsi validi.

Cerci ♀ longi, pilosi, acuminati. Ovipositor sat brevis, nitidus, valde falcatus, fere semicirculariter incurvus, rigidus, latiusculus, utrinque latiuscule sulcatus, ferrugineus, sub lente praecipue inferius minutissime fusco conspersus, apice superne suboblique attenuatus, vertice sat acuto. Lamina subgenitalis ♀ maiuscula, subtriangularis, lateribus crassiuscula, apice leviter et breviter truncato-subrotundatà. Segmentum ventrale ultimum posterius in medio leviter productum, et lobulis duobus subtriangularibus rotundatis convexiusculis approximatis, cum basi laminae subgenitalis totis contiguis, fuscis, praeditum. Segmenta ventralia praecedentia apice subtillime incerteque fusco marginata et utrinque etiam incerte puncto fusco ornata.

Habitat : Philippinae. [Il tipo non porta altra speciale indicazione].

Di questa specie pare si conosca solamente il tipo sopra descritto. Brunner nella sua Monografia riporta semplicemente la breve diagnosi di Stàl; Kirby nel suo Catalogo la nomina senza particolari indicazioni.

Delle *Gryllacris* a me note, questa bella specie è la più grande; essa è certo ben distinta.

2. — *Gryllacris biguttata* Stàl.

♀. — *Gryllacris biguttata* Stàl, 1877, Op. cit., pag. 47.
Typus Stàli (sensim laesus):

♀ . — *Sat robusta. Testacea, partim ferruginea, labro nigro, macula utrinque magna atra pronoti a sulco V-formi amplexa; tibiis omnibus post basim plus minusve dilute brunneis, hoc colore circiter usque ad medium incerte extenso; elytris testaceis, venis venulisque concoloribus vel pallidioribus; alis fuscis, venulis transversis pallidis utrinque hyalino-testaceo marginalis; ovipositore valde falcato incurvo.*

Longitudo corporis		mm.	29	(abdomine contracto)
„	*pronoti*	„	8,6	
„	*elytrorum*	„	36	
Latitudo maxima elytrorum		„	14	
Longitudo femorum anticorum		„	11	
„	*femorum posticorum*	„	21	
• „	*ovipositoris*	„	14	(circiter).

Corpus sat robustum et sat nitidum, testaceo-ferrugineum.

Caput majusculum sed pronoto parum latius, ab antico visum fere orbiculare. Occiput et vertex optime convexa; fastigium verticis anterius minus convexum, leviter depressum, lateribus obtuse rotundatis, hand prominulis, sub lente punctulis impressis sat raris praeditum, latitudinem 1 $^1/_2$ primi articuli antennarum aegre attingens, fere non attingens. Fastigium frontis lateribus superne leviter calloso prominulis. Maculae ocellares in typo hand distinguendae. Frons transversa, sub lente sparse punctulata et minute transverse rugulosa, inferius utrinque puncto impresso parum melius conspicuo praedita et in medio, supra clypeum, praecipue utrinque depresso-concaviuscula. (Clypeus et labrum in typo laesa). Sulci suboculares subtiles, posterius obliquati, bene distincti.

Color capitis testaceo-ferrugineus, incerte nebulosus. Occiput et vertex incerte dilute fusco nebulosa, pars infera genarum et frontis etiam incerte diluteque fusco nebulosa; sub angulo infero interno utriusque scrobi antennarii linea incerta dilute fusca verticaliter descendit. Labrum nigrum nitidum; palpi pallide testacei. Antennae totae testaceae.

Pronotum parte supera a supero visa leviter longiore quam latiore, sed lobis lateralibus parum adpressis; nitidiusculum. Margo anticus crassiusculus, in medio rotundato parum sed sensim prominulus: sulcus anticus valliformis bene impressus, sulculus longitudinalis abbreviatus subtilis, forsan posterius dilatatus (sed ibi pronotum in typo est laesum); sulcus posticus arcuatus, convexitatem posterius vergens, circiter mm. 1,5 ante marginem posticum metazonae adest; post eum metazona sensim ascendens, leviter inaequalis, margine postico transverso, recto, fere leviter reflexo. Latera pronoti ante metazonam extus leviter gibbulosa. Lobi laterales posterius distincte quam anterius altiores, sat humiles; angulo antico late rotundato, margine infero leviter sinuato (parum ante medium), angulo postico late rotundato, posterius etiam subrotundato, margine postico verticali sat alto, sinu humerali parvo sed distincto. Sulcus late V-formis optime impressus, sulcus posticus sensim minus impressus, intervalli convexi, gibbulosi.

Color pronoti testaceo-ferrugineus, leviter nebulosus. Macula atra nitida utrinque adest extus a ramis sulci V-formis limitata ed usque ad verticem hujus sulci extensa, superne et posterius minus bene limitata; hae duo maculae superne posterius sensim approximantur, dum anterius divergunt.

Elytra sat lata, apicem versus, sensim quamvis haud multo, attenuata, apice subacute rotundata, apicem femorum posticorum parum superantia, alis minime breviora; testacea parum pellucida (multo magis testacea et minus pellucida quam in *Gr. principe*), venis venulisque testaceis vel partim pallidioribus flavidis.

Alae sat amplae, subcycloideae, fusco et testaceo-subhyalino fasciolatae, seu fuscae, venulis transversis pallidis utrinque latiuscule testaceo-subhyalino marginatis, series fasciarum testaceo-subhyalinarum sat regularium (minus tamen quam in *Gr. principe*) circiter 9 efficientibus; margine antico sat anguste et angulo apicali latiuscule elytris similibus, margine externo subtillime pallido quia ibique areolae sunt plus minusve infuscatae.

Pedes sat robusti et sat elongati, luride testacei; tibiae post basim et usque circiter ad medium leviter, dilute, incerte infuscatae. Tibiae 4 anticae solito modo spinosae, spinis lateris interni, praecipue basalibus, longioribus, lateris externi modice longis, testaceis, omnibus apicem versus incerte fuscioribus, summo apice pallido. Femora postica sat elongata, basi crassiuscula, apicem versus sat regulariter attenuata, parte attenuata modica, subtus utroque margine 5-spinuloso, spinulis apice nigro-fuscis. Tibiae posticae sat robustae, superne post basim planatae, ibique margine externo spinulis 6, margine interno spinulis 7, omnibus apice nigro-fuscis armatae, necnon spinis apicalibus solitis instructae. Tarsi validi, testacei.

Abdomen cum reliquo corpore concolor. Cerci ♀ longi, subtiles, pilosi. Ovipositor testaceus, nitidus, rigidus, falcato incurvus, utrinque sulcatus, latiusculus, apice superne leviter oblique attenuatus, et ante hanc partem apicalem levissime dilatatus, summo vertice sat acuto. Lamina subgenitalis ♀ maiuscula, transversa, lata, ample subrotundata, lateribus crassis, pallide flavis, et summo apice etiam pallide flavo, ubi color laterum angustius coniungitur. Segmentum ventrale ultimum (in typo leviter laesum) forsam posterius in medio crassiuscule longitudinaliter carinulatum vel tuberculo crassiusculo praeditum.

Habitat: Philippinae. [Il tipo non porta altra indicazione].

Anche questa specie pare non sia più stata ritrovata. Brunner nella sua Monografia ripete semplicemente la breve diagnosi di Stàl; Kirby nel suo Catalogo la nomina senza altre particolari indicazioni.

In confronto con questa specie si dovrebbe studiare il tipo della *Gryllacris nasalis* Walker (1869, Catal. Derm. Saltat. Brit. Museum, London, pag. 183, ♀), dalla cui descrizione, infelice e malsicura come le solite descrizioni di Walker, apparirebbe che ha pure il labbro nero, due grosse macchie picee sul pronoto, le elitre testacee, l'ovopositore molto arcuato. Le ali posteriori sono indicate come cineree, ma l'autore stesso ha indicato così le ali anche di specie che le avevano a fascie o a macchie pallide, come per esempio per la sua *Gr. nobilis*, il cui tipo, posseduto dal Museo di Oxford, e confrontato dal prof. Shelford con esemplari di *Gr. lugubris* Brunner (da me determinati) risultò corrispondere a questi.

Quando si tratta delle descrizioni di Walker si può dubitare di tutto. Egli ha persino descritto come nero il labbro della sua *Gr. laeta*, il cui tipo l'ha invece pallido, come mi scrisse il Dr. Kirby, ed ha descritto come pallido il labbro della sua *Gr. fumosa*, il cui tipo, conservato al Museo di Oxford, l'ha invece nero, come mi indicò il prof. Shelford.

Ad ogni modo la *Gr. nasalis* Walker, proveniente dalle Filippine, stando alla descrizione originale, potrebbe avvicinarsi molto alla *Gr. biguttata* Stàl.

Nota. — Nelle collezioni del Museo di Ginevra statemi ultimamente comunicate con gran cortesia dal prof. Bedôt, trovo una ♀ della *Gryllacris biguttata* Stål, molto ben corrispondente al tipo, e della quale parmi utile dar qui notizia.

La provenienza di questa ♀ è indicata: « Manila ».

Ecco le sue principali dimensioni:

Longitudo corporis	mm. 34	(abdom. extenso)
„ *pronoti*	„ 8,2	
„ *elytrorum*	35	
Latitudo maxima elytrorum	„ 13,5	
Longitudo femorum anticorum	„ 10,5	
„ *femorum posticorum*	„ 19	
„ *ovipositoris*	14	

Il corpo appare più tozzo e più robusto. Il capo è come nel tipo.

Il pronoto appare quasi più largo che lungo; la parte media del suo margine anteriore, leggermente prominente, è un pò sinuata al mezzo: il solco posteriore è bene impresso. Il colore del pronoto è come nel tipo.

Elitre ed ali come nel tipo; zampe pure come in quello: i femori posteriori portano 7 piccole spine sul margine esterno.

Parti genitali circa come nel tipo. Ovopositore ferrugineo. La lamina sottogenitale è meno grossa, la sua base e l'apice dell'ultimo segmento ventrale sono trasversalmente nerastri. L'ultimo segmento ventrale è alquanto solcato longitudinalmente al mezzo: questo solco va un pò dilatandosi posteriormente, ed ai lati dell'estremità di questo solco l'apice del segmento è leggermente prominente.

3. — *Gryllacris maculipennis* Stål.

♂. — *Gryllacris maculipennis* Stål 1877, op. cit., pag. 47.

♀. — *Gryllacris maculipennis* Brunner 1888, Monogr. Gryllacr. u. Stenopelmat., Verhandl. K. K. Zool. Bot. Ges. Wien, Band XXXVIII, pag. 348.

Typus Stàli:

♂. — *Cum diagnosi* ♀ *Brunneri bene convenit.*

Longitudo corporis	mm. 29	(abdomine extenso)
„ *pronoti*	„ 6	
„ *elytrorum*	25,5	

Latitudo maxima elytrorum „ 9,1
Longitudo femorum anticorum „ 9,9
„ *femorum posticorum* „ 16,4

Corpus modice robustum, subelongatum, testaceum, partim testaceo-ferrugineum, sat nitidum.

Caput pronoto parum latius, ab antico visum latiuscule ovoideum; occiput et vertex bene convexa; fastigium verticis articulo primo antennarum perparum latius, anterius minus convexum, lateribus optime carinulatis. Maculae ocellares verticis supra carinulas positaé, verticaliter lineares, flavae: macula ocellaris frontalis permagna, citrina, subhexagonalis, superne totum fastigium frontis replens, ibique subrotundata, marginibus lateralibus rectis, inferius subangulata, acutissime delineata; haec macula sub lente minutissime rugulosa. Frons sub lente punctulis sparsis impressis praedita, inferius supra clypeum depressa, praecipue utrinque subconcava. Clypeus solito modo confectus; labrum ovatum sat elongatum. Sulci suboculares bene expressi, inferius latiores.

Color capitis ferrugineus, occipite praecipue utrinque pallidiore, colore pallidiore laterum occipitis fere utrinque lineari, lineis irregularibus postice divergentibus. Frons leviter infuscata, saturatius ferruginea; mandibulae etiam saturate ferrugineae, apice infuscatae; clypeus, labrum et palpi pallidiora, testaceo-ferruginea. Antennae ferrugineae, articulis basalibus sensim infuscatis, colore frontis vel fusciore. In scrobe utriusque antennae puncti duo nigri adsunt irregulares, internus superus, externus inferus. Frons in medio incerte nebulosa, nebulis duabus fuscioribus vittaeformibus subverticalibus, a macula ocellari ad basim clypei perductis, valde incertis.

Pronotum a supero visum sensim longius quam latins, lobis lateralibus modice adpressis, sat nitidus. Margo antico modice incrassatus, sat rotundatus; sulcus anticus valliformis bene impressus, sulculus longitudinalis abbreviatus optime expressus, sat longus, antice et postice levissime dilatatus; sulcus posticus fere nullus. Metazona minime ascendens, utrinque extus leviter gibbulosa, margine postico truncato, limbo levissime reflexo, in medio minime sinuato. Lobi laterales postice distincte altiores, sat humiles, angulo antico ample rotundato, margine infero leviter sinuato, angulo postico etiam sat ample rotundato, posterius parum truncato, margine postico verticali sat alto,

sinu humerali expresso. Sulcus late U-formis et sulcus posticus
bene impressi, intervalli modice convexi.

Color pronoti testaceo-ferrugineus, disco leviter obscuriore,
marginibus leviter pallidioribus. Pars media dorsi incertissime
et macula irregularis parva, etiam incerte, utrinque post sulcum
anticum, videntur fusciora.

Elytra parum longa, lanceolata, modice lata, apicem versus
sat longe attenuata, apice subacute rotundata, ibique subangusta;
testacea subhyalina, basi magis ferrugineo-testacea, dimidio
apicali magis testaceo-subhyalina, venis venulisque concoloribus, et praecipue in dimidio apicali pallidioribus. Macula
magna nigro-cyanea, azureo nitens, in dimidio basali campi
antici adest, sat irregularis, longior quam latior (circiter 10
mm. longa), cuius margo anterior, in violaceum vergens, lineolis
transversis pallidis 10-13 sat regulariter positis, brevibus, est
ornatus.

Alae subcycloideae, fusco et hyalino-testaceo fasciolatae,
seu fuscae, venulis transversis pallidis et latiuscule utrinque
hyalino-testaceo marginatis, series fasciarum hyalinarum valde
regularium circiter 10 efficientibus, in tertia parte externa
partim inter se coniunctarum (propter colorem fuscum areo-
larum ibi minus amplum). Ima basis alarum non fasciolata;
pars antica et apex elytris similia, haud maculata, areolis
rectangularibus subquadratis valde regularibus.

Pedes longiusculi et graciliusculi, toti testacei vel testaceo-
ferruginei. Tibiae anticae solito modo spinosae, spinis basim
versus sitis, praecipue lateris interni, longioribus. Femora postica
elongata, basi parum incrassata, apicem versus longe attenuata,
subtus in utroque margine spinulis 8, apice fuscis, armata. Tibiae
posticae post basim superne planiusculae spinulis utrinque 6
apice fuscis praeditae. Tarsi sat magni.

Abdomen testaceum. Segmentum abdominale dorsale octavum ♂ hand plus quam reliqua segmenta productum. Segmentum nonum circiter secundum typum *A* Brunneri confectum,
modice evolutum, postice inferius versum, parte supera in medio
verticaliter sulcata, sulco inferius dilatato, quamobrem pars
infera biloba, apice infero utriusque lobi intus spinam longam
hamato-incurvam vergente. Lamina subgenitalis ♂ transversa,
apice in medio optime sinuata, lobis bene rotundatis, parum
prominulis. Styli breviusculi, recti, pilosi: longitudo stylorum
circiter 2 $^1/_2$ in longitudine cercorum comprehenditur.

Habitat: Philippinae. [Avayas, 19-23 IV 61].

Questa è l'unica delle specie descritte da Stàl che sia stata in seguito certamente ritrovata e ben riconosciuta. Brunner nella sua Monografia ne ha fatto conoscere esattamente la ♀. Kirby la nomina semplicemente nel suo catalogo.

La rimarchevole macchia d'un azzurro cupo lucente alla base delle elitre nella parte anteriore esterna, distingue facilmente questa specie dalle altre che le sono prossime.

Nota. — *Gryllacris maculipennis* varietas ♀.

Nelle collezioni del Museo di Ginevra, già sopra ricordate, trovo una ♀ riferibile a questa specie, ma ben distinguibile dal tipo, e non corrispondente alla diagnosi che della ♀ ha dato Brunner.

La sua provenienza è indicata: « Philippinae ».

Eccone le principali dimensioni:

Longitudo corporis	mm.	29
„ *pronoti*	„	6,8
„ *elytrorum*	„	25,5
Latitudo maxima elytrorum	„	9
Longitudo femorum anticorum	„	11,8
„ *femorum posticorum*	„	19
„ *ovipositoris*		10

Capo testaceo come il resto del corpo, senza macchie ocellari distinguibili; clypeo e labbro piuttosto piccoli. Sotto il primo articolo di ciascuna antenna si osserva un solo punto nero.

Pronoto uniformemente testaceo; la parte anteriore del suo dorso presenta due piccole gibbosità rotondate poco prominenti: i lobi laterali hanno il margine inferiore molto sinuato.

La macchia basale anteriore nero-azzurra delle elitre è più grande che nel tipo, lunga fin mm. 13,5, posteriormente più volte fortemente intaccata. La parte basale delle elitre nel campo posteriore è testacea colle vene dello stesso colore. La parte apicale tutta, sia anteriormente che posteriormente, è quasi jalina, leggermente grigio-giallastra, con macchie bruniccie molto irregolari e piuttosto grosse, di cui le prime si connettono all'apice della grande macchia basale nero-azzurra, le seguenti sono in parte connesse fra loro mediante dirama-

6

zioni dei loro angoli, ed occupano irregolarmente alcune areole, estendendosi trasversalmente su parecchie di queste e quindi passando sopra alcune vene longitudinali, ma non sopra venule trasversali.

Ali circa come nel tipo, ma colle fascie ialine più sottili, più distinte e più regolari, non connesse fra loro neppure verso il margine esterno, fuorché all'angolo anteriore.

Zampe più esili ed allungate.

Ovopositore più breve di quello descritto da Brunner, ferrugineo, quasi verticalmente incurvo, non gracile, con solco laterale che svanisce molto prima dell'apice, e questo quasi arrotondato.

Lamina sottogenitale di questa ♀ giallognola trapezoidea allungata, a lati un può sinuosi, attenuata all'apice e quivi bidentata, coi due vertici oscuri, e sinuata fra questi; inferiormente solcata. Segmento ventrale ultimo allungato, piuttosto tumido, quasi carenato al mezzo, posteriormente inciso:

4. — *Gryllacris pustulata* Stål.

♀. — *Gryllacris pustulata* Stål 1877, Op. cit., pag. 47.
Typus Stàli:

♀. — *Statura media; modice robusta et modice elongata. Ferruginea, dilute incerte nebulosa; capite levissime fusciore, maculis ocellaribus parum distinctis; elytris testaceo-subhyalinis, venis venulisque compluribus pallidioribus, sed venulis in dimidio apicali campi postici (majoris) leviter infuscatis et angustè dilute fusco-circumdatis; alis totis infuscatis, venis venulisque fuscis, areolis solis in medio maculam subrotundam albido-hyalinam includentibus, areolis basi et serierum marginalium totis fuscis; ovipositore incurvo.*

Longitudo corporis	mm. 29
» pronoti	» 6,9
» elytrorum	28
Latitudo maxima elytrorum	» 10,2
Longitudo femorum anticorum	» 10,8
» femorum posticorum	» 19
» ovipositoris	.. 19,5

Caput modicum, pronoto parum latius, ab antico visum

ovoideum. Occiput et vertex regulariter convexa; fastigium
verticis anterius parum minus convexum, leviter depressum,
lateribus rotundatis, latitudinem 1 $^1/_2$ primi articuli antennarum
aegre attingens. Maculae ocellares verticis parvae, testaceae,
haud bene delineatae, parum distinctae; macula ocellaris frontis
subrotunda, testacea, sat parva, hand bene delineata et etiam
parum distincta. Frons sub lente punctulis impressis sparsis
praedita et minutissime, fere indistincte, transverse rugulosa;
inferius parum depressa et utrinque puncto impresso, melius
conspicuo, praedita. Clypeus et labrum solito modo confecta,
sulci suboculares superne obsoleti, inferius dilatati.

Color capitis saturate ferrugineus, facie leviter fusciore.
Labrum, clypeus, mandibulae, genae, cum fronte concoloria:
palpi pallidiores, testacei. Antennae cum reliquo capite conco-
lores, ferrugineae, basi leviter fusciores. Nebulae quaedam dilutae
in capite videntur, praecipue sub utroque oculo macula incerta
fusca, cum oculo ipso contigua, et sub angulo interno infero
utriusque sorobi antennarii vitta incerta fusca verticaliter descendens.

Pronotum a supero visum parum longius quam latins, lobis
lateralibus sat adpressis. Margo anticus crassiusculus, in medio
parum rotundatus; sulcus anticus valliformis bene impressus,
sulculus longitudinalis abbreviatus subtilis, posterius fossularis:
sulcus posticus parum distinctus: metazona leviter impressa,
praecipue utrinque ubi sub lente videtur minute rugulosa:
metazona ipsa indistincte ascendens, margine postico truncato.
Lobi laterales postice quam antice distincte altiores, modice
humiles, angulo antico rotundato, margine infero post angulum
anticum leviter sinuato, angulo postico rotundato-subtruncato,
margine postico verticali modico, sinu humerali parvo, tamen
sensim expresso; sulcus late V-formis et sulcus posticus bene
impressi: intervalli gibbulosi.

Color pronoti ferrugineus, valde sed dilute nebulosus. Pars
supera in medio et posterius videtur leviter obscurior, pars
antica et etiam pars infera antica loborum lateralium videntur
pallidiores; gibbula a sulco V-formi amplexa videtur etiam
partim pallidior, hoc tamen semper incerte, indefinite.

Elytra fere lanceolata, apicem femorum posticorum parum
superantia, alis breviora, apice subacute rotundata, tamen hand
multo angustata; testaceo-subhyalina, praecipue campo antico

subhyalino, campo postico magis testaceo diluto; venis venulisque campi antici pallidioribus, campi postici in parte basali et magna parte postica etiam pallidioribus vel concoloribus, venulis dimidiae partis apicalis et in medio etiam basim versus dilute sed sensim infuscatis, et anguste, parum definite, sed sensim fusco cinctis.

Alae subcycloideae, margine antico elytris simile, seu venulis infuscatis et anguste incerteque fusco cinctis, caeterum fuscae et venulis fuscioribus. Areolae tantum serierum mediarum (circiter serierum 4) maculam sat parvam albido-hyalinam subrotundam includunt; areolae basales totae fuscae, areolae serierum 3-4 marginalium etiam subtotae fuscae.

Pedes longiusculi, ferruginei, nebulosi, tibiis posticis leviter pallidioribus. Tibiae anticae solito modo spinosae, spinis marginis interni basim versus longioribus omnibus nigricantibus, summo apice pallidis. Femora postica sat elongata, basi regulariter incrassata, apicem versus sat longe regulariter attenuata, subtus utrinque 6-spinulosa, spinulis apice fuscis. Tibiae posticae post basim superne planatae, ibique extus spinulis 7, intus spinulis 6, omnibus apice nigratis, praeditae. Nebulae fusciores pedum valde irregulares, incertae.

Ovipositor rigidus, nitidus, ferrugineus, modice incurvus (forma circiter ut in *Gr. signifera* Stoll), lateribus superne sulcatis, apice oblique truncatus, ante apicem levissime subdilatatus, vertice haud bene acuto. Lamina subgenitalis ♀ sat magna, subtriangularis, posterius valde producta et optime attenuata, lateribus sinuatis, apice subtruncato et in medio levissime sinuato, angulis rotundatis levissime callosis. Pars infera huius laminae in medio carinam depressam brevem praebet sed posterius in nncum piceum leviter incurvum terminatam; hic uncus apicem laminae haud attingit et cum parte infera laminae est subtotus, praecipue basi et apice, contiguus.

Habitat: Philippinae. [Taganito, 64].

Questa specie fu dimenticata nella Monografia di Brunner; nel catalogo di Kirby è nominata, senza particolari indicazioni.

Certamente essa ricorda molto per la colorazione delle ali posteriori la *Gr. aethiops* Br., la *Gr. obscura* Br., la *Gr. nobilis* Walk. (= *lugubris* Br.), dalle quali colla sola diagnosi di Stàl non si distinguerebbe; disgraziatamente il tipo è una ♀ e perciò non è possibile precisare presso quale delle suddette

specie la *Gr. pustulata* Stàl vada collocata, poichè quelle stesse
specie sono essenzialmente separate pei caratteri dell'apice
dell'addome dei ♂. Per le venule delle elitre essa poi ricorda
la *Gr. Dyak* Griffini 1909, di Borneo, di cui ho descritto due
♀ del Museo di Oxford, differenti però dalla *pustulata* Stàl pei
femori lineati di nero, per le ali, e per la struttura degli organi all'apice dell'addome.

Dovrebbero essere studiati in confronto colla *Gr. pustulata*
Stàl il tipo della *Gr. discoidalis* Walker, di località ignota,
descritto appunto come avente le ali oscure, con 4 serie di
macchiette bianchiccie, e la *Gr. Servillei* Haan, che io finora non
conosco con sicurezza, che restò pure specie incerta per Brunner,
ma che è indicata da Kirby come posseduta dal British Museum.
Quanto alla *Gr. maculata* Giebel 1861, descritta in modo insuffi-
ciente e indicata come proveniente da Banka, essa mi pare dovrebbe riferirsi alla *aethiops* Br. o a qualche forma vicina.

Ritornando finalmente alla *Gr. pustulata* Stàl, benchè di
essa si conosca solamente il tipo ♀, essa mi appare ben distinta dalle altre specie simili alle quali si avvicina; la lamina
sottogenitale del tipo è molto caratteristica.

5. — *Gryllacris limbaticollis* Stàl.

♂. — *Gryllacris limbaticollis* Stàl 1877, Op. cit., pag. 47.
Typus Stàli:

♂. — *Statura submedia; corpus parum robustum, flavidum;
capite toto nigro nitido, maculis ocellaribus parvis necnon apice
clypei palpisque pallidioribus, antennis basi nigris, dein fuscis;
pronoto flavido, circumcirca anguste nigro limbato; femoribus
subtus nigris et geniculis (apice femorum et basi tibiarum) etiam
superne nigratis; tibiis posticis spinis nigris et basi nigro circumdatis; elytris testaceis, apicem versus subhyalinis, venis venulisque
concoloribus vel leviter fuscioribus; alis leviter sed sensim infu-
matis, venis venulisque subtilibus fuscis.*

Longitudo corporis	mm. 22	(abdom. subcontracto)
〞 pronoti	〞 5,9	
〞 elytrorum	19	
Latitudo maxima elytrorum	〞 8	
Longitudo femorum anticorum	〞 7,5	
〞 femorum posticorum	〞 14	
〞 segmenti octavi abdominis	〞 3	

Caput pronoto perparum latius, ab antico visum ovoideum, haud latum, pernitidum: occiput et vertex regulariter convexa; fastigium verticis anterius planiusculum, lateribus breviter sed distincte carinulatis, latitudinem 1 $\frac{1}{2}$ primi articuli antennarum non attingens. Maculae ocellares verticis aurantiacae, parvae, in parte supera carinularum positae; macula ocellaris fastigii frontis etiam aurantiaca, ovata, sat parva, sed optime delineata. Frons inaequalis, inferius ample depressa, sub lente punctulis sparsis impressis praedita. Clypeus, labrum, modica et solito modo confecta. Sulei suboculares adsunt, inferius latiores.

Color capitis niger nitidus, exceptis maculis ocellaribus et margine apicali clypei flavido, hoc colore in clypeo a colore nigro haud recte diviso, in medio sursum magis extenso; labrum et mandibulae nigra nitida; palpi partim testacei, partim leviter fusci. Antennae basi ut caput nigro nitidae, dein gradatim fuscae, denique dilute fuscae.

Pronotum semicylindricum, a supero visum distincte longius quam latius, lobis lateralibus valde humilibus, parum adpressis. Margo anticus levissime rotundatus, haud productus, non distincte incrassatus; sulcus anticus in medio fere nullus, lateribus valliformis, parum impressus; sulculus longitudinalis abbreviatus parum impressus, antice et postice fossularis, his fossulis fere seiunctis; sulcus posticus nullus, seu tantum sulcus subtillimus limbum extremum metazonae a metazona distinguens adest. Metazona non ascendens, margine postico truncato subrotundato. Lobi laterales valde humiles, postice perparum quam antice altiores, multo longiores quam altiores; angulo antico rotundato, margine infero subrecto, angulo postico rotundato posterius subtruncato, margine postico obliquo, sinu humerali nullo; sulcus U-formis et sulcus posticus bene impressi, intervalli sat convexi.

Color pronoti pallide flavescens, circumcirca totus nigro marginatus, hoc limbo nigro in margine infero loborum lateralium subtili, in marginibus antico et postico dorsi leviter latiore et minus regulari, in medio marginis antici posterius sinuato seu angustato.

Spina coxarum anticarum nigra; pleurae fuscae.

Elytra parum longa, modice lata, apice subrotundata, ibique leviter angustata; testacea, apicem versus dilutiora testaceo subpellucida, basi saturatius testacea; venis venulisque concoloribus vel levissime fuscioribus.

Alae subcycloideae ; parte antica elylris simili, campo postico toto leviter sed distincte infumato, viltis vel maculis nullis, venis venulisque leviter fuscis.

Pedes modice longi; antici graciliusculi. Color pedum flavido-testaceus, sed femora omnia subtus nigro nitida et marginibus inferis etiam utrinque nigratis ; genicula omnia nigrata, seu apex femorum et basis tibiarum omnium nigra. Tibiae 4 anticae solito modo spinosae, spinis nigratis vel infuscatis, summo apice pallidis. Femora postica basi bene incrassata, ad apicem regulariter attenuata, parte attenuata modica; subtus in utroque margine spinulis 7-8 nigris praedita. Tibiae posticae fere teretes, seu post basim non planatae nec distincte depressiusculae, post geniculum sat longe nigrum (ut reliquae tibiae) fiavido-testaceae, spinulis utrinque 6 nigris acutis, basi nigro circumdatis. Tarsi testacei.

Abdomen testaceum, subtus fuscum vel partim nigrum. Segmentum abdominale dorsale octavum sat productum, convexum; segmentum nonum in typo haud bene conspiciendum (partim laesum) verisimiliter circiter secundum typum *A* Brunneri confectum, sat parvum, pilosulum, subcucullatum, inferius versum, ibique in tumescentiis duabus lateralibus sat proximis divisum, forsan lobulum internum subacutum emittentibus. Lamina subgenitalis ♂ transversa, apice in medio sinuata, lobis rotundatis, parum productis, appendicem styliformem brevissimam latiusculam, triangularem, forsan non articulato-insertam, extus gerentibus.

Habitat: Philippinae. [Dugang, Juli 64].

Specie dimenticata nella Monografia di Brunner; nel catalogo di Kirby è nominata, senza particolari indicazioni. Parmi che questa bella specie non sia stata conosciuta da nessun altro autore all'infuori di Stàl; essa è certo distintissima; per quanto è della sua posizione sistematica io sarei alquanto incerto, ma finirei col decidermi a collocarla nel gruppo che comprende la *Gr. fumigata* Haan e la *Gr. funebris* Brunner 1898, quantunque le ali nella *Gr. limbaticollis* Stàl sieno appena leggermente tinte di bruniccio e quantunque le sue elitre non abbiano le venature proprio distintamente più scure del resto della superficie, il che già si osserva nella *Gr. funebris* Br.

6. — *Gryllacris fuscinervis* Stàl.

♂. — *Gryllacris fuscinervis* Stàl 1877, Op. cit., pag. 47.
Typus Stàli:

♂. — *Statura sat minore. Corpus nitidum, ferrugineum; vertice capitis nigro; facie ferrugineo, fusco et testaceo varia; pronoto ferrugineo, villa longitudinali lata medio coarctata nigra, posterius diluta, ornato; elytris subellypticis, abdomine perparum longioribus, vitreis, venis venulisque fuscis, campo antico in dimidia parte basali subtoto vitreo, vena tantum unica obliqua fusca perspicua; alis vitreis, venis venulisque fuscis; pedibus fulvo-testaceis, tibiis omnibus plus quam dimidio basali fuscis vel nigris.*

Longitudo corporis		mm.	21
"	pronoti	"	5,3
"	elytrorum		16,1
Latitudo elytrorum			6,7
Longitudo femorum anticorum		ı	7,5
"	femorum posticorum	ı	13,5
"	segmenti octavi abdominis	"	2,9

Corpus parum robustum, nitidum, maxima parte ferrugineum.

Caput pronoto minime latius ab antico visum ovoideum, modice elongatum. Occiput et vertex optime convexa; fastigium verticis anterius minus convexum, lateribus inferius tantum incerte obtuse breviter carinulatis, latitudinem primi articuli antennarum minime superans, sub lente punctulis impressis praeditum. Maculae ocellares fastigii vertici parvae, flavae, laterales superae, optime distinctae; sub utraque harum macularum, et cum macula ipsa contigua, macula etiam parva sed minus definita, fulva, adest. Macula ocellaris frontalis parva, subrotundata, flava, haud perfecte circumscripta quia fulvo circumdata (praecipue supra et subtus).

Frons nitida, punctis impressis sat numerosis sparsa et utrinque inferius puncto maiori impresso praedita; sub lente minutissime, fere indistincte, rugulosa, inferius supra clypeum depresso-subconcava. Clypeus et labrum solito modo confecta, modice angusta. Sulci suboculares superne parum distincti, inferius lati sed parum impressi.

Occiput saturate ferrugineum, hoc colore in colorem nigrum

verticis subregulariter transeunte, in medio lineariter magis extenso. Vertex cum fastigio niger nitidus; latera externa fastigii verticis (ad latus externum macularum ocellarium) ferruginea; sub utraque macula ocellari macula ferrugineo-fulva adest. Genae posterius ferrugineae, anterius (in contiguitate cum oculo et sub oculo) fuscae, his coloribus hand inter se separatis. Frons saturate ferruginea, fusco nebulosa, maculis duabus vittaeformibus nigris, inferius leviter divergentibus, ab angulis internis inferis scrobum antennarum descendentibus; margines scrobum antennarum etiam nigri. Fastigium frontis ferrugineum, circum maculam ocellarem (praecipue verticaliter, supra et subtus) pallidius, fulvum. Clypeus fulvus, nebulosus; labrum parum pallidius, fulvo-testaceum; palpi pallidiores fulvo testacei. Antennae ferrugineae, articulis basalibus partim infuscatis; articulus primus apice et intus praecipue infuscatus, extus et posterius pallidior, fere maculam pallidiorem partim fusco cinctam ibi praebens.

Pronotum a supero visum leviter semicylindricum, sensim latins quam longius, lobis lateralibus humilibus, sat adpressis, nitidum. Margo anticus leviter rotundatus, haud productus, perparum incrassatus; sulcus anticus valliformis perparum impressus; sulculus longitudinalis abbreviatus distinctus, latinsculus, posterius fossularis; sulcus posticus fere nullus; metazona non ascendens, minute sub lente rugulosa, margine postico truncato, limbo sat prominulo, in medio levissime sinuato. Pronotum ante latera metazonae utrinque leviter gibbulosum. Lobi laterales humillimi, multo longiores quam altiores, postice minime quam antice altiores, angulo antico late rotundato, margine infero subrecto, angulo postico distincte truncato, margine postico sensim obliquo, sinu humerali verisimiliter fere nullo (propter praeparationem typi haud bene conspiciendo). Sulcus late V-formis et sulcus posticus bene impressi; intervalli convexi.

Color pronoti ferrugineus leviter nebulosus, parte infera et antica loborum lateralium leviter pallidiore, gibbulis a sulcis V-formibus amplexis ferrugineis. Margo anticus ipse etiam superne subtiliter ferrugineus, sed subito post eum vitta lata longitudinalis incipit, versus marginem posticum versa, nigra. Haec vitta anterius et in medio dorsi optime distincta, et definita, subito post sulcum anticum (ubi in medio brevissime est fissa) utrinque angulariter est dilatata, latitudinem ibi maximam circiter mm. 3 attingens, verticibus lateralibus sat acutis, dein versus medium dorsi etiam sat rapide constricta, ibique latitudine circiter mm. 1,4, dein versus marginem posticum sat longe subregulariter continuata, in metazona verisimiliter rursus rapide ampliata, sed metazona colore tantum fusco vel fusco-ferrugineo; fossula postica sulculi longitudinalis est ferruginea et a vitta nigra conspicitur utrinque marginata, his marginibus nigris in utroque latere extus rapide versis, dein extus et postice in fuscum transeuntibus. Pars posterior loborum lateralium saturatius ferruginea.

Elytra subellyptica, maxima parte subaeque lata, breviuscula, tamen apicem abdominis leviter superantia, apicem femorum posticorum non attingentia, apice subrotundata, vitrea, hyalina, venis venulisque fuscis valde distinctis; dimidia parte basali campi antici (quod mirum est) tota vitrea, vena tantum unica obliqua longa fusca perspicua, vena anteriore et venulis nonnullis admodum indistinctis, pallidis, etiam subvitreis, haud conspiciendis.

Alae subcycloideae, vitreae, hyalinae, parte antica elytris simile, margine antico vitreo venulis tantum 3 obliquis in dimidio apicali sitis fuscis, apice elytris simile; campo postico venis venulisque subtilibus fuscis.

Pedes pilosuli, modici, nitidi, fulvi; tibiis 4 anticis a basi usque sensim post medium nigro-fuscis, hoc colore apicem versus dilute, incerte terminato; tibiis posticis a basi usque parum ante apicem nigerrimis, parte apicali fulva posterius (superne) breviore quam inferius. Tibiae 4 anticae solito modo spinosae, spinis fuscis vel ferrugineo-fuscis, summo apice pallidis. Femora postica parum longa, basi crassa, apicem versus attenuata, parte attenuata breviuscula, subtus margine externo spinulis 7-8, margine interno spinulis 10-11, omnibus totis, etiam basi, nigris, armata. Tibiae posticae superne longe post basim leviter planiusculae, spinis utrinque 7 nigris acutis necnon spinis apicalibus solitis fulvis, apice fuscis, instructae. Tarsi fulvi.

Abdomen ferrugineum. Segmentum abdominale dorsale octavum ♂ robustiusculum, sat productum, convexum; segmentum nonum (an abnorme?) parte supera brevissima ($^1/_2$ mm. loga), limbo huius partis arguto, parte infera admodum obliqua sub parte supera dorsi abdominis reclinata a supero haud visenda, in medio ample excavata, precipue superne, ibique pilosula, lateribus inferis parum tumidulis, inferius infuscatis, ibi approximatis, forsan appendiculatis sed a lamina subgenitali in typo ibi absconditis. Lamina subgenitalis ♂ transversa, apice sat late, fere semicirculariter, sinuato, ángulis posticis brevibus obtusis, vertice subrotundatis; stylis externis valde brevibus, latiusculis, subtriangularibus, parum distincte articulato insertis.

Habitat: Philippinae. [Il tipo non porta altra particolare indicazione].

Anche questa specie pare non sia più stata ritrovata. In alcune collezioni figurano col nome di *Gr. fuscinervis* Stàl delle *Gr. translucens* Serv.. Brunner nella sua Monografia ha riportato semplicemente la breve diagnosi di Stàl, della *Gr. fuscinervis;* però l' ha collocata esattamente a posto nel suo sistema. Kirby nel catalogo la nomina senza indicazioni particolari.

Questa specie è certo distinta, e ricorda in parle la *Gr. tibialis* Serv. e in parte la *Gr. translucens* Serv., ma ha gli organi del volo molto più brevi di quelli di entrambe le dette specie. Rimarchevoli sono le elitre quasi mancanti di venature nella metà basale della parte anteriore (inferiore nel riposo). Gli stili (o appendici stiliformi) della lamina sottogenitale dei ♂ di questa specie, come anche della precedente, probabilmente non sono articolati, cosa già verificata nella *Gr. nigrogeniculata* Brunner, pure delle Filippine.

7. — *Gryllacris plebeia* Stàl.

♀. — *Gryllacris plebeia* Stàl 1877, Op. cit., pag. 47.
Typus Stàli:

♀. — *Statura sat parva; subgracilis; pallide testaceo-flavescens, maculis duabus anterioribus parvis pronoti fuscis, spinis tibiarum posticarum basi subtus nigro-fusco cincta; elytris subellypticis, pallide testaceo subhyalinis, venis venulisque perparum fuscis, campo antico in dimidio basali subhyalino vena unica obliqua distincta; alis hyalinis, venis venulisque subtilibus fuscis: ovipositore gracili, perparum incurvo.*

Longitudo corporis	mm. 19	(abdom. subcontracto)
" pronoti	" 5,5	
" elytrorum	17	

Latitudo elytrorum   „   6,7
Longitudo femorum anticorum   „   7
   „   *femorum posticorum*   „   12,8
   „   *ovipositoris*   10,8

Corpus parum robustum, nitidiusculum, subtotum pallide testaceo-flavescens.

Caput pronoto perparum latins, ab antico visum ovatum sat elongatum. Occiput et vertex modice convexa; fastigium verticis anterius parum minus convexum, lateribus subrotundatis, inferius utrinque puncto admodum laterali impresso maiore praeditum et extus ibi levissime et brevissime suverticaliter irregulariter tumidulum, sub lente totum punctulis raris impressis praeditum, latitudinem primi articuli antennarum perparum superans. Maculae ocellares fastigii verticis parvae, flavae, superne lateraliter sitae, subovatae, modice distinctae; macula ocellaris frontis sat parva, ovato-subrotundata, modice distincta. Fastigium frontis superne in medio summitatis (in connectione cum fastigii verticis) latiuscule et profundiuscule impressum. Frons nitida, sub lente punctulis impressis parvis praedita et minutissime transverse rugulosa; inferius inaequalis, praecipue in medio supra clypeum sensim depressa. Clypeus et labrum subangusta, solito modo confecta; sulci suboculares perparum impressi, inferius lati sed ibique minime impressi.

Color capitis totus pallide fiavido testaceus, leviter incerte nebulosus; angulus basalis internus mandibularum (cum basi clypei contiguus) puncto nigricante signatus. Palpi et antennae cum reliquo capite pallide flavido-testacea.

Pronotum a supero visum sensim longius quam latius, anterius compressiusculum (forsam leviter in typo deformatum), lobis lateralibus sat bene adpressis, nitidiusculum. Margo anticus subrotundatus, non prominulus, minime incrassatus; sulcus anticus in medio fere nullus, lateribus valliformis, parum expressus; sulculus longitudinalis abbreviatus e fossulis duabus (anteriore parva, posteriore maiore) confectus; post eum metazona transverse convexiuscula; sulcus posticus admodum apud marginem posticum situs, perparum distinctus; limbus marginalis posticus metazonae levissime ascendens, truncatus. Lobi laterales postice leviter quam antice altiores, sensim longiores quam altiores, tamen modice longiusculi; angulo antico late rotundato, margine infero subrecto, angulo postico rotundato posterius leviter truncato, margine postico obliquo, brevi; sinu humerali subnullo; sulcus late V-formis et sulcus posticus sat bene impressi; intervalli modice convexi.

Color pronoti pallide flavido testaceus, leviter incerte nebulosus. Margines omnes anguste dilute ferruginei; maculae duo parvae nigro-fuscae superne adsunt (una utrinque) sat proximae, parum post sulcum anticum, forma incerta, fere triangulares aequilaterae, marginibus et verticibus dilutioribus, vertice externo postico cum macula dilutiore magis incerta connexo. Sulculus longitudinalis abbreviatus praecipue in fossula antica sensim sed leviter infuscatus. Nebulae caeterae valde incertae.

Elytra subellyptica sed angulo basali antico (externo) valde et late rotundato-producto, apice subrotundata, apicem femorum posticorum minime superantia, alis leviter breviora; pallide testaceo subhyalina, venis principalibus praecipue basi testaceis venis venulisque caeteris leviter fuscis, campo antico in dimidio basali fere hand venato, vitreo, tantum vena obliqua testacea distincta praedito.

Alae subcycloideae, hyalinae, leviter roseo tinctae, parte antica elytris simile, vena principali ibi testacea, margine in dimidio basali fere hand venato; campo postico venis venulisque subtilibus fuscis.

Pedes modici, testacei pallidiusculi, sat nitidi, pilosuli. Tibiae anticae solito·modo spinosae, spinis basim versus longioribus, apicem versus brevioribus, apicalibus brevibus concoloribus. Femora postica breviuscula, basi sat bene incrassata, apicem versus attenuata, parte apicali attenuata brevi, subtus margine externo spinulis 6-7, margine interno spinulis usque ad 11, basim versus minoribus, omnibus fuscis, basi leviter infuscatis et levissime fusco cinctis. Tibiae posticae superne longe post basim leviter planiusculae, spinulis acutis in utroque margine 7, leviter infuscatis, apice fuscis, basi subtus (posterius) nigro-fusco cinctis, armatae, necnon spinis apicalibus solitis pallidis, apice fuscis, instructae. Tarsi flavido-testacei.

Abdomen concolor. Ovipositor post basim gracilis, angustus sat rigidus, flavido-testaceus, nitidus, levissime incurvus, apice attenuatus, latere non sulcatus, vertice apicali subacuto, non acuminato. Lamina subgenitalis ♀ transversa, latiuscule subrotundata, marginibus crassiusculis, apice leviter rotundato-prominulo sed in typo subtus retrorsum plicato.

Habitat: Philippinae [Antipolo 4, V 61].

Specie anche questa di cui Brunner nella sua Monografia non fa che riportare la breve diagnosi di Stàl. Kirby la annovera nel suo catalogo senza particolari indicazioni. Pare dunque che essa non sia finora più stata ritrovata.

Nella disposizione sistematica delle specie del genere *Gryllacris* fatta da Brunner, la *Gr. plebeja* Stàl non è giustamente collocata sotto il n. 7: « Tibiae totae nigrae vel nigro-fasciatae »; infatti essa non presenta questo carattere, e la stessa diagnosi di Stàl non glielo attribuisce. Nel sistema di Brunner essa andrebbe collocata invece presso alla *Gr. inconspicua*. Eppure si deve convenire che ha una certa affinità colla *Gr. fuscinervis* Stàl, per la parte basale anteriore delle elitre quasi completamente vitrea, con una sola vena obliqua distinta.

8. — *Gryllacris punctifrons* Stàl

♀. — *Gryllacris punctifrons* Stàl 1877, Op. cit., pag. 48. Typus Stàli (sensim laesus):

♀. — *Statura parva: graciliuscula. Ferrugineo-fulva, sat nitida, leviter nebulosa, tibiis tarsisque parum pallidioribus, testaceo-flavescentibus; facie punctis 6 nigris fere in circulum dispositis ornata; elytris sat parvis et opacis, sat crebre venosis, venis perparum infuscatis; alis vitreis, venis venulisque pallidis; ovipositore gracili, subrecto.*

Longitudo corporis		mm. 19,3	(abdomine extenso)
"	*pronoti*	" 5	
"	*elytrorum*	12	
Latitudo maxima elytrorum		" 4,3	
Longitudo femorum anticorum		" 6	
"	*femorum posticorum*	" 11,8	
"	*ovipositoris*	· 13	

Caput pronoto non latius, ab antico visum ovatum elongatum. Occiput et vertex regulariter convexa; fastigium verticis leviter minus convexum, latitudinem primi articuli antennarum parum superans, lateribus inferius leviter oblique subprominulis, tumidulis. Maculae ocellares nullae. Frons sat angusta, parum nitida, sub lente paucis punctis parvis sparsis impressis praedita, puncto utrinque majori impresso irregulari, inferius utrinque supra clypeum depresso-concaviuscula, verticaliter in medio leviter convexiuscula. Clypeus et labrum subangusta, subelongata. Sulei suboculares adsunt expressi, inferius postice obliquati et leviter dilatati.

Color capitis ferrugineo-fulvus, nebulosus. Occiput et vertex in medio late longitudinaliter dilute fusciora, utrinque linea dilute pallida incertissima apposita. Fastigia capitis pallidiora, fulvo-testacea. Frons et genae fulvae nebulosae, praecipue nebula subverticali fusciore sub utroque oculo descendente, et vittis incertis dilute fuscis ab angulo interno serobi antennarii usque ad clypeum verticaliter perductis, ibique connexis, semper valde indefinitis. Facies punctis 6 nigris fere in circulum dispositis est notata, quorum 2 in parte supera fastigii frontis, 2 in angulis internis inferis ipsis scrobum antennarum, prominuli, tuberculiformes, nitidi, 2 circiter in medio frontis, fere inter se approximati ut duo fastigii frontis. Clypeus et mandibulae colore capitis, eodem modo nebulosa; labrum partim pallidius; palpi sat pallide fulvo-testacei; antennae ferrugineofulvae.

Pronotum a supero visum longius quam latius, subsemicylindricum, lobis lateralibus, sat adpressis. Margo anticus in medio rotundato levissime prominulus, ibique parum crassinsculus, cum parte antica media pronoti sub lente minute transverse rugulosus; sulcus anticus in medio subnullus, lateribus valliformis, parum expressus; sulculus longitudinalis abbreviatus parum distinguendus, anterius tantum leviter fossularis; post eum utrinque fossula parva sed bene impressa adest, his 2 fossulis inter se sat approximatis; sulcus posticus valliformis minime impressus, latiusculus, a margine postico circiter $^1/_2$ mm. remotus; metazona non ascendens, margine postico truncato levissime subconcavo. Lobi laterales multo longiores quam altiores, postice leviter altiores; angulo antico late rotundato; margine infero subrecto, posterius subsinuato, propter angulum posticum inferius prominulum; angulus posticus forma notanda, rotundatus, inferius levissime prominulus; margo posticus post angulum sinuatus, dein obliquus, sinu humerali nullo. Sulcus V- formis, sulcus posticus solitus, et sulcus inferus posticus, rotunditate anguli postici inferi, apud marginem huius anguli situs, bene impressi; intervalli gibbulosi.

Color pronoti ferrugineo fulvus, incerte nebulosus, superne in medio irregulariter dilute infuscatus.

Elytra parva, apicem abdominis et femorum posticorum haud attingentia, subellyptica, angustiuscula, apice subacute rotundata, sat opaca, ferrugineo fulva, venis longitudinalibus numerosis et subparallelis, levissime fuscioribus, venulis transversis leviter pallidioribus quam venis.

Alae etiam sat parvae, subcycloideae, subhyalinae, leviter roseo tinctae, venis venulisque pallidis, flavidis.

Pedes modici, ferrugineo-fulvi, nebulosi, tibiis tarsisque leviter pallidioribus, flavido testaceis; genicula nullo modo obscuriora. Tibiae 4 anticae solito modo spinosae, spinis concoloribus breviusculis. Femora postica basi bene incrassata, ad apicem attenuata, parte attenuata breviuscula, subtus margine externo spinulis 5, margine interno spinulis 8-9, apice fuscis, armata. Tibiae posticae superne sat longe post basim incerte planiusculae, ibique in utroque margine spinulis 5 apice fuscis armatae; spinae apicales solitae adsunt. Tarsi modici.

Abdomen ferrugineo-fulvum. Ovipositor sat longus, subrectus, exilis, sat rigidus, fulvo-testaceus, nitidus, latere haud sulcatus, apicem versus minime subdilatatus: apice subacuto, tamen haud acuminato. Lamina subgenitalis ♀ verisimiliter subquadrata, pubescens, lateribus externis crassiusculis. Segmentum ventrale ultimum forsam utrinque posterius lobulatum. (Sed apex abdominis in typo est laesus).

Habitat: Philippinae. [Barrio de Biting].

Specie dimenticata nella monografia di Brunner. Kirby nel suo catalogo la fa erroneamente sinonima di *Gr. nigrogeniculata* Brunner, mentre le due specie sono certo molto differenti. Come scrivevo al Dr. Kirby anche prima di conoscere il tipo, di questa specie, dalla diagnosi di Stàl già essa appare essere molto prossima alla *Gr. sexpunctata* Brunner; ora poi che posso esaminarne il tipo constato che la *Gr. punctifrons* Stàl va collocata proprio fra la *Gr. sexpunctata* Br. e la *Gr. navicula* Br. avvicinandosi a quella pei punti neri della faccia ed a questa per la struttura delle elitre, opache, fittamente venate; anzi per le elitre, e per le ali poi a venature pallide, si avvicina particolarmente alla *Gr. navicula* subsp. *Novae-Guineae* Griffini 1909, di cui ho descritto un ♂ posseduto dal Museo Civico di Storia Naturale di Genova.

9. – *Gryllacris brevispina* Stàl

♂. – *Gryllacris brevispina* Stàl 1877, Op. cit., pag. 48
Typus Stàli (leviter laesus):

♂. – *Statura graciliuscula. Luride testaceo-flavescens, facie
leviter fusciore, sutura inter fastigia capitis et sutura clypeo-fron-
tali piceo tinctis, macula ocellari frontali magna: elytris alisque
pellucidis, leviter testaceo tinctis, venis venulisque pallidis; spinis
pedum breviusculis.*

Longitudo	corporis	mm.	18,9
„	pronoti	„	4
„	elytrorum		24,8
„	femorum anticorum		5,5
„	femorum posticorum		10,1
„	segmenti octavi abdominis	„	2

Corpus parum nitidum.

Caput pronoto indistincte latins, ab antico visum ovatum,
elongatum, subangustum. Occiput elevatum, cum vertice convexum; fastigium verticis minus convexum, inferius leviter
inaequale, lateribus rotundatis inferius tumidulis, latitudine
circiter primi articuli antennarum. Maculae ocellares fastigii
verticis citrinae, laterales, sat evolutae, totam altitudinem laterum fastigii occupantes, hand bene circumscriptae; macula
ocellaris frontalis maiuscula, totum fastigium frontis replens,
late subovato-ellyptica, margine supero et marginibus lateralibus fere rectis, margine infero rotundato, modice circumscripta. Frons depressiuscula, sat aequalis, parum nitida, sub
lente punctulis impressis parvis, paucis praedita. Clypeus et labrum solito modo confecta, sat latiuscula. Sulci suboculares
superne nulli, inferius latiusculi sed parum distincti.

Color capitis ut reliqui corporis luride testaceo-flavescens,
facie levissime fusciori, ferruginea. Occiput et vertex linea arcuata et lineolis duabus anticis parallelis, leviter fuscioribus,
admodum indistinctis, signata. Fastigium verticis anterius inter
maculas ocellares colore frontis. Sutura inter fastigia capitis
piceo tincta, hoc colore etiam utrinque descendente ad latera
maculae ocellaris fontalis, subtus evanido. Sutura clypeo-
frontalis, etiam piceo tincta, hoc colore utrinque et in medio
levissime dilatato, dilute in frontem et in clypeum evanido.

Clypeus, labrum, mandibulae, palpi, antennae, colore reliqui capitis.

Pronotum a supero visum subquadratum, lobis lateralibus sat adpressis, superficie subinaequali. Margo anticus subrotundatus; sulcus anticus valliformis latiusculus sed parum impressus; sulculus longitudinalis abbreviatus sat bene impressus praecipue postice, subtiliusculus; latera partis posticae huius sulculi tumidula; post has tumescentias inter se subcontiguas sulculus transversus adest, apicem sulculi longitudinalis tangens, utrinque in lateribus metazonae in fossulam optime impressam terminatus, cui extus gibbula humeralis optime convexa in utroque latere metazonae est apposita. Post sulcum transversum nunc descriptum, sulcus transversus secundus subarcuatus, breviusculus, parum impressus. adest, dein metazona planata, minute rugulosa, margine postico transverso. Lobi laterales longiores quam altiores, fere antice et postice subaeque alti, subrectangulares; angulo antico rotundato, margine infero subrecto, angulo postico truncato, margine postico subverticali modice alto, sinu humerali parvo sed distincto. Sulcus late V- formis et sulcus posticus bene impressi; intervalli convexi.

Color pronoti totus luride, testaceo-flavescens, nebulosus. praecipue superne in medio (anterius latins, dein angustins) dilute incerte obscurior.

Elytra abdomen et apicem femorum posticorum optime superantia, subhyalina, leviter testaceo tincta, venis venulisque concoloribus, testaceis.

Alae (in typo sub elytris clausae) verisimiliter elytris similes.

Pedes modici, sat nitidi, colore corporis; articulatio femorotibialis pedum posticorum incerte infuscata. Pedes antici graciliusculi. Tibiae anticae solito modo spinosae, spinis concoloribus breviusculis, hand tamen brevissimis. Femora postica breviuscula, basi modice crassa, ad apicem attenuata, parte apicali attenuata brevissima, subtus margine externo spinulis 5-6, margine interno spinulis 5, omnibus nigris, basi pallidioribus, parvis, excepta utrinque spina apicali maiore, armata. Tibiae posticae post basim annulo incerto, dilute fusciori, indistincte signatae, sat longe post basim superne planatae, ibique spinulis parvis utrinque 6-7 nigris, basi pallidioribus, armatae. Tarsi modici.

Abdomen concolor. Segmentum abdominale dorsale octavum

♂ parum productum; segmentum nonum modice productum, sensim cucullatum, posterius decurvum, in medio verticaliter anguste sulcatum fere fissum, lobis contiguis, inferius tumidulis, spinam longam oblique inferius intusque versam rectam apice gerentibus; his 2 spinis cruciatis. Lamina subgenitalis ♂ transversa sat magna, apice in medio rotundato sinuato, lobis subrotundatis; styli in latere externo loborum siti, modice longi, exiles, pilosuli, bene articulato inserti, longitudinem dimidiam cercorum non attingentes.

Habitat: Philippinae [Il tipo non porta altra speciale indicazione].

Altra specie dimenticata nella monografia di Brunner. Kirby nel suo catalogo la fa sinonima di *Gr. arctata* Walker; però per quanto si può giudicare dalla descrizione di Walker, le due specie sono diverse.

La *Gr. brevispina* Stàl appartiene al gruppo della *Gr. hyalina* Brunner.

Alle specie di Stàl, per completare qui il quadro delle nostre cognizioni sulle *Gryllacris* delle Filippine, vanno aggiunte le seguenti:

Gryllacris moesta Brunner, affine alla *biguttata* Stàl.

Gryllacris nasalis Walker, probabilmente affine pur essa alla *biguttata* Stàl.

Gryllacris vittipes Walker, probabilmente affine alla *Gr. signifera* Stàl, della quale io stesso ho descritto nel 1908 una varietà, senza darle nome particolare, secondo un esemplare proveniente da Mindanao, e che potrebbe anche darsi concordasse colla *vittipes* Walk.

Gryllacris brachyptera Gerst., *Gr. nigrogeniculata* Brunner, affini entrambe alla *fuscinervis* Stàl.

Gryllacris arctata Walker, forse affine alla *Gr. brevispina* Stàl.

Infine la *Gryllacris scripta* Navas 1904, specie di cui ben poco si può dire, avendo l'autore omesso di descriverne le elitre e le ali, cosicchè non si sa neppure lontanamente a quale gruppo di specie possa ascriversi, se a quelle ad ali bicolori colle fascie oscure sulle venule, o colle fascie sugli intervalli, o se a quelle ad ali unicolori con venule pallide alle elitre, o con venule oscure.

Volendo ora fare qualche considerazione generale, si può constatare come predominino nelle Filippine le specie ad elitre relativamente poco lunghe e con ali quasi cicloidee, e come il pronoto in esse presenti piuttosto costanti certi caratteri, come la distinta maggiore altezza dei lobi laterali posteriormente e una tendenza dell'angolo posteriore di questi ad arrotondarsi; la sommità del vertice del capo, nelle specie finora note delle isole Filippine, tende a mantenersi piuttosto stretta.

In un PRIMO GRUPPO possiamo collocare le specie ad ali bicolori aventi le areole oscure e le venule con margine limpido da ambo i lati. In queste specie (*princeps*, *biguttata*, *maculipennis*, *moesta*, ecc.), vediamo l'ovopositore essere falcato, e tanto più curvo nelle più grosse, meno invece via via nelle meno grosse, pur conservando sempre la forma arcuata; la lamina sottogenitale dei ♂, per quanto fin qui si conosce, appare fornita di stili distintamente articolati. Questo gruppo appare aver una larga base di diffusione nelle Filippine, intorno alle quali ha poi rappresentanti nelle Molucche (*Gr. moestissima* Br.), a Timor (*Gr. Loriae* Griff.), a Giava (*Gr. ruficeps* Serv.), a Borneo (alcune specie con caratteri alquanto perticolari), fino a Malacca (*Gr. ruficeps* subsp. *malaccensis* Griff.), e presenta due specie alquanto degenerate (*Gr. vaginalis* Pict. Sauss., *Gr. Comotti* Grif.), di cui l'ultima in Birmania. La *Gr. princeps* Stål avendo qualche areola delle elitre col centro un po' oscuro, pare possa collegare il gruppo ora in discorso con quello della *Gr. picea* Brunn. in cui anche le elitre sono oscure, colle venule a margini limpidi; credo però che questo collegamento sia più apparente che reale; il gruppo della *Gr. picea* comprende specie dell'India (*Gr. Panteli* Bol., e var. *Poultoniana* Griff.), una che arriva persino alle Isole Comore (*Gr. picea* Br.), e una di Madagascar (*Gr. Mannae* Griff.).

In un SECONDO GRUPPO collocheremo le specie ad ali bicolori aventi le venule coperte da fascie oscure che talora si dilatano e si fondono lasciando le areole appena limpide nel centro. Questo gruppo ha la sua principale area di diffusione nelle isole della Sonda ed è ricco di specie che si rannodano intorno alla *signifera* Stoll, alla *fuscifrons* Gerst., alla *nigrilabris* Gerst., alla *lineolata* Serv., specie sondaiche; esso si dirama poi all'intorno, arriva da una parte fino alla Nuova Guinea (*Gr. excelsa* Br., *Gr. Kirbyi* Griff., *Gr. Giulianettii* Griff.) e dall'altra fino all'India (*Gr. junior* Br.), a Ceylon (*Gr. pardalina* Gerst.), e fino alle Sèchèlles (*Gr. sechellensis* Bol.). Finora nelle Filippine esso presenta la *Gr. pustulata* Stàl. Anche in questo l'ovopositore è alquanto falcato, meno però che nel precedente, robusto e più o meno troncato obliquamente all'apice.

Un TERZO GRUPPO può costituirsi colle specie ad ali unicolori più o meno jaline e colle elitre a venature più o meno scure, e nelle isole Filippine le sue specie si rannodano intorno alla *Gr. fuscinervis* Stàl, colla *nigrogeniculata* Br. e la *brachyptera* Gerst,; meno tipiche invece, e costituenti come gli estremi opposti, vi sono la *limbaticollis* Stàl e la *plebeia* Stàl. È questo un gruppo che ha i suoi rappresentanti anche nelle isole della Sonda e regioni vicine (*Gr. tibialis* Serv., *Gr. translucens* Serv., *Gr. amplipennis* Gerst., *Gr. brachyptera* subsp. *montana* Griff. di Sumatra) e fino a Ceylon (*Gr. aequalis* Walk. = *annulata* Br.) e nell'India (*Gr. abbreviata* Br.), non parlando delle specie africane; nelle Filippine osserviamo che le specie che vi appartengono hanno gli organi del volo poco lunghi, benchè non ridotti, ed ancora nei ♂ gli stili della lamina sottogenitale che tendono a farsi fissi, non articolati, mentre l'ovopositore appare farsi piuttosto esile e quasi dritto. La *Gr. plebeia* Stàl pare collegare questo gruppo a quello della *Gr. inconspicua* Br., nondimeno la *plebeia* Stàl ha indiscutibili affinità colla *fuscinervis* pel campo anteriore delle elitre vitreo nella metà basale, quivi quasi non venato. La *Gr. limbaticollis* Stàl collega forse questo gruppo a quello della *Gr: fumigata* Haan.

La *Gr. punctifrons* Stàl rappresenta nelle Filippine un QUARTO GRUPPO di specie ad ali unicolori, in cui le elitre sono relativamente molto opache, intensamente giallastre, fittamente venate, colle venature quasi concolori, e sono colle ali piuttosto brevi; essa si accosta alla *Gr. navicula* Br. di patria ignota, ma probabilmente di origine papuana (Vedi infatti *Gr. navicula* subsp. *Novae Guineae* Griff.). e forma con questa appunto un gruppo che si stacca abbastanza dagli altri, anche da quello della *Gr. inconspicua* Br. al quale è prossimo.

La *Gr. brevispina* Stàl infine rappresenta nelle Filippine un QUINTO GRUPPO prevalentemente australiano, quello della *Gr. hyalina* Brunn. e delle molte sue consimili, in cui le ali sono unicolori, jaline, e le elitre pure jaline o quasi, a venature rade, di lunghezza relativamente grande; il pronoto si distingue pure perchè piuttosto corto, coi lobi laterali poco meno alti che lunghi, col margine posteriore verticale abbastanza alto. Questo gruppo australiano ha qualche rappresentante alquanto modificato nelle isole della Sonda, per esempio la *Gr. phryganoides* Haan di Giava, e si ripresenta pure un po' modificato, a Madagascar e nell'Africa.

La fauna filippina dunque per quanto è delle *Gryllacris* accoglie in se forme di guppi varii, connesse a forme consimili di isole e regioni vicine, e non ha ancora acquistato un carattere suo particolare ben spiccato.

Dott. Roberto Brunati

SOPRA ALCUNE OSSA FARINGEE FOSSILI
SPETTANTI AL GENERE LABRUS
E CONSIDERAZIONI SOPRA LE OSSA FARINGEE
DI ALCUNI LABRIDI VIVENTI NEL MEDITERRANEO

Molti sono i resti fossili di Labridi che vennero descritti e figurati; per la maggior parte impronte intiere o frammentarie del corpo, nelle quali le ossa faringee non sono distinte.

Già nel 1796 nell'Ittiolitologia del Volta (¹) è descritto e figurato un esemplare intero come *Labrus merula* L. che poi assai giustamente Heckel (²) riconobbe specie nuova e chiamò *Labrus agassizï*.

L'Agassiz nella sua classica monografia sui pesci fossili (³) cita un osso faringeo inferiore, benissimo conservato con tutti i suoi denti, di modo che non resta alcun dubbio sulla sua posizione sistematica, e lo riferisce senza figurarlo al *Labrus ibbetsoni*.

In quest'opera (⁴) edita negli anni 1833-43 è anche descritto nel 1843 il *Labrus valenciennesi* Agass., che l'Agassiz dapprima aveva figurato sotto il nome di *Labrus microdon*.

Igino Cocchi (⁵) nel 1864, nei suoi studii sopra una nuova famiglia di pesci Labroidi fossili della Toscana, si occupò,

(1) Volta G. S. *Ittiolit. Veronese* (1796), p. clv., tav. XXXII.
(2) Heckel J. J. *Beiträge zur Kenntniss der fossilen Fische Osterreichs.* Denkschr. k. Akad. math. naturw. Cl., vol. XL., pt. 1 (1856). p. 268, tav. XV, fig 2-·.
(3) Agassiz L. *Poiss. Foss.*, vol. V, pt. 1, (1833), p. 116.
(4) Agassiz L. *Op. cit.*, vol. V, pt. i, (1833-43), p. 116, tav. XXXIX, fig. 2.
(5) Cocchi I. *Nuova famiglia di pesci Labroidi.* Studi Paleontologici. 1864. Firenze, p. 5.

benchè incidentalmente, nella parte generale, dei caratteri delle ossa faringee dei Labridi.

Un osso faringeo superiore sinistro, fu pure descritto dal Lawley nel 1876 ([1]). In considerazione del numero delle file di denti e della forma dei medesimi, tale avanzo non fu da lui riferito a nessuna delle specie viventi e fu considerato, come tutti gli altri da lui rinvenuti nel Pliocene toscano, specie nuova, (*Labrus priscus* Law.).

Il De Zigno nel 1887 ([2]) descrisse un avanzo completo di *Crenilabrus szajnochoe* del monte Bolca, il quale non presenta tracce visibili di ossa faringee.

Nel 1889 il prof. Bassani nelle ricerche sui pesci fossili di Chiavon ([3]) descrisse tre esemplari di *Labrus agassizi;* in quello di maggior sviluppo e di miglior conservazione si può colla lente vedere i denti faringei, i più grandi elittici ed i più piccoli emisferici.

Un esemplare completo del Miocene superiore di Dolje, in Croazia, è ricordato dal Kramberger nel 1891 sotto il nome di *Labrus (Crenilabrus) woodwardi* ([4]).

Un osso faringeo intiero, di forma tozza, rinvenuto nel Pliocene di Suffolk, fa parte della collezione del British Museum of Natural History fu ricordato dal Woodward & Sherbon ([5]) nel Catalogo dei vertebrati fossili del Museo Brittanico edito nel 1890 ed è di nuovo ricordato dal Woodward nel Catalogo dei pesci fossili, dello stesso Museo, pubblicato nel 1901 ([6]).

Un osso faringeo inferiore fu descritto ed illustrato dal prof. Bassani nella Ittiofauna delle argille marnose, plistoceniche di Taranto e di Nardò ([7]). Esso venne dall'illustre ittiologo riferito con dubbio al genere *Crenilabrus* sp. (?).

---

(1) Lawley R. *Nuovi studii sopra ai pesci ed altri vertebrati fossili delle Colline Toscane.* (1876), p 71.

(2) De Zigno A. *Pesci fossili nuovi di Monte Bolca.* Mem. R. Ist. Veneto, vol. XXIII (1887) p. 17, fig. 3.

(3) Bassani F. *Ricerche sui pesci fossili di Chiavon.* Atti R. Accad. Scien. Fis. Mat. di Napoli [2] vol. iii, (1889), n. 6, p. 47, tav. IV, fig. 2.

(4) Kramberger. Rad. Jugoslav. Akad., vol. cvi (1891), p. 119, tav. ii, fig. 4.

(5) Woodward & Sherborn. *Catal. Brit. Foss. Vert.*, 1890, p. 108.

(6) Woodward A. S. *Catalogue of fossil fishes in the British Museum*, parte IV (1901), p. 540

(7) Bassani F. *La Ittiofauna delle argille marnose plistoceniche di Taranto e di Nardò (terra d'Otranto).* Atti della R. Accad. delle Scienze fis. e mat. di Napoli, vol. XII, serie 2, (1905), p. 40, tav. I, fig. 11.

Sui Labridi viventi vi sono osservazioni in tutti i trattati di Ittiologia, e delle ossa faringee ho trovato cenni speciali nei lavori che ricorderò.

Il Penant nel suo Studio (¹) sui pesci dell'Inghilterra, edito nel 1776, dà una bella illustrazione del *Labrus maculatus* Bl. riproducendo oltre al pesce anche l'osso faringeo inferiore.

Nel 1839 venne data una descrizione esatta di tutti i caratteri dei Labridi nella Storia Naturale dei pesci di Cuvier e di Valenciennes (²). Tali autori descrivendo in modo particolare la forma delle ossa faringee diedero notizie assai minute sulla forma dei denti.

Owen (³) descrisse pure nella sua *Odontografia*, i denti dei Labridi, la loro struttura e il loro modo di riprodursi e fra essi illustrò anche due ossa faringee inferiori. Trattò diffusamente delle ossa faringee dal punto di vista sistematico lo Kner in un suo lavoro edito nel 1860 (⁴), ed in un suo studio successivo, sopra alcuni nuovi pesci del museo di Amburgo (⁵), quest'autore ricorda e figura un altro osso faringeo inferiore di un *Labridae*, il *Trochocopus Darvinii* Gth. delle coste occidentali dell'America del Sud, osso faringeo affatto differente da quelli che formano oggetto di questi studi.

Lo studio dei Labroidi del Mediterraneo del prof. Canestrini (⁶), benchè non si occupi dell'apparato scheletrico, è una preziosa ed accurata descrizione delle specie mediterranee.

Una riproduzione di un osso faringeo inferiore di *Labrus maculatus* Bl. si trova nella recentissima pubblicazione *The Cambridge Natural History*, vol. VII, pag. 673.

Nella sezione di Geologia del Museo Civico di Milano si conserva un osso faringeo inferiore di *Labrus*, dono del professor G. De Alessandri, proveniente dal quaternario di Avenza,

---

(1) Penant. *British Zoology* (1776), vol. III, pag. 216, tav. XLIV.

(2) Cuvier M. et Valenciennes A. *Histoire Naturelle des Poissons*. 1839, tav. XIII, p. 146.

(3) Owen R. *Odontography; or a Treatise on the comparative anatomy of the teeth* (1840-1845).

(4) Kner R. *Zur Charakteristik und Systematik der Labroiden*. Sitzsb. d. math. nath. Cl. d. K. Akad. d. Wiss. (1860), vol. XL, p. 45.

(5) Kner R. *Neue Fische aus dem Museum der J. Cäs. Godefroy & Sohn in Hamburg* id. id. vol. XLVI (1867), p. 726, tav. IV, fig. 5.

(6) Canestrini G. *Studi sui Labroidi del Mediterraneo*. Commentario della Fauna, Flora e Gea ecc. N. 3, Venezia, 1 Gennaio 1868.

presso Carrara (Vigna dei Sali). Un altro rinvenuto nel Pliocene
di Castellarquato e che presenta pressapoco le stesse dimensioni
e che ha ottima conservazione, era posseduto dalla sig^{ra}. prof. Zina
Leardi-Airaghi; entrambi mi furono gentilmente concessi in
istudio.

Mi accinsi ad illustrare questi avanzi fossili, e per assi-
curarmi della loro posizione sistematica intrapresi i debiti
confronti colle specie viventi del Mediterraneo.

A tale scopo mi fu di grande giovamento il. materiale
comunicatomi dal sig. dott. C. Bellotti, dalla R. Stazione Zoologica di Napoli a mezzo del prof. F. Bassani, dal prof. C. Parona,
dal prof. F. Supino, dal dott. S. Lo Bianco e dal sig. B. Borgioli
preparatore nel Museo di Storia Naturale in Genova, nonchè i
consigli dei prof. E. Mariani e G. De Alessandri.

Ai suddetti signori l'espressione della mia più viva gra-
titudine. Mi è pure doveroso ringraziare il dott. Carlo de
Marchesetti, direttore del Museo di Trieste, il quale mi ha comunicato l'esemplare di Taranto, già illustrato dal prof. Bassani.

La forma delle ossa faringee inferiori dei Labroidi è quella
di un triangolo isoscele avente la base più lunga dei due lati;
questa è rivolta verso l'esofago ed il vertice, terminato da una
cedetta, sostenuta da una lamina ossea che parte dalla faccia
inferiore dell'osso faringeo, è rivolto verso la bocca. Presso
ai due vertici, adiacenti alla base, si osservano espansioni ossee
che servono colla lamina ossea a fissare la piastra faringea alle
branchìe (¹).

La faccia superiore è coperta da numerosi denti disposti
in serie per lo più irregolari, i quali sono più grossi e tendenti alla forma sferica verso il centro della base del triangolo
e si fanno sempre più piccoli ed acuti verso i tre vertici.
Sulla codetta vi sono denti piccoli ed acuti.

Le due ossa faringee da me possedute, come appare dalla
fotografia (tav. IV fig. 1 e 2, 3 e 4) sono molto affini all'avanzo
illustrato dal prof. Bassani (²) nella Ittiofauna di Taranto e di
Nardò e che io ho riprodotto nella qui unita tavola (fig. 5 e 6).

L'avanzo proveniente dal quaternario di Avenza presso Car-

(1) Cocchi I. *Op. cit.* p. 5.
(2) Bassani F. *La Ittiofauna* ecc. p. 40, tav. I, fig. 11.

rara (tav. IV fig. 1 e 2), ha una base lunga 32 mm. con orlo molto convesso; ed ha un'altezza di 15 mm. Manca in questo esemplare la parte finale dell'angolo basale a sinistra dell'osservatore, ma quello posto a destra è ben conservato; quest'ultimo è munito di un prolungamento robusto rivolto in dietro e piegato in basso, che termina in una faccia piana di forma subromboidale avente la superficie dell'orlo esterno leggermente ondulato.

I denti sono disposti in cinque fila irregolari, disposte da una parte e dall'altra della linea che unisce il punto medio della base alla codetta; le due file lungo i lati sono costituite da denti piccoli e sempre più acuti (¹) quanto più si avvicinano al prolungamento della codetta. Le tre file posteriori sono le più irregolari e sono costituite da denti che avvicinandosi al punto medio della base, diventano più grossi e tondeggianti. Questi denti hanno la base cilindrica che termina superiormente in una strozzatura anulare a guisa di colletto; nella regione superiore sono espansi in una corona bianchissima, lncente, subsferica, ma talora irregolare ed appiattita.

L'osso faringèo, inferiore proveniente dal Pliocene superiore di Castellarquato, (tav. IV fig. 3 e 4), corrisponde al precedente, ma è in miglior stato di conservazione. Presenta anche esso l'orlo della base convesso. Quest'ultima è lunga 33 mm. mentre l'altezza è di 14 mm. Si vede quindi che anche le differenze di sviluppo sono quasi trascurabili. Pure in quest'avanzo si trovano cinque file irregolari di denti, i quali sono piccoli ed acuti nelle file esterne, presso i lati determinanti il prolungamento della codetta, ma più grossi e tondeggianti nella parte inferiore presso alla metà della linea di base del triangolo. Inoltre si osserva un grosso dente isolato, ossia fuori delle serie ordinarie, quasi nel mezzo del lato basale. In questo osso faringeo, inferiore è conservata la prima porzione della codetta sulla quale si osservano quattro dentini molto acuti posti su due file.

L'esemplare delle argille di Taranto descritto dal professor Bassani (tav. IV fig. 5 e 6), è uguale ai precedenti, ed è in buono stato di conservazione. Le sue dimensioni sono qnasi

---

(1) Dalla fotografia non risulta evidente la punta acuminata dei denti in questa piastra come anche non spicca in tutte le altre figure, essendo le fotografie fatte di prospetto.

identiche a quelle dei due avanzi già descritti presentando una lunghezza basale di 36 mm. e un'altezza di 15 mm. I denti hanno forma ed disposizione eguale ai precedenti, i prolungamenti della base pure sono rivolti in dietro e piegati in basso e terminano con superfici piane che hanno margini curvi e leggermente ondulati come negli altri due esemplari.

Le piccole variazioni che si riscontrano in queste ossa faringee fossili, si possono considerare differenze individuali che si trovano anche nei viventi, tanto più spiccate, quanto più tali ossa appartengono ad individui di età differente.

L'esemplare del quaternario di Avenza presso Carrara è notevolmente più tozzo degli altri e presenta una forte convessità alla base; i suoi denti hanno una superficie deteriorata alquanto dall'uso, ed in un alveolo isolato presso alla metà della linea basale si scorge il dente di sostituzione.

Quello di Taranto (tav. IV fig. 5 e 6) ha una maggior regolarità nelle serie dei denti ed i prolungamenti ai vertici basali sono alquanto più espansi; quest'ultimo carattere si deve forse attribuire all'ottima conservazione della piastra.

Le affinità fra questi tre esemplari sono a mio avviso assai evidenti, infatti la forte convessità della linea basale, la traccia della robusta lamina ossea che partendo dal centro della faccia inferiore sostiene la codetta, la forma dei denti, la superficie pianeggiante colla quale sono terminati i prolungamenti laterali, è press'apoco identica nei tre esemplari.

Queste affinità che riscontriamo nelle tre ossa faringee fossili, dipendono da identico sviluppo e dall'identico numero di file dentarie, in modo che questi esemplari, con grande probabilità si possono ritenere appartenenti ad individui della medesima età e di uguale svliuppo.

Il prof. Bassani dallo studio della ittiofauna delle argille di Taranto e di Nardò, potè stabilire che essa trova la sua perfetta corrispondenza nei mari attuali e precisamente nel Mediterraneo, in cui vivono tutte le specie che la compongono (¹).

Il prof. Bassani aveva assai avvedutamente riferito con dubbio l'osso faringeo da lui illustrato a *Crenilabrus sp.* Dall'esame che ho fatto di molti esemplari viventi di differente età, di sesso

---

(1) Bassani F. *La Ittiofauna delle Argille marnose* ecc., p. 56.

diverso e provenienti da località varie del Mediterraneo, ho potuto convincermi che i tre esemplari spettano al genere *Labrus* (Artedi) Linneo, e precisamente alla specie attualmente vivente nel Meditesraneo *L. merula* L. È questa una nuova prova di quanto afferma il prof. Bassani ([1]).

Nel *Labrus merula* L. vivente, le ossa faringee inferiori variano nella forma col variare dell'età, mentre i denti aumentando di numero, mantengono sempre la medesima disposizione, cioè al centro della base stanno i più grossi e quelli di forma sferoidale mentre ai lati ed al vertice si trovano i più piccoli di forma conici. Sulla codetta si riscontrano sempre denti conici e piccoli; gli estremi sono un poco più grossi ed hanno la forma di canini.

Le quattro ossa faringee di *L. merula* L. che sono riprodotte nella tav. IV fig. 7 e 8, 9 e 10, 11 e 12, 13 e 14, appartengono ad individui di età, di sesso e di provenienza differenti e presentano notevoli differenze.

Quello meno sviluppato (fig. 9 e 10) ha una lunghezza basale di 16 mm. ed una altezza di 5 mm., ed appartiene ad una femmina lunga 23 cm. proveniente da Genova. Questo osso faringeo ha la linea basale concava, mentre in tutti gli altri, appartenenti ad individui più sviluppati, essa è convessa. I prolungamenti dei vertici basali però, come negli adulti, sono piegati indietro e rivolti in basso e anche questi sono terminati da una superficie piana, leggermente concava. La piastra conta tre file di denti colla solita disposizione, grossi e tondeggianti presso alla base, conici e piccoli gli altri. La codetta ha due file di denti piccoli ed acuti ed è terminata da un dente più grosso dall'aspetto di canino.

Due altre ossa faringee appartenenti ad individui più sviluppati, provenienti uno da Genova (fig. 11 e 12), l'altro da Nizza (fig. 13 e 14), sono quasi delle medesime dimensioni, avendo quello di Genova una lunghezza basale. di 24 mm. ed un'altezza di 7 mm. e quello di Nizza una lunghezza di 24 mm. e una altezza di 8 mm. Presentano entrambi una linea basale convessa; i prolungamenti all'estremità della base sono piegati indietro e in basso e terminano con superfici larghe e piane di forma subromboidale, analogamente a quelle dei fossili.

---

[1] Questa specie viene così per la prima volta rinvenuta nelle formazioni plioceniche.

L'unica differenza fra queste due ossa faringee è nel numero degli ordini di denti, che sono quattro nell'esemplare proveniente da Genova, mentre in quello proveniente da Nizza si osservano in una metà dell'osso, quattro ordini ed un dente quasi centrale vicino all'orlo basale; nell'altra metà solamente tre ordini. In tutte e due le ossa i denti sono disposti come sopra, cioè i più grossi verso il centro del triangolo, presso alla linea basale, i più piccoli ai lati e sulla codetta. Di questi due non posso dire nè il sesso nè le dimensioni poichè ebbi in osservazione le sole teste.

Il quarto osso faringeo (tav. IV fig. 7 e 8), che presenta quasi le dimensioni di quelli fossili, cioè una base lunga 36 mm. ed un'altezza di 14 mm. appartiene ad un'esemplare maschio lungo 39 cm., proveniente da Genova e come appare dalla fotografia esso è senza dubbio affine a quelli fossili.

È infatti tozzo, ed ha la linea basale molto convessa; i prolungamenti della base robusti, sono rivolti indietro e piegati in basso terminando con una superficie di forma subromboidale. La lamina ossea che sostiene la codetta è robusta e presenta un'attacco affatto simile a quello dei fossili. Presenta cinque ordini irregolari di denti identici a quelli dei fossili, ed anche in questo, come nell'esemplare di Castellarquato, vi è un grosso dente fuori della serie ordinaria.

Per quanto riguarda i Labridi viventi, le notizie più diffuse sulle ossa faringee ci vengono date dallo Kner, il quale divide i Labroidi in quattro gruppi a seconda della forma dei denti ([1]).

Solamente il primo ed il secondo gruppo sono quelli che interessano le mie ricerche. Il primo gruppo caratterizzato dall'avere tutti i denti delle ossa faringee inferiori *rotondi come una palla,* oppure elittici, e sulla codetta solo alcuni denti acuti, comprende tra gli altri il genere *Crenilabrus.*

Il secondo gruppo caratterizzato da ossa faringee inferiori e superiori che hanno denti in parte rotondi ed in parte molto acuti comprende il genere Labrus.

Nella descrizione dei caratteri distintivi tra il genere *Labrus* ed il gen. *Crenilabrus,* Kner osserva che l'osso faringeo inferiore

---

(1) **Kner** R. *Zur Charakteristik und Systematik der Labroiden,* p. 45.

presenta nel genere *Labrus* la linea basale con orlo concavo, corpo e codetta con tre file complete di denti, dei quali solamente quelli dell'ultima fila sono rotondi, ma tutti gli altri, compresi quelli delle ossa superiori, terminano leggermente appuntite.

Nel genere *Crenilabrus*, sempre secondo lo Kner, si osserva invece un maggior ingrossamento nel mezzo, con la linea basale avente l'orlo convesso e molte file di denti. I denti centrali e quelli posteriori sono più grossi e rotondi, mentre la codetta ha una fila sola di denti rotondi, oppure due file, ma con denti piccoli.

Da quanto ho potuto constatare questi caratteri dati come fondamentali da Kner ammettono delle eccezioni, infatti il numero delle serie di denti nei *Labrus* non è costante e anche queste non sono complete ma di solito irregolari.

Anche la forma concava della linea basale dell'osso faringeo inferiore dei Labridi non è costante, poichè abbiamo visto come nel *Labrus merula* L. adulto essa presenti una evidentissima convessità.

Corrispondono meglio ai caratteri stabiliti dallo Kner gli altri Labridi e così il faringeo inferiore di *Labrus mixtus* L. del Mediterraneo che ha una base lunga 11 mm. ed un'altezza di 3 mm. (tav. IV fig. 19 e 20) corrisponde quasi esattamente per la forma e per le dimensioni relative delle varie parti alla sua descrizione. Esso presenta la linea basale molto concava, è poco ingrossato al centro della faccia inferiore, i suoi denti però non sono regolarmente disposti in tre file, come osserva il Kner. La linea basale è pure concava in un osso faringeo inferiore di *Labrus turdus* Bl. e Schn. (tav. IV fig. 21 e 22) proveniente da Genova ed appartenente ad un maschio adulto, che ha una lunghezza di mm. 45,5 mentre la lunghezza basale del faringeo inferiore è di 35 mm. e l'altezza è di 10 mm.

Questa piastra presenta quattro file irregolari di denti e questi sono sparsi, specialmente i posteriori più grossi, ad una considerevole distanza l'uno dall'altro. Sulla codetta vi sono due file di denti piccoli ed acuti e all'estremo anteriore un solo dente acuto.

I prolungamenti ai lati della base sono limitati da una superficie piano-concava.

Tali caratteri si trovano pure in due ossa faringee inferiori

di *Labrus festivus* Riss., provenienti da Napoli, uno appartenente ad un maschio adulto lungo cm. 27,5 l'altro ad un individuo lungo cm. 13 del quale non conobbi il sesso.

L'osso faringeo inferiore del maschio adulto è lungo 16 mm.
ed è alto 5 mm.; i denti sono disposti in quattro file irregolari e
non sono avvicinati gli uni agli altri. Le estremità ai lati
della base, rivolte indietro e piegate leggermente in basso,
sono terminate da superfici piano-elittiche. L'orlo della base è
concavo.

L'osso faringeo inferiore del più piccolo esemplare, ha la
base concava lunga 7 mm. ed alta 3 mm., ha due sole file di
piccoli dentini ed uno centrale grosso e conico. Anche in
questa piatra i prolungamenti ai vertici della base rivolti
indietro e piegati in basso sono terminati da superfici sube-
littiche.

Maggiori infrazioni ai caratteri che il Kner ha attribuito
al gen. *Crenilabrus* si osservano nelle ossa faringee inferiori
da me esaminate.

Nelle ossa faringee inferiori spettanti al *Crenilabrus quinquemaculatus* Riss. (tav. IV fig. 17 e 18) i caratteri sistematici
concordano con quelli stabiliti da Kner. Infatti come egli aveva
già osservato l'orlo della base è convesso, ed i denti sono rotondi come palle. In due *Crenilabrus pavo* C. V. uno proveniente da Napoli (tav. IV fig. 23 e 24), l'altro dall'Acquario
Civico di Milano, l'orlo della base è concavo ed i denti sono
conici ed acuti.

L'orlo della base è pure concavo nel *Crenilabrus rostratus*
Bl. del quale osservai due ossa faringee inferiori provenienti
da Napoli, una di maschio e l'altra di femmina.

Un carattere che mi è sembrato costante nel gen. *Crenilabrus*, è la forma dei prolungamenti ai lati dei vertici basali
che non sono mai terminati da superfici larghe e pianeggianti
come nel gen. *Labrus*, ma invece sono di frequente ingrossate e
terminate da superfici lineari o rettangolari.

Concludendo, negli esemplari mediterranei del gen. *Labrus*
da me esaminati, la linea della base nell'osso faringeo inferiore
è concava, e solamente fa eccezione il *Labrus merula* L., nel
quale però la concavità della base, mentre esiste evidente nei
giovani, va man mano diventando convessa col crescere dell'età
e conseguentemente coll'aumentare delle serie di denti.

In questi pesci poi le ossa che formano l'apparato masticatore faringeo, sono in confronto delle dimensioni degli individui molto più sviluppate e robuste che non nei Crenilabridi.

Nei Crenilabridi da me osservati, anch'essi tutti del Mediterraneo, l'unica specie che presenta l'orlo della base convesso è il *Crenilabrus quinquemaculatus* Riss.; nelle altre invece la base del triangolo che forma l'osso faringeo inferiore è concava.

Le ossa faringee dei Crenilabridi non raggiungono mai a pari sviluppo del corpo, la mole di quelle dei Labridi ed hanno l'apparato faringeo meno robusto.

I caratteri sistematici fondati sulla forma delle ossa faringee inferiori che lo Kner ha stabilito, non mi sembrano del tutto esatti perchè, come abbiamo visto, tanto la forma della base, come le serie dei denti variano nel medesimo modo nei due gruppi. L'unico carattere da me osservato che distingue queste ossa tra il genere *Labrus* e il genere *Crenilabrus*, è la forma della superficie di attacco dei prolungamenti della base.

Milano, Museo Civico, 1 Giugno 1909.

SPIEGAZIONE DELLA TAVOLA IV

Fig. 1. Osso faringeo inf. di *Labrus merula* L. quaternario di Carrara faccia sup.
» 2. » » » » » » • » » ♪ » inf.
» 3. » » » » » » » plioc. di Castellarquato » sup.
» 4. » » » » » » » » » » inf.
» 5. » » » » » » » plistocene di Taranto » sup.
» 6. » » » » » » » » » » inf.
» 7. » » » » » » » Mediterraneo (Genova) » sup.
» 8. » » » » » » » » » » inf.
» 9. » » » » » » » » » » sup.
» 10. » » » » » » » » » » inf.
» 11. » » » » » » » » » » sup.
» 12. » » » » » » » » » » inf.
» 13. » » » » » » » » Nizza » sup.
» 14. » » » » » » » » » » inf.
» 15. » » » » *Labrus turdus* Bl. e Schn. Mediterraneo » sup.
» 16. » » » » » » » » » inf.
» 17. » » » » *Crenil. quinquemaculatus* Riss. » sup.
» 18. » » » » » » » » inf.
» 19. » » » » *Labrus mixtus* L. sup.
» 20. » » » » » » » » » inf.
» 21. » » » » *Labrus turdus* Bl. Schn. Mediterraneo (Genova)» sup.
» 22. » » » » » » » » » » inf.
» 23. » » » » *Crenilabrus pavo* C. V. » (Napoli) » sup.
» 24. » » » » » » » » » » inf.

NB. — Tutti gli esemplari sono riprodotti in grandezza naturale.

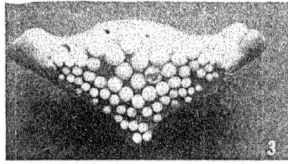
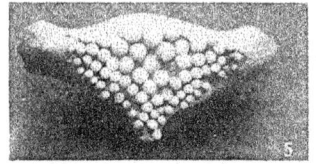
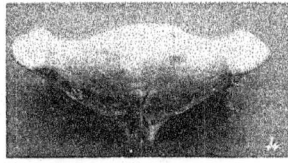

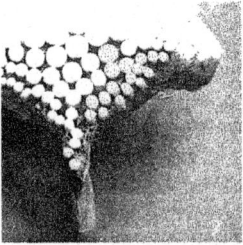

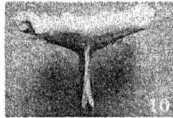
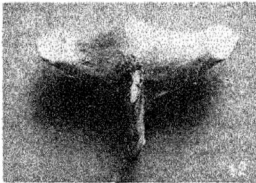
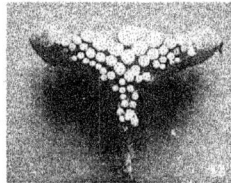

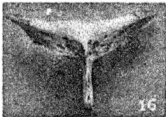

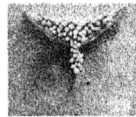

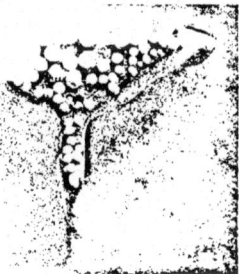

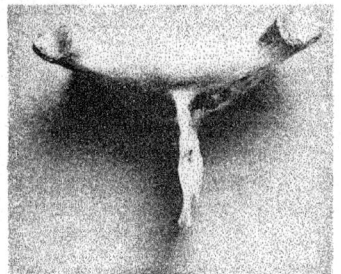

LA CLEISTOGAMIA

Nota del Socio

dott. Michele Abbado

———— ∎ ————

Fin dal 1539 HIERONYMUS BOCK nel suo « *Neuw Kreutter Buch* » riferiva d'aver osservato che nell'orzo si producevano i frutti senza che prima fossero apparsi i fiori. In quell'epoca non si supponeva ancora nulla della sessualità degli organi fiorali e delle funzioni ch'essi compiono; però si sapeva che il frutto deriva dal fiore; perciò a BOCK parve strano il fenomeno osservato nell'orzo della mancanza degli stami, che per lui costituivano l'unico elemento del fiore delle Graminacee. In realtà questi non mancavano, ma erano chiusi nelle glume, come trovò LINNEO, che primo li scoperse [1]. Egli osservò che, mentre nella segale il prodotto talora è diminuito assai dal cadere di forti piogge all'epoca della fioritura, perchè il polline delle antere che sono venute fuori resta aggrumato e quasi tutti i fiori falliscono, soggiunge: « hordei autem antherae ita intra glumam propriam jacent, ut aquae non pateat aditus » [2]. In ogni modo, benchè sia incompleta l'osservazione di BOCK, tuttavia egli può essere riguardato forse come il primo che abbia notato una fruttificazione non preceduta dello spiegamento degli organi fiorali. D'altra parte dobbiamo osservare che tanto BOCK quanto poi LINNEO non s'avvidero dell'esistenza nell'orzo anche di fiori regolarmente aperti e quindi d'un *dimorfismo* fiorale.

Dimorfismo per esistenza di fiori normalmente aperti e di fiori sempre chiusi fu invece notato da DILLENIUS, il quale è anche considerato da molti, benchè a torto, come il primo

---

(1) Amoen. acad. I, 1749, p. 364.
(2) Cfr. E. HACKEL, Ueber Kleistogamie bei den Gräsern (*Oesterr. Bot. Zeitschr.* 1906, p. 82).

che si sia avveduto dei fenomeni di cui stiamo parlando. Secondo quanto dice Hugo von Mohl nella sua classica memoria di cui riparleremo « *Einige Beobachtungen über dimorphe Blüten* » ([1]), Dillenius, come espose in « *Hort. Eltham* » (1732, p. 328, fig. 320), trovò che una *Ruellia*, che Linneo poi chiamò *R. clandestina*, produceva dapprima dei fiori molto piccoli e con corolle chiuse, mentre nel secondo anno di vita produceva dei fiori grandi, con corolle lunghe 2 pollici; i fiori piccoli contenevano stami e pistilli, e davano frutti e semi capaci di germinare.

Lo stesso fenomeno Dillenius ([2]) osservò poi nella *Viola* che ebbe in seguito da Linneo la denominazione di *V. mirabilis*. Dillenius (*Hort. Eltham.*, p. 408, tab. CCCIII) trovò che in questa pianta i fiori primaverili ben sviluppati di rado fruttificavano, mentre quelli tardivi, privi di corolla, producevano regolarmente il frutto.

Anche nell'*Ipomoea Pes-tigridis* Dillenius accennò d'aver osservato l'esistenza di fiori grandi e di altri piccolissimi.

Per un po' di tempo però la completa organizzazione di tali fiori piccoli, sia nelle specie ora dette sia in qualche altra in cui si erano frattanto trovati, rimase ignorata. Si riteneva che in essi mancassero stami, stili e stimmi; perciò essi venivano a ostacolare seriamente la diffusione della teoria da poco esposta dal Camerarius sulla sessualità delle piante. Infatti mentre gli avversari di tale teoria trovavano in questi fiori un valido appoggio, anche i numerosi botanici che già l'avevano accettata erano costretti per lo meno a riconoscere in essi un' eccezione alla legge della necessità della fecondazione degli organi femminili per opera del polline.

Si comprende perciò che Linneo si sia dedicato attivamente allo studio di questi fiori, nell'intento di vedere se veramente essi mancassero di alcuni degli organi sessuali. Le sue prime ricerche non furono coronate da successo, cosicchè, a proposito di *Campanula perfoliata*, in *Hort. Upsal.* (1748, p. 40) egli doveva scrivere: « Flores plurimi primi corolla, staminibus, stylo stigmateque destituti, videntur fructus perficere et semina ». Più fortunato fu in seguito studiando l'*Anandria*, pianta che

---

(1) In *Bot. Ztg.* 1863, p. 309.
(2) Catalogus plantarum circa Gissam nascentium, 1719, p. 36 e append. p. 36.

Siegesbeck portava come prova contro la generalità della presenza degli stami; egli infatti riuscì a trovare in essa questi organi, e potè classificarla nella *Syngenesia polygamia* (¹). Egli dimostrò pure che questa pianta è capace di dare fiori di due sorta al pari di *Ruellia clandestina* e *Campanula perfoliata*. Continuando le sue ricerche, Linneo potè in breve convincersi della presenza degli organi sessuali anche nei fiori ridotti delle altre specie, cosicchè già nel 1750, nella sua opera « *Semina muscorum detecta* », egli combatteva assolutamente l'idea che ci siano piante che diano frutti non preceduti da fiori provvisti a loro volta degli organi sessuali: stami e pistilli. Nel 1753 poi, nella « *Demonstrat. plantar. in hort. Upsal.* », Linneo osservò che in quell'anno, nel giardino di Upsala, diverse piante importate dalla Spagna e a cui non aveva bastato il caldo di Upsala, avevano dato frutti senza sviluppare e aprire le corolle. Tali piante erano: *Cistus guttatus, C. salicifolius, Salvia verbenaca, Silene portensis, Crucianella patula*.

Nuove scoperte di fiori ridotti e nuove nozioni sul fenomeno apportarono in seguito gli studi di Schkur, Hegetschweiler, De Candolle, Du Petit, Thouars, Richard, Andr. De Jussieu, Aug. St. Hilaire, Bentham, Torrey, Asa Gray, Spach, Pursh, Weinmann, Wright, Weddel, Maximowicz, Daniel Müller, Brongniart, Michalet, Schlechtendal, Hooker, Thomson, Duval-Jouve, ecc., finchè apparve il lavoro già citato di H. v. Mohl, in cui egli si occupa del fenomeno del dimorfismo fiorale nelle sue varie manifestazioni; quivi e in una antecedente memoria di D. Müller (²) si trovano le prime descrizioni complete di fiori della natura di quelli che qui ci interessano, e ne è messa in piena luce la funzione.

Nello scritto del Mohl, su cui torneremo fra breve, tali fiori non hanno ancora una denominazione speciale; solo più tardi veniva adottata dai botanici l'espressione di « *fiori cleistogami* » (da κλείστος = chiuso e γάμειν = sposare), corrispondente al loro carattere essenziale di non aprirsi durante le nozze le quali si compiono quindi a porte chiuse, fra stami e pistilli dello stesso fiore. L'espressione di « fiori cleistogami »

---

(1) De Anandria, Upsala, 1745.
(2) Ueber die Befruchtung der incompleten Blumen einiger Viola-Arten. (*Bot. Ztg.* 1857, p. 730).

e « cleistogamia » è comunemente attribuita a M. KUHN il quale nella sua memoria pubblicata nel 1867 « *Einige Bemerckungen über Vandellia und den Blütenpolymorphismus* » (¹) aumentò la lista delle specie note con fiori di tale natura. Tuttavia già nel 1857 HOOKER e THOMSON avevano pubblicato una nota « *On cleistogamic flowers* » (²); e d'altra parte ancora prima noi troviamo il termine *kleistos* usato da KUNZE per creare il nuovo genere *Cleistanthium* (³), mentre Darwin aveva denominato dapprima *cleistogene* le piante che portavano simili fiori (⁴). In contrapposizione a questi, i fiori normali furono da AXELL denominati *casmogami*.

Preseguendo per ordine di tempo, noi troviamo che, mentre la lista delle piante con fiori cleistogami va man mano aumentando, una sopra tutte attira l'attenzione di molti botanici, quali P. ASCHERSON, A. BATALIN, FR. BUCHENAU, IRMSCH, cioè il *Juncus bufonius* L. Ciò derivò dal fatto che il BATALIN (⁵) nel 1870 aveva trovato nei dintorni di Pietroburgo che tutti gli esemplari di questa pianta da lui osservati non producevano altro che fiori chiusi ma fertili, e aveva quindi ritenuto che questa pianta non producesse mai fiori aperti; tale fatto egli opponeva alla teoria di DARWIN sulla necessità della fecondazione incrociata per la conservazione della specie. La cosa aveva, come si vede, importanza grandissima, e invogliò gli altri botanici a verificare il fatto esposto da BATALIN; ma, almeno per le altre regioni, la sua asserzione risultò falsa, poichè allato ai fiori cleistogami furono pure trovati i fiori normali, aperti.

Fra le altre pubblicazioni apparse in quel giro di tempo, citeremo l'importante lavoro di A. GODRON sulla fioritura delle Graminacee (⁶) in cui è descritta la cleistogamia di *Leersia oryzoides* Sw., *Hordeum Zeocriton* L. e altre piante di questa famiglia, e su cui torneremo in un'altra memoria dedicata esclusivamente alle Graminacee (⁷).

---

(1) In *Bot. Ztg.* 1867, p. 65.

(2) In *Journ. Linn. Soc. Bot.* Vol. II, p. 7.

(3) Vedi SCHLECHTENDAL, Ueber *Cleistanthium Nepalense* Kze (*Bot. Ztg.* 1852, pag. 412).

(4) Vedi DARWIN, Gli effetti della fecondazione incrociata e propria nel regno Vegetale, Trad. it. pag. 7.

(5) Die Selbstbestäubung von *Juncus bufonius* L. (*Bot. Ztg.* 1871, p. 388).

(6) De la floraison des Graminées (Mèm. Ac. Sc. Nat. Cherbourg, XVII, 1873).

(7) La Cleistogamia nelle Graminacee e in particolare nel Riso. (Att. Soc. It. Sc. Nat. 1909).

Noi arriviamo così all'opera di DARWIN *« Le diverse forme dei fiori in piante della stessa specie »* pubblicata nel 1877, nella quale un intero capitolo è dedicato ai fiori cleistogami, e naturalmente non solo è accennato a quanto si sa in proposito e sono raccolte le osservazioni dell'autore stesso, ma è anche trattata la questione delle cause che determinano la produzione di tali fiori. Gli studi di DARWIN riguardano specialmente *Viola canina, V. odorata, V. hirta, V. nana, V. Roxburghiana, Oxalis Acetosella, O. sensitiva, Vandellia nummularifolia, Linaria spuria, Ononis Columnae, O. minutissima, Lathyrus Nissolia, Impatiens fulva, I. Noli-tangere, Drosera rotundifolia, Leersia oryzoides,* ecc.

Dopo l'opera del Darwin, la serie dei lavori relativi alla cleistogamia è abbondantissima; il fenomeno va interessando sempre più i botanici, e mentre il numero delle specie note come provviste di fiori cleistogami va aumentando a dismisura, tantochè oggi se ne contano più di 600, cresce anche l'ardore con cui gli studiosi si dedicano alla soluzione dei problemi che esse presentano.

Molti di tali lavori saranno ricordati a tempo opportuno, mentre si svolgerà l'argomento; di tutti poi si darà indicazione nella Bibliografia. Perciò accennerò qui in modo speciale soltanto al grande *« Manuale della biologia dei fiori »* di P. KNUTH ([1]), dove sono raccolti i fatti principali e più accertati che si riferiscono alla cleistogamia.

*
* *

Ed ora dobbiamo passare a vedere da 'vicino che cosa siano i fiori cleistogami e come si presentino nelle piante che li producono.

Per farci un'idea completa d'un fiore cleistogamo, nulla ci serve meglio che il ricorrere alle classiche descrizioni lasciateci da MOHL, relative ad *Oxalis Acetosella* L., *Impatiens Noli-tangere* L. ed altre piante. Nella prima di esse, in esemplari studiati presso Tübingen, egli trovò quanto segue:

---

(1) Handbuch der Blutenbiologie, Volumi 3, 1898-1905,

Nella seconda settimana di giugno, nel qual tempo i frutti dei fiori primaverili provvisti di corolla contenevano semi maturi, i piccoli fiori erano in gran quantità e in tutti gli stadi di sviluppo, fino al frutto maturo. Essi erano portati generalmente da individui che avevano sviluppato uno o più fiori primaverili, ed erano disposti nell'ascella delle foglie superiori; talora però si trovavano anche su individui che non avevano dato fiori in primavera. Tali fiori estivi e i loro frutti si distinguono facilmente dai primaverili per la diversa lunghezza e direzione del peduncolo, poichè mentre quello dei fiori primaverili ha la lunghezza di circa 3 pollici, è diritto ed ha l'articolazione, provvista di due bratteole, posta quasi nel mezzo della sua lunghezza, quello dei fiori piccoli è lungo solo circa quattro linee (la linea vale circa mm. 2 $^1/_4$), piegato a uncino superiormente e coll'articolazione lontana dal fiore soltanto $^1/_2$ — 1 linea. Per la brevità del peduncolo il fiore resta nascosto tra i muschi e gli aghi caduti dagli abeti. Le capsule derivate dai fiori piccoli sono più corte e ottuse delle primaverili, poichè la parte superiore del carpidio che costituisce lo stilo non è sviluppata, come negli ultimi, in un prolungamento lungo e aguzzo. In ogni loggia si trovano di solito 4 semi, come avviene per i frutti primaverili; tra i semi dei frutti delle due sorta non c'è differenza.

Il fiore estivo ha all'epoca del completo sviluppo una lunghezza un po' superiore a 1 linea (cioè pari circa a mm. 2 $^1/_2$) e la forma d'un boccio fiorale chiuso. Tra i sepali ben chiusi si spinge un po' in fuori l'estremità superiore della bianca corolla, senza che però sia aperto un passaggio all'interno del fiore. La corolla consta di cinque petali ovali, in estivazione contorta, strettamente avvolti l'uno sull'altro in modo da rinchiudere in piccolissimo spazio gli organi della fecondazione. I cinque stami esterni sono lunghi circa la metà dell'ovario e possiedono antere piccolissime; i cinque interni hanno antere molto più grosse e talora raggiungono la lunghezza dell'ovario, talora ne sono un po' più corti, in modo che i cinque stili, molto brevi, ora stanno fra le antere, ora le sorpassano un poco. Alle piccole dimensioni delle antere interne ($^1/_8 \times \, ^1/_9$ di linea = 0,28 $\times$ 0,25 mm.) corrispondono anche le dimensioni dei granuli pollinici, il cui numero entro ogni sacca non può salire sopra due dozzine; nelle antere piccole, esterne, il numero dei granuli pollinici arriva tutt'al più alla dozzina. Benchè questo numero sia assai scarso in confronto di altri fiori, tuttavia esso non è da disprezzare, se si raffronta col numero degli ovuli da fecondare, e specialmente se si pensa che, essendo completamente chiuso il fiore, nessun granulo di polline va perduto, e se si considera anche quale vantaggio è per la fecondazione l'immediata vicinanza delle antere e degli stimmi.

I granuli pollinici non cadono mai fuori delle antere, ma sviluppano i tubetti restando chiusi nelle antere stesse. I tubetti escono dai due lati di queste e dalla loro estremità superiore in un intreccio irregolare; strisciano tra le antere e gli stili, aggirandoli e prolungandosi in gran parte fino agli stimmi. Per tale fatto le antere restano attaccate tra loro e cogli stimmi.

Pare che il processo di fecondazione si compia molto in fretta, poiché si trovano relativamente pochi fiori nello stadio di sviluppo ora descritto. Quando la corolla, ancora sempre strettamente avvolta, è spinta un po' più in fuori dagli ovari che si gonfiano, si trovano entro di essa le antere già secche, staccate dai filamenti e pendenti dallo stimma cui restano unite per i tubetti pollinici. Anche in questo stadio, se le antere si ammolliscono in acqua, si trovano i grani pollinici chiusi entro di esse.

Nell'*Impatiens Noli-tangere* L. i fenomeni somigliano molto a quelli che si osservano in *Oxalis Acetosella*. I fiori piccoli possiedono nello stadio di completo sviluppo la forma di bocci fiorali oblunghi, misuranti circà una linea (mm. 2 $^1/_4$); i sepali sono ben uniti; essi finiscono in un prolungamento ottuso e globoso. I petali hanno l'aspetto di squamette biancastre lunghe quanto il pistillo; le antere, portate da filamenti relativamente lunghi, si riuniscono sopra al pistillo a mo' di cappa, ma non sono connate. Quando, dopo la fecondazione, l'ovario si allunga, solleva tutta la massa strettamente connessa e chiusa dei sepali, petali e stami in forma d'una piccola berretta simile ad una caliptra di muschio. All'epoca della fecondazione l'ovario è lungo 75-80 centesimi di linea (circa 2 mm.) e porta cinque stili molto brevi, fatti a cono e terminati in uno stimma a punta. Le antere possiedono un connettivo triangolare che si assottiglia a punta in alto, e sulla cui cima sporgono le sacche

polliniche sottili, lunghe 24 centesimi di linea. Il numero dei grani
pollinici di ogni sacca non è di solito superiore a 40 e tutt' al
più arriva talora a 50. Essi sono ovali, incolori, lunghi circa
15 millesimi di linea e larghi 10 (= 0,03 × 0,02 mm.). Le
antere si aprono in modo assai evidente, ma i grani pollinici
non ne escono; essi invece, nello stesso modo di quelli del-
l' *Oxalis Acetosella*, dall'interno delle sacche mandano fuori i
tubetti che in grande quantità attaccano le antere agli stimmi.
Tali tubetti, se si vogliono distaccare le antere, si strappano
senza tirar fuori da queste i granuli pollinici.

Altra pianta a cui MOHL rivolse particolarmente la sua
attenzione è la *Specularia perfoliata*. Nei fiori piccoli di essa,
nel fondo del calice supero, sta un glomerulo biancastro che
alla lente appare coperto da alcune liste che irradiano dal
centro e da parecchie setole (6-12) poste su queste liste. In tali
glomeruli stanno nascosti gli stami e lo stilo. Il numero e la
posizione loro è facile a riconoscersi se con una sezione trasversale si porta via la parte superiore del glomerulo. Si
riconosce allora ch'esso è cavo e che la sua parete è costituita da
una membrana molto sottile. Gli stami, sopra l'apice dello stilo,
si toccano lateralmente. Il numero loro, in corrispondenza con
quello dei lobi del calice, varia da 3 a 5. Il numero degli stili
(stimmi) e delle logge è di solito di 2 se i lobi calicini sono
3-4, e di 3 se questi sono 5. La membrana biancastra che
costituisce la parete del glomerulo sopra descritto corrisponde
senza dubbio alla corolla; essa non presenta traccia di divisione in lobi nè di apertura mediana. La forma della cavità
interna varia collo sviluppo del fiore. Quando questo è molto
piccolo e lontano dall'epoca della fecondazione, la corolla rappresenta un cono piuttosto acuto che si appiattisce poi sempre
più col crescere dell'ovario. Mentre in questo modo la parte
superiore della cavità diventa, almeno relativamente, più ristretta,
la parte inferiore si fa più ampia, prendendo la forma d'un
imbuto sprofondato attorno all'ovario. I filamenti degli stami
sono molto brevi; le antere misurano in lunghezza circa $^{13}/_{100}$
di linea (0,3 mm.); esse sono incolore e contengono una discreta
quantità di granuli pollinici incolori, del diametro di 0.035 —
0,040 mm. Lo stilo è ovale e relativamente grosso; non c'è
traccia dei peli di raccoglimento che sono sempre presenti
esternamente sullo stilo delle Campanulacee. Il polline non

esce‾dalle antere, ma diffonde i tubetti fuori di queste disordinatamente, nello spazio che c'è fra le antere e lo stilo e tra l'una e l'altra antera. Cosi restano legati insieme stilo e antere.

Risulta dalle sopra esposte descrizioni che il principale carattere dei fiori cleistogami è la mancanza di sbocciamento, ossia la permanente chiusura del fiore, e quindi la impollinazione autogama a porte chiuse. Ma nelle piante sopra nominate si vede che tale carattere è accompagnato ancora da altre modificazioni, alcune delle quali importantissime. Infatti si nota anzitutto una generale riduzione delle parti del fiore, accompagnata da una riduzione e trasformazione del peduncolo e delle parti annesse; fra le parti esterne la corolla è quella che subisce la maggiore riduzione, accompagnata dalla perdita del colore. Ma le modificazioni più importanti si osservano nelle antere. Anzitutto queste sono ridotte, e anche i granuli che contengono sono più piccoli e in minor numero del solito, il che tuttavia non mette in pericolo la fecondità del fiore, poichè la sua chiusura permanente basta già per impedire l'uscita e lo spreco dei granuli pollinici. Ma il fenomeno più saliente è quello della mancanza di deiscenza nelle antere, osservata nell'*Oxalis Acetosella* L. Infatti abbiamo veduto che le antere non si aprono e i grani pollinici non ne possono uscire e tuttavia germinano, e i loro tubetti attraversano la parete della antera, escono aggrovigliandosi insieme, e arrivano sullo stimma che resta attaccato all'antera stessa tanto fortemente, che è più facile strappare questa dal suo filamento che non dallo stimma. Nell'*Impatiens Noli-tangere* L. il fenomeno non è più così spiccato, poichè le antere deiscono; però sta sempre il fatto che i granuli pollinici non ne escono, ma mandano fuori i tubetti che anche qui attaccano saldamente le antere agli stimmi. I granuli sono anzi tanto uniti alle antere che, come abbiamo veduto, tirando i tubetti, questi si strappano senza tirarli fuori.

La perpetua chiusura delle antere, cui è stato dato da ASCHERSON il nome di *cleistanteria,* o per lo meno la permanenza dei granuli pollinici dentro di esse cogli accennati fenomeni di impollinazione non è comune a tutti i fiori cleistogami. Una parte di questi si dimostra *casmanterica* (secondo il termine pure creato da ASCHERSON), cioè presenta la regolare deiscenza dellè antere e l'uscita del polline da queste. La *cleistanteria* è considerata dalla maggior parte dei botanici come l'espressione di un più spiccato adattamento dei fiori alla cleistogamia; e invero è difficile trovarla in quelle piante che solo accidentalmente, per cause speciali, producono fiori cleistogami.

Nell'elenco delle piante cleistogame che sarà dato a suo tempo, le piante cleistanteriche saranno distinte con un segno particolare; qui noteremo soltanto ch'esse si trovano nelle famiglie delle *Acanthaceae, Asteraceae, Balsaminaceae, Brassicaceae, Burmaniaceae, Campanulaceae, Commelinaceae, Convolvulaceae, Dianthaceae, Droseraceae, Gentianaceae, Geraniaceae, Hydrophyllaceae, Juncaceae, Lamiaceae, Lythraceae, Malpighiaceae, Malvaceae, Nyctaginaceae, Orchidaceae, Orobancaceae, Oxalidaceae, Phaseolaceae, Plantaginaceae, Polygalaceae, Polygonaceae, Pontederiaceae, Portulacaceae, Primulaceae, Scrophulariaceae, Sterculiaceae, Violaceae.*

Le cause *meccaniche* della cleistanteria sono state studiate da LECLERC DU SABLON ([1]). Egli ha trovato che la struttura delle antere che permangono chiuse ha subito alcune modificazioni; infatti mentre l'assisa subepidermica in quelle che si aprono presenta degli ispessimenti lignificati che determinano la deiscenza, in quelle che non si aprono tali ispessimenti non si formano, e l'epidermide e l'assisa sottostante delle sacche polliniche conservano fino alla maturità del polline il protoplasma e il nucleo. In una certa regione poi delle sacche polliniche le cellule parietali presentano dei caratteri particolari; esse sono piccole e racchiudono un nucleo relativamente voluminoso e un protoplasma molto denso, e costituiscono ciò che si può dire il *tessuto conduttore* dell'antera. Infatti il tubetto pollinico che ha cominciato a svilupparsi nell'interno dell'antera viene fuori da questa appunto attraversando il tessuto suddetto, per portarsi sullo stimma. Nella *Viola odorata* per es. il tessuto conduttore costituisce una plaga molto ben distinta alla parte superiore di ogni sacca pollinica; nell'*Oxalis Acetosella* esso si estende per tutta la lunghezza del sacco, ma è meno differenziato dalle cellule vicine.

D'altra parte non dobbiamo dimenticare che GOEBEL ([2]) dà assai poca importanza alla cleistanteria in rapporto colla clei-

---

(1) Recherches sur les fleurs cleistogames, 1900.
(2) Die kleistogamen Bluten und die Anpassungstheorien, 1904.

stogamia, avendola osservata anche in certi fiori casmogami. Egli combatte l'opinione di LECLERC DU SABLON, condivisa dalla maggioranza dei botanici, che i fiori in cui il polline germina nelle antere siano come l'ultimo termine della trasformazione progressiva dei fiori ordinari in cleistogami, poichè afferma d'aver osservato la germinazione dei grani pollinici nelle antere dei fiori casmogami per es. di *Viola silvatica* e *V. biflora*. GOEBEL considera piuttosto la cleistanteria come una condizione preesistente, favorevole alla produzione di fiori cleistogami.

Anche le osservazioni istologiche fatte da GOEBEL su varie specie di *Viola* e sull'*Oxalis Acetosella* L. non s'accordano con quelle di LECLERC. Mentre questi dice che l'endotecio manca nelle antere dei fiori cleistogami più differenziati, e che al suo posto si trova solo uno strato caratteristico di cellule parenchimatiche, e che in conseguenza di ciò il polline rimane chiuso nelle antere, GOEBEL nei molti fiori di *Viola* studiati non potè mai osservare una mancanza completa dell'endotecio, benchè in verità nelle sezioni longitudinali non di rado paia che ciò si avveri, perchè l'endotecio, specialmente nella parte della sacca pollinica rivolta verso l'esterno, talora non è completamente sviluppato, il che corrisponde al fatto che anche nei fiori casmogami esso è in tal punto più ridotto. GOEBEL non ammette nemmeno uno speciale *tessuto conduttore* dei tubetti pollinici nelle antere che rimangono chiuse, poichè il tessuto che ha avuto tale interpretazione si trova anche nei fiori casmogami. Esso infatti non è altro che il tessuto a cellule piccole che si trova nel punto di apertura della sacca pollinica, e che si estende anche all'apice della sacca; nel punto d'apertura l'endotecio è interrotto, il tessuto suddetto viene assorbito in parte e prepara così all'endotecio il libero movimento quando secca. Dunque non si tratta, secondo GOEBEL, d'un adattamento, come crede LECLERC, in rapporto coll'atmosfera umida che circonda le antere nei fiori cleistogami, bensì soltanto del fatto che i tubetti pollinici passano attraverso a un tessuto normalmente presente e facile da attraversare. GOEBEL però ammette che non è chiaro perchè i tubetti pollinici delle antere chiuse nella *Viola* vengano fuori solo dall'apice e non anche dal lato, dove la sacca si dovrebbe aprire. Del resto GOEBEL, senza ammettere, come vedremo meglio in seguito, che questo e gli altri fenomeni della cleistogamia abbiano uno scopo, riconosce che l'uscita dei tubetti pollinici dall'apice dell'antera è vantaggioso per la fecondazione, poichè essi possono così raggiungere con facilità lo stimma.

Dobbiamo d'altra parte notare che non in tutte le specie con cleistanteria i tubetti pollinici escono soltanto dall'apice, e rammenteremo in proposito quanto lasciò scritto MOHL relativamente all'*Oxalis Acetosella* L. (v. pag. 121). Anche in questa pianta GOEBEL dice che l'endotecio è presente, benchè interrotto in alcuni punti, come aveva già riconosciuto Rössler (¹), e manca un tessuto conduttore nel senso inteso da LECLERC.

GOEBEL dunque nega per le antere, come in generale, e lo vedremo in seguito, per tutte le parti del fiore, la formazione di tessuti nuovi che abbiano lo scopo di favorire la cleistogamia, e ciò, come vedremo, sta in stretta relazione colla interpretazione ch'egli dà della cleistogamia stessa.

Del resto l'uscita dei tubetti pollinici delle antere chiuse di fiori casmogami era già stata osservata da R. BROWN (²) nell'*Asclepias*, e in seguito da DARWIN (³) in alcuni fiori semimostruosi di *Malaxis paludosa* e *Aceras anthropophora* e nei fiori perfetti di *Neottia Nidus-avis*.

Qualunque sia però la spiegazione che si voglia dare della cleistanteria, e anche ammettendo sulla base delle autorità ora citate ch'essa non sia un fenomeno esclusivamente collegato alla cleistogamia, sta però il fatto che nella massima parte dei casi essa è presente in fiori cleistogami, e perciò è sempre da considerare come uno dei principali fenomeni che si manifestano nella cleistogamia, tanto più se si pensa ch'essa si collega generalmente alle massime modificazioni e riduzioni di tutti gli organi fiorali.

D'altra parte i fatti sopra accennati non possono permettere che si dia alla cleistanteria tanta importanza da considerare come *veri cleistogami* solo i fiori che la presentano, separando da essi tutti quegli altri che pure si mostrano più o meno modificati e adattati alla cleistogamia per riduzione e trasformazione di parti. Una tale divisione sarebbe del resto già impossibile per il fatto che ci sono delle specie i cui fiori cleistogami sono ora cleistanterici e ora casmanterici. Così in

---

(1) Beitr. zur Kleistogamie (Flora, Bd. 87 p. 492).
(2) Linnean Transact, XVI, p. 729.
(3) Fecondazione delle Orchidee, trad., p. 182; e op. cit. p. 226.

quelli di *Viola mirabilis* le antere abitualmente si aprono, e i granuli pollinici ne escono e vanno a deporsi sullo stimma; però talora rimangono anche dentro alle antere, e GOEBEL osservò anche delle antere che rimanevano chiuse e dentro cui i granuli pollinici germogliàvano. Anche la *Linaria spuria* Mill., pianta che porta i fiori cleistogami su dei rami corti che nascono vicini al colletto e s'addentrano nel terreno, pare che abbia in tali fiori ora antere chiuse e ora antere deiscenti. Infatti mentre MICHALET ([1]) aveva trovato solo antere chiuse, LECLERC DU SABLON ([2]) non potè trovare che antere aperte e coi granuli pollinici che ne uscivano per portarsi sullo stimma. Ora quest'ultimo autore suppone che esistano in questa pianta vari gradi di cleistogamia, in relazione colla stazione e colle condizioni climatiche.

Altri fatti che frequentemente si notano nei fiori cleistogami sono la mancanza di colori vivaci, di odore, di nettare, con soppressione dei nettarî. Sovente i fiori cleistogami conservano l'aspetto d'una piccola gemma fiorale in via di sviluppo. Un esempio di modificazioni di forma negli organi femminili ce lo porge la *Fumana thymifolia*, la quale possiede nei fiori casmogami uno stilo in forma di S, con stimma che sta al disopra delle antere; nei fiori cleistogami invece lo stilo è diritto e lo stimma si trova alla stessa altezza delle antere.

Talora i fiori cleistogami sono prodotti soltanto dai rami inferiori della pianta, e molte volte sono portati da peduncoli brevi, per cui stanno nascosti tra le foglie. Alcune volte ancora il frutto prodotto dai fiori cleistogami, all'inizio dello sviluppo, penetra nel terreno dove s'ingrossa e matura, come per es. avviene in *Viola odorata* L. e altre specie dello stesso genere, in *Akenia hypogaea* Sch. et Char., in *Theobroma Cacao* L.: piante queste che presentano fiori cleistogami *geocarpici* accanto a fiori casmogami aerei. È dubbio se si deva ascrivere a questo gruppo anche l'*Arachis hypogaea* L., la quale è completamente geocarpica; infatti non è certo che essa sia veramènte cleistogama come la ritiene KUHN, e pare piuttosto, specialmente secondo gli studi di C. G. RICHTER ([3]), che si tratti di fiori casmogami, che però hanno tutta l'apparenza di cleistogami, essendo assai ridotti e sprov-

---

([1]) Sur la floraison des *Viola*, ecc., de l'*Oxalis Acetosella* et du *Linaria spuria*, 1860.

([2]) Recherches sur les fleurs cleistogamiques, 1900.

([3]) Beiträge zur Biologie der *Arachis hypogaea* L.

visti di nettare, profumo e colore; la fecondazione è autogama e
i giovani frutti per il continuo allungamento dei peduncoli sono
portati a contatto del terreno, dove si infossano. Questa pianta
presenterebbe dunque un termine di passaggio fra i fiori casmogami e i cleistogami, e non sarebbe impossibile che col
tempo i suoi fiori diventassero veramente cleistogami. Ricorderemo pure che *Trifolium subterraneum* L. è stato citato da
DELFINO, KUHN e altri come cleistogamo-geocarpico, ma MOHL ([1])
dice che i fiori sono casmogami e i peduncoli fiorali penetrano
nel terreno dopo ch'è caduta la corolla.

Fra le piante cleistogamo-geocarpiche ne ricorderemo ancora
due, le quali ci offrono l'esempio di differenze esistenti anche
tra i frutti prodotti dalle due specie di fiori. La *Cardamine chenopodiifolia* Pers., secondo FRITSCH ([2]), ha fiori casmogami che
producono dei legumi aerei deiscenti, e fiori cleistogami che danno
origine a dei piccoli legumini sotterranei indeiscenti. La *Dichondra repens* L., secondo LINDMAN ([3]), produce un solo fiore
aereo casmogamo, e contemporaneamente i suoi rami inferiori
producono numerosi fiori portati da lunghi peduncoli; questi
restano chiusi e penetrano nel terreno. Benchè questi ultimi
somiglino ai casmogami, i loro frutti differiscono molto dagli
aerei; infatti, mentre questi presentano due caselle con più
semi e hanno superficie liscia, i sotterranei hanno una sola
casella contenente un solo seme, e sono con superficie pelosa.

Oltre ai casi di geocarpismo, i quali non rappresentano
affatto una proprietà esclusiva dei fiori cleistogami, sono noti
altri, che si potrebbero chiamare di *geocleistogamia*, in cui i fiori
cleistogami nascono sotterra e non vedono mai la luce, per
essere prodotti da rami speciali sotterranei o che s'introducono
nel terreno prima di fiorire. Così avviene per es. in *Phaelipea
lutea* Desf., *Lathraea squamaria* L., *Epiphegus virginiana* Bart.,
Voandzeia subterranea Thouars, *Trifolium polymorphum* Poir.
In quest'ultima pianta, secondo LINDMAN ([4]), i rami che producono i fiori cleistogami si sviluppano dalla parte superiore del
fusto, ma poi si incurvano in basso e vanno a infossarsi nel
terreno, dove sviluppano i fiori.

(1) Loc. cit.
(2) Citato da HACKEL.
(3) Einige amphicarpe Pflanzen der Südbrasilianischen Flora, 1900.
(4) Id.

Molto interessante è il caso della *Amphicarpaea monoica* Ell., faseolacea dell'America sett. ([1]), la quale produce quattro sorta di fiori: 1° casmogami, fecondantisi per autogamia e allogamia dal giugno al settembre; 2° cleistogami aerei, cleistanterici, anteriori nello sviluppo ai casmogami; 3° cleistogami sotterranei, prodotti da rami basilari e dirigentisi verso terra, dove però questi affondano solo coll'aiuto della pioggia o dei vermi e dove soltanto sono capaci di produrre fiori e frutti; 4° fiori cleistogami invernali, osservati solo in coltura, prodotti per mancanza di luce e intermedi per forma ai cleistogami aerei e ai sotterranei.

Aggiungeremo che generalmente i fiori sotterranei hanno un rivestimento, di solito costituito dal calice, dotato di una particolare robustezza, che li rende atti a vincere la resistenza meccanica del terreno.

Partendo dai fiori in cui la cleistogamia si manifesta colle modificazioni più accentuate, quali una riduzione notevole d'organi, la cleistanteria, ecc., noi passiamo per tutta una serie di gradi che ci portano man mano a quei fiori che non presentano modificazione alcuna di parti, ma solo la permanente chiusura del perianzio, e poi ad altri ancora che si fecondano bensi autogamicamente a porte chiuse, ma ciò fanno nei primi stadi dello sviluppo e poi si aprono regolarmente, presentando una corolla o un perigonio colorato ed emanando anche dei profumi. Per questi ultimi fiori è stata creata l'espressione « *fecondazione in boccio* »; essi rappresentano l'ultimo termine di passaggio ai fiori normali. Fecondazione in boccio avviene in *Phajus villosus* Rchb. (Ayres, Moore) ([2]), *Ph. Blumei* Lindl. (Knuth) e altre Orchidacee, in *Stellaria media* (Franceschini) ([3]) e altre Diantacee, in *Cuphea silenoides* Nees, *C. floribunda* Lelm. e *C. Melvilla* Lindl. (Treviranus) ([4]), in *Trapa natans* L. e *T. verbanensis* D. Not. (Gibelli e Buscalioni) ([5]) in *Campanula uniflora* L. (Warming). È notevole il fatto che parecchie delle piante suddette sono cleistanteriche. Tali sono per es. *Stellaria media* L. var. *apetala* Pirè (Loew); *Alsine biflora* Wz., *A. stricta* Wahl.

---

(1) V. Asa Gray, Flora of North-America I, 291; Meehan, Contributions to the Life-istories of Plants 1887; Schively, in Handbuch der Blütenbiologie di Knuth, Bd. III, p. 407.

(2) Mascarene Orchidology 1876.

(3) Contributo alla studio della Cleistogamia, 1907.

(4) *Bot. Zeitschr.*, 1863.

(5) L'impollinazioue nei fiori della *Trapa natans* L. e *T. verbanensis* D. Not. 1893.

e *A. Groenlandica* Wahl. (WARMING); le specie già nominate di
Cuphea (TREVIRANUS). In *Trapa natans* L. e *T. verbanensis* De Not.
i fiori sono in parte subacquei e in parte aerei; i primi devono
rimaner chiusi per impedire che l'acqna penetri in essi e di-
sturbi la fecondazione; però queste piante non possono confondersi con molte altre di cui parleremo in seguito, le quali
tengono chiusi i loro fiori quando per caso restino sommersi
e che HANSGIRG denominò *idro-cleistogame*, sia perchè le due
piante in questione hanno sempre, normalmente, dei fiori sommersi, sia perchè anche i fiori aerei si fecondano in boccio,
sia infine perchè tutti dopo la fecondazione si aprono. Anche
la *Subularia aquatica* L., studiata da DARWIN, HILTNER e altri,
ha un comportamento analogo a quello delle due piante precedenti per ciò che si riferisce ai fiori acquatici, i quali si
fecondano autogamicamente a porte chiuse, ma poi si aprono;
invece i fiori aerei sono regolarmente casmogami.

D'altra parte la cleistogamia non è limitata a quei soli
fiori che possiedono un perianzio tale da poter rinchiudere gli
organi sessuali; anche in quelli in cui il perianzio stesso è
molto ridotto o nullo e le funzioni protettive degli organi
sessuali sono assunte da altre parti, queste possono rimanere
chiuse. Ciò avviene per es. nella grande famiglia delle Graminacee dove la cleistogamia è prodotta dalla permanente chiusura delle glumette fiorali.

Quanto al modo di presentarsi dei fiori cleistogami nelle
piante, esso varia da specie a specie, come pure da luogo a
luogo e da un anno all'altro. HUGO VON MOHL (1) nelle specie
cleistogame da lui osservate aveva veduto che sullo stesso
individuo si sviluppavano fiori normali e altri cleistogami che
erano fertili e davano buoni frutti. Ora la comparsa sullo stesso
individuo di fiori casmogami e cleistogami è il caso più frequente. Certe volte però avviene che si sviluppino a parte individui puramente cleistogami, allato ad altri soltanto casmogami
o con fioritura mista. Frequentissimo è il caso poi di specie
dimostratesi cleistogame in qualche luogo, mentre in altri risni-
tarono solo casmogame.

Non sempre la comparsa dei fiori casmogami e cleistogami
è simultanea; in certe specie cominciano a svilupparsi in primavera i casmogami, e poi verso l'estate si sviluppano i clei-

(1) Loc. cit.

stogami, mentre continua o cessa la produzione dei primi;
altre volte il rapporto è invertito, e può anche darsi che i
fiori cleistogami si sviluppino in primavera e in autunno,
cedendo nell'estate il posto ai casmogami. Per es. in *Viola
canina* L., pianta divenuta classica per gli studi di D. MÜLLER ([1])
e di DARWIN ([2]), in primavera cominciano a svilupparsi soli
fiori casmogami, e soltanto verso l'estate compaiono i fiori
cleistogami. Nello stesso modo si comportano *Viola pinnata* L.,
V. odorata L. e molte altre specie dello stesso genere, come
pure *Oxalis Acetosella* L., *Collomia Cavanillesii* Hook. e altre
specie di questo genere, e molte altre piante. Invece la *Viola
palustris* L. produce, secondo CHATIN, prima i fiori cleistogami
e poi i casmogami; nello stesso modo si comporta la *Collomia
grandiflora* Dougl.

Un fenomeno notevolissimo è che in molte specie i fiori
che si aprono regolarmente sono poco o punto fertili, per cui la
produzione dei frutti è totalmente o quasi totalmente assicurata dai fiori cleistogami.

Questo fatto si osserva per es. in parecchie specie del
genere *Viola*, e noi riferiremo qui le osservazioni fatte da
DARWIN ([3]) sulla *Viola canina*, sia perchè il genere *Viola* è
diventato, si può dire, classico per gli studi di cui è stato
oggetto dai primi tempi ad oggi, sia perchè quasi nulla si è
potuto aggiungere a quanto aveva trovato il DARWIN, sia ancora
perchè potremo vedere quali spiegazioni egli diede della sterilità dei fiori casmogami di questa pianta. Ecco quanto dice
DARWIN: « Nella *Viola canina* il calice dei fiori cleistogami
non differisce in nulla da quello dei fiori perfetti. I petali invece sono ridotti a cinque minutissime squamette; l'inferiore,
che rappresenta il labbro inferiore, è molto più grande delle
altre, ma non presenta alcuna traccia del nettario speronato; i
suoi margini sono lisci mentre quelli degli altri petali squamiformi sono papillosi. Gli stami sono piccolissimi e solo i due
inferiori sono provveduti di antere, le quali non sono aderenti
come nei fiori perfetti. Le antere sono minute e le loro due
logge assai ben distinte; esse contengono pochissimo polline in
confronto di quello dei fiori perfetti. Il connettivo si espande
in forma di uno scudo, a guisa di cuffia che si protende sopra

---

(1) Loc. cit.
(2) Loc. cit.
(3) Loc. cit.

le logge delle antere. Questi due stami inferiori non presentano
alcuna traccia delle singolari appendici che secernono il nettare
nei fiori perfetti. Ai tre altri stami mancano le antere; essi
hanno i filamenti più espansi e le loro espansioni membranose
terminali sono piatte e non foggiate a cuffia come quelle dei
due stami che portano antere. I granelli pollinici hanno invo-
lucri straordinariamente sottili e trasparenti; se vengono esposti
all'aria avvizziscono rapidamente; se si collocano nell'acqua si
gonfiano e hanno allora un diametro di 8-10 settemillesimi di pollice, presentando quindi dimensioni più piccole dei granuli pollinici ordinari trattati nello stesso modo, i quali hanno un diametro di 13-14 settemillesimi di pollice. Nei fiori cleistogami, per
quanto potei osservare, i granuli pollinici non cadono mai fuori
delle sacche, ma emettono il tubetto per un poro dell'estremità
superiore. Sono riuscito a seguire i tubetti per un certo tratto
entro lo stimma. Il pistillo è brevissimo, lo stilo foggiato ad uncino, cosicchè la sua estremità, la quale è un poco espansa o im-
butiforme e rappresenta lo stimma, è rivolta all'ingiù e viene
coperta dalle due espansioni membranose degli stami che portano le antere. È sorprendente il fatto che vi esiste un condotto
libero dalla estremità espansa e infundibuliforme fino all'ovario;
ciò era evidente, poiché una leggera pressione spingeva facilmente da un'estremità all'altra una bolla d'aria che per un caso
qualsiasi vi era penetrata; un simile condotto fu osservato da
MICHALET nella *V. alba*. Il pistillo differisce quindi notevolmente da quello d'un fiore perfetto; infatti in quest'ultimo esso
è molto più lungo e diritto, ad eccezione dello stimma piegato
ad angolo retto; inoltre questo non è percorso da alcun libero
condotto ».

DARWIN, contrariamente a quanto hanno detto altri autori,
afferma non esser vero che i fiori casmogami non producono
mai cassule, benchè siano relativamente pochi quelli fertili. La
sterilità, secondo DARWIN, sembra dipendere in alcuni casi dal
fatto che le loro antere non contengono traccia di polline, ma
per lo più dalla circostanza che gl'insetti non visitano i fiori.
Egli vide molte volte i fiori casmogami visitati dal *Bombus
hortorum*, dal *B. lapidarius* e da altri Imenotteri, e in tal caso
di solito avveniva lo sviluppo delle cassule. I semi prodotti
dai fiori cleistogami non differivano per aspetto e per numero
da quelli prodotti dai fiori casmogami. Però le cassule dei

primi si sviluppavano molto più rapidamente di quelle dei secondi.

Viene ora spontanea la domanda: Ci sono piante esclusivamente cleistogame, ossia, secondo il termine creato da KNUTH, archicleistogame? Come già è stato accennato, BATALIN aveva detto che nei dintorni di Pietroburgo tutti gli individui di *Juncus bufonius* L. da lui osservati erano cleistogami, e aveva ritenuto che questa pianta mancasse completamente di fiori casmogami. Però, subito dopo, ASCHERSON, BUCHENAU e molti altri, e recentemente RÖSSLER trovarono che i fiori cleistogami, almeno negli altri siti, sono sempre accompagnati da fiori casmogami.

Anche la *Salvia cleistogama* D. By. et Paul fu creduta per lungo tempo soltanto cleistogama, e recentemente PIROTTA ([1]) ebbe da individui cleistogami il 100 % dei discendenti con fiori tutti cleistogami; ma ASCHERSON ([2]) ne ottenne con una lunga coltura anche dei fiori casmogami; infatti mentre nei primi cinque anni non vide che fiori cleistogami, nel sesto osservò anche dei fiori casmogami, e il numero di questi aumentò negli anni successivi.

Nè questi sono i soli casi in cui piante dapprima ritenute esclusivamente cleistogame, risultarono poi anche capaci di produrre fiori casmogami.

D'altra parte HACKEL ([3]) cita parecchie Graminacee di cui sono noti soltanto i fiori cleistogami, e crea anzi per esse un gruppo speciale nella sua classificazione delle Graminacee cleistogame, come vedremo nella memoria dedicata a questa famiglia; però egli stesso osserva che si tratta di piante di cui sono stati studiati solamente pochi esemplari e che non è affatto esclusa la possibilità che le stesse specie abbiano ancora a trovarsi con fiori casmogami.

Restano sempre chiusi, secondo BATALIN, i fiori, assai piccoli, di *Polycarpon tetraphillum* L. Esclusivamente cleistogama è pure, secondo KOEHNE, l'*Ammania latifolia*.

Fra le piante con fiori esclusivamente cleistogami potremo inoltre collocare la *Trapa natans* L. e la *Tr. verbanensis* De Not.,

---

(2) Kleine phytographische Bemerckungen. 1871.
(3) Loc. cit.

osservando che la cleistogamia è qui ancora molto vicina alla casmogamia, trattandosi di fiori che dopo l'autofecondazione si aprono. Tuttavia anche sulle ultime piante citate non è detta l'ultima parola.

L'*Arachis hypogaea*, supposto che, come ritiene KNUTH, fosse cleistogama, data l'uniformità dei suoi fiori, potrebbe fornirci l'esempio d'una pianta archicleistogama; ma, come già si disse, è assai dubbio che esista cleistogamia in questa pianta.

Numerosi casi di fiori sempre chiusi sono poi stati citati da BURCK in tre successive memorie ([1]). Così in *Myrmecodia tuberosa* i quattro petali sono sempre concrescenti; tuttavia la secrezione del nettare avviene normalmente nei fiori chiusi; negli organi sessuali si nota protoginia; la corolla si allunga continuamente e i 4 stami con essa connati sono portati in alto in modo che il polline, uscendo dalle antere rimane attaccato alle papille dello stimma. Con ciò questi fiori che sono costruiti normalmente e foggiati per ricevere la visita degli insetti, in causa della chiusura dell'ingresso sono destinati ad una esclusiva autofecondazione. Altri esempi di fiori sempre chiusi, ma normalmente costituiti trovò BURCK nella famiglia delle *Anonaceae*, dove esisterebbero degli interi generi completamente cleistogami *(Goniothalamus* e *Artabotrys)* e degli altri dove almeno un sottogenere sarebbe tutto cleistogamo *(Unona, Anona*, ecc.). In *Artabotrys Blumei*, *A. suaveolens*, *Cyathocalyx zeylanicus*, *Anona muricata* e altre specie della sezione *Guanabani*, come pure in *Goniothalamus giganteus* Hook. et Th. e altre specie di questo genere i tre petali interni rimangono sempre chiusi e costituiscono una specie di cappa cava sulla colonna costituita dall'androceo e dal gineceo tetrameri; questi due organi hanno una tale posizione rispettiva che una diretta autogamia appare impossibile. L'impollinazione avviene soltanto quando il fiore, che nella sua posizione naturale è pendente, appassisce; i petali cadendo portano con sè gli stami, e le sacche polliniche passano sugli stimmi. La chiusura dei fiori veramente non è perfetta, poichè in quasi tutte le specie, ad eccezione di *Anona muricata*, alla base dei tre petali interni

---

(1) Sur l'organisation florale chez quelques Rubiacées (Ann. du Jard. bot. de Buitenzorg 1883, IV, p. 17); Ueber Kleistogamie in weiterem Sinne und das Knight-Darwin'sche Gesetz (Id. VIII, p. 125); Die Mutation als Ursache der Kleistogamie (Recueil des Travaux Botan. Néerlandais, vol. 1, 1905, p. 1).

c'è un passaggio il quale però è chiuso dal di fuori per il fatto che i petali esterni stanno ben addossati all'apertura. In *Anona muricata* i tre petali interni hanno estivazione embriciata e rimangono completamente chiusi dal principio fino al fine della fioritura, mentre i tre petali esterni collo sviluppo del fiore si allontanano. In un terzo gruppo di specie la chiusura è procurata dai petali esterni, poichè i tre interni, come in *Anona reticulata,* sono ridotti a piccole scagliette, oppure, come nelle specie di *Unona* della sezione *Dasymaschalon,* mancano completamente. In *Anona reticulata* i petali non cadono alla fine della fioritura, ma invece a poco a poco si seccano e la loro unghia si aggrappa al disotto del cilindro degli stami, per cui col ritrarsi della corolla le antere vengono staccate e portate sugli stimmi. In *Unona cleistogama* e *U. coelophlaea* Scheff. i petali esterni stringono alla base gli stami e si toccano agli orli, senza però essere connati. Anche qui l'impollinazione avviene soltanto colla caduta dei petali che trascinano le antere sugli stimmi.

Burck trovò poi che in tre specie di Aracee, appartenenti al genere *Homalomena,* la spata era costantemente chiusa, cosicchè i fiori femminili, normalmente costituiti, devono essere fecondati dal polline dei maschili della stessa infiorescenza. Una permanente e generale chiusura dei fiori pare inoltre che si abbia, second Burck, oltrechè in alcune Orchidee già citate da Darwin *(Schomburgkia, Cattleya, Epidendron* e *Thelymitra),* anche in una specie di *Chrysoglossum* studiata da Forbes, come pure in *Bulbophyllum cleistogamum* e *Liparis cleistogamum* studiati da J. J. Smith.

Invece nella *Tainia penangiana,* studiata da Burck nel giardino di Buitenzorg, gli esemplari provenienti da Giava e Amboina producevano fiori sempre chiusi, mentre quelli provenienti da Penang portavano fiori aperti.

Notiamo anzitutto che le piante da Burck citate come archicleistogame prescindendo da queste ultime, su cui del resto nulla ancora si può concludere, non presentano alcuna modificazione negli organi fiorali, i quali si mostrano foggiati per la visita degli insetti che non avviene unicamente per la permanente chiusura del fiore. Ma oltracciò dobbiamo osservare con Loew [1]

---

che anche nell'America meridionale sono state fatte delle osservazioni su piante con fiori costantemente chiusi ma non ridotti, e che tali osservazioni hanno portato alla scoperta di fatti non notati da BURCK. Così ULE ([1]) trovò nella Serra di Itatiaia nel Brasile che la *Purpurella cleistopetala* Ule della famiglia delle *Melastomaceae* aveva i fiori con corolla costantemente chiusa. Lo sviluppo è protandrico e la secrezione del nettare è normale come in *Myrmecodia tuberosa*. Però ULE trovò ancora delle formiche impolverate di polline che penetravano nei fiori e trovò anche dei fiori perforati all'apice della corolla, per cui ritenne che l'impollinazione potesse essere procurata dai calabroni. La disposizione dei fiori all'allogamia è evidente in tale pianta come nella *Myrmecodia tuberosa* e nelle Anonacee con fiori chiusi.

Gli stessi fenomeni si osservano nelle *Bromeliaceae*. Già F. MÜLLER ([2]) aveva osservato in alcune specie di *Nidularium* come *N. Stella-rubra* Müll. e altre, che la corolla esce dal calice, senza aprirsi, e alla fine si distrugge trasformandosi in una massa viscida. Già quando la corolla sorpassa il calice di 2 cm., si vedono spesso gli orli dei petali, che stanno ben uniti tra loro, coperti di polline bianco portatovi da un colibrì. ULE trovò questa disposizione in circa 20 specie del genere *Eunidularium* ([3]); anche qui la secrezione del nettare è normale e normali sono le disposizioni degli organi fiorali; i colibrì sono i normali visitatori di questi fiori; essi scostano con forza i petali l'uno dall'altro per mezzo del loro becco e operano la fecondazione incrociata, com'è dimostrato da diversi bastardi osservati da MÜLLER e ULE nel genere *Nidularium*.

Un altro esempio di pianta con fiori chiusi che però presentano una regolare secrezione di nettare e sono fecondati per mezzo di insetti è dato dalla *Gentiana Andrewsii* Gris.; secondo CH. ROBERTSON ([4]) e R. J. WEBB ([5]) l'impollinazione è procurata da calabroni che allontanano i lobi della corolla estendentisi l'uno sull'altro, per arrivare a prendere il miele e, data la

---

(1) In Berichte d. Deutsch. bot. Gesell. 1895, XIII, p. 415 e 1896. XIV, p. 169.
(2) Id. 1895, XIII, p. 160.
(3) Id 1898, XVI, p. 360.
(4) Transact. St. Louis Acad. Science V, 1888-1891, p. 577.
(5) Americ. Naturalist. XXXII, 1898, p. 265.

costruzione del fiore, sono obbligati a procurare l'allogamia, quando visitino più fiori l'uno dopo l'altro.

Anche le Aracee con spata sempre chiusa citate da Burck trovano corrispondenza in un *Philodendron* descritto da H. G. Hubbard (¹); anche questa pianta mantiene la spata chiusa, ma in questa penetrano tuttavia delle coppie d'un coleottero Nitidulide *(Macrostola)* per accoppiarsi e riprodursi; le larve che si sviluppano vivono del polline dei fiori maschili; l'insetto perfetto lascia poi, carico di polline, l'infiorescenza quando questa comincia a marcire, e penetra in una nuova spata chiusa dove può impollinare i fiori femminili che sono spiccatamente protogini.

Nei casi ora detti, come si vede, le disposizioni florali sono analoghe a quelle di *Myrmecodia tuberosa* e delle Anonacee, Aracee, ecc. descritte da Burck; in tutti i fiori di queste piante l'autogamia avviene solo sul finire della fioritura, come un ripiego per rimediare alla mancata allogamia per la quale sono costrutti i fiori. Veramente nei fiori studiati da Burck non è mai stato osservato che entrassero degli insetti o altri animali atti a procurare la xenogamia. Tuttavia Loew è convinto che anche per essi devono esistere dei pronubi. Intanto egli ricorda che Forbes (²) dice che i fiori di *Myrmecodia tuberosa* sono chiusi così lassamente, che solo a toccarli si aprono. Inoltre in alcune Anonacee i passaggi che si trovano alla base dei petali interni e conducono all'androceo e gineceo sono forse accessibili a dei coleotteri che siano capaci di rodere i petali esterni che coprono le suddette aperture. Finalmente sono stati realmente trovati da Malme (³) dei coleotteri nell'interno dei fiori di Anonacee Americane, come per es. *Anona Malmeana* Fr.

Resta dunque dubbio se le piante descritte da Burck si devano ritenere comè archicleistogame, oppure vadano soggette a una fecondazione incrociata. La cosa è interessantissima, come sarebbe interessantissimo lo stabilire se veramente anche le altre piante di cui finora non si conoscono che fiori cleistogami, siano assolutamente sempre e dappertutto prive di fiori casmo-

---

(1) Insect fertilization of an Aroid plant. Insect Life Vol. VII, 1895, 340.
(2) A Naturalist's Wanderings in the Eastern Archipelago p. 80.
(3) Secondo Rob. E. Fries: Die Anonaceen der zweiten Regnell'schen Reise. Arch. f. Bot. Stockholm. Bd. 4, Nr. 19, 1905, p. 15.

gami; poichè appunto nell'esistenza di piante archicleistogame Burck (¹) trova una delle principali basi per la sue teoria sull'autofecondazione, a cui accenneremo in seguito.

Per ora dobbiamo riconoscere che l'esistenza di piante archicleistogame non è definitivamente dimostrata; tutt'al più è possibile ammettere che alcune specie si presentino esclusivamente cleistogame in qualche determinato luogo mentre in altri siti possiedono anche fiori casmogami. Assai più frequente è invece il caso di piante in cui in tutti i luoghi i fiori casmogami accompagnano i cleistogami, ma o non producono mai frutto (*Voandzeia, Eranthemum*) o per lo meno rimangono in tutto o in parte sterili in certi luoghi (*Amphicarpaea*, certe specie di *Viola, Oxalis Acetosella*).

Per i fiori chiusi ma con disposizione allogama di *Purpurella* e delle Bromeliacee Ule (²) propose il termine « *cleistopetali* ». Loew (³) estese tale denominazione all'intiero gruppo dei fiori sempre chiusi, in cui

1°: gli organi fiorali non sono colpiti da un evidente arresto di sviluppo;

2°: l'autoimpollinazione non avviene presto e necessariamente, ma solo alla fine della fioritura (nelle Anonacee quando la corolla appassisce e cade, nella protandrica *Myrmecodia tuberosa* per un tardivo strisciamento delle antere sugli stimmi);

3°: esistono evidenti segni di disposizione allogama, come secrezione di nettare, dicogamia, grande distanza tra pistillo e antere, ecc., cosicchè in molti casi avviene veramente la fecondazione incrociata per mezzo di certi pronubi che possono penetrare dentro i fiori, mentre altri ne sono esclusi;

4°: la forma casmogama manca, cosicchè la costante chiusura dei fiori è un carattere della specie.

Loew trova però che il termine *cleistopetalia* è mal scelto, perchè non abbastanza generico, riferendosi solo ai petali e forse potrebbe essere sostituito dal termine *cleistanzia* che si adatta meglio alle forme offerte per es. da *Homalomena, Gerbera Anandria*, ecc.

---

(1) Darwin's Kreuzungsgesetz, ecc. 1908.

(2) Berichte d. Deutsch Bot. Gesellsch. XIV, 1896, p. 169.

(3) Loc. cit.

*
* *

Se noi passiamo in rassegna tutti i singoli casi di cleistogamia che sono stati descritti dagli autori, e ne facciamo il
confronto troviamo che nel. manifestarsi di questo fenomeno
regna una grande irregolarità.

Anzitutto noi vediamo che la comparsa della cleistogamia
non ha alcuna relazione coll'affinità sistematica. Esistono, è
vero, delle famiglie, quali per es. le *Violaceae*, le *Phaseolaceae*,
le *Graminaceae*, ecc., che presentano un gran numero di specie
cleistogame; ma il modo in cui la cleistogamia si manifesta, cioè
la stagione, la precedenza o la concomitanza dei fiori casmogami, il grado delle modificazioni subite dai fiori cleistogami, ecc.,
per lo più è differente nelle specie affini, e tra queste è frequentissimo trovarne di quelle in cui la cleistogamia non compare. Soprattutto poi troviamo che le famiglie che possiedono
specie cleistogame sono spesso molto distanti fra loro per posizione sistematica. Il loro numero, pari secondo la nostra lista
a 61, è, come si vede, abbastanza piccolo.

Ma la irregolarità risulta ancora più spiccata quando si
pensi che anche in una stessa specie la cleistogamia non si manifesta sempre in egual modo. Noi possiamo veramente distinguere delle specie che hanno l'apparenza di produrre regolarmente tutti gli anni, in una data stagione, fiori cleistogami, e
anzi talora affidano ad essi la propagazione della specie, essendo
più o meno sterili i fiori casmogami (cosi alcune specie di
Viola, ecc.), e delle altre che producono fiori cleistogami solo
in certe determinate e speciali condizioni. Ma dobbiamo subito
riconoscere che anche nelle prime la produzione dei fiori cleistogami non è completamente regolare, poichè basta spesso stu-
diarle in luoghi diversi per trovare una differenza di comportamento: sono infatti numerose le piante che in certi luoghi
sono più o meno cleistogame, mentre in altri sono soltanto
casmogame.

Fra le due sorta ora dette di piante è stata fatta una netta
distinzione, basata anche sui caratteri morfologici; infatti quelle
che sono abitualmente cleistogame sogliono avere anche i fiori
più o meno modificati e adattati alla cleistogamia, mentre quelle
che solo in certe circostanze mantengono chiusi i fiori, i quali

altrimenti si aprirebbero normalmente e in molti casi sarebbero anche allogami, non presentano modificazioni : i loro fiori concordano coi casmogami per grandezza, forma, posizione, ecc. e possiedono del pari tutti i caratteri che servono ad allettare gli insetti. Questi ultimi fiori sono stati distinti dapprima da H. MÜLLER e poi da HANSGIRG (¹), che li denominò fiori *pseudocleistogami*. Secordo questo autore, le cause, per cui restano chiusi dei fiori che abitualmente si aprono, sono tre : 1° difetto di luce, 2° difetto di calore, 3° eccezionale altezza dell'acqua, per cui i fiori restano sommersi. Per distinguere i diversi casi HANSGIRG creò le espressioni di fiori *foto-cleistogami, termocleistogami, idro-cleistogami*. Sono però numerose le piante i cui fiori possono rimanere chiusi per due delle suddette cause; cosi vediamo che le piante termocleistogame sono d'ordinario anche fotocleistogame : tali sono per es. *Montia fontana* L., *Stellaria media* L., *St. media.* var. *pallida* Piré (*St. Boreana* Jord.), *Spergularia rubra* Pers.

Tra le piante fotocleistogame e termocleistogame KNUTH cita l'*Oxalis stricta*. Io trovai regolarmente provvista di fiori cleistogami tale specie nel territorio di Figino sul lago di Lugano. Tali fiori si presentarono per tutto il periodo della fioritura frammisti ai casmogami, nella proporzione circa del 10 %; si trovavano specialmente nelle parti inferiori della pianta ; collo sviluppo dell'ovario il calice si apriva e la corolla, di color giallo e grande circa la metà di quella normale, era portata in alto a guisa di cuffia sulla cima dell'ovario, insieme colle antere, le quali si erano distaccate dai filamenti; in seguito cadeva; il frutto acquistava poi le stesse dimensioni di quelli prodotti dai fiori casmogami. Le antere erano regolarmente deiscenti.

Fotocleistogame e idrocleistogame sono per es. *Nimphaea Madagascariensis, N. Rudgeana, N. coerulea, N. Sansibarensis, Victoria regia, Euryale ferox, Hydrocleis nymphoidès*. Non è però certo che le ninfee suddette e la *Victoria regia* siano fertili quando mantengono i loro fiori chiusi sott'acqua e quindi che siano veramente da considerare fra le piante cleistogame. Fra le idrocleistogame citeremo qui *Ranunculus aquatilis* L., *Alisma natans* L., *Illecebrum verticillatum* L., *Subularia aquatica*, parecchie specie di *Potamogeton*, rimandando il lettore per tutte le altre all'elenco che daremo delle piante cleistogame.

(1) Bot. Centralbl. Bd. 45, p. 74.

Sono termocleistogame per es. *Tradescantia erecta, Stellaria media, Spergula arvensis, Cerastium glomeratum, Gaura parviflora, Paronychia Bonariensis, Corrigiola litoralis, Scleranthus annuus, Herniaria glabra, Malva rotundifolia,* ecc. (HEUSLOW (¹));¹ *Nemophila maculata* Benth., *Opuntia leptocaulis* DC. (MEEHAN (²)); *Gentiana Pneumonanthe* L. (GRAEBNER), ecc. Secondo COULTER (³), anche *Cyclamen europaeum* sarebbe da ascrivere alle piante suddette, ma FRANCESCHINI, avendo osservato che talora la corolla, dopo essersi aperta, cade e il calice torna a chiudersi in modo da simulare un bottoncino, ritiene che l'autore suddetto abbia cominciato ad osservare i fiori dopo la caduta della corolla, e che la pianta in questione non sia cleistogama. In proposito ricorderemo che anche *Hoya carnosa* R. Br., *H. globulosa* Hook. e *Stapelia* L. sp. sono state ritenute cleistogame da KUHN e DARWIN, ma che poi è stato riconosciuto che quelli reputati cleistogami sono semplicemente dei fiori che si sono rinchiusi dopo la caduta della corolla, come avviene nel *Cyclamen* sopraddetto.

Fra le piante cleistogame per azione del freddo dobbiamo ricordare anche il *Solanum Melongena* L. di cui centinaia di piante coltivate in un serra, come riferisce MOTTAREALE (⁴), in seguito a un forte abbassamento di temperatura perdettero tutte le foglie e i primi fiori. Essendo stata di nuovo riscaldata a poco a poco la serra, quasi tutte le piante ripigliarono a vegetare rigogliosamente, ma produssero fiori che restarono chiusi; l'ovario crescendo forzò il calice ad aprirsi e si sviluppò in un frutto normale. Dopo circa venti giorni tornarono a prodursi fiori casmogami. MOTTAREALE trovò che uno di tali fiori cleistogami aveva il calice regolarmente costituito e mancava di corolla; un altro aveva una piccola corolla chiusa che rimase attaccata a guisa di cuffia all'apice del frutto. Alcune antere non s'erano aperte e i granuli pollinici avevano germinato all'interno. Pare che questo sia l'unico caso in cui si siano osservati fiori cleistogami in questa pianta.

Ricorderemo qui ancora il fatto osservato da LINNEO (⁵), che

---

(1) On the selffertilisation of plants, – Trans, Linn. Soc. 2. Ser. Bot. Vol. I, p. 317.

(2) Bull. Torr. Bot. Club X.

(3) Anthesis of Ciclamen 1883.

(4) Gelate e fenomeni cleistogamici e teratologici nel *Solanum Melongena*, ecc. 1894.

(5) Amoenit. acad. III.

Cistus guttatus L. e *C. salicifolius* L., da lui portati a Upsala dalla Spagna, produssero soltanto fiori cleistogami apetali, mentre in patria sono sempre casmogami. Così pure avvenne per *Salvia verbenaca* L. var. *clandestina* e *Lamium amplexicaule*. Linneo ritenne che causa del fenomeno fosse il freddo eccessivo di Upsala, a cui le suddette piante non erano abituate. Però nel *Lamium amplexicaule* la cleistogamia può avere varie cause ; infatti sono stati osservati degli individui cleistogami in molti casi e per diverse condizioni.

Le piante ora nominate e il *Solanum Melongena* presentarono il fatto di una subita comparsa per una causa esterna di fiori fortemente modificati; esse quindi non entrerebbero tra le pseudocleistogame di Hansgirg, i cui fiori non devono presentare modificazioni. Ora esse, come vedremo meglio in seguito, servono appunto a dimostrare la poca utilità di tale distinzione che avrebbe solo ragione di esistere quando si appoggiasse veramente non solo su criteri morfologici, ma anche su criteri biologici, o in altri termini quando le cause della cleistogamia nelle piante cosidette pseudocleistogame e vere cleistogame fossero essenzialmente diverse. Ma ciò, come vedremo, pare che non sia, e soprattutto servono a congiungere i due gruppi le piante sopraddette e altre che presentano gli stessi fenomeni. Possiamo ammettere quindi che specialmente la mancanza di calore e di luce siano capaci di determinare non solo la chiusura permanente di fiori normalmente foggiati, ma anche la produzione di fiori cleistogami modificati e ridotti.

Come esempio possiamo ancora citare la *Viola arvensis*, la quale, come osservò E. ZEDERBAUER (¹), sull'orlo dei campi di cereali ha fiori normali, e invece in mezzo alle messi porta solo fiori con petali molto impiccioliti. L'autore suddetto ritiene che questi fiori siano cleistogami e che la cleistogamia sia dovuta a mancanza di luce.

Oltre alle suddette cause, altre ne esistono, di cui alcune molto importanti, che hanno per effetto la produzione di fiori cleistogami, ora non modificati, ora modificati. Cè un gran numero di piante i cui fiori restano chiusi, senza modificarsi, quando il tempo è piovoso, e si fecondano allora autogamica-

----

(1) Kleistogamie von *Viola arvensis* und ihre Ursachen (Oesterr. Bot. Zeitschr. LIV, 1904, p. 385).

mente. Forse esse sono da collocare anche fra le piante foto-
e termocleistogame, ma per maggior chiarezza le chiameremo
qui *pluviocleistogame*, senza con ciò voler creare un nuovo termine botanico. Molte di tali specie sono state citate e descritte
da KERNER (¹); fra esse troviamo *Arabis coerulea* Haenk., *Hypecoum pendulum* L., *Hypericum humifusum* L., *Portulaca oleracea*
L., parecchie genziane, ecc.

In proposito dobbiamo ricordare anche la vite. È noto il
modo caratteristico di fioritura di questa pianta. Solo in certe
condizioni sfavorevoli la corolla dei suoi fiori si apre regolarmente, e in tal caso avviene la colatura, ossia la caduta degli
interi fiori, per cui manca la produzione degli acini; nei casi
normali invece i cinque petali restano saldati all'apice e si distaccano alla base, per cui in un certo momento l'intera corolla, a guisa di cuffia, viene sollevata e lanciata via dagli
stami che si allungano. Ora MILLARDET (²) ha citato alcuni rari
casi di fiori speciali (detti da MALBEC *fleurs encapuchonnées*),
in cui la corolla non cade, sia per un carattere fisso, sia per
condizioni atmosferiche particolari; in questo caso la colatura
avviene molto spesso, ma non sempre, poichè l'autofecondazione, rara nella vite, si può produrre in queste condizioni.
Anche RATHAY, RAVAZ e VIALA hanno osservato fenomeni simili (³). La vite ha dunque talora dei fiori cleistogami, e ci
offre un caso di cleistogamia prodotta dalla permanente chiusura della sola corolla, poichè il calice, com'è noto, è quasi nullo.

Non per difetto ma per sovrabbondanza di luce pare possa
diventare cleistogamo l'*Helianthemum guttatum* Mill. var. *inco-
spicuum* Th. PIROTTA (⁴) ne coltivò durante un inverno numerose
piante, nate da semi raccolti da individui casmogami della
spiaggia d'Anzio, vicino ai vetri, tenuti sempre chiusi, d'una fi-
nestra battuta per lunga parte del giorno dal sole; tutte si
presentarono con fiori cleistogami tutti fertili. Gli individui,
pure numerosi, nati dai semi di queste piante, coltivati all'a-
perto, portarono soltanto fiori casmogami. L'autore pensa che sia
stata la luce la causa della immediata comparsa di fiori chiusi.

Altre piante diventano cleistogame, presentando per lo più

(1) La vita delle piante. Vol. II.
(2) Essai sur l'hybridation de la Vigne, 1891.
(3) Cfr. VIALA, Les maladies de la Vigne, 1893.
(4) Loc. cit.

fiori profondamente modificati, nei periodi di soverchia siccità, quindi non per difetto, ma per eccesso di calore, e forse ancora più per difetto d'acqua e di nutrimento. Esse si collegano quindi probabilmente a quelle altre piante in cui la cleistogamia è prodotta da insufficienza di nutrimento, e che noi per brevità potremo chiamare *trofocleistogame*. Tra le prime citeremo *Sinapis arvensis* L., *Stenandrium ̀ rupestre* Ns., *Dicliptera assurgens* Gris., *Stemonacanthus coccineus* Ns., *Dianthera sessilis* Gris., *Blechum Brownei* Juss, (EGGERS ([1])), e inoltre *Erithalis fruticosa* L., *Polystachya luteola* Hook., *Lithospermum angustifolium* Pursh.

Sono cleistogame per insufficienza di nutrimento per es. *Cerastium nutans* Raf., (MEEHAN), *Collomia Cavanillesii, C. coccinea, C. linearis* (LUDWIG), *Hyosciamus niger* L. var. *agrestis* West. (LUDWIG), *Salpiglossis variabilis* Hort. (HACKEL), *Thlaspi Bursa-pastoris* (GOEBEL). LUDWIG ([2]) in alcuni esemplari delle specie suddette del genere *Collomia* provò ad asportare tutti i frutti derivati dai fiori casmogami, e vide che i bocci non ancora sviluppati e che dovevano produrre dei fiori cleistogami, spiegarono le loro corolle, per la qual cosa concluse appunto che causa della cleistogamia solita a manifestarsi dopo la produzione dei fiori casmogami doveva essere la mancanza di sostanze nutritive; asportando i frutti di tali fiori, il nutrimento andava a beneficio dei fiori suceessivi. La stessa esperienza e cogli stessi risultati LUDWIG ([3]) ripetè su *Hyosciamus niger* L. var. *agrestis* West.

Anche la *Euryale ferox* che abbiamo già citata come pianta idro- e fotocleistogama è da considerare fra le piante ora in discorso. Infatti, coltivata da ARCANGELI ([4]) in una piccola vaschetta dell'acquario del laboratorio, con insufficienza di spazio e di nutrimento, produsse esclusivamente fiori chiusi che si fecondarono sott'acqua; coltivata in seguito in ambienti più vasti, dove aveva a sua disposizione una quantità molto maggiore d'acqua e di sostanze nutrive produsse nel periodo della maggior attività vegetativa fiori casmogami ai quali successero a poco a poco i cleistogami col progredire della stagione.

---

(1) Bot. Centralbl. Bd. 8, p. 57.

(2) Zur Kleistogamie und Samenverbreitung bei den Collomien, 1878.

(3) Weitere biologische Mitteilungen, 1881.

(4) Sulla fioritura dell'*Euryale ferox* Sal. 1887. Ulteriori osservazioni sull'*Euryale ferox*, 1888.

Alla sterilità del terreno è forse dovuta anche la cleisto-gamia osservata da DE BONIS (¹) nella *Portulaca grandiflora* Lindl. Egli seguì per parecchi anni lo sviluppo e la fioritura di circa un centinaio di piante che vegetavano in una via di Rovigo, in mezzo al selciato. Il fusto e le foglie si presentavano ridotti a meno d'una metà delle loro dimensioni ordinarie; nessuna pianta produsse mai fiori aperti, ma in loro luogo si sviluppavano altrettanti fiori cleistogami, ridotti di dimensioni; il calice non si apriva; la corolla era solo rappresentata da cinque minutissimi petali di color giallastro; gli stami, molto ridotti di numero e di lunghezza, avevano antere indeiscenti. I frutti erano sempre pieni di semi. L'autore non potè mai osservare fiori cleistogami nei molti esemplari della stessa pianta esaminati nei giardini della stessa città.

Ricorderemo ancora che GOEBEL (²) ottenne in *Viola mira-bilis* L. un'esclusiva fioritura cleistogama per mezzo d'una deficienza di nutrimento. Lo stesso autore potè avere in *Viola odo-rata* una nuova produzione di fiori casmogami dopo i cleistogami, procurando alla pianta una grande abbondanza di nutrimento. Ma di tali esperienze dovremo parlare in seguito.

Notevole è il caso di *Viola rustica*, che portata dall'aperta campagna in una serra calda, e assoggettata perciò improvvi-samente a una temperatura molto superiore a quella a cui era abituata, produsse fiori cleistogami. Riportata all'aria libera, tornò a produrre fiori casmogami (GRAEBNER (³)).

Un caso singolare di cleistogamia, d'origine parassitaria, è poi presentato dalla *Biscutella levigata* L. subsp. *coronopi-folia* L. form. *apricorum* Jord. Per l'azione d'un Cecidomide del genere *Perrisia* i suoi fiori si trasformano in una galla, rimanendo chiusi e ipertrofizzando i loro verticilli esterni i quali restano colorati in rosso violaceo invece che in giallo cupo. Alcuni di tali fiori restano sterili, ma i più producono normal-mente numerosi semi (⁴).

Parecchie piante infine, secondo l'interpretazione di molti autori, mantengono chiusi i loro fiori quando mancherebbero a questi le visite degli insetti; perciò alcune sono cleistogame

---

(1) Sopra alcuni fiori cleistogami, 1895.
(2) Loc. cit.
(3) Ueber gelegentiche Kleistogamie 1893.
(4) Vedi C. GERBER, Sur un cas de cleistogamie chez les Cruciféres, 1901.

in certi luoghi speciali privi d'insetti; altre in certe stagioni o in certe circostanze meteoriche, e altre anche in determinate ore del giorno, quando gli insetti sono attratti verso altre piante con fiori più evidenti. Così presentano cleistogamia per mancanza d'insetti, secondo Borzì, *Oxalis corniculata* L. e, secondo Grosser, *Cistus heterophyllus* Desf., *Cistus villosus* L. var. *mauritanicus* Gross., *C. hirsutus* Lam., *C. rosmarinifolius* Pourr. var., *Sedjera* Gross.

In *Oxalis corniculata* L. la cleistogamia si manifesta alla fine dell'estate. Borzì attribuisce la cleistogamia alla mancanza di pronubi, poichè anche in un'epoca anteriore, cioè tra la primavera e l'estate, sottraendo alcuni esemplari alla visita degli insetti, egli potè ottener dopo un certo tempo dei fiori perfettamente cleistogami.

Quanto ai *Cistus* suddetti, alcuni vivono nelle steppe del vecchio continente, e Grosser ne spiega la cleistogamia come un adattamento alle condizioni del sito ch'è povero d'insetti; altri vivono in America e pare che alla fine dell'estate e in autunno, come pure nei terreni sterili, producano fiori cleistogami, il che s'accorda parimente colla deficienza d'insetti.

Anche dalla mancanza di pronubi dipenderebbe, secondo Knuth, la cleistogamia di *Drosera rotundifolia*. La fioritura di questa pianta fu dapprima studiata attentamente da Darwin. Egli vide che i primi peduncoli fiorali prodotti da alcune piante viventi in serra diedero solo fiori cleistogami. I petali, ridotti, rimasero costantemente chiusi sugli organi sessuali, e i loro bianchi apici si potevano appena vedere fra i sepali quasi completamente chiusi. Il polline, ch'era in piccola quantità, restò chiuso entro le antere, mandando fuori i tubetti. Allorché l'ovario si gonfiò, la piccola ed avvizzita corolla venne portata in alto in forma d'una cappa. Questi fiori cleistogami produssero semi in grandissima abbondanza. A stagione più avanzata comparvero i fiori perfetti. Anche Knuth rivolse la sua attenzione a questa pianta. Egli trovò presso Kiel molto raramente dei fiori aperti; secondo questo autore, la spiegazione del prevalente comparire di fiori cleistogami in questa pianta dovrebbe cercarsi nel fatto che i piccoli insetti che potrebbero operare l'incrociamento sono attratti dalle lucenti gocioline che si trovano sui peli glandolari delle foglie e trascurano i fiori, andando sulle foglie dove restano catturati. Perciò i fiori casmogami sarebbero inutili e avrebbero ceduto il posto ai cleistogami.

Nella *Drosera anglica*, in alcune piante tenute in serra, Darwin osservò che i petali si scartavano appunto quanto bastava per produrre una piccola apertura; le antere presentavano una deiscenza regolare, ma i granelli pollinici aderivano ad esse e, stando all'interno, emettevano di là i loro tubetti che giungevano agli stimmi. Darwin considerò i fiori di questa pianta come in via di trasformazione verso la cleistogamia.

Infine accenneremo al caso di *Opuntia leptocaulis* DC. osservato da Meehan (¹). Un esemplare da lui coltivato produsse per vari anni dei bellissimi fiori aperti, ma non fruttificò mai. Un anno invece produsse dei fiori piccoli, gemmiformi, che non si aprirono, ma diedero dei buoni frutti con semi abbondanti. Il fatto è degno di nota per la sua singolarità; infatti l'autore non potè comprendere quale fosse la causa della cleistogamia, poichè le condizioni in cui si trovava la pianta non erano diverse da quelle delle annate precedenti.

Importante per la spiegazione del modo in cui è ereditata la tendenza alla cleistogamia nelle piante incompletamente cleistogame, cioè con fiori parte casmogami e parte cleistogami, è l'osservazione fatta dal Pirotta (²) su una *Salvia* del gruppo *pratensis* ch'egli indicò col nome di *S. pseudocleistogama*. Egli trovò in una serie di parecchi anni che i discendenti nati da semi provenienti da fiori cleistogami davano una percentuale più o meno grande di individui con fiori cleistogami. Anche in questa pianta la comparsa dei fiori cleistogami non è casuale, ma coincide col variare di certe condizioni esterne, il che fa pensare, secondo l'autore, che essa sia determinata dall'immediata azione di tali condizioni.

*
**

Come illustrazione di quanto abbiamo finora esposto, sarà utile che riportiamo dal grande trattato di Knuth, che già abbiamo citato, quanto ci può interessare della classificazione ch'egli fa delle principali maniere di disposizione dei sessi e d'impollinazione. Con ciò noi potremo vedere quale posto è stato fatto alla cleistogamia nella biologia dei fiori, e in quale relazione essa è stata messa cogli altri modi di fioritura e di fecondazione.

---

(1) Cleistogene Flowers, 1883.
(2) Loc. cit.

Noi troviamo anzitutto la seguente divisione:

A. Tutti i fiori unisessuali: DICLINIA (possibile solo l'allogamia).

B. Fiori ermafroditi: MONOCLINIA

    1° pistilli e stami non maturano insieme: DICOGAMIA

    2°   „   „   maturano insieme: OMOGAMIA

       a) fiori aperti: CASMOGAMIA (Axell) (con autogamia o allogamia)

       b) fiori chiusi: CLEISTOGAMIA (Kuhn)

C. Fiori monoclini e diclini: POLIGAMIA.

Nella Cleistogamia KNUTH fa la seguente classificazione:

    1° I fiori rimangono *tutti* per sempre chiusi: ARCHICLEISTOGAMIA (*Knuth*)

    2° Oltre ai fiori cleistogami esistono anche fiori casmogami: CASMOCLEISTOGAMIA (Delpino)

    3° I fiori stanno chiusi solo in certe condizioni: PSEUDOCLEISTOGAMIA (Hansgirg); ciò può avvenire:

       a) per mancanza di luce: FOTOCLEISTOGAMIA (Hansgirg)

       b) per sommersione straordinaria: IDROCLEISTOGAMIA (Hansgirg)

       c) per insufficienza di calore: TERMOCLEISTOGAMIA (Hansgirg)

    4° I fiori si aprono un poco: EMICLEISTOGAMIA (Knuth)

       a) gli stami escono dal perianzio: CASMANTERIA (Knuth)

       b) gli stami restano rinchiusi nel perianzio: CLEISTANTERIA (Knuth).

Le due espressioni di *casmanteria* e *cleistanteria* sono state usate da KNUTH in un senso differente da quello loro attribuito da ASCHERSON (¹); però lo KNUTH stesso in una nota posta in fine al 1° vol. dichiara che i due termini non si devono usare nel senso da lui inteso, ma in quello di ASCHERSON, per cui si devono chiamare *casmanterici* i fiori cleistogami in cui i granuli pollinici arrivano dalle antere aperte allo stimma e poi sviluppano il tubetto, e *cleistanterici* i fiori cleistogami in cui le antere rimangono sempre chiuse e i granuli pollinici sviluppano

---

(1) Ber. der deutsch. bot. Gesellschaft, II.

dentro di esse il loro tubetto che poi attraversa le pareti delle antere, arrivando così fino allo stimma.

D'altra parte il gruppo dell'*Emicleistogamia* pare a me artificioso. Per quanto i fiori in esso compresi possano avvicinarsi ai cleistogami, sta sempre il fatto che, se anche di pochissimo e per brevissimo tempo, si aprono pur sempre e per molti è possibile l'allogamia (quelli del gruppo *a*), il che biologicamente li tiene certo più lontani dai cleistogami di quanto siano i fiori casmogami autogami, dovendosi considerare l'autogamia come uno dei caratteri essenziali della cleistogamia. Ed è qui opportuno notare come l'HACKEL, nel suo già citato lavoro sulla cleistogamia nelle Graminacee, abbia appunto escluso completamente dalle piante cleistogame *Bromus tectorum, B. maximus, B. rubens, B. fasciculatus* e *B. scoparius.*, i cui fiori, pur essendo autogami, divaricano un poco le loro glume.

Oltracciò le Anonacee e le altre piante cleistopetale studiate da Burck, Ule, ecc., com'è stato detto, non maturano nello stesso tempo gli stami e i pistilli, quindi vanno considerate come dicogame e dovrebbero essere riunite in una divisione a parte del gruppo della dicogamia. Perciò anche questo dovrebbe essere diviso in due sezioni: casmogamia e cleistogamia.

Invece, come si vede, non sono considerate nella suesposta classificazione le piante che sono cleistogame per mancanza di nutrimento, per eccesso di luce, per opera d'insetti, e così pure manca una divisione per le piante che presentano il caso della fecondazione in boccio.

**
* **

Daremo ora l'elenco completo delle piante fino ad oggi note come cleistogame. DARWIN nel 1876 aveva pubblicato una lista di 55 generi distribuiti in 25 famiglie; KNUTH nel 1898 citò 250 specie distribuite in 144 generi a 52 famiglie; FRANCESCHINI recentemente arrivò a una lista di 628 specie distribuite in 230 generi e 62 famiglie. L'elenco da me compilato dopo aver fatto quelle eliminazioni che mi parvero opportune e le necessarie aggiunte, comprende 61 famiglie, 248 generi e 598 specie e varietà; quest'ultimo numero però è inferiore al vero per il fatto che talora gli autori hanno dato come cleistogame parecchie specie di certi generi, senza però farne il nome; in tali casi dovetti limitarmi a citare il genere e a calcolarlo come 1 nella numerazione.

Ho fatto seguire da una croce (+) le piante cleistanteriche; inoltre ho adottato le seguenti indicazioni:

- *f.* = piante fotocleistogame
- *t.*   termocleistogame
- *i.*   idrocleistogame
- *p.*   pluviocleistogame
- *tr.*   trofocleistogame
- *gcl.*   geocleistogame
- *gc.*   cleistogame geocarpiche

La mancanza di indicazioni dinota o piante abitualmente cleistogame senza che si conosca la causa che ha determinato la cleistogamia, o piante in cui sono stati trovati fiori cleistogami, ma che non sono state sufficienteme studiate.

Elenco delle piante cleistogame
per ordine alfabetico di famiglie, generi e specie

Acanthaceae

Aechmanthera Nees (KUHN)
Blechum Brownei Juss. (EGGERS)
Cryphiacanthus Nees sp. (KUHN)
Daedalacanthus And. (KUHN)
Dianthera sessilis Griseb. (EGGERS)
Dicliptera assurgens Griseb. (id.)
Dipteracanthus Nees (KUHN)
Eranthemum ambiguum Schult. (SCOTT) +
     "   cinnabarinum Wall. (id.) +
     "   crenulatum Will. (id.) +
Ruellia tuberosa L. (Ruellia clandestina L.) (DILLENIUS, LINNEO, ecc.) +
Stemonacanthus coccineus Griseb. (EGGERS)
Stenandrium rupestre Nees (id.)

Alismaceae

Alisma natans L. (DARWIN, HILDEBRAND, KERNER, HANSGIRG) *i.*
Hydrocleis nymphoides Buch. (id.) *i.*

Ampelideae

Vitis vinifera L. (MILLARDET)

Anonaceae

Anona malmeana Ic. Bog. (BURCK)
" muricata Ic. Bog. (id.)
Artabotrys Blumei Hook. (id.)
" suaveolens Blum. (id.)
Cyatocalix zeylanica Champ. (id.)
Goniothalamus giganteus Hook. (id.)
Unona coelophlaea Scheff. (id.)
" dasimaschala Bl. (id.)
" discolor Vahl (id.).

Apiaceae

Cryptotaemia canadensis DC. (MEEHAN).

Asteraceae

Catananche lutea L. (MURBECK) +
Filago minima Fries (ERRERA, GEVAERT)
Gerbera Anandria Schultz (LINNEO) +
" Kunzeana R. Br. (SCHLECHTENDAL, ASCHERSON) +
Taraxacum officinale Web. (KNUTH) t.

Basellaceae

Basella alba L. (VOLKENS)
" lucida L. (HANSGIRG)
" rubra L. (ramosa Jacq.) (KNUTH).

Balsaminaceae

Impatiens fulva Nutt. (LOCHE, ASA GRAY, BENNET, GÖBEL) +
" Noli-tangere L. (WEDDEL, ASA GRAY, MOHL) +
" pallida Nutt. (MEEHAN) +
" parviflora DC. (GRAEBNER) +

Borraginaceae

Eritrichium Sohrad. (KUHN)
Lithospermum angustifolium Pursh. (ASA GRAY, BERSEY, BRITTON,
    BROWN)
" longiflorum Pursh. (DARWIN, KNUTH).

Brassicaceae

Arabis coerulea Haenke (KERNER) p.
Biscutella laevigata L. subsp. coronopifolia L. (GERBER) cecidocl.
Cardamine chenopodiifolia Per. (GRISEBACH, DRUDE, ecc.) gc. +

Draba verna L. (Meehan) +
Heterocarpaea Scheel. sp. (Kuhn)
Morisia Monanthos Asch. (Hut) *gcl.*
Nasturtium officinale R. Br. (Schultz) *p.*
Sinapis arvensis L. (Eggers) *tr.*
Subularia aquatica L. (Hiltner) *i.*
Thlaspi arvense L. (Hieronymus) +
   „   Bursa-pastoris Moench (Göbel) *tr.*

Bromeliaceae

Chevallieria sphaerocephala Gand. (Ule)
Lamprocarpus Bl. alcune specie (Hansgirg) *p.*

Burmaniaceae

Gonianthes candida Bl. (Knuth) +

Cactaceae

Opuntia leptocaulis DC. (Meehan)

Campanulaceae

Campanula canescens Wallr. (Linneo, Brongniart) +
   „   colorata Wallr. (Linneo, Mohl) +
   „   dimorphanta Schweinf. (Ascherson) +
   „   hybrida L. (Linneo) +
   „   perfoliata DC. (Linneo) +
   „   uniflora L. (Warming)
Pratia arenaria Hook. (Delfino)
Specularia biflora Gr. (Knuth) +
   „   leptocarpa Gr. (id.) +
   „   Lindheimeri Watk. (id.) +
   „   perfoliata DC. (Mohl, Meehan) +

Cistaceae

Cistus guttatus L. (Linneo) *l.*
   „   heterophyllus Desf. (Reiche, Grosser)
   „   hirsutus Lam. (Grosser)
   „   rosmarinifolius Pourr. var. Sedjera Gross. (Grosser)
   „   salicifolius L. (Linneo) *l.*
   „   villosus L. var. mauritanicus Gross. (Grosser)
Fumana arabica Spach. (Grosser)
   „   ericoides Spach. (id.)
   „   thymifolia Hal. (id.)
Halimium arenicola Gross. (Grosser)

Halimium argenteum Gross. (id.)
„   brasiliense Gross. (id.)
„   canadense Gross. (id.)
„   carolinianum Gross. (id.)
„   chihuahuense Gross. (id.)
„   corymbosum Gross. (id.)
„   glomeratum Gross. (id.)
„   hirsutissimum Gross. (id.)
„   majus Gross. (id.)
„   Nashii Gross. (id.)
„   Pringlei Gross. (id.)
„   rosmarinifolium Spach. (id.)
Helianthemum alpestre Jacq. (KNUTH) p.
„   brasiliense Pers. (GROSSER)
             canadense Michx. (BARNHART)
             carolinianum Michx. (GROSSER)
             confertum var. albocalyx Gross. (id.)
             ellipticum Pers. (id.)
             Fumana Mill. (KNUTH) p.
             guttatum Mill. (LINNEO, ASCHERSON)
             „   var. incospicuum Th. (PIROTTA)
             hirsutissimum Presl. (GROSSER)
             kahiricum Del. (ASCHERSON)
             ledifolium Mill. (HANSGIRG)
             Lippii Pers. var. micranthum Boiss. (ASCHERSON)
             majus Aritt. (BARNHART)
             papillare Boiss. (GROSSER)
             patens Hensley (id.)
             Pringlei Wats. (id.)
             salicifolium Mill. (id.)
             Schweinfurthii Gross. (id.)
             sessiliflorum Pers. (id.)
             ventosum Boiss. (id.)
             villosum Thib. (id.)
„   vulgare Gaertn. (KNUTH) p.
Lechea Cass. sp. (KUHN)
Tuberaria guttata (L.) Gross. (LINNEO)

Commelinaceae

Commelina bengalensis L. (WEIMANN, WRIGHT, ENGLER) gcl. +
Tradescantia erecta (HEUSLOW)

Convolvulaceae

Cuscuta Epithymum Murr. (MURRAY, KNUTH)
   „   europaea L. (KERNER) *p.*
Dichondra repens L. (LINDMANN, THOMSON) *gc.*
Ipomoea Pes-tigridis L. (DILLENIUS, LINNEO, KUHN) $+$

Dianthaceae

Alsine biflora L. (WARMING)
   „   groenlandica Wahl (id.)
   „   stricta Wahl (id.)
Arenaria serpyllifolia L. (Löw)
Cerastium alpinum L. (WARMING)
   „   arvense L. (MÜLLER) *p.*
   „   glomeratum Thuill. (WARMING, KIRCHNER).
   „   nutans Rafin. (MEEHAN)
   „   semidecandrum L. (MÜLLER) *p.*
   „   tetrandrum Curt. (KNUTH) *p.*
   „   triginum Will. (WARMING)
   „   viscosum L. (BATALIN, MEEHAN)
Holosteum umbellatun L. (H. MÜLLER) *f. l.*
Krascheminikovia heterantha Max. (MAXIMOWICZ, MOORE) $+$
Malachium aquaticum L. (MÜLLER, KERNER) *p.*
Melandryum album Gcke. (VÖCHTING) *f.*
   „   apricum Turez. (LINDMANN)
   „   rubrum Gcke. (VÖCHTING) *f.*
Moenchia erecta Wett. (SCULTZ) *f. l.*
Policarpon tetraphyllum L. (BATALIN)
Sagina apetala L. (SCHULTZ, WARMING) *f. l.*
   „   chilensis var. micrantha Gray (KISSINGEN) *f. l.*
   „   decandra L. (KISSINGEN) *f. l.*
   „   Linnaei Presl. (SCHULTZ, WARMING) *f. l.*
   „   nodosa Fzl. (WARMING, BATALIN)
   „   procumbens L. (SCHULTZ, WARMING)
   „   urbica Phil. (REIHE)
Silene antirrhina L. (BATALIN)
   „   apetala Wild. (id.)
   „   cerastoides L. (id.)
   „   clandestina Jacq. (id.)
   „   cretica L. (LINDMANN)
   „   gallica L. (BATALIN)

Silene hirsuta Lag. (Batalin)
„ inaperta L. (id.)
„ linicola Gmel. (Lindmann)
„ longicaulis Pourr. (Batalin)
„ noctiflora L. (Lindmann)
„ nocturna L. (id.)
„ portensis L. (Batalin)
„ pratensis Gren. (Lindmann)
„ tridentata Desf. (Batalin)
„ vilipensa Kunz. (id.)
Spergula arvensis L. (Hansgirg) *f. t.*
„ pentandra L. (Schultz) *p.*
„ vernalis W. (id.) *p.*
Spergularia marginata Kitt. (Schultz) *p.*
„ rubra Pers. (Magnus, Schultz) *f. t.*
„ salina Pers. (id.) *f. t.*
Stellaria apetala Bor. (Célakovsky)
„ cerastoides (Knuth) *f. t.*
„ glauca Witt. (Löw)
„ graminea Retz. (Löw)
„ holostea L. (id.)
„ media L. (Franceschini) *f. t.*
„ var. pallida Pir. (Löw, Schultz) *f. t.*

Droseraceae

Aldrovandia vesciculosa L. (Bentham, Hooker, Korczinski) +
Drosera intermedia Hayn. (Knuth) +
„ rotundifolia L. (Darwin, Warnstorf, Knuth) +

Gentianaceae

Cicendia filiformis Delar. (Errera, Gewaert)
Gentiana campestris L. (G. glącialis Vill.) (Kerner) *p.*
„ Pneumonanthe L. (Graebner) *t.*
„ prostrata Re (Kerner) *p.*
v tenella Rottb. (id.) *p.*
„ utriculosa L. (Löw) *p.*
Halenia asclepiadea Griseb. (Gilg) +
„ brevicornis H. B. K. (id.) +
„ deflexa Griseb. (id.) +

Halenia elliptica Dom. (id.) +
     „   multiflora Benth. (id.) +
     „   parviflora H. B. K. (id.) +
     „   Rothrockii Gray (id) +
     „   Schideana Griseb. (id.) +
Menyanthes trifoliata L. (DARWIN, KERNER) i.

Geraniaceae

Erodium maritimum var. apetala L'Hér. (LUDWIG) +   ʼ
Geranium favosum Hocst. (HANSGIRG)
     „   mascatense Boiss. (id.)
     „   omphalodeum Lang. (id.)
     „   trilophum Boiss. (id.)

Gesneriaceae

Gesneria bulbosa Hook. (GRAEBNER) t.
Trapella Oliv. (ENGLER) i.

Graminaceae

Amphicarpum Floridanum Chapm. (HACKEL)
     „   Purshii Kunth. (PURSH, GRAY, HACKEL)
Aristida basiramea Engelm. (HACKEL)
     „   gracilis Ell. (id.)
     „   oligantha Michx. (id.)
Astrebla pectinata Müll. (id.)
     „   triticoides Müll. (id.)
Avena orientalis Schreib. (HILDEBRAND)
     „   nuda L. (id.)
     „   sativa L. (id.)
     „   „   var. praegravis Kr.
     „   scabrivalvis Trin. (HACKEL)
Bouteloua aristidoides Thurb: (id.)
     „   trifida Thurb. (id.)
Briza ambigua Hack. (id.)
Bromus carinatus Hook. (id.)
     „   mollis L. (H. MÜLLER)
     „   pendulinus Schrad. (HACKEL)
     „   secalinus L. (HILDEBRAND, BEIJERINCK)
     „   sterilis L. (WARNSTORF)
     „   unioloides H. B. K. (HACKEL)
Catapodium tuberculosum Moris (KOERNICKE, HACKEL)

Chloris Berroi Arechav. (HACKEL)

" clandestina Scribn. et Merr. (VASEY, CHASE, HACKEL)

Cryptostachys Stend. (KUHN, DUVAL-JOUVE, DARWIN, HANSGIRG)

Dactyloctenium aegyptiacum Willd. (HACKEL)

Danthonia americana Scribn. (PRINGLE)

" breviaristata (Beck.) Vierh. (Danthonia calycina $\times$ Sieglingia decumbens) (VIERHAPPER)

" californica Bol. (HACKEL)

" collina Phil. (id.)

" compressa Austin (id.)

" epilis Scrib. (PRINGLE)

" intermedia Vasey (HACKEL)

" montana Doell. (id.)

" montevidensis Hack. et Arechav. (id.)

" nuda Hook. (id.)

" sericea Nutt. (id.)

" spicata R. et Sch. (GRAY, HACKEL)

" unispicata Munro (HACKEL)

Diplachne serotina Link. (JANKA, BALANSA, HACKEL)

" " var. bulgarica Bornm. (HACKEL)

" squarrosa Richt. (id.)

" Tracyi Vasey (id.)

Eleusine verticillata Roxb. (id.)

Eragrostis Barrelieri Daveau (id.)

Erianthus Trinii Hack. (id.)

Festuca australis Nees (id.)

" ciliata Danth. (DUVAL-JOUVE, HACKEL)

" microstachys Nutt. (HACKEL)

" var. ciliata Gray (HOWELL)

" Myurus L. (DUVAL-JOUVE, HACKEL)

" var. muralis Knuth (id.)

" var. plebeja R. Br. (id.)

" octoflora Walt. (F. tenella Willd.) (id.)

" pacifica Piper (id.)

" sciuroides Roth. (DUVAL-JOUVE, HACKEL)

" uniglumis Soll. (DUVAL-JOUVE)

Garnotia courtallensis Thw. (HACKEL)

Hordeum distichon L. (DELFINO, GODRON, KOERNICKE, HACKEL)

" " var. erectum Schubl. (KOERNICKE)

" hexastichon L. (GODRON, KOERNICKE, HACKEL)

Hordeum hexastichon var. pyramidatum Koern. (KOERNICKE)
    „   murinum L. (HACKEL)
    „   vulgare L. (DELFINO, KOERNICKE, HACKEL)
    „   Zeocriton L. (GODRON, KOERNILKE)
Leersia oryzoides Sw. (Oryza clandestina R. Br.) (SCHREBER, DAR-
            WIN, KOERNICKE, BUCHENAU, DUVAL-JOUVE, HACKEL)
Leptochloa mucronata Knuth (HACKEL)
Oryza sativa L. (ABBADO)
Panicum clandestinum L. (HITCHCOCK, CHASE, HACKEL)
    „   consanguineum Knuth (HACKEL) (?)
    „   dicotomum L. (id.)
    „   lanuginosum Ell. (HITCHCOCK, HACKEL) (?)
    „   latifolium L. (HITCHCOCK, HACKEL) (?)
    „   neuranthum Gris. (HACKEL) (?)
    „   perlongum Nash. (id.) (?)
    „   Scribnerianum Nash. (HITCHCOCK, HACKEL) (?)
Pappophorum mucronulatum Nees. (HACKEL)
    „   vaginatum Buckl. (id.)
    „   Wrightii Wats. (id.)
Scleropoa rigida Gris. (id.)
Secale cereale L. (GODRON)
Sporobolus cryptandrus Gray (HACKEL)
    „   subinclusus Phil. (id.)
    „   vaginiflorus Wood. (id.)
Stipa amphicarpa Phil. (id.)
    „   barbata Desf. (id.)
    „   capillata L. (id.)
    „   gigantea Lag. (GODRON, TRABUT)
    „   „   var. Lagascae R. et Sch. (TRABUT)
    „   hirta Phil. (HACKEL)
    „   juncea L. (GODRON)
    „   Lessingiana Tr. et Rupr. (HACKEL)
    „   pennata L. (GODRON, HACKEL)
    „   „   var. Tirsa Stev. (HACKEL)
    „   „   var. pulcherrima Koch. (HACKEL)
    „   semibarbata R. Br. (id.)
Tetrapogon spataceus Hack. (Cloris spathacea Hochst.) (HACKEL)
Triodia decumbens Beauv. (KOERNICKE, HACKEL)
    „   elongata Bush. (HACKEL)
    „   mutica Wats. (id.)

Trisetum interruptum Burckl. (Hackel)
" Orcuttianum Vasey (id.)
Triticum Spelta L. (Hansgirg)
" vulgare Will. (Kocrnicke, Godron)
Uniola latifolia L. (Hackel).

Hydrophyllaceae

Nemophila maculata Benth. (Meehan) +

Hypericaceae

Hypericum canadense L. (Meehan)
" humifusum L. (Kerner)
" japonicum Thumb. (Thomson)
" mutilum L. (Meehan)

Iridaceae

Sisyrinchium anceps Lam. (Hansgirg, Kerner) *p.*

Juncaceae

Juncus bufonius L. (Batalin, Ascherson, ecc.) *f. t.* +
" capitatus Weg. (Buchenau) +
" Chamissonis Knuth (Knuth, Hansgirg) *p.*
" glaucus Ehr. (id.) *p.*
" homolocaulis Müll. (Buchenau, Knuth) +
" pygmaeus Rch. (Buchenau)
" repens Mchx. (id.) +
" squarrosus L. (Ascherscn) *p.* (?)
" Tenageja Ehr. (Ascherson) *f. t.*
Luzula maxima Lam. (Hansgirg)
" purpurea Link. (id.)
" vernalis Seb. et Maur. (id.) *f. t.*

Lamiaceae

Ajuga Iva Schref. (Ascherson, Forskal)
Coleus aromaticus Benth. (Graebner) *t.*
Lamium album L. (Kieffer)
" amplexicaule L. (Linneo, Kerner, Hoffman, ecc.) *t. f. tr.*
" var. cryptanthum Guss. (Kieffer)
" purpureum L. (Vöchting) *f.*
Salvia cleistogama De Bary et Paul. (Ascherson, Darwin) +
" lanigera Poir. (Schweinfurth, Ascherson)

Salvia pseudocleistogama Pir. (PIROTTA)
"   Verbenaca L. var. clandestina (LINNEO, WILLIS) *l*.

Liliaceae

Gagea lutea R. et S. (KERNER) *p*.
"   pratensis Henf. (HANSGIRG, WARNSTORF)

Lythraceae

Ammania latifolia Torr. et G. (KÖHNE) +
"   verticillata Boiss. (KUHN, KÖHNE)
Cuphea floribunda Lehn. (TREVIRANUS)
"   Melvilla Lindl. (id.)
"   silenoides Nees (id.)
Lythrum nummulariifolium Lois. (KÖHNE)
"   tesoides Bieb. (id.)
Peplis Portula l.. (HEUSLOW, MAC LEOD, ecc.) *i*.
Rotala L. sp.
Nesaea Comm. sp.

Malpighiaceae

Aspicarpa hirtella Rich. (Richard) +
"   hyssopifolia Gray (ASA GRAY) +
"   longipes Gray (ASA GRAY) +
"   urens Rich. (MOHL)
Camarea St. Hil. sp.
Gaudichaudia H. B. K. (KUHN)
Janusia gracilis Gray (KUHN) e altre specie (JUSSIEU)

Malvaceae

Malva rotundifolia L. (HEUSLOW) +
Malvastrum angustum Gray (BUSH) +
Pavonia hastata Cav. (FITZGERALD, TURNER, HECKEL) +

Najadaceae

Potamogeton diversifolius Raf. (BRITTON e BROWN) *i*.
"   Robbinsi Ook. (id.) *i*.
     Spirillus Tuch. (id.) *i*.

Nyctaginaceae

Acleisanthes Wrightii Gray (ASA GRAY) +
Akenia hypogaea Sch. et Char. (KARSTEN) +

Nyctaginia capitata Chois. (PATTERSON, DARWIN) +
Oxybaphus nyctagineus Svh. (ASA GRAY) +
Selinocarpus Gray (ASA GRAY) +

Nymphaeaceae

Euryale ferox Sal. (ARCANGELI, FRANCESCHINI) *i. f. tr.*
Nymphaea coerulea Savigny. (HANSGIRG) *i. f.* (?)
    „   Gardneriana (KUHN) *i. f.*
    „   Madagascariensis DG. (HANSGIRG) *i. f.* (?)
    „   Rudgeana Meyer (HANSGIRG) *i. f.* (?)
    „   Sansibarensis (HANSGIRG) *i. f.* (?)
Victoria regia Lindl. (id.) *i. f.* (?)

Oenotheraceae

Gaura parviflora Dougl. (HEUSLOW)
Oenothera tenella Bert. (Godetia Cavanillisii Spach). (PHILIPPI,
    GEWAERT)
Trapa natans L. (GIBELLI e BUSCALIONI)
    „   verbanensis D. Nrs. (id.)

Oleaceae

Forsythia Wahl sp. (DARWIN) (?)
Jasminum L. sp. (KUHN) (?)

Orchidaceae.

Bulbophyllum cleistogamum Smith (SMITH)
Cattleya Lindl. (DARWIN, KUHN) +
Dendrobium roseum Rolf. (RIDLEY, ANDERSON) +
Epidendron L. sp. (DARWIN, KUHN, ecc.) +
Limodorum abortivum Sw. (PEDICINO, FRYHOLD)
Liparis cleistogamum Smith (SMITH)
Maxillaria rufescens Lindl. (REICHENBACH)
Oncidium Lemonianum Lindl. (BURCK)
Phajus Blumei Lindl. (KNUTH)
    „   villosus Rchb. (AYRES, MOORE)
Polystachya luteola Hook. (EGGERS)
    „   zeylanica Lindl. (MOORE)
Schomburgkia Lindl. varie specie (KUHN ecc.) +
Tainia penangiana Burck (BURCK, KUHN, ecc.) +
Thelymitra carnea R. Br. (FITZGERALD)
    „   circumsepta Fritz. (id.)
    „   longifolia R. Br. (id.)

Orobancaceae

Epiphegus virginiana Bart. (Leawit) +
Lathraea squamaria L. (Heinricher) +
Orobanche minor Sm. (Graebner) *l.*
Phaelipaea lutea Desf. (Trabut) +

Oxalidaceae

Oxalis Acetosella L. (Michalet, Mohl ecc.) +
 " cernua Thumb. (Nicotra) +
 " corniculata L. (Borzì)
 " Deppii Lodd. (Knuth)
 " incarnata L. (id.)
 " lasiandra Zucc. (id.)
 " lobata L. (id.)
 " micrantha Bert. (id.)
 " sensitiva (Darwin, Kerner)
 " stricta L. (Knuth, Abbado)

Papaveraceae

Hypecoum pendulum L. (Kerner) *p.*
 " procumbes L. (id.) *p.*
Papaver Argemone L. (Warnstorf)
 " hybridum L. (Hoffmann) *tr.*

Paronychiaceae

Corrigiola litoralis L. (Heuslow, Warnstorf)
Gymnocarpus decander Forsk. (Hansgirg)
Herniaria glabra L. (Heuslow, Warnstorf)
Illecebrum verticillatum L. (Delfino) *i.*
Paronychia Bonariensis DC. (Heuslow) *l.*
Polycarpon tetraphyllum L. (Batalin)
Scleranthus annuus L. (Schultz)

Phaseolaceae

Amphicarpaea monoica Ell. (Asa Gray, Meehan, Schively) +
 " sarmentosa DC. (Knuth)
Anthyllis tetraphylla L. (Kieffer)
Arachis hypogaea L. (Kuhn) *gc.* (?)
Astragalus monspessulanus L. (Kieffer)
Chapmannia Torr. et Gr. (Kuhn)

Clitoria cajanifolia Benth. (HARMS) +
„ densiflora Benth. (id.) (?)
„ glycinoides DC. (id.) +
„ guianensis Benth. (id.) +
Cologania affinis Mart. et Gall. (id.) +
„ biflora Nich. (id.) +
„ Lemmonii Gr. (id.) +
„ longifolia Gr. (id.) +
„ Martia Ros. (id.) +
„ ovalifolia H. B. K. (id) +
„ pulchella H. B. K. (id.) +
„ racemosa Ros. (id.) +
Galactia canescens Bent. (ENGLER) gcl. +
Glycine L. sp. (KUHN)
Heterocarpea Scheele sp. (KUHN)
Lathyrus amphicarpus Gmel. (DELFINO, BATTANDIER) gcl.
„ Nissolia L. (DARWIN, KIRCHNER)
„ setifolius L. (Kieffer).
Lespedeza violacea Pers. (FÖRSTER) +
Martinsia Schult. (Neurocarpum Des.) sp. (KUHN)
Neocracca Kuntzei Ok. var. minor (FRIES) +
Ononis Columnae All. (DARWIN) +
„ minutissima L. (id.) +
„ parviflora Lam. (id.) +
Orobus saxatilis Vent. (HUT) gcl.
„ setifolius A. Br. (HUT) gcl.
Parochaetus Ham. (KUHN)
Pisum sativum L. (GÖBEL, LÖW)
Robinia Pseudacacia L. f. cleistogama (KNUTH)
Stylosanthus Sw. sp. (KUHN)
Theprosia heteranthera Gris. (HIERONYMUS) +
Trifolium polymorphum Poir. (BENTHAM, LINDMANN) gcl. +
„ subterraneum L. (DELFINO, KUHN) gc. (?)
Vicia amphicarpa Dorth. (HUT, ASCHERSON, LÖW, ecc.) ycl.
„ angustifolia All. (ASCHERSON, HUT) gcl.
„ lathyroides L. (LÖW) (?)
„ lutea L. (ASCHERSON, HUT) gcl.
„ narbonensis L. (HUT) gcl. (sterile)
„ peregrina L. (KIEFFER)

Vicia pyrenaica Pourr. (Hut, Ascherson, Kieffer, ecc.) *gcl.*

Voandzeia subterranea Thou. (Mohl, Taubert, Darwin) *gcl.* +

Plantaginaceae

Plantago virginica L. (Ludwig) +

Podostemonaceae

Podostemon Barberi Willis e altre (Willis, Warming) *i.*

Polemoniaceae

Collomia Cavanillesii Hook. et Arm. (Ludwig) *tr.*

" coccinea L. (Ludwig, Scharlock) *tr.*

" grandiflora Lindl. (Ludwig, Scharlock, Peter)

" linearis Nutt. (Ludwig, Scharlock) *tr.*

Polygalaceae

Polygala paucifolia Wild. (Shaw) +

" polygama Walt. (Shaw, Hooker, ecc.) +

Polygonaceae

Polygonum acre H. B. K. (Meehan, Kearney) +

" arifolium L. (Coulter, Meehan) *f.*

" aviculare L. (Meehan)

" Bolanderi Brew. (Coulter) *f.*

" californicum Meiss. (id.) *f.*

" Cureya Olm. (id.) *f.*

" Hartwrightii Algr. (id.) *f.*

" Hydropiper L. (Kerner, Coulter, Meehan) *f.*

" hydropiperoides Mchx. (Knuth)

" lapathifolium L. (Coulter) *f.*

" maritimum L. (id.) *f.*

" minus Huds. (Kerner) *f.*

" mite Scr. (id.) *f.*

" orientale L. (Meehan)

" pensylvanicum L. (id.)

" Persicaria L. (Coulter, Meehan) *f.*

" ramosissimum Mchx. (id.) *f.*

" sagittatum L. (Coulter, Meehan) *f.*

" virginianum L. (Meehan)

Pontederiaceae

Heteranthera callaefolia Rchb. (Solms-Laubach) +

" Kotschyana Fenzl. (Kirch, Solms-Laubach) +

Heteranthera Potamogeton Solms. (SOLMS-LAUBACH) +
" reniformis R. et P. (id.) +
" spicata Presl. (id.) +
Hydrothrix Gardneri Hook. (HOOKER) +
Monochoria Presl. sp. (KUHN)
Pontederia L. varie specie (SCHÖNLAND) +
Reussia Endl. varie specie (id.) +.

Portulacaceae

Calandrinia Landbeckii Phil. (REICHE)
Montia fontana L. (DELFINO, KERNER) *p. t.*
" minor Gmel. (id. id.) *p. t.*
" rivularis Gmel. (id. id.) *p. t.*
Portulaca Gillesii Hook. (HANSGIRG) *p.*
" grandiflora Lindl. (DE BONIS) +
" oleracea L. (BATTANDIER) +
" pilosa L. (MEEHAN, ENGELMANN, HANSGIRG) *f. p.*
Talinum calycinum Eng. (HANSGIRG) *p.*

Primulaceae

Androsace Vitaliana K. S. (TREVIRANUS)
Anagallis arvensis L. (KERNER) *p.*
Centunculus minimus L. (id.) *p.*
Dionysia Fenzl sp. (KUHN)
Hottonia inflata Ell. (ASA GRAY)
" palustris L. (APPEL) *i.*
Lysimachia nummularia L. (KERNER) *p.*
Primula grandiflora Hort. (KIEFFER).
" sinensis Lindl. (LJNGSTRÖM)

Ranunculaceae

Ranunculus aquatilis L. (DARWIN, HANSGIRG) *i.*

Rosaceae

Dalibarda repens L. (ASA GRAY) *t.*

Rubiaceae

Cruciaŋella patula L. (KNUTH)
Erithalis fruticosa L. (EGGERS)
Galium uliginosum L. (SCHULTZ)

Rutaceae

Melicope simplex Comm. (THOMSON)

Saxifragaceae

Chrysosplenium tetrandrum Lind. (DELFINO)
Saxifraga caespitosa L. var. apetala (DELFINO)

Scrophulariaceae

Ilysanthes gratioloides Benth. (URBAN, LÖW.) +
Limosella aquatica L. (KERNER) *i.*
Linaria agglutinans Pomel. var. lutea (TRABUT) +
        " canadensis Spreng. (WEBSTER) +
        " Elatine Mill. (HANSGIRG) *gc.* +
        " spuria Mill. (MICHALET, HECKEL, ecc.) *gc.* +
Mimulus Tillingii L. (HANSGIRG)
Salpiglossis sinuata R. et Pav. (DE BONIS)
Scrophularia arguta Ait. (DUREAU, MAISONNEUVE, MURBECK, TRE-
        LEASE) +
Vandellia nummularifolia Dom. (DARWIN) +
        " pyxidaria Max. (MAXIMOVICZ, URBAN) +·
        " sessiliflora Benth. (SCHIMPER, KUHN)
Veronica agrestis L. (Löw, *p.*
        " arvensis L. (KNUTH)
        " Buxbaumi Ten. (DARWIN)
        " Cymbalaria L. (Löw) *p.*
        " hederaefolia L. (Löw) *p.*
        " polita Fries (HANSGIRG) *p.*
        " serpyllifolia L. (Löw) *p.*
        " triphylla L. (id.) *p.*

Solanaceae

Hyosciamus niger L. var. agrestis West (LUDWIG) *tr.*
Salpiglossis sinuata R. et Pav. (DE BONIS) *tr.*
        " variabilis Hort. (HACKEL)
Solanum chlorocarpum Spenn. (PIROTTA)
        " Melongena L. (MOTTAREALE) *t.*
        " miniatum Willd. (PIROTTA)
        " nigrum L. (id.)

Sterculiaceae

Theobroma Cacao L. (ENGLER) *gcl.* +

Thymeleaceae

Leucosmia Benth. sp. (DARWIN, HILDEBRAND)
Passerina annua Wikstr. (KERNER) *p.*

Violaceae

Hybanthus concolor Spreng. (Löw) +
Jonidium commune St. Hil. (Bebnouilli, Cole) +
Stybanthes Ipecacuana var. indecora St. Hil. (Reiche e Tau-
    bert) +
Viola alba Bess. (Michalet) +
    "   arenaria DG. (Kerner, Lindmann) +
    "   bicolor L. (Müller) +
    "   biflora L. (Müller, Boisduval, Reiche, Taubert, ecc.) +
    "   canadensis L. (Meehan) +
    "   canina L. (D. Müller, Darwin, Bennet, Warnstorf) +
    "   collina Bess. (Kerner, Goebel) +
    "   cucullata Eliot. (Knuth, Bennett) +
    "   Cunninghami Hook. (Thomson) +
    "   elatior Fr. (Reiche, Taubert, Mohl) +
    "   filicaulis Hook. (Thomson) +
    "   floribunda Jord. (Bennet) +
    "   hirta L. var. Salvatoriana (Darwin, Calloni) +
    "   jonidium (Darwin) + (?)
    "   lancifolia Thor. (D. Müller) +
    "   minuta var. Meyeriana Bieb. (Sommier) +
    "   mirabilis L. (Dillenius, Göbel) +
    "   montana L. (Linneo) +
    "   nana Godr. (Darwin) +
    "   odorata L. (D. Müller, Darwin, Göbel, Arcangeli, Fran-
        ceschini) *gc.* +
    "   palustris L. (Chatin, Boisduval) +
    "   pedata L. var. bicolor Gray (Meehan) +
    "   pinnata L. (Linneo) +
    "   Roxburghiana Voig. (Darwin) +
    "   Ruppii All. (Boisduval) +
    "   rustica (Graebner) +
    "   sagittata Ait. (Knuth, Bennett) +
    "   sarmentosa Dougl. (Meehan) +
    "   sciaphila Koch. (Calloni) +
    "   sepincola Jord. (Kerner) +
    "   silvatica Fr. (Bennet, Corry, Knuth) +
        "   var. Riviniana Rch. (id.) +
    "   stagnina Kitt. (Korry, H. Müller) +

Viola stricta Harm. (Meehan) +
 „ suberosa Desf. (Battandier) +.
 „ tricolor L. (D. Müller, Willis) +
 „ var. arvensis Murr. (Lederbauer) *f.* +

*
* *

Il fenomeno della cleistogamia ha sempre destato, fin dal tempo della sua scoperta, l'interesse dei botanici, ed ha sempre avuto una grande importanza nella biologia del fiore. Già abbiamo visto come i primi fiori cleistogami conosciuti avessero avuto parte nella lotta fra i sostenitori della sessualità delle piante e gli oppositori di essa. Abbiamo pure veduto come in seguito il *Juncus bufonius* avesse servito a Batalin per combattere la teoria di Darwin sulla necessità della fecondazione incrociata per la conservazione della specie. Sempre poi lo studio dei botanici fu rivolto alla ricerca delle cause del fenomeno, e del significato che la cleistogamia ha nella vita delle piante. La questione è tutt'altro che risolta, e le osservazioni sono ancora troppo incomplete perchè si possa pensare ad una seria soluzione; però abbondano i tentativi di spiegazioni, e la cleistogamia è messa in relazione cogli altri fenomeni che si osservano nella biologia fiorale, e talora impiegata addirittura per sostenere delle teorie d'indole generale.

Le spiegazioni date del fenomeno dai vari autori differiscono in prima linea per ciò che molti di essi pongono come fine della cleistogamia l'utilità, mentre altri la fanno derivare da cause esterne che agiscono indipendentemente dall'utilità stessa. Ma tra l'una e l'altra scuola troviamo tutta una serie di gradi di passaggio. Infatti da un lato esistono autori seguaci di Naegeli e Warming, i quali considerano l'utilità come la causa prima dell'origine della cleistogamia; essi ritengono che il bisogno operi come stimolo e gli organismi abbiano una speciale facoltà innata di variare in una maniera utile alla vita, in concordanza colle condizioni esterne. Perciò tali autori per ogni pianta si domandano quale scopo essa abbia nella produzione di fiori cleistogami. Altri invece ammettono la fissazione per selezione naturale di variazioni utili, prodottesi nella pianta per virtù propria o anche per cause esterne, le quali hanno portato la pianta poco alla volta alla produzione di fiori cleistogami: anche qui dunque l'utilità è sempre ammessa, ma come una causa indiretta. Per altri autori poi non solo non c'è nella produzione di fiori cleistogami uno scopo diretto, ma i fiori cleistogami non sono sempre diventati una necessità per la pianta; essi sono stati prodotti da cause esterne a questa e indipendenti dalle sue esigenze.

Ora, prima di addentrarci un po' di più nell'esame delle cause ammesse dai vari autori, dobbiamo domandarci appunto: la cleistogamia si mostra veramente, se non in tutti, almeno in alcuni casi, utile per la pianta?

Per rispondere a questa domanda dobbiamo anzitutto considerare in quale relazione sia la produzione di fiori cleistogami, i quali naturalmente sono autogami, colla nota teoria di DARWIN sulla necessità della fecondazione incrociata per fornire agli individui la resistenza necessaria a perpetuare la specie.

Se tutte le specie che producono fiori cleistogami sviluppassero anche dei fiori casmogami, pur essi fertili, la questione non presenterebbe nessuna difficoltà. DARWIN stesso il quale, date le cognizioni d'allora, ammise che tutte le specie con fiori cleistogami producessero pure dei fiori perfetti, non trovò affatto ch'essi contraddicessero alla sua teoria. Infatti i fiori cleistogami, prodotti da cause diverse, su cui ci tratterremo fra breve, avrebbero offerto alla pianta sopratutto il vantaggio di produrre una grande quantità di semi con poco consumo di polline, essendo questo rinchiuso e quindi non soggetto a dispersione; ma i discendenti di tali fiori cleistogami ed autogami avrebbero poi potuto incrociarsi coi discendenti dei fiori casmogami ed allogami.

Del resto è noto che da molto tempo i botanici si sono ricreduti dall'idea che aveva dominato dopo la pubblicazione delle opere del Darwin, che l'autogamia sia sempre evitata, e dovettero riconoscere ch'essa è anzi molto diffusa e che numerose piante possiedono addirittura delle disposizioni atte ad assicurare questo modo d'impollinazione quando per una causa qualsiasi venga a mancare l'allogamia. KERNER dedica nella sua *Vita delle piante* un'intero capitolo alla descrizione di fiori che presentano di tali disposizioni. Queste sono variissime, come varia è la forma dei fiori. Tra esse sono da collocare quelle che assicurano l'autogamia nei casi in cui manchi la visita degli insetti, e fra queste troviamo a sua volta un caso semplicissimo di cleistogamia: quello di fiori entomofili che non si aprono affatto quando la visita degli insetti non possa essere aspettata. « Nelle regioni montane delle zone temperate », dice KERNER, « accade spesso che nell'epoca in cui i fiori sono vicini ad aprirsi cominci a piovere, e la pioggia continui talora parecchie settimane. Le api, i bombi, le farfalle e i ditteri si ritirano nei loro nascondigli e devono sospendere per lungo tempo le loro visite ai fiori. L'accrescimento delle piante non è però sospeso durante lo stesso periodo e anche nei fiori lo sviluppo procede tranquillamente, se la temperatura è propizia; il tessuto stimmatico diventa atto a ricevere il polline, le antere raggiungono la maturità sessuale, si aprono e mandano fuori il polline; ma neppure un raggio di sole passa attraverso le nuvole; la pioggia continua e gli insetti rimangono ritirati nei loro nascondigli, difesi dalla pioggia. In tali circostanze i fiori non si aprono, l'autogamia si effettua nel fiore chiuso e le disposizioni tendenti a produrre un incrociamente non entrano in attività ». Secondo KERNER, ciò si osserva per es. nelle specie *Alsine rubra, Anagallis phoenicea, Arabis coerulea, Azalea procumbens, Calandrinia compressa, Centunculus minimus, Drosera longifolia, Gagea lutea, Gentiana campestris, G. glacialis, G. prostrata, Hypecoum pendulum, Hypericum humifusum, Lepidium sativum, Montia fontana, Oxalis corniculata, O. stricta, Polycarpon tetraphyllum, Portulaca oleracea, Sagina saxatilis, Silene noctiflora, Sisyrinchium anceps, Spergula arvensis, Stellera Passerina, Veronica alpina, Bellidifolia* e *Chamaedrys*: piante viventi nelle più diverse stazioni, che hanno solo in comune il fatto che i loro fiori, nel caso in cui si aprano, rimangono aperti solo per breve tempo. Nelle piante con fiori di lunga durata si osserva non raramente che nelle epoche di piogge persistenti l'autogamia si compie nel fiore chiuso, ma poi, se il tempo ritorna bello, i fiori si aprono e permettono agli insetti di portar via il polline che non è stato impiegato nell'autogamia. Esempi di piante in cui è stato spesso osservato questo fatto sono *Rhododendron hirsutum, Menyanthes trifoliata* e *Cuscuta europaea*.

Se dunque esistono delle piante le quali, oltrecchè per fiori casmogami fertili, si propagano anche per fiori cleistogami, il fatto non contraddice alla legge di Darwin, e si trova in perfetto accordo cogli altri casi di autogamia abbondantemente diffusi tra le Fanerogame.

Le difficoltà sorgono però quando si voglia ammettere l'esistenza di specie con fiori sempre chiusi ed autogami (archicleistogame), e in ogni modo esistono sempre per quelle specie che hanno i fiori casmogami abitudinalmente sterili, e per quelle altre che sono esclusivamente cleistogame in una data regione, e per cui non è possibile ammettere che avvenga regolarmente una impollinazione per opera di fiori casmogami molto lontani.

Quanto alle specie archicleistogame, esse non presentano nessuna difficoltà di spiegazione a BURCK ([1]) il quale anzi specialmente dalla loro supposta esistenza è stato recentemente condotto a formulare una teoria ben diversa da quella di Darwin, dichiarando l'autogamia come il sistema più vantaggioso di riproduzione e riconoscendo utile l'allogamia solo in certi casi. Egli distingue due categorie di piante. Alla prima appartengono quelle che sono esposte al « *pericolo* » che del polline estraneo sia deposto sullo stimma d'un fiore, il che può dare origine a un imbastardimento in seguito a cui la discendenza perde i suoi caratteri specifici, mentre la sua forza e fertilità diminuiscono. Gli incrociamenti di questi bastardi con uno dei progenitori o con un altro discendente un po' diverso dal primo possono aumentarne di nuovo la forza e la fertilità. Tali piante danno quindi coll'autofecondazione dei discendenti più deboli e meno fruttiferi che coll'incrocio. (E qui giova notare che, per quanto mi pare, l'autore non intende già parlare dei soli ibridi ottenuti dall'incrocio di specie o varietà diverse, ma anche dei prodotti d'incrocio fra due piante uguali). All'altra categoria appartengono piante che si fecondano sempre autogamicamente, per la qual cosa i discendenti vanno esenti da ogni inquinamento e conservano di generazione in generazione le loro proprietà e la loro forza e fecondità. L'autogamia, invece d'esser dannosa a tali piante è sempre in grado di procurare la conservazione delle loro proprietà. BURCK dà come esempio di quest'ultima categoria la *Myrmecodia* e quelle *Anonaceae* di cui già abbiamo parlato, che LOEW chiama cleistopetale e ch'egli ritiene esclusivamente cleistogame, come pure quelle piante i cui fiori prima si fecondano autogamicamente e poi si schiudono.

(1) Darwin Kreuzungsgesetz und die Grundlagen der Blütenbiologie.

Non è qui il luogo di estendersi nell'analisi della teoria di Burck; solo accenneremo ch'egli dà la stessa importanza alla autofecondazione e alla fecondazione incrociata fra fiori dello stesso individuo, e ritiene che le disposizioni fiorali che molte piante presentano, atte a procurare l'allogamia, hanno per scopo l'incrocio di fiori dello stesso individuo e non di quelli di piante diverse. Anche riguardo all'azione del polline egli ritiene che il polline d'un individuo diverso sia più efficace del proprio solo nelle piante più o meno ibride, mentre nelle specie pure il polline proprio è sempre più efficace di quello estraneo. Quanto alla dicogamia, ossia alla maturazione in momenti diversi degli stami e dei pistilli, essa non si sarebbe prodotta come un adattamento allo scopo di produrre un incrocio. La protandria è un fenomeno normale, dovuto alla posizione dell'androceo nel fiore e alla maturazione successiva dei verticilli fiorali, cominciando dal calice. La protoginia poi sarebbe un fenomeno anormale, dipendente da inversione nella precedenza dello sviluppo, ma non prodotto da un adattamento, bensì da altre cause, interne alla pianta. Anche la diclinia e l'ercogamia non avrebbero lo scopo di favorire l'incrociamento. Esse si sarebbero prodotte per una mutazione subitanea e si sarebbero conservate senza alcuna relazione cogli scopi della fecondazione.

Non è qui il caso di fare una critica della suddetta teoria; osserveremo soltanto che le due categorie di piante su cui essa si basa hanno un'estensione enormemente diversa, comprendendo l'una la maggior parte delle piante, e l'altra quelle poche che abbiamo detto, le quali sole sarebbero scampate ad una fecondazione incrociata. Quando ciò fosse, si capisce che, anche se fossero vere le ipotesi del Burck, la teoria di Darwin non verrebbe gran che scossa, poichè, qualunque sia il motivo, quasi tutte le piante si comporterebbero in conformità di essa. Aggiungasi che non è affatto dimostrato che le piante citate da Burck sfuggano a una fecondazione incrociata. Come già abbiamo detto, Loew (¹) ha rilevato che anche da altri botanici sono stati trovati dei fiori che si comportano analogamente a quelli descritti da Burck e che pure subiscono la fecondazione incrociata per opera di formiche o di calabroni o di coleotteri

---

(1) Op. cit.

o di colibri; perciò potrebbe darsi che anche i fiori descritti da BURCK si trovassero nelle stesse condizioni. Oltracciò tali fiori presentáno delle evidentissime disposizioni per l'allogamia, e da molti non sono nemmeno considerati come veri cleistogami (LOEW, come già sappiamo, li mette a parte sotto la denominazione creata da ULE di *cleistopetali)*. Essi non paiono dunque i più indicati per servire di base a una teoria, sia ch'essa riguardi il valore dell'autogamia e dell'allogamia, sia che voglia spiegare l'origine della cleistogamia, come fa quella esposta dal BURCK in un suo precedente lavoro (¹ , della quale diremo in seguito.

Quanto alle specie cleistogame con fiori casmogami sterili e a quelle che in qualche regione sono esclusivamente cleistogame, le difficoltà esistono tanto di fronte alla legge di DARWIN, quanto anche a quella di BURCK.

Si tratta infatti di specie che si riproducono sempre autogamicamente e in cui le generazioni che si succedono conservano la loro vigoria senza che avvengano incroci fra individui diversi. Ora ciò sta in opposizione colla legge di DARWIN. Ma siccome nulla ci autorizza a credere che anche nel passato i fiori casmogami delle prime siano stati sterili e non siano stati soggetti ad allogamia, e nelle seconde l'allogamia si compie realmente in qualche regione, cosi l'esistenza loro non può trovare appoggio e spiegazione nemmeno dalla legge di BURCK.

Esse perciò non cessano di rappresentare un enigma, e meritano da parte dei biologi il massimo interesse.

Che la cleistogamia torni utile, per lo meno nella massima parte dei casi, alle piante che la presentano, risulta chiaro dalle osservazioni fatte dai numerosi autori che si occuparono del fenomeno, i quali sono tutti concordi nell'ammettere tale utilità.

Abbiamo già visto che DARWIN considerava i fiori cleistogami come un mezzo di risparmio per la pianta; per essi si ottiene la produzione d'una grande quantità di semi con poco consumo di sostanza nutritiva e di vigoria vitale. DARWIN notò che oltre all'essere il fiore notevolmente ridotto in grandezza, non occorre che la produzione d'una quantità molto piccola di

(1) Die Mutation als Ursache der Kleistogamie (Recueil des Travax Bot. Néer landais, Vol. 1, 1905, p. 1).

polline, poichè nessuna porzione di questo va perduta nè per l'azione degli insetti nè per quella della stagione e ciò importa assai, essendo il polline molto ricco di azoto e di fosforo. « I fiori cleistogami producono semi con un consumo straordinariamente minore di polline, ed essi producono per regola generale esattamente lo stesso numero di semi dei fiori perfetti ». DARWIN spiegò pure il fatto che in molte piante con fiori cleistogami questi seppelliscono gli ovari nel terreno, come un mezzo per preservarli dalle offese degli uccelli o di altri nemici. Per lo stesso scopo le cariossidi di *Leersia* restano a loro volta nascoste nel modo più perfetto entro le guaine fogliari.

Abbiamo poi citato una serie di piante che, secondo KERNER, mantengono i fiori chiusi e diventano cleistogame quando il tempo non permette la visita degli insetti. Sempre secondo KERNER, in alcuni *Polygonum (P. Hydropiper, P. minus, P. mite)* quegli individui che crescono solitari e hanno esposti al sole e visibili e accessibili agli insetti tutti i loro rami forniti di fiori, presentano tutti i fiori casmogami, mentre se centinaia d'individui della stessa specie sono associati e stipati, solo i fiori superiori si aprono alle visite degli insetti mentre quelli che si trovano sui rami inferiori e stanno all'ombra e nascosti, nè possono essere facilmente raggiunti dagli insetti, restano chiusi e si fecondano autogamicamente.

Come KERNER così molti altri autori pensano che i fiori cleistogami spesso si siano prodotti per assicurare la fertilità alla pianta. Tali sono per es. H. MÜLLER, KIRCHNER, LUDWIG, KNUTH. Per essi l'esempio più evidente è dato da quelle specie del genere *Viola* in cui i fiori casmogami sono diventati sterili e la riproduzione è affidata completamente ai cleistogami. KNUTH, come già abbiamo detto altrove, ritiene che la comparsa prevalente dei fiori cleistogami in *Drosera* dipenda dal fatto che gli insetti sono così attratti dalle gocce splendenti dei tentacoli fogliari, che non si occupano più dei fiori e questi restano senza pronubi. Secondo LUDWIG ([1]), molte piante esotiche fioriscono in Europa con fiori solo cleistogami parte per mancanza di pronubi e parte per condizioni climatiche inadatte. « Suolo e posizione difettosa, tempo sfavorevole nell'epoca della fiori-

_____

(1) *Biologie der Pflanzen* 1895.

tura, mancanza di pronubi si devono considerare come cause dell'adattamento alla cleistogamia ».

L'utilità è evidentissima nelle piante idrocleistogame : quando i loro fiori restano sommersi non è più possibile una fecondazione incrociata e allora essi restano chiusi e così è assicurata la loro fertilità.

Se tutti gli autori sono d'accordo nel riconoscere in genere l'utilità della cleistogamia, le loro opinioni però si dividono, come già abbiamo accennato, quando si tratta di stabilire se la cleistogamia sia utile in tutte le piante che la presentano, e quale importanza abbia avuto l'utilità nella produzione del fenomeno. Per gli uni la cleistogamia è sempre utile, anche in quelle piante per cui non si sa ancora in che consista l'utilità; però mentre c'è fra questi chi considera l'utilità stessa come la ragione prima del fenomeno, altri, più numerosi, ammettono che la cleistogamia sia frutto della selezione naturale, e perciò considerano l'utilità come una causa indiretta. Per questi autori l'utilità acquista il significato d'una necessità. Per altri poi la cleistogamia rappresenta solo un modo di fioritura casuale che s'è prodotto per selezione, come fissazione d'una reazione utile fra le diverse che sono state prodotte da cause esterne, ma senza che in origine la pianta ne sentisse la necessità; e anche oggidì l'utilità non è generale per tutte le piante.

Lasciando da parte l'ipotesi secondo cui la cleistogamia sarebbe il frutto diretto d'uno sforzo della pianta sotto lo stimolo del bisogno, facendo essa parte di quella teoria generale cui abbiamo accennato e che tutti conoscono, passiamo a vedere le idee dei selezionisti.

DARWIN ammise che i fiori cleistogami derivassero anzitutto da un arresto di sviluppo, ma che questo non fosse il solo fattore, poichè in certi fiori alcuni organi sono stati modificati in modo speciale per servire all'autofecondazione o alla protezione del polline. Egli portava come esempio il pistillo uncinato della *Viola* e di alcuni altri generi, nei quali lo stimma resta portato vicino alle antere fertili; la corolla rudimentale della *Specularia* che è trasformata in un tamburo perfettamente chiuso, ecc. Egli aveva notato anche la perdita di piccole particolarità di struttura o di funzione di certe parti che, sebbene utilissime per i fiori casmogami, non hanno alcuna utilità per i cleistogami, come per es. i peli collettori del pistillo nella *Specularia*, le ghiandole calicine nelle Malpighiacee, l'appendice nettarifera degli stami inferiori di *Viola*, la secrezione di nettare, l'emanazione di profumi, ecc. « Anche qui » egli diceva « come in tutta la natura, ogni volta che una parte o un carattere diventa superfluo, tende presto o tardi a scomparire ». Perciò DARWIN considerava la cleistogamia come un fenomeno che, avendo per prima origine delle cause esterne di varia natura, come mancanza di nutrimento, di calore, di luce, le quali avevano determinato un debole arresto di sviluppo, si fosse prodotto poco alla volta e fissato per selezione naturale.

Nel cercare l'utilità dei fiori cleistogami, DARWIN si associò in parte all'opinione di DELFINO (¹) che essi si siano sviluppati per assicurare la produzione di semi in condizioni climatiche o d'altra natura che tendono ad impedire la fecondazione dei fiori perfetti, ma gli parve che questa causa avesse una estensione limitata e altre ne ammise che già abbiamo veduto parlando dell'utilità. Quanto alle. modificazioni degli organi fiorali con adattamento alla cleistogamia, DARWIN pensò ch'esse potessero derivare dalle particolari condizioni in cui si trovano gli organi stessi nell'interno del fiore chiuso, come pure dalla correlazione di sviluppo e dalla tendenza a scomparire, propria di tutti gli organi ridotti. Come dice DARWIN, « il risultato sarà la produzione di fiori cleistogami tali quali noi li vediamo ora; e questi sono meravigliosamente adattati a produrre una ricca copia di semi con un consumo straordinariamente piccolo per la pianta ».

Sulle orme di DARWIN camminano fra gli altri KERNER e KNUTH.

Nel gran numero di piante considerate da KERNER nel suo trattato, egli mira sempre alla ricerca dell'utilità che a ciascuna di esse offre la cleistogamia. KERNER riunisce i fiori cleistogami con quelli che presentano disposizioni atte ad assicurare l'autogamia quando venga a mancare la fecondazione incrociata e passa da questi ultimi gradatamente ai fiori che in certi casi restano semplicemente chiusi senza subire modificazioni e poi man mano a quelli che appaiono più modificati. Per questo autore la sola differenza essenziale è questa, che mentre nelle piante senza fiori cleistogami diventano alla occorrenza auto-

---

(1) La distribuzione dei sessi nelle piante.

gami i fiori casmogami, in quelle che possiedono anche fiori cleistogami i casmogami non presentano nessun adattamento per l'autogamia; sarebbe perciò avvenuta una specie di divisione di lavoro; l'incrociamento sarebbe stato affidato ai fiori casmogami, mentre l'autogamia sarebbe stata serbata ai fiori cleistogami.

Ora tale concetto è veramente troppo assoluto. Delle piante citate da KERNER come aventi fiori casmogami disposti a una eventuale autogamia, alcune presentano anche fiori cleistogami: tali sono per es. *Portulaca oleracea, Sinapis arvensis, Spergula arvensis, Stellaria media, St. graminea, Drosera.* Con ciò sarebbe ammissibile anche l'ipotesi che i fiori cleistogami offrano a queste piante un'utilità speciale differente da quella fornita dai fiori casmogami per mezzo dell'autogamia.

Nell'ammettere che la cleistogamia sia sempre utile, KERNER però, come già abbiamo detto, non considera l'utilità come la causa finale che l'ha prodotta, bensì come un fattore che ha servito a fissare le variazioni prodottesi nei fiori. Per molte piante egli non indaga, è vero, quali siano le cause efficienti del fenomeno, ma non bisogna credere ch'egli le escluda; infatti noi troviamo che per alcune piante egli s'è occupato di tali cause. Così per es., a proposito di *Viola sepincola*, egli dice: « nelle fitte e fresche ombre dei boschi la *Viola sepincola* non porta fiori aerei aperti, ma invece ne produce in aperta campagna, in siti soleggiati. Senza tema di errare, possiamo considerare i raggi solari come uno stimolo assai importante per la produzione dei germogli fioriferi, e precisamente di germogli fioriferi che hanno nei loro fiori anche petali vivamente colorati. Le piante di cui stiamo discorrendo hanno la utile proprietà di limitare nei luoghi freschi ed ombreggiati, dove non sono api nè bombi e dove i fiori aperti delle viole non sarebbere visitati dagli insetti, la loro attività edificatrice alla produzione ed allo sviluppo di fiori cleistogami e di risparmiare la costruzione di fiori aperti e disposti per l'incrociamento. Se gli alberi ombrosi della foresta sono abbattuti dal vento o dall'accetta del legnaiuolo, e il luogo in cui cresce la viola in parola è visitato dal sole, allora vi appariscono certamente anche le api e i bombi che vanno in cerca di nettare, volano di fiore in fiore e determinano incrociamenti. In tal caso i fiori violetti aperti e odorosi diventano utili, e quella pianta di viola che per una lunga serie d'anni ha sviluppato soltanto fiori cleistogami nell' ombra del bosco, è stimolata dai raggi solari a produrre fiori provveduti di petali espansi ».

Una cosa simile avviene, secondo Kerner, nel *Lamium amplexicaule*. Questa pianta produce due sorta di fiori, gli uni provvisti d'una corolla porporina che si apre e permette l'accesso ai nettarî, gli altri cleistogami, con corolla rudimentale e un piccolo calice verde che rimane chiuso. I fiori casmogami però si osservano solo d'estate quando ronzano gli insetti che li visitano; nell'autunno avanzato e al principio della primavera, allorchè nancano i pronubi, non appaiono che fiori cleistogami. « Non si deve naturalmente pensare che la pianta possa per previdenza propria tralasciare di produrre le corolle, ma l'azione devesi ritenere indiretta, nel senso cioè che per effetto dei giorni brevi e della temperatura bassa degli ultimi giorni autunnali e dei primi primaverili lo stimolo a produrre gemme fiorali sia diverso da quello che è sotto l'azione delle lunghe e calde giornate estive ».

Anche Knuth, come si disse, considera l'utilità come un fattore indiretto che trae partito dalle variazioni prodotte da altre cause. Queste poi sono diverse da pianta a pianta e non bisogna cercare assolutamente delle regole generali. Talora i fiori cleistogami si producono nella stagione meno calda (es. *Lamium amplexicaule)*; altre volte avviene il fatto opposto. In *Oxalis* per es. i fiori cleistogami si sviluppano solo in giugno e luglio, quando numerosi altri fiori attirano i pronubi, e questi non guarderebbero i fiori nascosti e invisibili di tale specie, mentre in primavera si hanno fiori aperti, perchè allora la concorrenza tra i fiori non è ancora così grande e gli insetti possono cercare anche i fiori dell'*Oxalis*. Lo stesso vale per es. per *Viola mirabilis*. I fiori cosidetti pseudocleistogami sono quelli che meglio di tutti lasciano scorgere le cause che li producono: orbene, secondo Knuth, queste cause dimostrano quali devono essere anche le cause della cosidetta vera cleistogamia, e questa pure deve derivare da mancanza di luce, d'aria, di calore, da siccità, umidità, ecc.

Caratteristica è la spiegazione che della cleistogamia dà il Burck (¹). Secondo questo autore i fiori cleistogami si sono pro-

---

(1) Abh. über die Mutation als Ursache der Kleistogamie, 1905.

dotti per *mutazione* e quindi fissati. Quando i fiori d'una pianta
per repentina mutazione rimangono chiusi, se tale fatto è vantaggioso, la mutazione si fisserà più facilmente che in altre
piante dove il vantaggio è piccolo; essa può talora addirittura
sopprimere gli individui non mutati.

Si vede dunque come per BURCK la chiusura dei fiori nelle
piante sia nella sua origine indipendente dalle condizioni esterne.
Però la comparsa dei fiori normali in grande quantità è favo-
rita dalle buone condizioni di vita nel senso più esteso della
parola, cioè non solo dalla nutrizione, ma anche da tutto ciò
che ha rapporto colla nutrizione, come per es. l'illuminazione,
la temperatura, ecc.; inoltre specialmente nelle piante che producono precocemente una quantità considerevole di fiori cleistogami la comparsa dei fiori casmogami e la loro fertilità
dipende dall'azione dei fiori cleistogami a cui le sostanze plastiche hanno affluito; spesso la conseguenza è che i fiori casmogami o non sono prodotti o per lo meno non portano i frutti
a maturazione.

Le idee di BURCK sono state combattute da LOEW (¹), per
il quale, come per la maggioranza dei botanici, la forma cleistogama non deriva da una mutazione, bensì da variazioni
dipendenti dalle condizioni esterne di vita.

Prescindendo dall'utilità e dall'azione sua nell'aver determinato nelle piante la produzione di fiori cleistogami, la maggior
parte degli autori ammette che le cause d'ambiente da cui sono
derivati in origine tali fiori o che servono ogni volta a regolare
la quantità dei fiori stessi, potendo questi in un dato anno o
sito mancare o prodursi in maggiore o minor numero, siano
diverse, cioè, come già sappiamo, mancanza o eccesso di luce, di
calore, d'umidità, difetto di nutrimento, ecc. HANSGIRG, KERNER,
KNUTH, LOEW, ARCANGELI, GODRON, PIROTTA sono fra essi. Per un
altro autore invece, il GOEBEL, la causa è una sola: l'insuffi-
cenza del nutrimento.

I fiori cleistogami rappresentano per questo autore la conseguenza d'un arresto nello sviluppo *(Hemmungsbildung)*; in essi
la fecondazione avviene come nei fiori normali, ma più presto,
in uno stadio di sviluppo meno avanzato. Partendo da questo
concetto e non ammettendo nessun altro fattore, Goebel spiega

---

(1) Op. cit.

le modificazioni e la produzione di nuove parti, che parrebbero l'indizio d'un adattamento alla cleistogamia, col principio della correlazione. Come già abbiamo veduto altrove, nemmeno il fenomeno della cleistanteria ha per GOEBEL un'importanza speciale poichè egli, al pari di Darwin e altri, l'osservò anche in piante con fiori sempre casmogami.

Nelle piante esistono anche altre formazioni d'arresto; così in certe infiorescenze i fiori terminali non arrivano a completo sviluppo; però questi rimangono sterili, mentre i fiori cleistogami s'arrestano bensì nello sviluppo in un certo stadio, ma tuttavia prosegue lo sviluppo dei grani pollinici e degli ovuli e avviene la fecondazione, che veramente avrebbe dovuto avvenire solo in uno stadio di sviluppo più progredito. Un'analogia trova GOEBEL tra la cleistogamia e il nanismo, nel quale si vedono delle piante mal nutrite rimanere ·piccole, produrre foglie in minor numero e più semplicemente foggiate delle normali e tuttavia produrre fiori, come saltando una parte dello sviluppo vegetativo.

Le altre cause comunemente ammesse dagli altri autori non hanno per GOEBEL un'azione diretta, bensi indiretta, in quanto hanno per effetto di diminuire il nutrimento alla pianta o l'afflusso delle sostanze plastiche ai bocci che daranno poi fiori cleistogami. Così, per esempio, mentre GRAEBNER (¹) e altri suppongono che i fiori cleistogami che si producono d'estate dopo i casmogami in certe specie di *Viola* derivino dalla elevata temperatura, secondo GOEBEL l'azione del calore non è diretta, ma soltanto correlativa, pel fatto che l'aumento di temperatura favorisce lo sviluppo degli organi vegetativi: questi a loro volta sottraggono alle gemme fiorali una parte dei materiali di costruzione obbligandole a svilupparsi non più in fiori casmogami, ma bensì in cleistogami. GOEBEL fece in proposito delle esperienze e nell'estate del 1904, che fu particolarmente calda e asciutta, egli mediante un'abbondante concimazione potè avere dei fiori casmogami nel mese di luglio e dopo lo sviluppo già di fiori cleistogami in esemplari di *Viola silvatica* e *V. odorata* var. *semperflorens*, pur tenendo le piante asciutte e ben esposte al sole. Perciò GOEBEL ammette che i

_____

(1) Biolog. Notizen. Verh. des Bot. Vereins der Provinz Brandenburg, 35 Jahrg 1893, p. 150, Berlino 1894.

fiori casmogami in queste piante si producano in un tempo in cui l'accrescimento vegetativo s'acquieta e nella pianta è presente molto materiale plastico. Altre esperienze diedero a GOEBEL per risultato che delle piante le quali in luoghi poco illuminati davano fiori cleistogami, se venivano abbondantemente nutrite, davano, nelle stesse condizioni, fiori casmogami; perciò la semplice mancanza di luce non potrebbe determinare la produzione di fiori cleistogami.

Grande importanza ha per GOEBEL il fatto che la forma cleistogama precede la casmogama; egli trovò che questa è posteriore alla prima anche nel caso in cui, come per es. in *Viola*, appare il contrario; infatti i bocci dei fiori casmogami si sono già prodotti nell'anno precedente, dopo i fiori cleistogami, ma arrivano al pieno sviluppo solo nella primavera seguente.

Secondo GOEBEL, le cause che determinarono fin dall'origine nelle piante la produzione di fiori cleistogami agiscono tuttora e non solo su quelle piante che producono fiori cleistogami solo saltuariamente in condizioni speciali, ma anche su quelle che regolarmente ogni anno producono fiori cleistogami. Abolendo le cause, si possono anche in queste abolire i fiori cleistogami.

Dando alla cleistogamia come unica causa la mancanza di nutrimento, GOEBEL non ammette che i fiori cleistogami rispondano a un bisogno in origine sentito dalla pianta; solo in seguito questa, trovandosi in possesso di fiori cleistogami, ne ha tratto giovamento, e talora fino a tal punto da non poterne più fare a meno. Egli trova infatti che vi sono piante in cui i fiori cleistogami non dimostrano alcuna speciale utilità. Così nelle montagne la *Viola biflora* d'estate produce quasi sempre dei fiori casmogami che danno abbondanti frutti. Non c'è dunque bisogno di fiori cleistogami. Si potrebbe ritenere che questi servissero per assicurare il seme nelle stagioni piovose e sfavorevoli alle piante entomofile; ma quest'ipotesi non è molto sicura, poichè la pianta in parola è perenne e si propaga per stoloni. Perciò la cleistogamia non è effetto nè della mancanza di pronubi nè della sterilità dei fiori casmogami. È vero che per certe piante la facoltà di produrre fiori cleistogami è diventata di grande importanza perchè in esse i fiori casmogami non producono il seme regolarmente, ma il rapporto è inverso a quello che di solito si considera: non è che i fiori cleistogami compaiano perchè i casmogami non fanno semi, ma bensì la formazione di semi nei fiori casmogami ha potuto cessare perchè esistono i fiori cleistogami.

* *
*

Ed ora dobbiamo ancora trattenerci sulle distinzioni che si sono fatte nei fiori cleistogami.

Lasciando da parte i fiori cleistopetali, di cui molti sono soggetti ad allogamia e gli altri è abbastanza dubbio che siano sempre autogami, e che in ogni modo, data da una parte la loro disposizione per l'allogamia e dall'altra la mancanza di fiori casmogami che li accompagnino, possono benissimo far collocare in un gruppo a sè le piante che li producono, come fanno molti autori, osserveremo che i fiori cleistogami sono stati divisi dalla maggior parte degli autori, a cominciare da H. MÜLLER, in due gruppi: fiori cleistogami veri e fiori pseudocleistogami. Però sul significato di questi due termini e sul valore della divisione gli autori non vanno d'accordo. HANSGIRG, che creò la denominazione dei due gruppi, chiamò pseudocleistogame, come già abbiamo veduto, quelle piante che tengono chiusi i loro fiori non abitualmente, ma solo sotto l'azione di certi fattori esterni, quali mancanza di luce o di calore, sommersione, ecc., collocando fra le vere cleistogame quelle che abitualmente producono fiori cleistogami. Anche BURCK ammette che i fiori pseudocleistogami si producano per le condizioni esterne, e invece i veri fiori cleistogami ne siano indipendenti. Contro a questi autori stanno le esperienze di molti altri, quali LOEW, VÖCHTING, GOEBEL, PIROTTA, ARCANGELI, da cui risulta chiaramente che anche nelle piante cosidette vere cleistogame la produzione dell'una o dell'altra delle due forme dipende dai fattori esterni, cosicchè sotto questo aspetto non c'è differenza fra i due gruppi di piante. Ma LOEW e GOEBEL si espressero anche esplicitamente in preposito. LOEW mise per base alla distinzione un altro criterio, chiamando pseudocleistogami quei fiori in cui gli organi non presentano nessuna importante riduzione, mentre ai veri cleistogami apparterrebbero tutti quelli che si mostrano più o meno ridotti. Perciò, secondo LOEW, solo il grado di riduzione dà la possibilità di mettere un certo limite fra piante vere cleistogame e pseudocleistogame. Però lo stesso Loew riconosce che questo limite è tutt'altro che netto.

Goebel poi considera la distinzione come affatto inutile, e per concludere ciò si basa sul suo noto concetto che tutti i fiori cleistogami derivino da un arresto di sviluppo. Egli osserva che sotto il nome di pseudocleistogami sono stati compresi i fiori che concordano in tutto coi casmogami, ma non si aprono. Ora il fatto è semplicemente questo che in essi l'arresto di sviluppo comincia solo nell'ultimo stadio, cioè in quello che precede lo spiegamento della corolla; negli altri fiori invece l'arresto avviene già nel corso dello sviluppo. Però esistono tutti i gradi di passaggio, e inoltre nella stessa pianta compaiono dei fiori cleistogami veri e dei pseudocleistogami (così per es. in *Impatiens Noli tangere)*. Perciò Goebel non ritiene necessaria una distinzione terminologica; se però la si vuol fare, sarebbe più utile distinguere fiori con arresto di spiegamento e fiori con arresto di sviluppo, o anche una cleistogamia abituale, come si osserva in piante che regolarmente e in apparenza senza dipendere dalle condizioni esterne producono fiori cleistogami, e una cleistogamia indotta che può manifestarsi nei diversi stadi di sviluppo in piante abitualmente solo casmogame. Anche questi due gruppi però non sono reali, ma solo differiscono l'uno dall'altro per l'aspetto esterno.

Anche Loew accettò ultimamente la distinzione proposta da Goebel di cleistogamia abituale e cleistogamia indotta e combattè l'idea di Burck che nelle piante vere cleistogame la proprietà di mantenere chiusi i fiori si erediti, cosicchè dai loro semi derivino sempre individui con fiori cleistogami e casmogami mentre dai semi di un fiore pseudodeistogamo deriverebbero regolarmente solo individui con fiori aperti. Secondo Loew l'eredità non può fornire una base per mettere un limite netto fra i due gruppi.

Da vari punti della presente memoria è emersa la necessità di ammettere per i cosidetti fiori cleistogami veri le stesse cause che per i pseudocleistogami; inoltre è risultato che anche per i primi le cause sono sempre in azione; dunque da questo e da quanto si disse or ora risulta che una reale distinzione non si può fare; potrà farsi una divisione scolastica per meglio ordinare le nostre idee, ma in realtà esiste una serie sola di piante cleistogame che vanno da un grado minimo a un massimo per tutti i gradi di passaggio: gradi che si possono anche osservare nella stessa pianta. Perciò anche i termini di piante idrocleistogame, fotocleistogame, ecc. non si devono limitare alle sole piante pseudocleistogame, ma anche alle altre, poichè in tutte la cleistogamia ha le stesse cause; nè essi stessi potranno servire a fare dei veri gruppi, poichè le cause spesso si riuniscono, e d'altra parte in una stessa pianta la cleistogamia può essere prodotta da cause diverse. Nemmeno la cleistanteria potrà fornire una base per costituire un gruppo a parte per le piante che la presentano, già per il fatto che essa si osserva anche in fiori casmogami, ed in ogni modo non potrebbe offrire nessun limite netto di divisione, poichè esistono anche piante in cui si nota promiscuamente casmanteria e cleistanteria, e altre infine aprono le antere senza che però i grani pollinici ne escano.

Anche per le piante che presentano la cosidetta fecondazione in boccio non occorre fare un gruppo a parte, poichè il fenomeno non altera per nulla la loro natura di cleistogame; la fecondazione avviene autogamicamente a porte chiuse, e poco importa che il fiore in seguito si apra; le cause del fenomeno non devono essere diverse dalle solite e il modo in cui avviene la fecondazione è sempre lo stesso.

BIBLIOGRAFIA

ANONIMO. — Die Kleistogamie von *Vicia lathyroides* (Zeitschr. bot. Aboth. naturwiss. Ver. Posen, 1898, p. 20; rif. in Bot. Jahrsb. XXVI, p. 397).

» — Plants which burg their seeds (Gard. Chron., 3 ser., XXX, 1901, p. 333; rif. in Bot, Jahrsb. Bd. XXIX, p. 571).

» — Dimorfismo fiorale in *Euryale ferox* (Revue horticole 1880, p. 411; rif. in Bot. Jahrsb. VII, p. 172).

ARCANGELI G. — Sulla fioritura dell' *Euryale ferox* Sal. (Atti Soc. Tosc. Sc. Nat. Mem. vol. VIII, 1887, p. 281).

» — Ulteriori osservazioni sull'*Euryale ferox* Sal. Id. Vol. IX, 1888, p. 368),

ASA GRAY. — Genera florae americanae borealis 1849.

» — Cleistogamous flowers in *Oxybaphus* and *Nictaginia* (Amer. Nat. vol. VII, 1873, p. 692).

» — Charles Darwins: The differents forms of flowers on plants of same species (The Americ. Journ. of Science and Arts. 3 ser. vol. XV. 1878, p. 67).

ASCHERSON P., — Ueber die Bestäubung von *Juncus bufonius* L. (Bot. Ztg. 1871, p. 551).

» — Kleine phytographisce Bemerkungen: *Sciadoseris* Kze. et *Salvia cleistogama* (Bot. Ztg. 1872, p. 290).

» — Berichtigungen und Zusätze den Beobachtungen über die Bestäubung von *Juncus bufonius* L. (Bot. Ztg. 1872, p. 738).

» — Noch einige Beobachtungen über die Bestaubung von *Juncus bufonius* L. (Bot. Ztg. 1872, p. 697).

» — Die Bestäubung einiger Helianthemum-Arten (Sitzungsber. der Gesellsch. Naturf. Freund. zu Berlin, 1880, N. 7, p. 97; rif. in Bot. Jahrsb. Bd. VII, p. 134).

» — Sur les *Helianthemum* cleistogames de l'ancien monde (Bull. mens. Soc. Linn. Paris n. 32, 1880, p. 250; rif. in Bot. Jahrsb. XII, p. 486).

» — Amphicarpie bei der einhimischen *Vicia angustifolia* (Ber. Deutsch. bot. Gesellsch. Jahrg. II, Berlin, 1884, p. 235).

» — *Vicia angustifolia* All. mit. kleistogamen Blüten (Verh. Bot. Ver. Brandenburg, Bd. 26, 1884).

Babington. — British Botany 1851, p. 51.

Barnhart H. — Heteromorphism. in *Helianthemum* (Bull. Torrey bot. Club XXVII, 1900, p. 558).

Batalin A. — Die Selbstbestaubung von *Juncus bufonius* L.. (Bot. Ztg. 1871, p. 388).

»   — Kleistogamische Blüten bei Caryophylleen (Acta Hort. Petrop., Bd. V, 1877, p. 489).

»   Bestaubungsvorgange bei *Pugionum* und *Silene* (id. Bd. X, 1889, p. 457).

Battandier J. A. — Sur quelques cas d'hétéromorphisme (Bull. Soc. bot. Fr. XXX, 1883, p. 238).

Beccari G. — Le foreste di Borneo 1902.

Bennet A. W. — On the floral structure of *Impatiens fulva* with especial reference to the imperfect self-fertilised flowrs (Journ. Linn. Soc. Bot. vol. XIII, 1873, p. 147).

»   — Notes on cleistogamic flowers chiefly of *Viola, Oxalis* and *Impatiens* (id. vol. XVII, 1880, p. 269).

Bernouilli G. — Zur Kenntnis dimorpher Blüten (Bot. Ztg. XXXII, 1869, p. 17).

Bicknell E. — Cleistogamie in *Lamium* (Bull. Torr. Bot. Club. Vol. XII, 1885, p. 51).

Bock H. — Neuw Kreuter Buch 1539.

Bonis (de) A. — Sopra alcuni fiori cleistogami (Bull. Soc. bot. it. 1895, p. 21).

»   — Risposte alle osservazioni fatte sulla nota « Sopra alcuni fiori cleistogami » (id. 1895. p. 60).

Bonnier G. — Sur les differents formes de fleurs de la même espèce (Bull. Soc. bot. France 1884, n. 5, p. 240).

Borzì A. — Note di biologia vegetale (Contrib. biol. veg. Palermo, IV, 1897, p. 41).

Bouché C. — Kleistogamie (Sitzungsber. der Gesellsch. Naturf. Freunde, Berlin, 1874, p. 90).

Brand A. — *Polemoniaceae* (Das Pflanzenreich. Regni veg. conspectus 1907).

Breitenbach W. — Eigentümlichkeiten der Blüten von *Commelyna* (Kosmos 1885, Bd. 1, Heft 1; rif. in Bot. Jahrsb. Bd. XIII, p. 745).

Brokschmidt O. — Morphologische, anatomische und biologische Untersuchungen über *Hottonia palustris* L. (Inaug. Dissertation, Erlangen, 1904, p. 55; rif. in Bot. Centralbl. XCIX, p. 269).

Brown N. E. — Cleistogamous flowers of *Hoya* (Gard. Chr. new ser. vol. XXIv, p. 444, 1885; rif. in Bot. Jahrsb. Bd. XIV, p. 826).

Buchenau Fr. — Noch einige Beobachtungen über die Bestäubung von *Juncus bufonius* L. (Bot. Ztg. 1871, p. 845).

BUCHENAU FR. — Monographia Juncacearum (Engl. I-XII, 1890).

» — Ueber die Bestäubungsverhältnisse bei den Juncaceen. (Pringsheim Jahrb. XXIV, 1892, p. 363).

» — *Alismaceae* und *Butomaceae* (in Das Pflanzenreich, Regni vegetabili conspectus, 1903); *Juncaceae* (id. 1906).

BURCK W. — Sur l'organisation florale chez quelques Rubiacées (Ann. du Jardin d. Buitenzorg IV, 1884, p. 17).

» — Ueber Kleistogamie im weiteren Sinne und das Knight-Darwin'sche Gesetz (Ann. Jard. bot. Buitenzorg VIII, 1890, p. 122; rif. in Bot. Jahrsb. Bd. XVIII, p. 467).

› — Abhandlung über die Mutation als Ursache der Kleistogamie (Recueil der travaux bot. Neerlandais, Vol. VII, 1905, p. 128).

» — Darwin's Kreuzungsgesetz und die Grundlagen der Blütenbiologie (Biolog. Centralbl, XXVIII, 1908, p. 177).

BUSH F. — *Malvastrum angustum* Gray (The Bot. Gazette, Vol. VII, 1882; rif. in Bot. Jahrsb. XI, p. 486).

CALLONI S. — Contributions a l'histoire des violettes (Bull. Soc. bot. Genève, 1889, p. 229).

CÈLAKOVSKY L. — Morphologisce Beobachtungen (Sitzungsber. der Bohem. Ges. der Wiss. Prag, 1881, p. 15.

CHEVALIER A. — Observations sur la castration des plantes par le froid et sur la cleistogamie hivernale (Bull. Linn. Soc. Normandie, 5 ser., 11, 1898, p. 3).

COLE E. — Cleistoganous flowers on *Solea concolor* Gray (Bull. VI, 1898, p. 50; rif. in Bot. Jahrsb. Bd. XXVI, p. 396).

CORREA DE MELLO. — Journ. Linn. Soc. Botany, Vol. XI, 1870, p. 254.

CORRY T. H. — On the structure and mode of fertilisation of the flowers of *Asclepias Cornuli* Decne (Trans. Linn. Soc. Bot. Ser. 11, 1883, Vol. 11).

COULTER I. M. — Anthesis of *Ciclamen* (The Bot. Gazette, vol. VIII, 1883, n. 4, p. 211; rif. in Bot. Jahrsb. XI, p. 486).

» — Cleistogamy in the genus *Poligonum* (Bot. Gaz. XVIII, 1892, n. 3, p. 91; rif. in Bot. Jahrsb. XX, p. 475).

DARWIN C. — Le diverse forme dei fiori in piante della stessa specie 1877 (Trad. it. di G. Canestrini e L. Moschen, Torino 1884).

» — Gli effetti della fecondazione incroc ata e propria nel regno vegetale (Trad. it. per G. Canestrini e P. A. Saccardo, Torino 1878).

» — I diversi apparecchi col mezzo dei quali le Orchidee vengono fecondate dagli insetti (Trad. it. di G. Canestrini e L. Moschen, Torino 1883).

DELPINO F. — Note critiche sull'opera « La distribuzione dei sessi nelle piante, ecc. » di Hildebrand, 1867, p. 29.

» — Sulla dicogamia vegetale e specialmente su quella dei

cereali (Boll. del Comizio Agrario Parmense, marzo-aprile 1871 ; rif. in Bot. Ztg. 1871, p. 537).

DELPINO F. — Dicogamia ed omogamia nelle piante (Nuovo Giorn. Bot. it. 1876, III, p. 140).

» — Note ed osservazioni botaniche. Decuria seconda (Malpighia IV, 1890, p. 11).

» — Comparazione biologica di due estreme flore ; artica ed antartica (Mem. Acad. Soc. Bologna, ser. VIII, 1900, p. 527).

DIELS L. — Droseraceae (in Das Pflanzenreich. Regni vegetabili conspectus, 1906).

DILLENIUS. — Hort. Eltham. 1733, p. 328.

DUVAL-JOUVE. — Sur la floraison et la fructification du Leersia oryzoides (Bull. Soc. Bot. Fr. Tom. X, 1863, p. 194).

EATON A. A. — A interesting form of Leersia oryzoides. (Rhodora 1903, p. 112).

EGGERS E. — Kleistogamie einiger westindischen Pflanzen (Bot. Cent. Bd. 60, 1881, p. 258).

ENGLER. — Pflanzenleben unter der Erde, Berlin 1880.

ERRERA L. et GEVAERT G. — Sur la structure et les modes de fécondation des fleurs (Bull. Soc. royale de Bot. de Belgique, T. XVII, 1878, p. 38).

FITZGERALD R. T. — Australian Orchids, Part. 1 (Journ. of Botany 1876, p. 248).

» — Pavonia hastata Cao. (Id. XXVIII, 1890, p. 217).

FORBES. — A Naturalist's Wanderings in the Eastern Archipelago.

FRANCESCHINI A. — Contributo allo studio della cleistogamia (Riv. di fisica, matematica e scienze nat. 1907-908 VIII-IX, n. 93-98).

FRANCHET A. — Mutisiaceae Japonicae a Dom. Faurié collectae, ex herbariis Musei Parisiensis et Dom. Drake del Castillo expositae (Mém. de l' Herbier Boissier n. 14 ; rif. in Bot. Centr. XXXVII, 1901, p. 319).

FRIES R. E. — Enige Leguminose mit trimorphen Blüten und Fruchten (Ark. f. Bot. 1904, n. 9-10 ; rif. in Bot. Jahrsb. XXXII, p. 900).

» — Die Anonaceen der zweiten Regnell'schen Reise. (Arch. f. Bot. Stockolm. Bd. 4, Nr. 19, 1905.

GERBER C. — Sur un cas de Cleistogamie chez les Crucifères (Bull. Soc. bot. d. France, 4 ser., 1901, p. 66).

GIBELLI e BUSCALIONI. — L'impollinazione nei fiori della Trapa natans L. e T. verbanensis De Not. (Atti Acc. Lincei. Rendic. 1893, VI, p. 227).

GILG E. — Ueber die Blütenverhältnisse der Gentianaceen-Gattungen Hockinia Gardn. und Halenia Borck. (Ber. D. B. G. XIII, 1892, p. 114 ; rif. in Bot. Jahrsb. XXIII, p. 85).

GILLIBERT. — *Menyanthes* (Acta Acad. St. Petersb. 1777, ll, p. 45).

GOEBEL K. — Ueber die gegenseitigen Beziehungen der Pflanzenorgane (Berlin C. Habel 1880).

» — Ueber die Anordnungsverhältnisse der Staubblätter in einiger Bluten. (Bot. Ztg. 1882, p. 357).

» — Ueber Studium und Anfassung der Ampassungs-Erscheinungen bei Pflanzen (Verlag d. K. B. Akademie, Monaco, 1898).

» — Die kleistogamen Blüten und die Anpassungstheorien (Biol. Centralbl. XXIV, 1904, p. 673).

» — Chasmogame und kleistogame Blüten bei *Viola* (Bot. Centr. 1906, n. 32, p. 141).

GODRON A. — La floraison des Graminées (Mem. de la Soc. des Sciences Nat. de Cherbourg. T. XVII, 1873, p. 195).

GRAEBNER P. — Ueber gelegentliche Kleistogamie (Verhandlungen des Bot. Vereins der Brandenburg. Bd. XXXV, 1893, p. 148; rif. in Bot. Jahrsb., Bd. XXXII. p. 274).

GRISEBACH A. — Der Dimorphismus der Fortpflanzungsorgane von *Cardamine chenopodifolia* Pers. Ein Beitrag zur Theorie der Befruchtung (Bot. Ztg. 1878, p. 723).

GRÖSSER W. — Das Vorkommen von kleistogamen Blüten bei Cistaceen und einiges über die Bestäubungsverhältnisse dieser Familie (Jahrsb. Schles. Gesell. f. vaterl. Kultur LXXXI, 1903; Breslau; rif. in Bot. Jahrsb. XXXII p. 904).

» — *Cistaceae* (in Das Pflanzenreich. Regni vegetabilis conspectus, 1903).

GUÈRIN P. — Les connaissances actuelles sur la fécondation chez les Phanerog. (Paris, ed. Joanin 1904).

HACKEL E. — Ein Fall von Kleistogamie an den *Solanaceae* (Bot. Centr. Bd. 60, 1894, p. 258).

» — Zur Biologie der *Poa annua* L. (Oesterr. bot. Zeitschr. LIV, 1904, p. 273; rif. in Bot. Centralbl. XCIX, p. 531).

» — Ueber Kleistogamie bei den Gräsern (Id. 1906, p. 82).

HANSGIRG A. — Nachträge zu meiner Abhandlung « über die Verbreitung der reizbaren Staubfäden und Narben, sowie der sich periodisch oder blos einmal öffnenden und schliessenden Blüten » (Bot. Centralbl. XLV, 1891, p. 70).

» — Physiologische Untersuchungen, Prag. 1893.

» — Neue Beiträge zur Pflanzenbiologie nebst Nachträgen zu meinen phytodinamischen Untersuchungen (Beiheft zum Bot. Centralbl. XII, 1902, p. 248).

» — Pflanzenbiologische Untersuchungen nebst algologische Schlussbemerkungen. (Wien, A. Holder, 1904; rif. in Bot. Centr. XCVI, p. 909).

HARMS H. — Ueber Kleistogamie bei der Gattung *Clitoria* (Ber. der deutsch. bot. Gesell. XXV, 1907, H. 3, p. 165).

HARMS H. und REICHE K. — *Plantaginaceae* (in ENGLER und PRANTL, Die naturlichen Pflanzenfamilien, Lief. 126. 1895, p. 363).

HAUSKNECHT C. — *Juncus sphaerocarpus* N. (Bot. Ztg. XXIX, 1871, p. 802).

HECKEL E. — De l'état cleistogamique de la *Pavonia hastata* (Compt. rend. de l'Acad. Paris, T. LXXXIX, 1879, p. 609).

»   — Nouvelles monstruosités végetales (Bull. Soc. Bot. Fr. XXIX, 1882, p. 302).

»   — *Linaria spuria* (Bull. sc. de France et de Belgique 1890, p. 138).

HEINRICHER E. — Biologische Studien on der Gattung *Lathraea* (Ber. D. B. G. XI, p. 1; rif. in Bot. Centralbl. 60, 1893, p. 231).

HEUSLOW. — On the fertilisation of flowers by bees and other insects (Journ. of royal horticult. London, 1880; rif. in Bot. Jahrsb. XI, p. 472).

Id. — On the self-fertilisation of plants (Trans. Lin. Soc. 2 ser. Bot. I, p. 317).

HIERONYMUS G. — Ueber *Tephrosia heterantha* Gris. (Jahrsb. d. Schles. Gesell. f. vaterl. Kult. 11, 1887, p. 255; rif. in Bot. Jahrsb XV, p. 419).

»   — Ueber Pflanzenmostruositäten (Id. 1891, p. 87; rif. in Bot. Jahrsb. XIX, p. 411).

HILTNER. — Untersuchungen über die Gattung *Subularia* (Englers Bot. Jahrsb. VII, 1886, p. 261).

HOPPMANN H. — *Papaver hybridum* L. Kleistogam. Kulturversuche (Bot. Ztg. 1878).

»   — Kulturversuche über Variation (Bot. Ztg. 1883, p. 294).

HOLM T. — Biological notes on canadian species of *Viola*. Ottaw. a Natural. XVII, 1903, p. 149; rif. in Bot. Centr. XCVI, p. 593).

HOOKER and THOMSON. — On cleistogamic flowers (Journ. Linn. Soc. Bot. Vol. II, 1857, p. 7).

HUTH E. — Weitere Mittheilungen über unterirdisch fructificirende Pflanzen (Mon. Mittheil. des naturwiss. Vereins des Regierungsb. Frankfurt, 1884, p. 76; rif. in Bot. Jahrsb. XII, p. 677).

IRMSCH. — Ueber *Juncus bufonius* L. (Bot. Ztg. 1871, p. 552).

KARSTEN G. — *Akenia hypogaea* (Ber. deutsch. bot. Gesell. XV, 1897, p. 10).

»   — Handbuch der Blütenbiologie vol. I, II. III, 1898, ecc. (ed. W. Engelmann, Lipsia).

KEARNEY T. H. — Cleistogamy in *Polygonum acre* (Bot. Gaz. XVI, 1891, Nr. 11, p. 314; rif. in Bot. Jahrsb. XIX, p. 413).

KERNER V. MARILAUN. — La vita delle piante, vol. II, 1891 (Trad. it. di L. Moschen, Torino 1895).

KIEFFER L. — Observations sur la Cleistogamie (B. S. B. Lyon VIII, 1890, p. 17; in Bot. Jhrsb. XX, p. 488).

KIRCHNER. — Flora von Stuttgart 1888, p. 34.

KNUTH P. — Kleistogame Blüten bei *Fritillaria Meleagris* L. (Humboldt. VIII, 1889. p. 355).

» — Ueber die kleistogamen Blüten des Sonnentau (*Drosera*) (Generalversamml. des naturwiss. Vereins für Schleswig-Holstein in Schleswigam 1897; rif. in Bot. Jahrsb. XXVII, p. 450).

KÖHNE E. — *Lythraceae* (in das Pflanzenreich, Regni veg. conspectus 1903).

KÖRNICKE. — Die Arten und Varietäten des Getreides 1885.

KORZCHINSKY S. — Zur Kenntnis der *Aldrovandia vesciculosa* L. (Arb. der naturf. Ges. an der kais. Univers. zu Kasany, Bd. XVII, 1887 p. 1; rif. in Bot. Jahrsb. XV, p. 354).

KRAENZLIN F. — *Scrophulariaceae* (in Das Pflanzenreich. Regni vegetabili conspectus 1907).

KUHN M. — Einige Bemerckungen über *Vandellia* und den Blütenpolymorphismus (Bot. Ztg. 1867, p. 65).

KUNZE. — Cleistogene flowers (*Gentiana Andrewisii*) (Bull. Torrey Bot. Club VI, 1877, p. 174).

LECLERC DU SABLON. — Recherches sur les fleurs cleistogames (Revue gén. de Bot. XII, 1900, p. 305).

LEHAWIT. — Epiphegus virginiana Bart. (Bot. Gaz. vol. 33, p. 376).

LINDAU G. — *Acanthaceae* (in ENGLER und PRANTL. Die nat. Pflanzenfamilien, Lief. 115. 116, 1895, p. 274, ecc.).

LINDMANN G. A. M. — Blühen und Bestaubungseinrichtungen in skandin. Hochland. (Bot. Centrabl. XXX, 1887. p. 159).

» — Remarques sur la floiraison du genre *Silene* L. (Acta Horti Bergiani III, vol. XXVIII, p, 12, Stocolma, 1897 : rif. in Bot. Centralbl. LXXIII, p. 219).

» — Einige amphicarpe Pflanzen der Südbrasilianischen Flora (Pfwers Svensk. Vetensk. Acad. Forh. 1900, p. 17; rif. in Bot. Centralbl. LXXXVII. p. 175).

LINNAEUS. — *Campanula perfoliata* (Hort. Upsal. 1748. p. 40).

» — Amoenitates academicae 1749.

LOCHE M. A. — Note sur un fact anormal de fructification chez quelques Balsaminées (Bull. Soc. Bot. Fr. XXII, 1876, p. 367).

LÖW E. — Die Bestäubungseinrichtung von *Vicia Lathyroides* L. (Flora LXXXVI, 1899. p. 397; rif. in Bot. Jahrsb. XXVII, p. 57 I).

» — Die Kleistogamie und das blütenbiologische Verhalten von *Stellaria pallida* Piré (Verh. Brand. XLI, 1899; rif. in Bot. Centralbl. LXXXVIII, p. 172).

Löw E. — Bmerckungen zu W. Burch's Abhandlung über die Mutation als Ursache der Kleistogamie (Biol. Centralbl. XXVI, 1906, p. 129).

Ludwig F. — Ueber die Kleistogamie von *Collomia grandiflora* (Bot. Ztg. 1877, p. 777).

» — Zur Kleistogamie und Samenverbreitung bei dem Collomieu (Bot. Ztg. XXXVI. 1878, p. 739).

» — Kleistogamie von *Plantago virginica* (Bot. Centralbl. III, 1880, p. 862).

» — Weitere biologische Mittheilungen über *Hyosciamus niger* L. b. *agrestis* Weit. (Bot. Centralbl. VIII, 1881, p. 89).

» — Ueber Kleistogamie von *Cardamine chenopodifolia* und *Erodium maritimum* (Verh. bot. Ver. Brandenburg Bd. XXVI, 1884, p. 19; rif. in Bot. Jahrsb. XIII, p. 750).

» — Biologie der Pflanzen 1895.

Lingström E. — Kleistogamie hos *Primula sinensis* (Bot. Notiser 1884, n. 6, p. 171, rif. in Bot. Jahrsb. XIII, p. 677).

Magnin A. — Fleurs cleistogames (Bull. mens. Soc. bot. Lyon 1883, p. 53).

Magnus P. — Ueber die Bestäubungsverhaltnisse der *Spergularia salina* Presl. (Verh. Brand. XXIX, 1888, p. 29; rif. in Bot. Jahrsb. XVI, p. 562).

Martindale J. — Cleistogamous flowers of *Danthonia* (Amer. Nat. VII, 1878, p. 388).

Masters M. — Vegetable Teratology 1869.

Mattei G. E. — 1º Pensieri in argomento di mutazione, 2º Il caso dell'*Oxalis cernua* (Riv. di fisica, matematica e scienze nat. IX, 1908, p. 214).

Meehan Th. — Flowers cleistogamous in *Viola stricta* (Amer. Nat. VII, 1873, p. 563).

» — Cleistogene flowers (Bull. Torrey Bot. Club, X, 1883, p. 119).

» — Kleistogamie bei *Oxalis Acetosella* (Proc. Acad. Nat. Sc. Philadelphia, 1880, p. 350; rif. in Bot. Jahrsb. VIII, p. 172).

» — Contributions to the life-istories of plants (id. 1887, p. 323, 1888, p. 274, 391, rif. in Bot. Jahrsb. XVI. p. 536).

» — *Veronica peregrina* (Bot. G. XIII. 1888, p. 21; rif. in Bot. Jahrsb. XVI, p. 565).

» — The Cleistogamy of *Cerastium nutans* (Bull. Torrey Bot. Club XVI, 1889, p. 242).

» — Sterility of violets (Bot. G. XIV, 1889, p. 200; rif. in Bot. Jahresb. XVII, p. 548).

» — The significance of Cleistogamy (Gard. Chron. 1892, p. 392; rif. in Bot. Jahrsb. XXI, p. 355).

MEEHAN TH. — Contributions to the life-histories of plants (Bot. Centr. LI, 1892. p. 386).

» — Contr. to the life-histories of plants (Proc. Ac. Nat. Soc. Philadelphia, 1897. p. 169; rif. in Bot. Jahrsb. XXV. p. 27).

MICHALET E. — Sur la floraison des *Viola* de section *Nominium*, de l'*Oxalis Acetosella* et de la *Linaria spuria* (Bull. Soc. Bot. Fr. T. VII, 1860, p. 465).

MILLARDET. — Essai sur l'hybridation de la vigne 1891.

MOHL (v.) HUGO. — Einige Beobachtungen über dimorphe Blüten (Bot. Ztg. 1863, p. 309).

MOORE S. — Mascarene Orchidology (Journ. of Bot. V, 1876, p. 289).

» — Mr. Darwin's doctrine of Cleistogamy (Journ. of Bot. n. s. X, 1881, p. 84).

MOTTAREALE G. — Gelate e fenomeni cleistogamici e teratologici nel *Solanum Melongena* ecc. (Annali R. Scuola sup. d'Agricoltura Portici VI, 1894).

MÜLLER DAN. — Ueber die Befruchtung der incompleten Blumen einiger Viola-Arten (Bot. Ztg. 1857, p. 730).

MÜLLER FR. — Weitere Begründung des Vorteils der Kreuzung und des Nachteils einiger Inzucht (Jenaische Zeitschr. 1873, p. 451).

» — Cleistogamic Podostomaceae (Nature XIX, 1879, p. 463)

MÜLLER H. — Die Befruchtung der Blumen, ecc. (Nature, 1873).

» — Das Variiren der grösser gefärbter Blütenhüllen und sein Einfluss auf die Naturzuchtung der Blümen in Kosmos II, 1877, p. 11; rif. in Bot. Jahrsb. V, p. 744).

MURBECK SV. — Ueber einige amphikarpe nordwestafrikanische Pflanzen (Oefvers Svensk. Akad. Förh LVII, 1901, p. 549).

MURRAY R. P. — Cleistogamic flowers of *Hoya*. (Journ. of. Bot. XXI, 1883, p. 94).

PAX F. — Und KNUTH R. *Primulaceae* (Das Pflanzenreich. Regni vegetabilis conspectus, 1905).

PETER A. — *Polemoniaceae* (in ENGLER und PRANTL, Die nat. Pflanzenfamilien, Lief. 68, 1891, p. 40).

PIROTTA R. — Osservazioni ed esperienze sul fenomeno della cleistogamia (Atti del Congresso dei Naturalisti in Milano 1906).

PONZO A. — L'autogamia nelle piante fanerogame. Terza contribuz. (Bull. Soc. Bot. It. 1906. p. 102).

PRINGLE CLY. — Cleistogamous flowers in Grasses (Nature XVIII, 1878, p. 253).

REICHE C. — Kleistogamie und Amphikarpie in der chileischen Flora, (Verh. d. Deutsch. Wissensch. Vereins in Santiago, IV, 1901).

REICHE K. — *Geraniaceae* (in ENGLER und PRANTL, Die nat. Pflanzenfam. Lief. 47, 1890, p. 1) ; *Oxalidaceae* (id. Lief. 47, 1890, p. 15 ; *Cistaceae* (id. Lief. 119, 1895, p. 299).

REICHE K. un TAUBERT P. — *Violaceae* (Id. Lief. 119, 1895 p. 322).

RICHTER C. — Beiträge zur Biologie der *Arachis hypogaea* (Inaug. Dissert Breslau 1899, p. 37 : rif. in Bot. Centrabl. IX. p. 520).

RIDLEY H. N. — Self. fertilisation and Cleistogamy in Orchids (Journ. Linn. Soc. London, Bot. XXIV, 1883, p. 163).

RIMPAU W. — Die Züchtung neuer Getreide - Varietäten (Landwirtsch Jahrb. VI, 1877, p. 199).

RIPPA. G. — Osservazioni biologiche sull'*Oxalis cernua* Thumb. (Bull. Orto Botanico Napoli, 1900. p. 57).

RÖSSLER W. — Beiträge zur Kleistogamie (Flora, LXXXVII, 1900. p. 470.

SACHS. — Ueber Wachstumsperioden und Bildungsreize (Flora 1893, Heft 2).

SCHARLOCK. — Ueber die Blüten der Collomieu (Bot. Ztg. 1878, p. 641).

SCHLECHTENDAL. — Ueber *Cleistanthium Nepalense* Kze. (Bd. Ztg. 1852, p. 412).

SCHÖNLAND S. — *Pontederiaceae* (in ENGLER und PRANTL, Die naturl. Pflanzenfamilien, Lief. 17, 1888, p. 70).

SCHRÖTER C. — Fleurs cleistogames de *Diplachne serotina* Link. (Compt. rend. des travaux présentées à la Session de la Soc. Hélvét. de Sc. Nat. a Bâle, 1893, p. 121, rif. in Bot. Jahrsb. XXIII, p. 103).

» — Ueber die Ausstreuung der Früchte der Kleistogamen Blüten von *Diplachne serotina* (Ber. d. B. G. XIII, 1895, p. 415 ; rif. in Bot. Jahresb. XXIII, p. 106).

SCHULZ A. — Bestäubung von *Spergularia salina* Presl. (Sitzungsber. Naturf. Freund. Berlin, 1888, N. 4, p. 29 ; rif. in Bot. Jahrsb. XVI, p. 561).

» — Beiträge zur Keintnis der Bestäubungseinrichtungen und Geschlechtsverteilung, Kassel 1890, II, p. 55; rif in Bot. Centralbl. XLIII; p. 85).

» — Das Blühen von *Stellaria pallida* Dum. (Ber. der deutsch. bot. Gesell. XXIV, 1906, p. 215).

SCHULZ O. — Monographie der Gattung *Cardamine*. (Engler's Jahrb. Bd. 32, H. 4, 1903).

SCOTT J. — *Acanthaceae* (Journ. of. bot., London, new ser. vol. I, 1872, p. 161).

SHAW H. CH. — The comparative structure of the flowers in *Polygala polygama* and *P. pauciflora*, with a review of Cleistogamy (Pub. Un. 1901 ; rif. in bot. Centralbl. XC, p. 662).

SMITH J. E. — English Flora III, 1825, p. 157.

Solms - Laubach H. — Ueber das Vorkommen kleistogamer Blütei in der Fanilie der *Pontederiaceae* (Götting. Nachr. Juni, 1882: rif. in bot. Ztg. 1883, p. 301).

Sommier S. — Cenni sui risultati botaiici di un viaggio nel Caucaso (Bull. Soc. Bot. It. 1892, p. 18).

Thomson G. — Note on cleistogamic flowers of the geius *Viola* (Trans. New Zealand XI, 1878, p. 415).

»   — Note on the cleistogamic flowers of *Melicope simplex* (Trans. New Zeal. XXIV, 1891, p. 416).

Torrey. — *Hottonia inflata* (Bull. Torrey Bot. Club, II, 1871).

Trabut L. — Fleurs cleistogames et souterains chez les Orobanchèes (Bull. Soc. Bot. Fr. XXXIII, 1886).

»   — Cleistogamie chez les *Stipa* (Id. 1889, p. 404).

Treviranus. — *Cuphea silenoides*, ecc. (Bot. Ztg. 1863).

Turner F. — *Pavonia hastata* (Proc. Linn. Soc. New South. Wales 2 ser. V, 1891, p. 267 ; rif. in Bot. Jahrsb. XIX, 1891, p. 440).

Turson J. — Ueber einem neuei Fall der kleistogamie (Engler's Bot. Jahrbücher XL, 1, 1907).

Ule E. — Die Blüteneinrichtungen von *Purpurella cleistopetala*. (Ber. d. Deutsch. Bot. Gesell. XIII, 1895, p. 415).

»   — Weiteres zur Blüteneinrichtungen von *Purpurella cleistopetala* und Verwandten (Id. XIV, 1896, p. 169).

»   — Weiteres über Bromeliaceen mit Blütenverschluss und Blüten eiirichtungen dieser Familie (Id. XXI, 1898, p. 346 , rif. in Bot. Jahrsb, XXVI, p. 427).

Vasey, *Chloris longifolia* (U. S. Dep. Agric. Div. Agrost. Contrib. 1. 1893, p. 284).

Viala. — Les maladies de la vigne 1893.

Vochting H. — Ueber den Einfluss des Lichtes auf die Gestaltung und Anlage der Bluten (Pringsh. Jahrb. XXV, 1893).

Walz J. — Ueber die Befruchtuig in den geschlossenen Blüten von *Lamium amplexicaule* L. und *Oryza clandestina* (Web.) Br. (Bot. Ztg. 1864, p. 145).

Warming E. — On bygningen og den formoded Bestövningsmaade af nagle gruenlandske Blomster, Kjobenhavn 1886, p. 52).

»   — *Podostomaceae* (in Engler und Prantl, Die Naturalich. Pflanzenfam.·Lief. 51, 1890, p. 1).

»   — Ueber die Blüten der Caryophillaceen (Bot. Forenings Festskrift, 1893, p. 194 ; rif. in Bot. Jahrsb. XXI, p. 530).

»   — Individus nanes iu *Papaver sonniferum*. (Cit. in Biolog. Centralbl. 1908).

Warnstorf C. — Blütenbiologische Beobachtungen aus der Ruppiier Flora (Verh. Brand. XXXVIII, 1896, p. 15 ; rif. in Bot. Jahrsb. XXVI, p. 157).

WEBSTER J. R. — Cleistogamy in *Linaria canadensis* (Rhodora II, 1900, p. 168; rif. in Bot. Jahrsb. Bd. XXIX, p. 722).

WEDDEL. — Monographie des Malpighiacées.

WILLIS J. C. — Contributions to the natural history of flowers; Cleistogamy in in *Salvia Verbenaca* (J. L. S. London, Bot. XXX, 1895, p. 284; rif. in Bot. Jahrsb. XXIX, p. 1671).

WOOD A. — Cleistogene flowers (Bull. Torrey Bot. Club VI, 1877, p. 174).

ZEDERBAUER E. — Kleistogamie von *Viola arvensis* und ihre Ursachen (Oesterr. Bot. Zeit. LIV, 1904, p. 385).

Prof. Felice Supino

Direttore della Stazione Idrobiologica di Milano

—————

SVILUPPO LARVALE E BIOLOGIA DEI PESCI
DELLE NOSTRE ACQUE DOLCI

———

I. Esox lucius.

Lo sviluppo postembrionale e la metamorfosi che subiscono le larve dei pesci da quando schiudono dall'uovo al momento in cui acquistano i caratteri definitivi, sono si può dire poco conosciuti e le scarse notizie che si hanno sull'argomento sono frammentarie e si trovano sparse qua e là. Credo perciò di interesse il trattare, in una serie di piccole monografie corredate di numerose figure, dello sviluppo larvale dei nostri pesci di acqua dolce, ciò che ha valore non solo dal punto di vista scientifico, ma anche da quello pratico. Anche dei pesci le cui forme larvali ci sono in parte note, non conosciamo bene la successione dei vari stadi; avviene poi non di rado di pescare piccoli pesciolini che ci sono affatto sconosciuti poichè non sappiamo quali sono le corrispondenti forme adulte. Tali ricerche ci condurranno in ogni modo a considerazioni biologiche che sono sempre di grande interesse. Certamente per tale studio sono un gran vantaggio la relativa facilità con cui si può nei pesci di acqua dolce operare la fecondazione artificiale e fare l'allevamento; non è però men vero che questo genere di ricerche richiede grande attenzione e molta cura. Vi sono poi non pochi casi nei quali le difficoltà per l'allevamento si presentano più serie e anche di più difficile attuazione di quanto a prima vista si possa credere.

Così per esempio chi incubasse le uova di pesce persico in acqua corrente come si fa per molti pesci e segnatamente per i Salmonidi, andrebbe a rischio di veder perire tutti i pesciolini appena schiudono. Occorre in questo caso collocare le uova in un recipiente dove la corrente d'acqua sia minima o nulla, almeno per il primo tempo, pur essendo necessario che l'acqua sia sempre limpida, per cui fa d'uopo ogni giorno cambiarla con grande cautela essendo i pesciolini nati piccolissimi e delicatissimi. Che dire poi degli Agoni che da noi finora nessuno è riuscito ad allevare? gli Agoni sono molto delicati e richiedono condizioni speciali che non ci sono ancora interamente note sapendo noi pochissimo della loro biologia ([1]). Del resto è noto che ciascuna specie richiede un trattamento speciale e lo studio della biologia potrà renderci a questo riguardo importanti servizi.

Questo primo saggio sullo sviluppo postembrionale dei nostri pesci d'acqua dolce, cui seguiranno altri via via che si presenterà l'opportunità del materiale, invoglieranno spero gli studiosi ad occuparsi di un argomento che ritengo di grande interesse sia dal lato scientifico che da quello della conoscenza della nostra fauna ittica.

([1]) Supino. Note biologiche sugli Agoni. Rivista mensile di Pesca. A. X. n. 9, 1908.

Esox lucius.

L'*Esox lucius* L. o luccio, è un pesce comune in tutte le nostre acque dolci, e che può passare anche nelle acque salse. Come dice anche Pavesi (¹) vive dappertutto, ma trova il suo limite superiore alla regione montana. Raggiunge dimensioni notevoli ed è di una voracità proverbiale. Appartiene, com'è noto, ai Malacotteri, famiglia Esocidae. Il corpo é allungato, coperto di piccole squame cicloidi; il muso si presenta spatoliforme per l'enorme sviluppo della regione etmoidale e per il fatto che gli etmoidi mediani sono larghi e appiattiti e che i palatini anzichè verticalmente al di sotto, sono disposti lateralmente rispetto alla regione etmoidale, in modo che queste parti assumono nell'insieme la forma di una spatola. La bocca è ampia, la mascella inferiore è più lunga della superiore. La lunghezza del capo, dall'apice del muso al punto posteriore più sporgente dell'opercolo, entra circa 3 volte e $^1/_2$ nella lunghezza

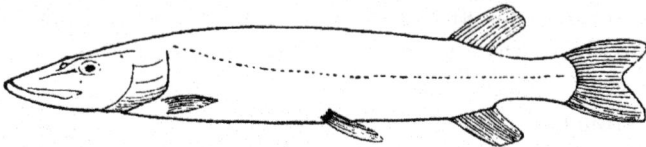

Fig. 1.
Esox lucius.

totale dell'animale misurata dall'apice del muso all'estremità dei raggi mediani della coda (²). L'altezza massima del capo è 2 volte e $^3/_4$ circa la lunghezza del capo. L'altezza massima del corpo è compresa circa 6 volte nella lunghezza totale; l'occhio è di forma ovalare, il suo diametro maggiore è circa 7-9 volte la lunghezza del capo. A questo proposito bisogna però osservare che tale misura è molto variabile, poichè nelle forme giovani, l'occhio è in proporzione più grande che negli adulti.

---

(1) Pavesi. La distribuzione dei pesci in Lombardia. Soc. Lomb. Pesca e Acquicoltura 1896.

(2) Queste misurazioni hanno in sistematica un valore assai relativo e non rappresentano niente di esattamente scientifico. Tuttavia le espongo perchè in questo caso sono forse sufficienti. Avrò del resto occasione di tornare su tale argomento.

La pinna dorsale è unica e spinta molto all'indietro opposta alla anale; le ventrali sono addominali, la codale è biloba. La distanza dall'apice del muso all'inizio delle pinne pettorali è poco più di $^1/_4$ la lunghezza totale del corpo; all'inizio delle ventrali, circa la metà; all'inizio dell'anale, circa $^2/_3$ la lunghezza totale del corpo.

Secondo Canestrini ([1]) la formola dei raggi delle pinne è la seguente:

$$ D. \frac{6\text{-}8}{13\text{-}15}, \quad A. \frac{6\text{-}8}{11,13}, \quad P. \frac{1}{13\text{-}14}, \quad V. \frac{1}{8}, \quad C. \; 17 \; div. $$

I raggi branchiostegi sono in numero variabile non solo a seconda degli individui, ma anche fra il lato destro e sinistro dello stesso individuo. Così in un esemplare ho contati 14 raggi a sinistra, 13 a destra; in un altro 13 a sinistra, 12 a destra. In un altro luccio ne ho trovati 16 a sinistra, 15 a destra. In un altro ne ho trovati 16 a sinistra 14 a destra; in un altro ancora ve ne erano 15 da ambedue le parti. Sembra dunque che dal lato destro se ne trovi generalmente uno di meno che dal lato sinistro ma anche questa non è una regola fissa. In ogni modo da quanto sopra ho detto si rileva che il carattere del numero dei raggi branchiostegi ritenuto tanto importante per la sistematica, ha un valore relativo, tanto più che variazioni simili per quanto non così estese, ho riscontrato anche in altri pesci. Questo carattere perciò non solo varia da individuo ad individuo, ma nello stesso individuo dal lato destro al sinistro. Le ossa premascellari sono piccole, sviluppatissimi invece sono i mascellari che sono provvisti anche di un sopramascellare. L'occhio è inferiormente riparato da 5 ossicini periorbitali di cui l'ultimo molto sviluppato.

Nel luccio è molto sviluppata la dentatura. Sulla mandibola esistono al davanti piccoli denti, ma all'indietro ve ne sono grandi e robusti; i premascellari hanno denti acuminati e piccoli. La porzione anteriore del vomere porta denti lunghi e robusti cui ne seguono altri più piccoli ma numerosissimi tanto da occupare tutto il vomere. Denti lunghi aguzzi e numerosi

---

(1) Canestrini. Prospetto critico dei pesci d'acqua dolce d'Italia. Arch. per la Zoologia, l'Anat., ecc. Vol. IV, fasc. 1, Modena 1865.

si trovano sui palatini e, secondo Moreau ([1]) spesso anche sugli pterigoidei, ma io non ve li ho riscontrati negli esemplari da me esaminati. Alcuni denti sono erigibili a volontà dell'animale.

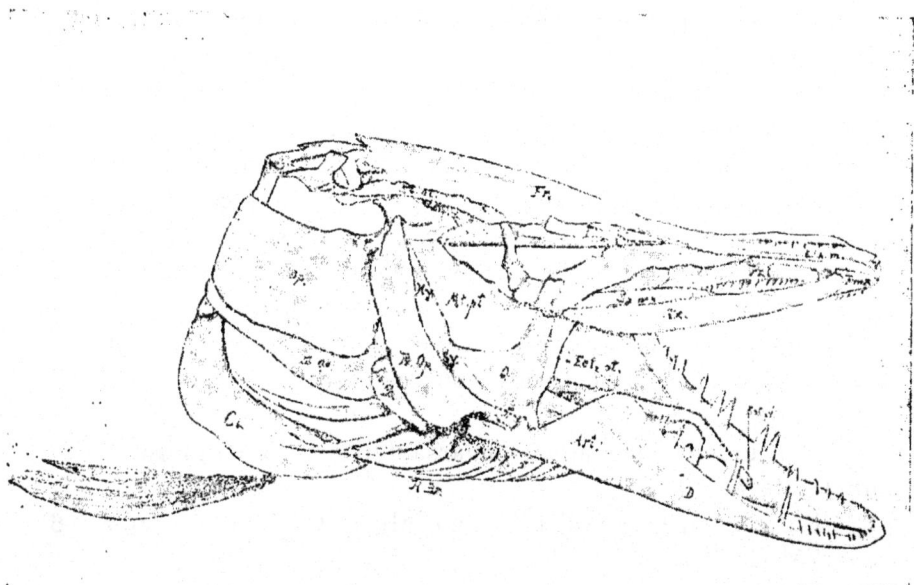

Fig. 2.

Cranio di Esox lucius, di lato (da un preparato del sig. Biassoni). Il mascellare è posteriormente spostato in alto.

Fr. = frontale; Eth. m. = etmoide mediano; V. = vomere; Pmx. = premascellare; Mx. = mascellare; Sp. mx. = sopramascellare; Pal. = palatino; Pt. ot. = pterotico; Hy. = iomandibolare; Sy. = simplettico; Mt. pt. = metapterigoide; Q. = quadrato; Ect. pt. = ectopterigoide; Art. = articolare; D. = dentale; Ent. gl. = entoglosso; Op. = opercolo; Sb. op. = subopercolo; In. op. = interopercolo; Pr. op. = preopercolo; R. br. = raggi branchiostegi; Cl. = cleitro.

Una piastra irta di denti si trova sull'entoglosso e tre ne esistono sulle copule. I denti faringei inferiori e superiori sono abbastanza sviluppati. Sugli archi branchiali, specialmente sviluppate dal lato esterno, si trovano piastrine con denti aguzzi simili a quelli esistenti sulla lingua. Secondo Canestrini ([2]) le vertebre sono in numero di 55-57.

Il colore del corpo varia con l'età, con la stagione, con l'ambiente. Di solito il dorso è di color bruno o verde scuro con

---

(1) Moreau. Histoire naturelle des poissons de la France. Paris 1881.
(2) Canestrini. Loc. cit.

macchie giallastre, il ventre è bianco argenteo. Ai lati il colore è grigio con macchie o fascie brune. La pupilla è circondata da un cerchio giallo. La dorsale e la codale e un po' anche l'anale hanno macchie nere. Le pettorali, le ventrali e l'anale sono giallastre. Quanto alle dimensioni esse sono, come dirò in seguito, molto variabili; sembra ad ogni modo che la femmina raggiunga dimensioni maggiori che non il maschio.

L'epoca della frega va dalla metà di febbraio alla fine di maggio e anche ai primi di giugno. Il luccio depone le uova di solito sulle piante acquatiche, in luoghi appartati, a poca profondità dove si trova una temperatura mite. La maggior parte degli autori dice che le uova schiudono in 10-15-18 giorni e la vescicola ombelicale si riassorbe in un tempo presso a poco eguale (^{1}). Il Malfer (^{2}) ha ottenuto i seguenti risultati in acqua lievemente corrente con temperatura variabile dagli 11° ai 15° C:

Dall'incubazione alla comparsa dell'embrione, giorni 4 con un totale di 45° C;

Dalla comparsa dell'embrione allo schiudimento, giorni 6 con 75° C;

Dalla nascita all'assorbimento della vescicola ombelicale, giorni 10-12 con 160° C.

E quindi per l'intero periodo d'incubazione, giorni 10 con un totale di 120° C; per il periodo totale, giorni 20-22 con 280°. Il Malfer aggiunge che « l'aoqna del lago a cui sono affidate naturalmente le uova avendo nel tempo che ci occupa una temperatura di 12° C. dà per il periodo d'incubazione, giorni 10 e per il periodo totale giorni 24 circa ».

Del resto è naturale che variando l'ambiente e specialmente la temperatura si abbiano a questo riguardo delle differenze, ma i dati di Malfer sono, mi sembra, più esatti di quelli generalmente dati dalla maggior parte degli autori che fanno impiegare alla incubazione delle uova due settimane. Nell'esperimento da me eseguito le uova impiegarono solo una settimana per schiudersi, essendo la temperatura dell'acqua di 13° C., come dirò più ampiamente in seguito.

---

(1) Fatio. Faune des Vertébrés de la Suisse. 1890.
(2) Malfer. Il luccio. Atti Acc. d'agr. scienze, lettere, arti e comm. di Verona, S. IV, vol. V, fasc. II. 1904.

*
*   *

Le ovaia del luccio sono grandi e le uova numerose, poichè si calcolano da 120 a 150.000 circa e pare possano giungere fino a 200.000.

Il Malfer (¹) dice che le uova arrivano a circa un quarto del peso, poichè 140 di esse formano un grammo. E aggiunge che normalmente da una femmina di 2-3 Kg. se ne ricavano circa 8-10 mila.

Io ho riscontrato che non si ha sempre un rapporto costante tra la grandezza del pesce ed il numero delle uova da questo possedute. Del resto ciò è fino ad un certo punto naturale, poichè si osservano in alcuni casi ovaia enormemente sviluppate ed in altri meno, pur trattandosi sempre di individui maturi. Così ad esempio, ho avuto occasione di vedere un luccio della lunghezza di 51 cm. e del peso di 1 Kg. che aveva le ovaia relativamente poco sviluppate, tanto che dal calcolo le uova risultarono in numero di 6500 in cifra tonda; mentre in un altro luccio della lunghezza di 30 cm. e del peso di 110 gr. le uova si potevano calcolare a 7000 in cifra tonda. Questo è appunto in relazione con le cifre diverse che vari autori danno del numero delle uova.

Le uova sono di colore giallastro ed hanno in media un diametro di circa 2.3 mm.

Fu operata la fecondazione artificiale il giorno 18 marzo e le prime uova schiusero il 25 dello stesso mese, impiegando perciò 7 giorni. La temperatura dell'acqua nella quale si trovavano le uova, era di 13° C.

Le uova mature, come osserva già Lereboullet (²) non mostrano la vescicola germinativa che è stata da un pezzo riassorbita. L'uovo mostra nel suo interno numerosi granuli alcuni dei quali splendenti costituiti da sostanze grasse e di varia natura. Nell'acqua le uova si rigonfiano pochissimo, raggiungendo tutto al più il diametro di 3 mm. Lo spazio perivitellino è molto piccolo.

---

(1) Malfer. Loc. cit.
(2) Lereboullet. Recherches d'embryologie comparée. Paris 1862.

Ben presto l'uovo mostra nel suo interno l'embrione rav-
volto e già qualche tempo avanti la schiusa si scorgono sul
corpo e specialmente sulla testa abbondanti macchie di pigmento nero (Tav. 5, fig. 1). Questo pigmento si trova anche,
benchè più scarso, sul vitello. È perciò che l'uovo embrionato
assume nell'insieme un colore bruno caratteristico.

Dopo una settimana, come abbiamo detto, sguscia la larva
la quale ha una lunghezza di 8 mm. (Tav. 5, fig. 2). Questa
presenta il sacco vitellino di forma ovalare allungata, la cui
massima lunghezza entra circa 3 volte nella lunghezza totale
del corpo. Nüsslin (¹) in un suo studio sulle varie specie di
Coregoni dà un saggio di classificazione basato fra l'altro anche
sul rapporto fra l'altezza del sacco del tuorlo e l'altezza della
pinna codale negli individui appena sgusciati; ma egli stesso
dice che lo scarso materiale osservato gli impedisce di venire
a conclusioni esaurienti. In altro lavoro avrò occasione di
tornare sull'argomento, ma da alcune ricerche fatte in proposito mi sembra poter dire che il rapporto suaccennato è di un
valore molto relativo esistendo a questo riguardo differenze relativamente notevoli anche in individui della stessa specie.
Per cui variando troppo il carattere, ne viene che questo non
può esser preso in seria considerazione per la sistematica.
Quello che è certo è che il sacco del tuorlo si presenta assai
vario da specie a specie, tanto che io credo che in tesi generale
si possa dire che esso può costituire un carattere specifico, ma
questo più che da una misura può esser dato dall'insieme
della grandezza e della forma, dall'aspetto generale insomma del
sacco vitellino. Un certo rapporto sembra possa esistere tra la
grandezza del sacco e la lunghezza dell'animale, ma per ora
non ho a questo proposito dati così numerosi da poter dire
qualche cosa con precisione.

Il sacco del tuorlo è cosparso di goccioline di grasso piccolissime riunite fra loro in piccoli gruppi, e porta specialmente
ai lati e verso il corpo della larva numerose macchie di pigmento nero in forma stellata irregolare. La testa è grossa e
fortemente piegata in basso, essa sopravanza alquanto il sacco;
gli occhi sono ovalari e molto grandi, tanto da occupare gran

---

(1) Nüsslin. Die Larven der Gattung Coregonus, ihre Beziehungen zur Biologie,
und ihre systematische Bedeutung. Verhandl. d. Deutsch. Zool. Gesellsch. 1908.

parte della testa. La pinna primordiale comincia sul dorso alquanto all'indietro, essa è molto alta ed uniforme. Le pettorali sono piccolissime. I lati del corpo e specialmente la testa sono cosparsi di pigmento relativamente abbondante.

Come si osserva nella fig. 3 che rappresenta una larva lunga 11 mm., dimensione raggiunta 5 giorni dopo la schiusa, il sacco del tuorlo si è ridotto e sembra più allungato. Esso è compreso circa 3 volte e $^1/_2$ nella lunghezza totale dell'animale. Le goccioline di grasso sono molto ridotte di numero, ed il pigmento che ricopre il sacco è divenuto assai più abbondante. Il colore del corpo è giallo scuro ed è ricoperto di pigmento assai più abbondante di quello riscontrato nello stadio precedente, poichè se ne trova assai oltre che sulla testa anche al ventre e al dorso. Il pigmento si estende per breve tratto anche nella porzione basale della pinna. Le pettorali sono piccole, trasparenti, a margine arrotondato. La testa è arrotondata ed il suo profilo segnerebbe un arco di cerchio quasi perfetto se non presentasse una leggera prominenza poco al di sopra della mascella superiore. La bocca è collocata inferiormente; l'occhio è ovalare e grande, ma in proporzione un po' più piccolo che nello stadio precedente, esso inoltre ha una direzione piuttosto obliqua, causa appunto l'arrotondamento di tutta la testa. Le narici sono già formate e si presentano come due fossette rotondeggianti situate tra la mascella superiore ed il margine dell'occhio.

Ma già dopo quattro giorni dallo stadio ora descritto, per quanto il pesciolino misuri 12 mm. cioè un millimetro solo in più di quello precedentemente descritto, le condizioni generali si mostrano molto diverse e si comincia a vedere che esso va a poco a poco prendendo la forma definitiva. Il sacco del tuorlo è divenuto ancora più ristretto, il pigmento è più abbondante, la testa ha subito uno schiacciamento tra il vertice e la protuberanza al di sopra della mascella superiore già ricordata. In tal modo la bocca è divenuta anteriore. L'occhio si è ancora impiccolito e va disponendosi orizzontalmente. La pinna ha conservato presso a poco la forma dello stadio precedente, solo è divenuta in proporzione un pò meno alta ed ha subito posteriormente una leggera curvatura tale da accennare sia pur vagamente alla coda. Le pettorali sono simili a quelle descritte nello stadio precedente (fig. 4).

A questo periodo il pesciolino è già in grado di nutrirsi e mangia avidamente il plancton che ogni giorno gli vien gettato nel recipiente. I piccoli lucci se ne stavano finora quasi immobili al fondo del vaso, nè facevano movimenti vivaci anche avvicinando a loro qualche oggetto. Solo a questo stadio pur seguitando a starsene quasi immobili, abboccano facilmente la preda e fuggono rapidamente se spaventati.

A poco a poco il pesciolino acquista, specie nella forma della testa, i caratteri dell'animale adulto. La fig. 5 rappresenta un piccolo luccio della lunghezza di 14 mm. ed è al quindicesimo giorno dalla schiusa. Esso ha ancora una piccolissima traccia del sacco del tuorlo il quale può dirsi quasi completamente riassorbito, solo, osservando con una lente, si mostra al ventre un leggero ispessimento che rappresenta appunto l'ultimo residuo del tuorlo. Questo può dirsi riassorbito completamente al 17° giorno. Per cui nell'esperienza da me eseguita, il luccio avrebbe impiegato 7 giorni dalla fecondazione alla schiusa, 17 giorni per il riassorbimento completo del sacco del tuorlo, ed in tutto 24 giorni, con un totale di circa 318° C.

Nel luccio di 14 mm. di lunghezza (fig. 5) la testa ha assunto il profilo molto simile a quello che presenta l'adulto, solo che qui è ancora poco accentuato l'aspetto spatoliforme del muso. La mascella inferiore è più sporgente della superiore; l'occhio è grande e disposto orizzontalmente. La pinna si mostra leggermente appuntita alla sua estremità caudale e presenta più marcate le ondulazioni descritte nelle stadio precedente. Le pettorali sono più sviluppate ed il pigmento è più diffuso.

Al 27° giorno dalla schiusa, il pesciolino raggiunge la lunghezza di 16 mm. ed ha acquistato si può dire i caratteri dell'adulto salvo nella pinna che non è molto differente da quella dello stadio precedentemente descritto (Tav. 6, fig. 6). Il muso è allungato, l'occhio tondeggiante, sul corpo si vedono comparire riflessi gialli e rossi che danno un'iridescenza speciale, quantunque per l'abbondanza di pigmento nero il fondo del colore rimanga sempre bruno giallastro. La pinna è come ho già detto presso a poco simile a quella già descritta nello stadio precedente, ma se si osserva bene con una lente si vedono apparire piccoli ed esili raggi al dorso e al ventre, poco al di dietro dell'apertura anale. Sono questi gli accenni della pinna dorsale e anale.

Dopo 3 giorni da questo stadio, l'animale ha raggiunto i 20 mm. di lunghezza e i raggi delle pinne dorsale e anale si sono sviluppati tanto da vedersi facilmente anche ad occhio nudo (fig. 7). La pinna primordiale presenta ondulazioni notevoli; si restringe molto, subito al di dietro della dorsale e anale, formando così un lobo caudale molto sviluppato, e mentre si presenta allargata là dove si sono formati i raggi della dorsale ed anale, si restringe poi anteriormente nel tratto fra l'anale e le ventrali, fra la dorsale ed il punto dorsale opposto alle pinne ventrali, dove ora ha principio la pinna primordiale.

Anche alla parte terminale della colonna vertebrale fortemente ripiegata in alto, sono comparsi inferiormente pochi raggi.

Si vedono le pinne ventrali, piccole, esili, provviste di una leggera striatura.

Con le sezioni si mettono in evidenza i rapporti tra la colonna vertebrale ed i raggi delle pinne, come pure lo sviluppo delle varie parti dello scheletro, ma non è qui il caso di entrare in particolari di tal natura e d'altronde un tal genere di studio fu già magistralmente trattato dal Grassi ([1]).

Con le sezioni in serie si può osservare la dentatura che a questo stadio si presenta relativamente bene sviluppata specie sui palatini, dove si osservano denti sottili ed aguzzi simili, salvo le proporzioni, a quelli dell'adulto.

A questo stadio i raggi branchiostegi sono talmente esili che per vederli bene occorre adoperare un ingrandimento relativamente forte.

La pinna pettorale si mostra sempre a margine arrotondato ed è provvista nella sua metà distale di una fina striatura.

La voracità del luccio è aumentata in sommo grado, tanto che mangia avidamente non solo piccoli crostacei, larve d'insetti ed altro purchè sia dotato di movimento (non mangia perciò carne o animali morti), ma fa la caccia anche ai suoi compagni che quando può raggiungere cerca d'inghiottire afferrandoli per la coda. Il luccio però in tal caso lascia sfuggire con facilità la preda, poichè è provvisto di denti ancora troppo poco sviluppati per avere la forza di trattenerla; questa perciò, specie se è di dimensioni non troppo piccole, sfugge

---

(1) Grassi. Lo sviluppo della colonna vertebrale nei pesci ossei. Mem. R. Acc. Lincei A. CCLXXX, 1882-83.

facilmente o se in gran parte inghiottita, viene di solito poi abbandonata morta dall'animale che non è stato capace di divorarla.

Anche i movimenti del luccio sono ora divenuti più rapidi, e per quanto ami starsene quieto, fugge però velocemente se toccato od in qualunque modo spaventato.

Dopo 24 giorni dallo stadio precedentemente descritto, la pinna primordiale per quanto molto ridotta non è ancora del tutto scomparsa (fig. 8). Ne rimangono piccole traccie al davanti della dorsale e della anale; nella pinna codale i resti sono più evidenti. I raggi delle pinne e specie di quella codale sono ancora compresi nei residui della pinna primordiale. Con tutto ciò la pinna codale va assumendo l'aspetto che si riscontra nell'animale adulto, assume cioè una forma arenata posteriormente con accenno ai due lobi che troveremo poi più sviluppati nell'adulto. Tutto il corpo presenta una forma più snella. Il piccolo luccio misura a questo stadio 22 mm.

I resti della pinna primordiale sono del tutto riassorbiti dopo circa 26 giorni dallo stadio precedente, come si osserva nella fig. 9 che rappresenta un luccio della lunghezza di 26 mm.

Anche la pinna codale ha assunto il carattere definitivo, per cui si può dire che a questo punto l'animale ha perduto i caratteri larvali per assumere quelli definitivi.

*
* *

Da quanto ho più sopra esposto risulta dunque che nell'esperimento da me fatto, mentre lo sviluppo del luccio nell'uovo è abbastanza rapido, il periodo tra la schiusa e la scomparsa totale della pinna primordiale è invece relativamente lungo. Infatti il pesciolino ha impiegato, come si è visto 7 giorni dalla fecondazione alla schiusa; 17 giorni dalla schiusa al completo riassorbimento del sacco del tuorlo; 63 giorni dal riassorbimento del sacco del tuorlo alla totale scomparsa della pinna primordiale; per cui si può dire abbia impiegato 80 giorni dalla schiusa per raggiungere la forma ed i caratteri definitivi, avendo l'acqua nella quale vivevano i piccoli lucci una temperatura di 13-17° centigradi. Si è visto inoltre che la lentezza nel raggiungere i caratteri definitivi esiste solo nei riguardi della pinna primordiale, poichè quanto al profilo della testa, esso invece compare simile all'adulto in un tempo assai breve.

Mentre negli avannotti appena schiusi della trota e di altri pesci si osserva già un accenno alla formazione delle pinne e vi si vedono già i raggi, e le pinne hanno già assunto quasi del tutto i caratteri definitivi avanti che il sacco del tuorlo sia completamente riassorbito, negli avannotti del luccio avviene, come abbiamo visto, che l'accenno della divisione della pinna impari e i raggi compaiono assai tardi.

L'accrescimento del luccio non avviene in modo regolare, ma si osserva che in pochi giorni può crescere relativamente bene, mentre può accadere che per un periodo anche di parecchi giorni l'accrescimento sia minimo. Per cui anche negli individui della stessa covata, si notano differenze nelle dimensioni.

Si deve però osservare a proposito dell'intero sviluppo del luccio, che le varie lunghezze raggiunte da questo in rapporto all'età e sopra riportate, sono naturalmente riferite all'allevamento da me fatto di questi animali in vasca. Ora convien fare a questo riguardo una considerazione di grande interesse. I lucci in libertà raggiungono dimensioni molto maggiori che non quelli allevati in vasca.

Può avvenire che eccezionalmente il luccio raggiunga in vasca dimensioni relativamente considerevoli, come il caso ricordato da Fatio (1) il quale dice di aver visto a Ginevra un giovane luccio nato da fecondazione artificiale che bene alimentato in acquario aveva raggiunto una lunghezza di 22 cm. in 84 giorni. Però tal fatto devesi certamente considerare come tutto affatto eccezionale; ma generalmente accade che c'è una differenza notevole tra i lucci allevati in vasca e quelli cresciuti in libertà. Già Grassi (2) aveva osservato che lucci schiusi da circa un mese ma vissuti in libertà, raggiungono 25-30 mm. di lunghezza, mentre quelli schiusi egualmente da circa un mese ma allevati in vasca, raggiungono la lunghezza di 12-14 mm. Io, tenendo in un acquario pochi individui, alimentandoli opportunamente, curando che l'acqua fosse in non troppa quantità e sempre limpida ho potuto portare i lucci di circa un mese dalla

(1) Fatio. Loc. cit.
(2) Grassi. Loc. cit.

schiusa alla lunghezza di 20 mm., ma è un fatto che successivamente per quante cure abbia avuté, l'accrescimento dell'animale è stato assai lento. Confrontando questi lucci con individui pescati in libertà e dei quali ho potuto sapere presso a poco l'epoca della schiusa, le differenze sono notevoli. Infatti i lucci in libertà raggiungevano dopo 75 giorni dalla schiusa, il peso di circa un grammo e la lunghezza di 50-55 mm. (fig. 10); avevano perciò già da tempo acquistati i caratteri definitivi. Gli individui allevati in vasca raggiungevano invece dopo 75 giorni dalla schiusa, la lunghezza di 23-24 mm. ed il peso di circa $\frac{1}{10}$ di grammo senza che fossero ancora del tutto scomparsi i resti della pinna primordiale.

Avviene dunque per questi pesci, come del resto più o meno si verifica per molti altri, che il trovarsi in vasca o il vivere in libertà porta non poca differenza nell'accrescimento ed·è bene tener presente questo fatto nel valutare le dimensioni ed il tempo impiegato nello sviluppo dei pesciolini allevati. Perciò in libertà la pinna primordiale scompare in un tempo assai più breve, che si può calcolare da quanto si è più sopra detto a circa un mese dalla schiusa.

Ho insistito su tale circostanza, perchè questa oltre a farci più giustamente apprezzare l'accrescimento del luccio e quanto sono venuto a questo proposito esponendo, ha non poca importanza anche nei riguardi della pratica dell'allevamento.

* *
*

Il piccolo luccio che ha raggiunti i 26 mm. di lunghezza, presenta, come abbiamo già detto, i caratteri definitivi; c'è però qualche diversità specialmente nelle proporzioni delle varie parti del corpo. Principalmente l'occhio, come ho già osservato, è assai grande, in proporzione molto più che non sia nell'adulto. La lunghezza del capo è compresa poco più di tre volte nella lunghezza totale dell'animale; l'altezza del capo è circa due volte la sua lunghezza. L'occhio è tondeggiante, il suo diametro è compreso circa tre volte è mezzo nella lunghezza del capo. Nell'adulto abbiamo già visto invece che l'occhio è ovale ed il suo diametro maggiore è compreso 7-9 volte e anche più nella lunghezza del capo..

L'ano non subisce notevoli spostamenti, esso fin dalla larva appena sgusciata, si trova circa al terzo posteriore del corpo. La narice, dapprima piccola, tondeggiante, si presenta ora allungata, ma sempre unica. Nell'adulto è invece divisa in due.

Il pigmento è dato da macchie nere di varia grandezza che a forte ingrandimento appariscono di forma stellata. Esse si trovano numerose specie sul dorso, eccetto la linea mediana dorsale dall'apice del muso alla coda, linea che per la massima parte è in rapporto alla posizione che occupava la pinna primordiale; le macchie si trovano ancora sulla testa e ai fianchi. Il ventre è argenteo.

Il luccio cresciuto in libertà che ha raggiunti i 50 mm. di lunghezza (fig. 10) ha oramai tutto l'aspetto dell'individuo adulto. Le proporzioni delle varie parti del corpo, quantunque l'animale si mostri in questo caso molto bene sviluppato in confronto di quello allevato in vasca che è assai più piccolo e debole, sono presso a poco quelle che si riscontrano nell'individuo di 26 mm. Solo l'occhio è più piccolo ed ovalare; il suo diametro maggiore entra quatro volte nella lunghezza del capo. Anche qui il pigmento è formato di numerose e piccolissime macchioline nere a forma di astro, che si trovano sparse su quasi tutto il corpo, eccettuato il ventre che è argenteo. Le pinne codale e dorsale presentano delle macchie rossastre. Anche in questi individui si osserva una linea giallo rossastra che percorre la parte mediana del dorso dall'apice del muso alla coda. I denti sono relativamente bene sviluppati su tutte le ossa che li portano anche nell'adulto. Le squame sono piccolissime misurando in media 434 ν. Esse sono in genere formate da 6-8 strati concentrici. La narice è doppia. La pupilla è circondata solo superiormente da un semicerchio giallo.

Abbiamo già detto che la grandezza che possono raggiungere i piccoli lucci dipende in gran parte dall'ambiente, dobbiamo qui aggiungere che oltre a questo influiscono sull'accrescimento dell'animale il nutrimento e molti altri fattori che non ci sono interamente noti. Questo spiega la ragione per la quale gli autori danno misure diverse per questi animali che pur abbiano la stessa età.

Secondo Malfer ([1]) il luccio raggiunge nel primo anno una

---

[1] Malfer. Loc. cit.

lunghezza di 12-15 cm.; nel secondo arriva al peso di 200 gr., nel terzo di 300-500 gr. ed è atto alla fecondazione, quantunque ciò possa avvenire anche nel secondo anno. Dopo 6-7 anni, il luccio giunge al peso di 3-4 Kg.

Festa ([1]) così dice a proposito dell'accrescimento del luccio. « Io ne misi in un ampio stagno, ben provvisto di tinche, individui di non più di 8 cm. di lunghezza al mese di aprile e ne pescai uno al fine di luglio di 30 cm. Alla metà di ottobre poi prosciugato lo stagno, ne trovai della lunghezza di 35,40 ed alcuni fino di 45 cm. e del peso di 5 ettogrammi ad 1 Kg. Bisogna però notare che in libertà, non trovando quasi mai sì copioso nutrimento, cresce con molta minor rapidità ».

Secondo quanto riferiscono Gobin e Guénaux ([2]), ecco quale sarebbe lo sviluppo medio del luccio:

1 anno	lunghezza	m.	0.17	peso	Kg.	0.017
2 anni	"	"	0.26	"	"	0.127
3 "	"	"	0.42	"	"	0.240
4 "	"	"	0.52	"	"	0.600
5	"	"	0.70	"	"	1 —
6 "	"	"	0.80	"	"	1.250
12	"	"	1.25	"	"	3.508

Secondo Koltz ([3]) le dimensioni raggiunte del luccio sarebbero le seguenti:

1 anno	lunghezza	m.	0.25-0.30
2 anni	"	"	0.36-0.50
3 "	"	"	0.45-0.60
6	"	"	0.80-1 —
12 "	"	"	1.30-1.50

Serrane ([4]) dice giustamente che l'accrescimento del luccio è così diverso a seconda delle varie circostanze che non è possibile dare a questo animale una lunghezza determinata in rapporto all'età. Tutto al più si può assegnargli per ciascuna età, un minimo e un massimo di lunghezza. Così avrà a

(1) Vedi in: Brehm. La Vita degli animali. Trad. ital. di M. Lessona. Vol. III, Pesci. Torino 1903.

(2) Gobin et Guénaux. La pisciculture en eaux douces. Paris 1907.

(3) Koltz. Traité de pisciculture pratique. Paris 1883.

(4) Serrane. Le Brochet. Bruxelles 1908.

1 anno lunghezza cm. 10-30   peso gr. 25-125
2 anni   „   „ 25-55   „   „ 100-750
3   „   ‚ 40-75   „   „ 400-Kg. 2
4   ı 50-90   „   „ 700- „ 4
6   „   „   „ 65-m. 1.10   „ Kg. 2-8

Queste cifre ci dimostrano quali variazioni rispetto alla dimensione in rapporto all'età, possono presentare questi animali.

**

I giovani lucci fanno vita piuttosto tranquilla e solitaria come del resto accade anche per gli adulti. Essi se ne stanno quasi immobili presso la superficie dell'acqua e vicino alle rive dove la temperatura è più elevata. Prediligono i luoghi aperti e soleggiati e si cibano di plancton. Più tardi il luccio si approfonda e fa vita presso il fondo, i suoi movimenti sono più rapidi e si ciba di piccoli pesciolini. Il Malfer nel lavoro già citato, dice a questo proposito: « Relativamente ai costumi del luccio diremo che egli non compie migrazioni. Durante il primo anno di vita si trova sull'erba a pochi metri dalla riva: vicinissimo dal marzo al tardo autunno (profondità m. 1-7); un po' meno dal dicembre al febbraio. Negli anni successivi vive lungo le sponde o i monti subacquei erbosi e preferibilmente presso il fondo. Nel verno trovasi ad una profondità variabile dai m. 45 ai m. 25 (temperatura 9-12º C); in primavera dai m. 25 ai 20 (temp. 12-13º C.); passa ai m. 10-5 nell'estate (temp. 20-25º C.) e ritorna poi con l'autunno ai m. 25-40, cioè verso la dimora invernale. Vive nella zona la cui temperatura va dai 9 ai 25 gradi C.; ma più propriamente si deve dire che la sua regione è quella dell'erba e che su di essa avanza o retrocede, più che per effetto di temperatura, per ragioni quasi esclusive di cibo ».

Quanto alla nutrizione del luccio, abbiamo già accennato che questo pesce mangia di tutto e che la sua voracità è proverbiale. Canestrini (¹) dice a questo proposito di aver trovato nello stomaco di un luccio di mediocre statura un ratto (Mus

---

- (1) Canestrini R. Sulla voracità del luccio. Boll. Soc. Venete-Trentına Sc. Nat. T. III, n. 2.

decumanus) e che in un altro luccio del peso di 650 gr. ebbe
a trovare un individuo della stessa specie, lungo 13 cm. Del
resto in molti furono riscontrati oggetti svariati e di peso considerevole, come piombi di rete ed altro che i lucci avevano
ingoiato non si sa a quale scopo ([1]).

*
**

È noto che le squame di vari pesci ci possono fino a un
certo punto far conoscere l'età dell'animale al quale appartengono. Così fra gli altri la carpa mostra sulle squame delle zone
speciali corrispondenti all'accrescimento annuale ([2]). Nel luccio
le cose non sono troppo evidenti. Al microscopio si osservano
delle striature concentriche abbastanza regolari che in qualche
caso costituiscono delle zone distinte, ma in generale non ho
potuto con sicurezza dedurre nessun dato positivo relativamente
a questo fatto in rapporto con la lunghezza dell'animale e
con ciò anche all'età ([3]). Ad ogni modo non posso su questo
punto insistere mancandomi materiale adatto. Così pure dicasi
nei riguardi delle dimensioni di certe squame in rapporto
alla lunghezza dell'animale.

Egualmente per alcuni pesci sono gli otoliti che presentano
delle zone corrispondenti agli anni di età. Così nella sogliola

(1) Si consiglia da alcuni di tenere pochi lucci anche negli stagni, allo scopo di
stabilire l'equilibrio nel numero degli abitatori del bacino, mangiando essi il pesce
minuto che diminuirebbe anche l'alimento utile per i pesci più importanti, e di
rendere migliore la carne dei pesci che poco si muovono, eccitandoli a muoversi.
Conviene però osservare che il luccio è voracissimo e che per aumentare il proprio
peso di 1 Kg. deve ingerire 15-30 Kg. di pesce (Gobin et Guénaux, loc. cit.).

(2) I segni caratteristici si trovano specialmente nella struttura della parte
della squama inscrita nella pelle del pesce e che non si vede che asportandola,
e principalmente nel punto di passaggio dalla squama interna all'esterna. L'età
si determina sui pesci vivi e precisamente dai seguenti contrassegni: 1, dalla
divergenza delle linee concentriche nel passaggio dalla parte anteriore a quella
posteriore, 2, dal terminare delle linee concentriche in una o più linee distintive
dell'età, linee molto pronunciate e che non si possono spiegare che con un completo arresto temporaneo dell'accrescimento, 3, dai diversi intervalli tra le linee
concentriche nella parte anteriore della squama, 4, da un fregio radiale addizio-
nale che appare spesso al principio d'un nuovo anno d'età. I contrassegni 3 e 4
non sono che mezzi ausiliari per riconoscere l'età delle carpe, gli altri valgono
per determinare l'età tanto dalle squame cicloidi che da quelle ctenoidi. (Hoffbauer.
Guida per l'esposizione della pesca tedesca. Esposizione Milano 1906).

(3) Secondo Hoffbauer (loc. cit.) anche le squame del luccio mostrano che questo
pesce cessa di crescere o cresce meno rapidamente in diversi periodi della sua
esistenza.

tale fatto è evidente (¹). Nel luccio assottigliando gli otoliti si vedono delle strie irregolari, ma niente che possa far pensare a zone di accrescimento relative all'età.

L'otolite ha una forma ovale allungata terminante anteriormente appuntita, la sua superficie è scabrosa, irregolare. Una faccia è concava, l'altra è convessa ed un solco profondo divide l'otolite in due parti. Alle estremità del solco si trovano due incisioni generalmente bene evidenti. In molti pesci gli otoliti hanno una forma così caratteristica che possono fino ad un certo punto servire al riconoscimento della specie. Quello del luccio ha forma così speciale che si può facilmente riconoscerlo. A questo proposito Canestrini dice (²) « Recentemente studiando il contenuto di uno stomaco di Bottatrice fra i vari frammenti di un pesce, che non potevo classificare, rinvenni un otolite che riconobbi subito per la sagitta di un Esox lucius; la Bottatrice aveva dunque divorato un luccio ».

Non sembra vi sia proporzione tra la grandezza dell'animale e gli otoliti da questo posseduti, poichè pesci grandi possono avere otoliti piccoli e viceversa.

Recentemente furono prese in considerazione, per conoscere l'età di un pesce, anche varie ossa, specialmente quelle dell'apparato opercolare, delle vertebre, della cintura scapolare, non sempre però con buoni resultati (³).

Specialmente l'opercolo presenta qualche volta delle strie limitanti delle zone che sono state messe in rapporto con l'accrescimento dell'animale per conoscere l'età. Anche sull'opercolo del luccio si riscontrano di tali zone. Perchè si vedano bene è però necessario che l'osso sia ben secco. In tal caso si mettono in evidenza delle strie più o meno distanti l'una dall'altra, disposte ai margini inferiore e posteriore dell'opercolo. Io però non posso dir niente di preciso a proposito del numero delle zone che si vedono sull'opercolo del luccio in rapporto

(1) Maier. Die Alterbestimmung nach den Otolithem bei Scholle und Kabeljiau. Arbeit. d. Deutschen wiss. Kommission f. die internat. Meeresforschung. Aus der Biolog. Anstalt auf Helgoland. n. 5, 1906.
(2) Canestrini R. Osservazioni sull'apparato uditivo di alcuni pesci. Atti Soc. Veneto e Trentina Sc. Nat. Vol. IX, fasc. 2, 1885.
Canestrini e Parmigiani. Gli otoliti dei pesci. Id. Vol. VIII, fasc. 2, 1883.
(3) Maier. Loc. cit.
Seligo. Hydrobiologische Untersuchungen. IV Das Wachstum der kleinen Marene Mitteil. d. Westpreussischen Fischerei-Vereins, Bd. XX, 1908.

all'età dell'animale, poichè non avevo lucci di età esattamente stabilita. Ad ogni modo ho osservato che in un esemplare della lunghezza di 30 cm. se ne riscontravano 4, in uno di 40 cm. 6, in uno di 47 cm. 4, in uno di 51 cm. pure 4 ed in uno di 70 cm. 6. Del resto non in tutti i casi erano bene visibili ed in ogni modo da quanto ho potuto vedere non sembra ci sia in questo caso rapporto tra il numero di queste zone e la lunghezza dell'animale, e quindi l'età. Devesi però notare a proposito di tali ricerche, che per quanto si possa pensare che possa esistere un rapporto tra l'età e l'accrescimento delle parti del corpo di un dato individuo, conviene considerare anche che è probabile avvenga per i pesci ciò che si verifica per molti altri animali, e cioè che l'accrescimento possa raggiungere un certo limite, passato il quale rimane stazionario ad onta dell'età. Per cui si può in questi casi pensare che tale rapporto esisterebbe solo fino a tanto che l'animale abbia raggiunto il massimo del suo accrescimento. Con tutto ciò il fatto è certamente di molto interesse e lo studio di tali rapporti dovrebbe essere fatto su larga scala (¹).

*
* *

Da quanto ho nel presente lavoro esposto, risulta dunque che le uova di luccio si sviluppano in circa una settimana; che da queste nasce una larva lunga 8 mm. la quale nei riguardi della forma della testa, mostra ben presto i caratteri assai simili a quelli dell'adulto, mentre la pinna primordiale non presenta gli accenni a divisione nelle pinne impari definitive, nè accenni a raggi come invece si osserva in altri pesci, ad es. le trote.

Avviene perciò tutto l'opposto di quanto si verifica nella trota, nella quale l'incubazione è rispetto a quella del luccio, assai lenta, poichè la trota impiega 32 giorni, con una temperatura di 12 gradi, 165 giorni con una temperatura di 2.7 gr. e in proporzione, per le temperature intermedie (²). La trota appena schiusa presenta però nel decorso della pinna primor-

---

(1) Secondo Hoffbauer (loc. cit.) nelle carpe possono servire per la determinazione dell'età, anche i denti faringei, i quali presentano delle strie longitudinali separate da solchi neri, il cui numero corrisponde agli anni di età.

(2) Bettoni. Piscicoltura. Milano, 1895.

diale un accenno dei raggi e delle pinne impari definitive e queste sono si può dire quasi del tutto formate quando ancora il sacco del tuorlo non è del tutto riassorbito.

Ciò che non avviene nel luccio, nel quale come abbiamo visto l'incubazione è rapida, e la pinna primordiale è scomparsa assai dopo il riassorbimento del sacco del tuorlo.

Lo sviluppo del luccio è assai rapido quando vive in libertà e la pinna primordiale è del tutto scomparsa in circa un mese, quando cioè l'animale ha raggiunto circa i 26 mm., mentre il sacco del tuorlo è già scomparso quando l'animale aveva raggiunto circa i 14 mm. di lunghezza. Lo sviluppo è invece estremamente lento se l'animale venga allevato in vasca, ancorchè abbondantemente nutrito, tanto che per raggiungere i 26 mm. occorrono circa 80 giorni dalla schiusa. Questa circostanza ha non poco valore anche dal punto di vista pratico, mostrandoci quali enormi differenze nello sviluppo si possono avere paragonando pesci allevati in bacini ristretti o in libertà.

Stazione Idrobiologica. Milano, Giugno, 1909.

ERRATA-CORRIGE

A pag. 199 e 210 dove si dice che l'altezza del capo è 2 volte e $^3/_4$ la sua lunghezza, che il diametro dell'occhio è 7-9 volte la lunghezza del capo e che l'altezza del capo è circa due volte la sua lunghezza, i termini vanno invertiti.

SPIEGAZIONE DELLE TAVOLE

TAVOLA 5

Fig. 1. — Uovo embrionato di Esox lucius.
» 2. — Esox lucius, appena sgusciato dell'uovo ; lunghezza di 8 mm.
» 3. — Esox lucius della lunghezza di 11 mm.
» 4. — »   »   »   »   » 12 »
» 5. — »   »   »   »   » 14 »

TAVOLA 6

Fig. 6. — Esox lucius della lunghezza di 16 mm.
» 7. — »   »   »   »   » 20 »
» 8. — »   »   »   »   » 22 »
» 9. — »   »   »   »   » 26 »
» 10. — »   ».   »   »   » 50 »   Vissuto in libertà.

F. SUPINO - Sviluppo larvale ecc. Esox lucius. - Atti Soc. It. Sc. Nat. - Vol. XLVIII.

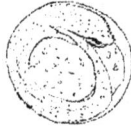

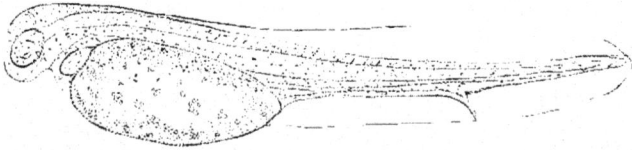

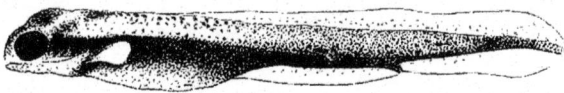

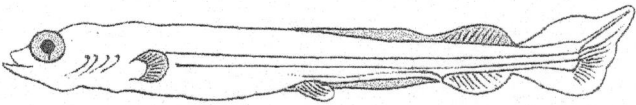

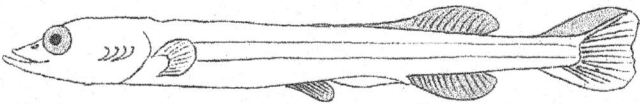

SULLE VARIAZIONI FLORISTICHE
NEI TERRAZZI DEL FIUME TICINO

Nota del Socio

Sac. Carlo Cozzi

Coadiutore in S. Pietro d'Abbiategrasso

Dopo un decennio di continuate peregrinazioni e ricerche istituite unicamente allo scopo di raccogliere del materiale fresco da erbario e riunire in apposito elenco possibilmente completo gli elementi più caratteristici e meno ovvii che crescono tra le boscaglie del fiume Ticino onde aggiungere così un modesto contributo alle conoscenze botaniche d'una regione interessantissima, qual'è senza dubbio lo spalto che divide il basso milanese dal territorio lomellino, ritengo torni davvero cosa utile per non dire necessaria e, da parte mia, doverosa quella di accennare ai nuovi fenomeni di apparizione e di scomparsa verificatisi ultimamente. Ciò nella certezza morale che tale rilievo serva a richiamare sempre più l'attenzione dei naturalisti sui luoghi posti in condizioni o simili od analoghe; poichè è dalle fluttuazioni — chiamiamole così — ora irregolari, ora periodiche, lente, se si vuole, ma incessanti, e capaci d'alterare, per giunta, non fosse pure che d'una linea soltanto, l'aspetto fisionomico complessivo della vegetazione parallela alle grandi correnti d'aria o d'acqua, che risultano le *florule nòmadi*, degnissime queste d'esser prese in tutta considerazione per riguardo sia al movimento del loro *percorso*, sia alla durata della loro *sosta*.

È quanto affermò del resto anche il prof. Béguinot che continua da anni e anni a occuparsi della distribuzione delle piante lungo i fiumi in lavori di polso che lo resero la persona più competente e più specializzata in materia.

In nessun sito per certo, meglio che alle prossimità di un fiume, accadrà di dover constatare il fatto di due fiore che s'incontrano e si urtano fino a compenetrarsi a vicenda e a fondersi completamente in una, con questo d'avvantaggio: che la percentuale numerica delle forme secondarie aumenta a vista d'occhio per l'addossamento delle così dette razze geografiche, formatesi sul posto sia per riduzione che per esaltazione dei caratteri individuanti, e mantenute poi stabili dall'eredità e dall'adattamento, al punto da obbligare i fitografi anche i più ortodossi e i meno ligi al metodo iperanalitico a tenerne calcolo e a considerarle distinte.

Ragione per cui non sono affatto lontano dal credere che l'esame paziente e minuzioso rivolto agli esemplari vivi dei generi i quali oltreche dar luogo a ibridi presentano maggiori difficoltà di determinazione — come: *Hieracium, Cirsium, Mentha, Rosa, Rubus, Orchis* ecc. — abbia per effetto che le entità intermedie state finora dimenticate o male interpretate ottengano d'ora innanzi in sistematica quel rango d'autonomia che loro compete.

Partendo da simili riflessi, è poi indubitabile che lo studio d'una fiora locale non potrà mai dirsi esaurito nel senso assoluto della parola. Anche solo badando ai fenomeni di emigrazione e d'immigrazione che si avverano ai confini di un distretto botanico, il compito di un ricercatore troverà sempre materia d'esercitarsi.

Ora, per osservazioni di questa natura i terrazzi del Ticino si prestano magnificamente. E avendo avuto agio di percorrerli in ogni tempo e in ogni direzione, quasi sempre accompagnato dai signori Angelo Foi e d. Cesare Alesina, credo bene di notificare le conclusioni a cui sono pervenuto. Le quali sono:

I. Tra le piante delle brughiere e dei *gerróa* che offrono marcata tendenza a fuoriuscire dalla zona boschiva per estendersi e propagarsi nella zona coltivata, sono da annoverarsi le seguenti: *Centaurea alba, Centaurea alba var. Pestallozzii, Carlina vulgaris, Achillea nobilis* (ai fianchi dell'*A. Millefolium*), *Solidago virgaaurea, Chondrilla juncea var. acanthophylla, Hieracium murorum* (in qualche sua varietà), *Hieracium sabaudum, Hieracium umbellatum, Sambucus Ebulus, Campanula Trachelium, Sedum album, Sedum rupestre, Sedum Telephium, Oenothéra biennis* (è una delle forme più volgari delle rive del Ticino),

Circaea intermedia, Potentilla argentea, Potentilla Tormentilla, Potentilla recta, Ononis spinosa, Plantago sp., *Stachys recta, Orobanche coerulea* (rinvenuta dapprima in una sola località ora va acquistando una discreta diffusione) *Rhinanthus maior, Linaria vulgaris var. italica* (molto più frequente della specie tipica a fiori più grandi), *Erythraea spicata, Erytraea Centaurium, Cynanchum Vincetoxicum, Hypericum quadrangulum, Hesperis matronalis, Arabis hirsuta, Anemone nemorosa* (non mi consta invece dell'*A. ranunculoides), Daphne Mezereum, Euphorbia cyparissias, Euph. amygdaloides, Brachypodium pinnatum, Andropogon Ischaemum* e *Agrostis alba.*

II. Tra le forme accantonate sui terrazzi del Ticino che si sono assottigliate di numero, qualcuna a segno da scomparire, cito: *Leonurus Cardiaca, Digitalis lutea* ed *ambigua, Verbascum phoeniceum, Dianthus Armeria, Anagallis arvensis var. coerulea, Bartsia latifolia* e *Myricaria germanica.* Avverto ben'inteso che la mia asserzione va accolta *sensu lato,* cioè nel riguardo dell'ambito entro cui si sono svolte le mie ricerche.

Ma questo non infirma il fatto che il bellissimo *Verbascum* e la cinerea *Myricaria,* a cagion d'esempio, non vi si trovino più; e che le altre siano divenute oltremodo rare.

La spiegazione è dovuta alla circostanza straordinaria dell'inondazione di due anni fa, durante la quale rimasero allagati e sommersi per lungo tempo non solo tutti i boschi immediatamente adiacenti al fiume, ma buon tratto altresì della campagna circostante; di maniera che parecchie alluvioni recenti coperte di densa vegetazione — come nel caso della *Myricaria* — furono scotennate e strascinate via dalla corrente.

Un fattore tutt'altro che disprezzabile di dispersione dei vegetali è quello antropico. L'opera dell'uomo è spesse volte nefasta per certe specie dotate di virtù officinali o decorative. E quindi se l'*Erythraea Centaurium,* il *Verbascum phlomoides,* l'*Oenothera biennis,* l'*Asparagus tenuifolius,* la *Convallaria maialis,* il *Xiphion sibiricum,* nonchè altre piante a proprietà medicinali e ornamentali battono la ritirata verso luoghi meno esposti, lo si deve in gran parte all'indiscrezione dei collezionisti semplicisti e dei fioristi, i quali sradicano e decapitano distruggendo senza criterio tante pianticelle, senza curarsi mai d'altro che del lucro che *hic et nunc* sperano ricavarne. L'*Orchis papilionacea,* la più graziosa delle orchidee dei nostri boschi, finirà essa pure ad abbandonarci a motivo principalmente del vandalismo dei raccoglitori; ed io mi auguro dal canto mio che anche da noi abbiano presto a sorgere — a somiglianza di quello che si fa in altri paesi — delle società efficacemente protettrici delle piante così da impedire lo scempio delle nostre rarità locali.

III. Seguendo anno per anno il cammino con cui varie specie si distaccano dalle brughiere ove vegeta il grosso delle loro consorelle, posso dire che amano stabilirsi lungo la linea dei fontanili, sul terreno formato dai detriti di falda, ai piedi del primo gradino dei terrazzi, ove han minor gioco le correnti d'aria. Sul piano inclinato dalla Canova, alla Baraggia, alla Casalina ecc. fino allo Zerbo, c'è ritratta tutta quanta — in piccolo — la fisionomia della flora delle brughiere...

Abbiategrasso, 1 Luglio 1909.

LA CLEISTOGAMIA NELLE GRAMINACEE

E IN PARTICOLARE NEL RISO

Ricerche del

Dott. Michele Abbado

Le Graminacee sono piante spiccatamente anemofile, benchè in alcune non manchi la possibilità d'una fecondazione incrociata per opera di insetti. Prevale tra esse l'allogamia; tuttavia in certe specie è stata provata la fertilità per autofecondazione. Tali sono per esempio *Avena sativa* (Hoffmann), *Triticum vulgare* (Rimpau, Hoffmann), *Triticum turgidum*, (Hoffmann), *Triticum monococcum* (Beijerinck), *Hordeum vulgare* e *Hordeum trifurcatum* (Hoffmann), i generi *Festuca*, *Poa*, *Bromus* (Beijerinck), e tale è pure, secondo mie esperienze di cui parlerò in seguito, l'*Oryza sativa*. All'incontro le esperienze di Rimpau, Liebenberg, Focke, Beijerinck avrebbero stabilito essere sterili per autofecondazione *Secale cereale* e *Saccharum officinarum;* tuttavia, come vedremo ancora, Godron avrebbe trovato che in alta montagna la segale è cleistogama e perciò fertile per autogamia.

Com'è noto, le Graminacee sono piante monocotiledoni, di solito erbacee, con foglie provviste di lunghe guaine fesse che avvolgono non solo i culmi ma anche le infiorescenze nei primi stadi del loro sviluppo. I loro fiori sono ermafroditi o, più di rado, unisessuali, e nella maggior parte dei casi si adunano in piccoli gruppi che portano il nome di *spighette*. Ogni spighetta presenta un involucro esterno costituito quasi sempre di due *glume*, l'una inferiore, l'altra superiore; ogni fiore poi è rivestito a sua volta di due *glumette*, l'una inferiore mutica od aristata, l'altra superiore per lo più mutica; dentro alle glumette si trovano due o tre piccolissime squamette che rappresentano il perigonio e perciò portano il nome di *squame peri-goniali (lodiculae)*; infine in ogni fiore si trovano tre stami, di rado due o uno, più di rado ancora quattro o sei, con filamenti liberi, filiformi e antere biloculari, bifide alle estremità, dei-scenti per due fenditure longitudinali e più di rado per sem-plici pori apicali, e un ovario supero, uniloculare, fornito di due stili e più di rado di uno solo o di tre, terminati di solito in stimmi pelosi, coi peli variamente disposti. Il frutto è una cariosside che maturando si libera dalle glumette oppure rimane rinchiusa in esse (cariossidi vestite); esso è quasi tutto occupato da un albume farinoso, alla base del quale, come in una nicchia, sta l'embrione.

L'antesi avviene d'ordinario per divaricazione delle glu-mette, prodotta, come hanno trovato HACKEL ([1]) e RIMPAU ([2]) e come ho anch'io constatato, dal rigonfiarsi delle squame perigo-niali per rapido assorbimento d'acqua; si produce così all'apice, fra le due glumette, una fessura che va man mano allargan-dosi e da cui escono le antere, i cui filamenti seguitano ad allun-garsi rapidamente, curvandosi verso il basso, in modo che esse restano capovolte e pendenti. Allora si aprono e lasciano cadere in balìa del vento il loro polline in forma di polvere. Intanto le glumette seguitano ad allontanarsi e a scoprire il pistillo il quale diventa accessibile al polline estraneo; talora gli stimmi vengono a sporgere fuori delle glumette. Esistono però parecchie specie, le quali sono dette *clisantiche*, in cui le squame perigo-niali mancano e tuttavia le antere e gli stimmi escono all'aperto attraverso ad una piccola fessura all'apice delle glumette; tali sono le specie dei generi *Pennisetum, Anthoxanthum, Alope-curus*, ecc. In altre specie poi, benchè le glumette si allontanino alquanto, le antere non escono e il polline feconda il pistillo del proprio fiore.

Di solito androceo e gineceo non maturano contemporanea-mente; quasi sempre si ha proterandria, solo di rado protoginia.

L'apertura del fiore dura poco tempo: ben presto le squame perigioniali tornano ad assottigliarsi e permettono alle glumette di riavvicinarsi per elasticità e chiudersi per non più aprirsi. Di solito l'intero processo dura in un fiore da 15 a 20 minuti.

---

(1) *Bot. Zeit.* 1880, pag. 432.
(2) *Landwirtsch. Jahrb.* 12, 1883, pag. 877.

Si tratta dunque di *fiori effimeri*. Inoltre la bassa temperatura e la pioggia possono ritardare di ore o anche di giorni l'apertura delle glumette e l'uscita e deiscenza delle antere; in alcune specie anzi, come vedremo, pare che l'antesi non avvenga più affatto e si compia l'autofecondazione a porte chiuse. Anche l'aria molto secca e la temperatura elevata possono rallentare la fioritura.

L'ora del giorno in cui normalmente avviene l'antesi varia da specie a specie. Così, secondo KERNER, le specie dei generi *Poa, Glyceria, Koeleria* e vari altri, come pure l'*Arrenatherum elatius*, si aprono tra le quattro e le cinque; *Aira caespitosa, Briza media, Triticum* e *Hordeum* tra le cinque e le sei; *Secale, Dactylis, Andropogon, Brachypodium, Festuca* tra le sei e le sette; *Trisetum, Alopecurus, Phleum, Anthoxanthum* dalle sette alle otto; *Panicum miliaceum* e *Sorghum* tra le otto e le nove; *Setaria italica* e *Gynerium argenteum* tra le nove e le dieci; *Agrostis* alle undici; *Melica, Molinia, Nardus, Elymus, Sclerochloa, Calamagrostis* tra le dodici e le tredici; *Bromus* alle quattordici; *Avena* alle quindici, *Agropyrum* alle sedici; *Aira flexuosa* alle diciassette. Due volte al giorno presenta fiori aperti l'*Holcus*, cioè alle sei e alle diciannove. Quanto all' *Oryza sativa,* io ho veduto che degli esemplari da me coltivati cominciavano ad aprire i loro fiori alle nove e solo verso le dodici li avevano di nuovo tutti chiusi. L'antesi cominciava nelle parti superiori della pannocchia, ma di solito non precisamente alla sommità, e proseguiva poi verso il basso, ma le parti inferiori erano molto ritardatarie; d'altra parte le pannocchiette inferiori restavano spesso rinchiuse ancora per lungo tempo nelle guaine. Spesso poi avveniva che la sommità della pannocchia non si liberasse subito dalla guaina e allora solo la parte mediana veniva fuori incurvandosi; in tali casi i fiori della convessità erano i primi ad aprirsi. (Quanto al modo in cui avviene l'antesi, vedi in seguito).

La famiglia delle Graminacee presenta buon numero di specie cleistogame. E. HACKEL nel suo lavoro « *Ueber Kleistogamie bei den Gräsern* » (¹) dice essere dimostrata la cleistogamia per sessantasette specie; tuttavia se a queste, a cui soltanto ha creduto il suddetto autore di poter apporre la sua

---

(1) *Oesterr. Bot. Zeitschr.* 1906, pag. 82.

autorevole firma, ne aggiungiamo altre che in qualche caso, secondo le affermazioni di botanici di indubbia fama, sono state vedute con fiori cleistogami, benchè, per mancato controllo, non siano ancora entrate nell'elenco, per così dire, ufficiale delle piante cleistogame, ed alcune altre che hanno tutta l'apparenza di essere cleistogame, benchè ogni dubbio non sia rimosso, arriviamo ad una lista di cento e cinque specie o varietà, qual'è quella che già ho esposto nella mia precedente memoria sulla Cleistogamia (¹). Tale cifra del resto non recherà meraviglia quando si pensi che la famiglia delle Graminacee è una delle più numerose, tantochè solo in Italia annovera novantaquattro generi con trecentonovanta specie (²), e qui più che altrove la cleistogamia pare in molti casi indotta o, come qualcuno dice anche, facoltativa, cioè determinata da casuali condizioni d'ambiente, nè d'altra parte si collega di solito a grandi cambiamenti nel fiore: infatti, per quanto si sa, i fiori sono sempre casmanterici, non presentandosi mai il caso di antere chiuse e di tubetti pollinici che ne attraversino le pareti, e se nelle specie abitualmente cleistogame c'è riduzione di parti, come per esempio la soppressione di alcuni stami, la mancanza di squame perigoniali, ecc., in quelle facoltative spesso tutto il fenomeno si riduce alla permanente chiusura delle glumette e alla conseguente fecondazione autogama.

Un grande contributo allo studio della cleistogamia in questa famiglia è stato dato prima da KOERNICKE (³) e poi da HACKEL il quale nel suo lavoro già citato descrisse ben quarantasette nuovi casi di cleistogamia, e questi e gli altri già noti coordinò a seconda del modo e delle condizioni in cui essa si presenta, dandoci un quadro completo del fenomeno, quale si manifesta in questa famiglia.

HACKEL ricorda che il fatto di Graminacee che maturano i loro frutti senza aver prodotto organi fiorali visibili esternamente è stato osservato da gran tempo, poichè già H. BOCK l'aveva notato a proposito dell'orzo, come riferì nel suo « Neuw Kreutter Buch » (1539); però questi credette che gli stami mancassero completamente e, conformemente alle idee d'allora,

---

(1) *Atti della Società It. di Scienze Nat.* XLVIII, 1909, p. 115.
(2) Vedi G. ARCANGELI, *Compendio della Flora italiana*, 2 ed., 1894.
(3) *Die Arten und Varietäten des Getreides*, 1885.

potè pensare che i frutti dell'orzo si producessero senza essere preceduti dal fiore ([1]). Anche LINNEO ([2]) osservò la mancanza di stami esterni nell'orzo, e così pure nel *Panicum clandestinum.* Con ciò egli non parlò esplicitamente di fecondazione internà alle glumette, alla quale accennò solo per la prima volta SCHREBER ([3]) a proposito della *Phalaris oryzoides* (l'odierna *Leersia oryzoides*); questi dice che la fecondazione nella suddetta specie avviene nell'interno delle spighette chiuse entro le guaine fogliari dalle quali di solito esse non escono mai, e fa notare come la parte della pannocchia che esce fuori dalla guaina porti solo delle spighette vuote, cosichè solo le spighette chiuse nella guaina danno frutto. Tale affermazione però, come vedremo, deve venire un po' limitata.

Tralasciando altre osservazioni di casi isolati più o meno esatte, ci porteremo d'un salto all'anno 1873 in cui GODRON pubblicò la sua memoria « *De la Floraison des Graminées* » ([4]). Quivi è descritta la cleistogamia (« *fécondation à huis-clos* ») di *Leersia oryzoides* (pag. 33), *Hordeum Zeocriton* L. (pag. 76), *H. distichon* (pag. 74); *H, hexastichon* (pag. 75), *Stipa pennata, St. gigantea, St. juncea.*

Nel 1878 ASA GRAY ([5]) riferì alcuni esempi di Graminacee cleistogame dell'America settentrionale, cioè *Amphicarpum Purshii* Kunth, *Danthonia spicata, Vilfa,* ecc.

Nel 1880 DUVAL-JOUVE pubblicò ([6]) una revisione critica delle specie francesi di *Vulpia,* stabilendo la cleistogamia di *Vulpia (Festuca) Myurus, V. sciuroides* e *V. ciliata.*

Notevoli studi sulla cleistogamia nei cereali furono fatti, come già si disse, da KOERNICKE ([7]). Egli trattò della cleistogamia di *Hordeum Zeocriton* L., *H. distichon* e varietà, *H. hexastichon* e varietà, *H. vulgare, Avena sativa.*

Nel 1889 E. HACKEL ([8]) descrisse come cleistogamo l'*Erian-*

---

(1) Vedi anche in proposito l'altra mia già citata memoria, p. 3, (115).

(2) *Amoenitates academicae* 1, 1749, pag. 364.

(3) *Beschreibung der Gräser,* 1769.

(4) *Mém. Ac. Sc. Nat. Cherbourg.* 1873, p. 195.

(5) *Am. Journ. of Science,* 1878, pag. 71.

(6) *Revue des Sciences Nat,,* 1880.

(7) Vedi KOERNICKE, loc. cit. e K. und WERNER, *Handbuch des Getreidebaues,* 1885, Vol. I.

(8) *Monographia Andropogonearum,* 1889.

thus Trinii Hack.; nel 1890 KOERNICKE ([1]) descrisse la cleisto‑
gamia di *Triodia decumbens* Beauv. e *Catapodium tuberculosum*
Moris *(Castellia tuberculata* Tin.) e nel 1903 VIERHAPPER ([2])
riferì sulla cleistogamia di *Danthonia breviaristata* Vierh.

Ma il numero delle specie riconosciute cleistogame, come
si disse, crebbe straordinariamente grazie agli studi di HACKEL
riferiti nel suo lavoro già citato. Il suddetto autore non
potè certamente studiare il fenomeno sempre su piante vive;
per certe specie esotiche egli dovette servirsi di materiale
di erbario; tuttavia anche questo può dare spesso risultati
soddisfacenti e sicuri. Converrà anzi che esaminiamo breve‑
mente quali sono i criteri che, secondo HACKEL, possono auto‑
rizzare a ritenere cleistogama una Graminacea col semplice
studio di esemplari d'erbario.

Apparentemente è molto semplice la determinazione, poichè,
se le glumette durante la fioritura e dopo di essa, fino alla
maturazione del frutto, rimangono chiuse, le antere vuote di
polline e raggrinzite, al pari dei resti dello stimma, si dovranno
sempre ritrovare entro di esse, addossate al frutto in via di
maturazione o maturo, mentre nelle piante casmogame le antere,
quando le glumette si divaricano, vengono fuori dell'apertura,
e quando queste si rinchiudono, restano fuori e in breve si
staccano e cadono. Anche gli stimmi si sporgono in fuori tra le
glumette, per cui subito dopo la fioritura se ne trovano dei resti
schiacciati tra gli orli di esse, mentre sul frutto se ne trovano
tutt'al più delle tracce. Però il contrasto non è sempre così netto,
e ci sono tra le Graminacee forme di casmogamia che si avvici‑
nano assai alla cleistogamia e negli esemplari di erbario pos‑
sono essere scambiate con questa. Così in *Bromus tectorum*,
maximus, ecc. le glumette si allontanano all'epoca della fiori‑
tura, ma assai poco e solo alla cima, appena in modo che in
fondo al fiore si possono vedere gli stimmi diritti e le antere
pur esse diritte su brevi filamenti e soprastanti agli stimmi,
nell'atto in cui si aprono e lasciano cadere il polline su di
questi. In seguito le glumette tornano a rinchiudersi e le antere
rimangono dentro. Si tratta dunque di piante casmogame, che
dopo la fioritura hanno l'apparenza di cleistogame, e che in

---

(1) *Corresp. N. V. Rheinl. und Westf.* 1890, pag. 87.
(2) *Oesterr. Bot. Zeitschr.* 1903, pag. 225.

realtà si avvicinano assai a queste, ma tuttavia non entrano nel loro numero.

Chi però osserva in specie viventi il processo dell'impollinazione cleistogama, trova dei fatti che possono aiutarlo nello studio degli esemplari d'erbario. HACKEL infatti trovò che nella maggior parte dei casi le antere non sono poste al disopra degli stimmi, come nei suddetti *Bromus,* ma stanno a fianco di questi e restano circondati dalle loro barbe in modo che il polline, uscendo dalle sacche, arriva immediatamente sulle papille stimmatiche. In seguito, quando il frutto sta maturando o è già maturato, si trovano le antere vuote imprigionate tra le barbe degli stimmi da cui solo con difficoltà si possono liberare.

HACKEL ritiene che quando tale fatto si osserva in erbario si possa senz'altro concludere per la cleistogamia. Egli adottò per questo caso l'espressione « *antere intrastigmatiche* » senza però avere l'intenzione, com'egli dice, di coniare un termine botanico. Se le antere non sono intrastigmatiche, ma stanno semplicemente allato degli stimmi o più in alto di essi, manca uno degli elementi per stabilire se esista cleistogamia. Però questi casi sono molto più rari, e allora in ogni modo viene in aiuto un secondo criterio.

Infatti la vera cleistogamia nella maggior parte dei casi, e forse in tutti, dice HACKEL, è *doppia.* In altri termini, l'impollinazione avviene tra le chiuse glume quando la spighetta o anche l'intera infiorescenza è ancora rinchiusa nella guaina fogliare. Per questo fatto KOERNICKE ([1]), descrivendo la fioritura di una varietà di *Hordeum distichon* e di *Triodia decumbens,* ha introdotto l'espressione di piante « *doppiameate cleistogame* ». HACKEL però ritiene che si possa usare questa espressione anche per quei casi in cui al momento dell'impollinazione le spighette composte di più fiori non sono più circondate dalle guaine, ma rimangono ancora chiuse entro le proprie grandi glume. Questo fatto trovò HACKEL per esempio in *Danthonia intermedia* e *Danth. unispicata.*

Egli ritiene che o l'una o l'altra di queste due forme di doppia cleistogamia si presenti in ogni caso di fioritura cleistogama, e perciò quando negli esemplari d'erbario trovò le

---

([1]) *Handbuch des Getreidebaues,* pag. 139.

spighette appena uscite dalla guaina o colle loro glume chiuse presentare antere vuote rinchiuse fra le glumette dei singoli fiori e ovario ingrossato, stabilì trattarsi di cleistogamia. Non di rado si trova già entro alle guaine la maggior parte dei fiori con antere svuotate e talora, come per esempio in *Leersia oryzoides*, bisogna andare fino a stadii molto giovanili per trovare nelle spighe dei fiori non fecondati; questo fatto è stato rilevato anche da DUVAL-JOUVE (').

Un altro criterio che può pure servire per riconoscere la cleistogamia è il modo in cui si comportano le squame perigoniali *(lodiculae)*. Poichè questi organi, gonfiandosi, fannò allontanare le glumette, nelle Graminacee cleistogame perdono la loro funzione e ciò ha per conseguenza, che là dove la cleistogamia è un fenomeno costante, ereditato attraverso innumerevoli generazioni, esse si riducono.

Veramente la loro riduzione può essere maggiore o minore, andando da una piccola diminuzione di dimensioni fino alla completa scomparsa, e di solito anche nelle specie strettamente cleistogame se ne trovano ancora tracce; in ogni modo dove esse sono così ridotte da dimostrare di essere prive di funzione o dove mancano, mentre esistono nelle specie affini casmogame, noi abbiamo un nuovo aiuto nel determinare se una pianta è cleistogama. Questo criterio però, come HACKEL osserva, non ha un valore generale, poiché, come già si disse, non tutte le Graminacee prive di squame perigonali sono cleistogame, esistendo le specie cosidètte *clisantiche*, in cui le squame mancano e in cui tuttavia le antere e gli stimmi escono all'aperto attraverso ad una piccola fessura che si produce fre gli apici delle glumette.

Un altro adattamento alla cleistogamia è la diminuzione del volume delle antere e la loro povertà di polline, come pure l'accorciamento degli stimmi in confronto delle specie affini casmogame. Cleistogamia esiste pure se una specie appartenente a un genere per esempio triandrico si mostra monandrica, come *Aristida oligantha, A. gracilis, A. basiramea, Festuca Myuros, F. sciuroides, Uniola latifolia.* Di solito le antere dei fiori cleistogami hanno forma ovale o arrotondata, essendo più ridotta

---

(1) *Bull. Soc. Bot. de France*, X, 1863, 194.

l'a loro lunghezza che non la larghezza, mentre le antere dei fiori casmogami sono lineari. Tutte queste riduzioni portano ad una diminuzione nella produzione del polline, la quale, dopo quanto abbiamo detto nella precedente già citata memoria sulla Cleistogamia, è perfettamente comprensibile.

Talora lo stesso aspetto generale della pannocchia è trasformato per la cleistogamia: infatti, mentre le Graminacee casmogame sogliono all'epoca della fioritura espandere la loro pannocchia affinchè tutte le spighette restino esposte all'azione del vento il quale ha l'incarico di trasportare il polline, le piante cleistogame invece presentano di solito pannocchie raccolte, colle spighette aderenti, non occorrendo il vento per l'impollinazione. Però, rileva HACKEL, ci sono eccezioni a questa regola, e noi le vedremo.

**

HACKEL riunisce le Graminacee cleistogame in quattro gruppi, distinti dal modo in cui la cleistogamia si manifesta; tali gruppi non sono però nettamente separati l'uno dall'altro, presentandosi delle forme di passaggio. Essi sono:

1° Gruppo: *Specie cleistogame facoltative;*
2°   „   *Specie dimorfe;*
3°   „   *Specie in cui finora si sono soltanto osservati individui cleistogami.*
4°   „   *Specie anfigame.*

Nel primo gruppo HACKEL riunisce *quelle specie in cui accanto a individui casmogami se ne trovano, più o meno frequenti o anche in prevalenza, dei cleistogami, i quali però non presentuno nessuno speciale adattamento alla cleistogamia.*

In questi individui cleistogami le antere e le squame perigoniali sono o niente affatto o appena insignificantemente più piccole che nei fiori casmogami. HACKEL ritiene che in queste piante la cleistogamia non sia una condizione nata coll'individuo, ossia già stabilita quando questo è allo stato embrionale, ma dipenda da condizioni esterne che agiscono durante lo sviluppo, e di cui noi poco sappiamo. Alcuni osservatori credettero che una temperatura costantemente bassa durante l'epoca della fioritura fosse la causa per cui le glumette restano

chiuse, ma KOERNIKE ha dimostrato sperimentalmente che ciò
per lo meno non si avvera sempre; egli infatti seminò una
varietà di *Hordeum distichum nutans* (orzo nero invernale di
Tiflis) parte in autunno e parte alla fine di marzo; gli individui
seminati in autunno diedero tutti fiori aperti, gli altri diedero
fiori cleistogami che si fecondarono già nelle guaine; ma poichè
l'epoca di fioritura di questi seguì a quella dei primi, cadendo
negli ultimi giorni di giugno e nei primi di luglio, non si può
dir certo che il fenomeno della cleistogamia sia stato determinato da bassa temperatura. D'altra parte KOERNIKE in una spiga
di *Hordeum hexastichon brachyatherem*, in cui le spighette
mediane erano cleistogame, ottenne l'apertura dei fiori superiori
e inferiori mettendo la spiga stessa in vicinanza d'una stufa
accesa.

HACKEL conclude perciò che occorrono ancora molti studi
per stabilire le condizioni che determinano la presenza o l'assenza della cleistogamia, e per parte nostra siamo indotti a
supporre che, analogamente a quanto avviene nella altre famiglie, anche nelle Graminacee le cause possano essere diverse.

Le Graminacee che HACKEL riunisce nel primo gruppo sono
anzitutto: *Stipa pennata* L. colle due sottospecie *St. Tirsa* Stev.
e *St. pulcherrima* Koch; *St. Lessingiana* Tr. et Rupr.; *St. barbata*
Desf.; *St. gigantea*, Lag. colla sottospecie *St. Lagascae*, R. et Sch.;
St. capillata, L.; *St. juncea*. È interessante vedere quali sono le
osservazioni che ha fatto HACKEL relativamente a *Stipa pennata* L.
Nei dintorni di Vienna egli la trovò con fiori aperti. Le spighette erano uscite fuori della guaina; le glumette fiorali erano
divaricate, le antere, lunghe 6-7 mm., e gli stimmi uscivano
lateralmente; le squame perigoniali, lunghe 2 mm., erano fortemente turgescenti. Lo studio invece del materiale dell'erbario
posseduto da HACKEL rivelò solo pochi esemplari casmogami,
come per esempio quelli provenienti dal Vallese; predominavano
invece gli individui cleistogami, in cui le antere, lunghe 4-5 mm.,
erano state spinte contro la sommità della cavità interna alle
glume dall'accrescimento del frutto e insieme compresse. Esse
però non erano collegate ai resti degli stimmi. Le squame perigoniali erano lunghe come nei fiori casmogami. L'impollinazione aveva evidentemente avuto luogo entro la guaina chiusa;
infatti tutte le spighette che apparivano liberate da questa erano
già sfiorite.

Le altre Graminacee comprese da HACKEL nel primo gruppo sono le seguenti:

Dactyloctenium aegyptiacum Willd., casmogamo in quasi tutti gli esemplari provenienti dai tropici, cleistogamo negli esemplari di Sicilia;

Eleusine verticillata Roxb. (India), di solito casmogama, cleistogama in un esemplare di Radjputana;

Pappophorum mucronulatum Nees (Argentina);

Pappophorum Wrightii S. Wats. (America Settentrionale);

Pappophorum vaginatum Buckl. (Arizona);

Diplachne Tracyi Vasey;

Scleropoa rigida Gris.;

Hordeum vulgare, H. hexastichon, H. distichon: nel primo, all'incontro di DELFINO (¹) il quale ritenne che non si aprissero mai i fiori della due serie mediane, ma solo quelli delle quattro esterne, HACKEL vide aprirsi talora i fiori di tutte le serie; nel secondo invece egli vide aprirsi solo i laterali; nel terzo vide raramente casi di casmogamia.

HACKEL cita come eccezionale la cleistogamia del frumento *(Triticum vulgare* Vill.), seguendo in ciò KOERNICKE (²). Con ciò dobbiamo osservare come ci siano stati persino degli autori, come LOISELEUR, DESLONGCHAMP, MORREN, ecc., i quali hanno ritenuto che il frumento fosse esclusivamente cleistogamo, mentre GODRON (³) e DELFINO (⁴) hanno trovato che normalmente esso è casmogamo ed apre i suoi fiori verso le cinque del mattino, tenendoli aperti per circa un'ora. Solo se la temperatura resta molto inferiore ai 16 centigradi, oppure si ha una pioggia abbondante e impetuosa, secondo GODRON le glume non si aprono e si ha cleistogamia. In ogni modo la questione merita di essere suffragata da nuove osservazioni.

Nel secondo gruppo, quello delle *specie dimorfe*, HACKEL comprende quelle specie che si sono divise in due forme ben distinte sia per lo sviluppo delle antere e delle squame perigoniali, sia talora anche per il numero delle prime, come non

(1) *Boll. del Comizio Agr. Parm.*, 1871.
(2) Loc. cit. pag. 32.
(3) Loc. cit.
(4) Loc. cit.

di rado ancora per il comportarsi dell'infiorescenza. La forma casmogama, con antere grandi e lineari, squame di dimensioni normali e infiorescenza libera è di solito la più rara; la cleistogama, con antere molto piccole ed ovali, squame rudimentali o completamente mancanti e spesso infiorescenza rinchiusa è quasi sempre la più frequente. In qualche caso invece del dimorfismo degli individui si ha quello dei fiori in una stessa spighetta.

HACKEL ritiene probabile che, a differenza di quanto deve avvenire nel gruppo precedente, la forma casmogama o cleistogama in cui un individuo dovrà fiorire sia già determinata nell'embrione e non dipenda quindi dalle condizioni esterne che accompagnano lo sviluppo della pianta. È però ancora da vedere mediante prove di seminagione se le due forme in tutti i casi rappresentino delle razze costanti o si possano trasformare l'una nell'altra.

Le Graminacee ascritte da HACKEL a questo gruppo sono le seguenti:

Sporobolus cryptandrus A. Gray (America Sett.), in cui, tra le differenze esistenti fra le due forme, troviamo quella delle antere, lunghe nei fiori casmogami 0,8 — 1,2 mm., nei cleistogami appena 0,2 mm., e quella delle squame perigoniali, lunghe nei primi 0,5 mm., mancanti nei secondi;

Triodia decumbens Beauv. (Europa, Africa Sett.);

Danthonia breviaristata (Beck) Vierh. *(D. calycina* × *Sieglingia decumbens)*;

Danthonia spicata R. et Sch. (America Sett.);

Danthonia californica Bol.;

Danthonia unispicata Munro (America Sett.);

Danthonia montevidensis Hack. et Arechav.: non presenta una forma unicamente casmogama, poichè solo i tre fiori inferiori d'ogni spighetta sono casmogami, mentre i tre superiori hanno antere molto più corte e sono privi di squame perigoniali;

Danthonia sericea Nutt. (America Sett.): presenta pure fiori casmogami e cleistogami sulla stessa spighetta;

Avena scabrivalvis Trin. (Chili, Uraguay);

Uniola latifolia L. (America Sett.): questa specie abbisogna di ulteriori ricerche;

Festuca michrostachys Nutt. (America Sett.): questa specie presenta il dimorfismo più spiccato, poichè non solo la grandezza ma anche il numero delle antere è diverso, essendo la forma casmogama triandra, la cleistogama monandra; si tratta dunque di due razze biologiche ben distinte che probabilmente si conservano per seme; .

Festuca pacifica Piper;

Catapodium tuberculosum Moris. (Europa Mer., Africa Sett.);

Bromus unioloides H. B. K. (America Sett. e Merid.).

Circa altri Bromus affini a quest'ultima specie, quali B. pendulinus Schrad., B. carinatus Hook., B. compressus Lag., B. Hookerianus Thurb., HACKEL non ha dati sufficienti per dare un quadro completo e chiaro del loro modo di fiorire; però di B. pendulinus e B. carinatus egli osservò esemplari cleistogami.

Al terzo gruppo HACKEL, come si disse, ascrive quelle specie di cui finora sono stati osservati soltanto individui cleistogami.

L'autore nota che, essendosi fatta l'osservazione spesso su pochi esemplari d'erbario o anche su uno solo, potrebbe darsi che per molte specie si avesse poi a trovare la forma casmogama, per cui esse dovessero passare nel secondo gruppo.

D'altra parte tra questo gruppo e il quarto non ci sono limiti netti, poichè lo Sporobolus vaginiflorus ascritto al terzo presenta anche una rara forma anfigama, e d'altronde le anfigame Leersia oryzoides e Diplachne serotina possiedono anche delle forme puramente cleistogame.

Le specie ascritte da HACKEL a questo gruppo sono:

Erianthus Trinii Hack. (Brasile, Paraguay);

Aristida oligantha Michx. (America Sett.);

Aristida gracilis Ell. (America Sett.);

Aristida basiramea Engelm. (America Sett.);

Stipa hirta Phil. (Chili);

Stipa semibarbata R. Br. (Australia);

Garnotia courtallensis Thw. (Ceylon);

Sporobolus vaginiflorus Wood. (America Sett.): la forma più frequente è puramente cleistogama; anche la pannocchia terminale è chiusa in parte o in tutto nella guaina superiore; in un'altra forma più rara la pannocchia terminale è casmogama;

Sporobolus subinclusus Phil. (Chili, Patagonia);

Trisetum interruptum Buckl. (Texas);

Trisetum Orcuttianum Vasey (California);

Danthonia compressa Austin (America Sett.);

Danthonia intermedia, Vasey (America Sett);

Danthonta montana, Doell (Brasile);

Danthonia collina Phil. (Chili);

Danthonia nuda Hook. (Nuova Zelanda);

Chloris Berroi Arechav. (Uruguày);

Bouteloua aristidoides Thurb. (America Sett., Argentina);

Bouteloua trifida Thurb. (Messico, Arizona);

·*Tetrapogon spathaceus* Hack. *(Chloris spathacea* Hochst.) (Cordofan, Nubia);

Astrebla pectinata Muell. (N. S. Wales);

Astrebla triticoides Muell. (N. S. Wales);

Leptochloa mucronata Kunth. (America Sett. e Merid.);

Triodia mutica S. Wats. (America Sett.);

Triodia elongata Bush (Texas);

Eragrostis Barrelieri Daveau (Montpellier, Sicilia, Algeri : in tutti gli esemplari HACKEL trovò, sotto alla pannocchia terminale aperta, due o tre pannocchie laterali chiuse nelle guaine con spighette sempre cleistogame; la pannocchia terminale non si comportava nello stesso modo in tutti i casi; negli esemplari di Montpellier e di Sicilia essa aveva fiori cleistogami; in quello di Algeri (monti dell'Ahaggar) pareva essere casmogama;

Briza ambigua Hack. (Brasile);

Festuca subgen. *Vulpia:*

Festuca Myurus L., *Festuca sciuroides* Roth., *F. ciliata* Danth. GODRON (¹) ritiene che *F. Myurus* e *F. sciuroides,* al pari di *Bromus tectorum* fioriscano aprendo alquanto le glume. Però nè DUVAL-JOUVE nè HACKEL hanno visto tale fatto; solo in esemplari del Capo di Buona Speranza HACKEL osservò, oltre alla cleistogamia, la casmogamia;

Festuca muralis Kunth (America Merid.) e *F. plebeja* R. Br. (Australia), le quali sono varietà di *F. Myurus;*

Festuca australis Nees (Brasile);

Festuca octofora Walt. *(F. tenella* Willd.);

Hordeum murinum L.: i fiori ermafroditi che costituiscono le file di mezzo rimangono sempre chiusi; invece i fiori mascolini delle file esterne si aprono molto tempo dopo che quelle di mezzo sono state fecondate; quale sia lo scopo di questi

---

(1) *De la Floraison des Graminées* pag. 24.

fiori non è chiaro, visto che i fiori ermafroditi non si aprono; HACKEL conclude dicendo che forse ci sono anche dei fiori ermafroditi casmogami ch'egli non riuscì a vedere;

Hordeum distichon var. *erectum* Schübl.;

Hordeum Zeocriton L.: queste due piante, secondo KOER-NICKE, sono sempre cleistogame.

Al quarto gruppo HACKEL ascrive le *specie anfigame*, cioè quelle in cui ogni individuo produce tanto spighette casmogame quanto spighette cleistogame in infiorescenze separate: le casmogame in una pannocchia terminale, le cleistogame in pannocchie laterali completamente o quasi completamente rivestite dalle guaine fogliari, o anche alla cima di stoloni basali che penetrano nel terreno.

A questo gruppo appartiene anzitutto:

Panicum clandestinum L. (America Sett.): HACKEL trovò che i suoi esemplari d'erbario presentavano dapprima solo la pannocchia terminale più o meno sporgente o peduncolata con spighette a fiori casmogami; nelle ascelle delle guaine poi si trovavano delle infiorescenze affatto piccole e primordiali, con spighette non ancora sviluppate, oppure dei germogli brevi e fogliosi, portanti all'apice un inizio assai primordiale di pannocchia. Mr. HITCHCOCK di Washington, a cui HACKEL s'era rivolto perchè gli chiarisse questo fatto, gli rispose che le pannocchie laterali di *P. Clandestinum*, come quelle di quasi tutte le specie del gruppo del *P. dichotomum* L. a cui esso appartiene, si sviluppano uno o due mesi dopo la fioritura della pannocchia terminale. Esse sono piccole e rimangono in questa specie di solito rinchiuse nelle guaine, o vengono a sporgere di poco. La pannocchia terminale raramente porta i suoi frutti a maturazione; per lo più le spighette cadono cogli ovari abortiti.

Nell'America settentrionale esistono molte specie di *Panicum* affini al *P. dichotomum* L., col quale si accordano pel fatto che d'estate sviluppano una pannocchia apicale ricca di fiori tutti casmogami, e dopo la loro fioritura e spesso solo dopo la caduta delle loro spighette, d'autunno, lasciano apparire nelle ascelle delle guaine fogliari dei brevi rami che terminano con piccole pannocchie povere di fiori, spesso chiuse alla base nella guaina. HACKEL ricevette da HITCHCOCK le pannocchie laterali di *P.*

16

lanuginosum Ell., *P. Scribnerianum* Nash. e *P. latifolium* L. che avevano l'aspetto d'aver avuto una fioritura cleistogama. Nei suoi esemplari d'erbario egli invece trovò, nella maggior parte dei casi, che le piccole pannocchie autunnali sporgevano completamente fuori delle guaine ed avevano avuto una fioritura casmogama; solo in *Panicum neuranthum* Gris., *P. consanguineum* Kunth. e *P. perlongum* Nash. pareva si fosse avverata la cleistogamia. Questo gruppo di specie abbisogna dunque ancora di altre ricerche, prima che si sappia in qual misura fra esse la cleistogamia si manifesta.

Altre Graminacee appartenenti al gruppo in questione sono:

Amphicarpum Purshii Kunth. (America Sett.): Secondo A. GRAY ([1]), la pannocchia terminale con fiori ermafroditi e casmogami cade senza maturare frutti. Le spighette cleistogame, poste solitarie all'apice di stoloni rivestiti di squame e sotterranei, sono molto più grandi di quelle della pannocchia terminale. Secondo PURSH, tali spighette sarebbero state prima aeree, poi sotterranee; HACKEL invece ritiene che gli stoloni che le portano siano sotterranei fin dal principio del loro sviluppo. HACKEL si domanda come fa questa specie a diffondersi, se la pannocchia terminale, come ritiene A. GRAY, è sempre infruttifera. Infatti i frutti maturati sotterra assai difficilmente potranno diffondersi a grande distanza.

Amphicarpum floridanum Chapm.: si comporta come la specie precedente.

Leersia oryzoides Sw. *(Oryza clandestina* A. Br.). La cleistogamia di questa pianta è nota da molto tempo. Come già abbiamo accennato, fin dal 1769 ne parla M. SCHREBER nella sua « *Beschreibung der Gräser* »; egli descrive le pannocchie laterali nascoste nelle guaine e dice: « È notevole che in questa Graminacea la fecondazione avviene nelle spighette rinchiuse... Ancora più notevole è il fatto che la pannocchia, per quanto esce dalla guaina, non porta che spighette vuote e solo quelle che rimangono nascoste nelle guaine danno seme ».

KOERNICKE ([2]) ha distinto in questa specie tre forme:

1) Tutte le pannocchie sono nascoste nelle guaine, cleistogame e fertili; 2) la pannocchia terminale esce in parte o

---

(1) *Man. ed.* 5, pag. 644.
(2) *Corr. N. V. Rheinl. und Westf.*, 1890, pag. 87.

in tutto dalla guaina, si dilata, ma porta spighette cleistogame e fertili; 3) la pannocchia terminale è esterna e dilatata, e porta spighette con fiori casmogami, sterili, mentre le pannocchie laterali nascoste sono cleistogame e fertili. Secondo HACKEL, la terza forma è la più rara; in ogni modo resta limitata l'antica affermazione di SCHREBER ripetuta da altri studiosi più recenti, come DUVAL-JOUVE, secondo cui la pannocchia esterna sarebbe sempre stata sterile. HACKEL trovò che l'adattamento alla cleistogamia è meno completo che in *Diplachne serotina*; le antere non sono imprigionate fra le barbe degli stimmi.

Aggiungeremo che questa pianta interessantissima, ora così esattamente studiata per opera di KOERNICKE e di HACKEL, destò sempre l'attenzione degli studiosi, ed era stato oggetto delle ricerche, fra gli altri, di DUVAL-JOUVE e DARWIN, e recentemente di LECLERC DU SABLON. Il primo ([1]) trovò che nei fiori cleistogami, nella cavità compresa entro le glumette unite, si trovava un liquido vischioso. Secondo DARWIN, ciò non sarebbe del tutto esatto; questi, aprendo diversi fiori, osservò una leggera vernice di fluido fra le membrane delle glumette, il quale veniva fuori quando queste venivano compresse, dando l'ingannevole apparenza che tutto l'interno del fiore fosse in tal guisa ripieno ([2]). Anche DARWIN, contrariamente a SCHREBER, aveva osservato in alcuni esemplari che la pannocchia superiore eserta può portare fiori cleistogami e completamente fertili.

Quanto a LECLERC DU SABLON, egli trovò che restavano chiusi tanto i fiori nascosti entro le guaine, quanto quelli che venivano fuori. La chiusura dipenderebbe, secondo il detto autore, da una ragione meccanica, essendo i bordi d'una gluma agganciati nei bordi arrotolati dell'altra. Io però ho trovato tale disposizione anche nelle glume dei fiori casmogami del riso, dove tuttavia essa non ha la facoltà di resistere alle forze che tendono a far divaricare le glume. Assai più io credo si deva ricercare la ragione della mancata apertura delle glume nella mancata turgescenza delle squame perigoniali. Infatti queste nei fiori cleistogami sono ridotte di dimensioni, il che dimostra la cessazione del loro ufficio; HACKEL trovò che tali

---

(1) *Sur la Floraison ecc. du Leersia oryzoides*, 1863.
(2) *Le diverse forme dei fiori*, ecc., pag. 224.

squame nei fiori casmogami erano lunghe 0,8 mm., mentre nei cleistogami avevano appena una lunghezza di 0,3 — 0,5 mm.

Stipa amphicarpa Phil.

Sporobolus vaginiflorus Wood.: come già si disse, questa specie presenta due forme, l'una puramente cleistogama, l'altra anfigama, molto più rara.

Chloris clandestina Scribn. et Merr. È questa la più rimarchevole delle Graminacee cleistogame. HACKEL riferisce ch'essa è stata per la prima volta descritta da VASEY ([1]) sotto il nome di *Chloris longifolia*, e poi col nuovo nome specifico di *clandestina* Scribn. et Merr. in U. S. Dep. Agric. Div. Agrost. Bull. 24, 1900, pag. 25. Questa pianta si comporta analogamente ad *Amphicarpum*, ma presenta una tale differenza tra le spighette e infiorescenze cleistogame e le casmogame, che le prime, se non si vedessero comparire sugli stessi individui che portano le seconde, si ascriverebbero non solo ad un altro genere, ma persino ad un'altra tribù di Graminacee. L'infiorescenza apicale possiede numerose spighe lunghe, colla forma solita in *Chloris;* esse sono lanceolate e sottili, uniflore, con un rudimento di gluma d'un altro fiore; la gluma inferiore del fiore è sottile, lungamente aristata; le antere sono lunghe 2,5 mm. La pannocchia apicale porta frutti maturi. Le spighette cleistogame stanno alle estremità delle ramificazioni di stoloni epigei che partono dalla base del culmo, strisciano alla superficie del suolo, senza penetrarvi nè mandarvi radici, e producono numerosi rami di primo e second'ordine, disposti in due file. Tutti gli internodi, tanto degli stoloni quanto dei loro rami, sono provvisti di foglioline incolore, squamiformi. La maggior parte dei rami ha terminazione sterile e solo pochi relativamente portano all'apice delle spighette affatto diverse per forma da quelle della pannocchia terminale. Dopo lo sviluppo del frutto esse sono largamente ovali, acuminate, fortemente sollevate dalle due parti, lunghe 6 o 7 mm., con colore di paglia, assolutamente uniflore. La glumetta inferiore è largamente ovale e repentinamente ristretta in punta; essa presenta la caratteristica proprietà di aver *gli orli concrescenti*, in modo da costituire un tubo perfettamente chiuso, *il che rappresenta il grado supremo d'adattamento alla cleistogamia nelle Graminacee.* L'altra

---

(1) *U. S. Dep. Agric. Div. Agrost. Contrib.* 1. 1893, pag. 284.

glumetta ha i bordi liberi, ma che alla cima si allacciano insieme costituendo una cavità conica. Hackel trovò nei fiori chiusi uno o due stami; pare che il loro numero non sia costante.

Diplachne serotina Link. colla sottospecie *bulgarica* Bornm. (Europa, Asia). Non si sa ancora se la pannocchia terminale casmogama sia fruttifera. Quelle laterali cleistogame stanno completamente nascoste nelle guaine; esse sono molto corte, e constano di poche spighette uniflore. Balansa, come riferisce Hackel, trovò presso Trebisonda una forma in cui anche la pannocchia terminale era chiusa nella guaina superiore; essa apparterrebbe quindi al terzo gruppo.

Diplachne squarrosa Richt. (Russia Merid., Asia Centr.): si comporta come la specie precedente.

Oltre a tutte le suddette Graminacee che Hackel ha enumerato nel suo lavoro, dobbiamo ricordare il genere *Cryptostachys* Stend. in cui, secondo Duval-Jouve ([1]) e Hansgirg ([2]), si ha cleistogamia. Anche l'*Avena sativa* L. è stata oggetto di ricerche. Come riferisce Knuth nel suo trattato, Hildebrand avrebbe trovato che l'avena a tempo sereno si apre verso sera, ma se il tempo è sfavorevole, il fiore resta chiuso ed avviene l'impollinazione autogama.

Anche secondo Koernicke ([3]) l'*Avena sativa* può talora esssere cleistogama; la varietà *praegravis* Kr. sarebbe di regola cleistogama. Nello stesso modo si comporterebbero, secondo Hildebrand, anche *Avena orientalis* Schreib. e *A. nuda* L. Un'altra Graminacea, la *Festuca uniglumis* Soll., che Hackel ha sempre veduto con fiori aperti, è ritenuta cleistogama da Duval-Jouve. Anche alcune specie di *Bromus* non sono considerate da Hackel fra le cleistogame, mentre altri autori affermano d'averci osservato la cleistogamia. Tali sono *Bromus secalinus* L. che, secondo Hildebrand, quando il tempo è cattivo, è cleistogamo, e che Beijerinck in Olanda trovò pure per lo più cleistogamo ([4]); *Br. mollis* L., quasi sempre cleistogamo secondo le osservazioni di H. Müller; *Br. sterilis* che Warnstore ([5]) osservò sempre con fiori chiusi.

---

(1) *Bull. Soc. Bot. Fr.* 10. 1863. pag. 195.
(2) *Physiologische Untersuchungen*, 1893.
(3) Loc. cit.
(4) Vedi Knuth, Handbuch der Blütenbiologie 1898-1905.
(5) *Blütenbiologische Beobachtungen*, 1896.

Cleistogamia ha pure osservato GODRON nella *Secale cereale* L. in alta montagna, con temperatura molto bassa. Anche il *Triticum Spelta* L., secondo HANSGIRG ([1]), sarebbe cleistogamo quando la temperatura è molto bassa.

Altre Graminacee cleistogame sarebbero ancora *Danthonia americana* Scrib. ([2]) e *D. epilis* Scrib. ([3]).

D' altra parte è da osservare che HACKEL, mentre nel 1904 ([4]) diceva di aver trovato talvolta nella *Poa annua* L. l'autogamia con glumette chiuse, nel suo lavoro di cui abbiamo largamente riferito (1906) non ne parla più affatto, anzi dice nelle sue conclusioni che il genere *Poa* pare essere affatto esente dal fenomeno della cleistogamia.

Una nuova Graminacea molto importante sono io ora in grado di annoverare fra quelle che presentano fiori cleistogami: essa è il riso.

La cleistogamia nel riso (Oryza sativa L.)

Per quanto io so, nessuno ha mai notificato d'aver osservato la cleistogamia in questa pianta. In realtà, date le condizioni specialissime che essa esige per prosperare, per cui in Europa viene coltivata solo in determinate regioni accessibili a un numero ristretto di studiosi: data per di più la stagione molto avanzata (Luglio-Agosto-Settembre) in cui fiorisce e le condizioni climatiche delle risaie in quell' epoca non certo tali da rendere attraente lo studio del riso in posto: dato infine il fatto che le malattie che frequentemente colpiscono il riso hanno più di tutto e giustamente attratto l'attenzione dei pochi botanici che sono in condizione di potersi occupare di questa pianta, si capisce che la fioritura del riso abbia potuto finora sfuggire a un attento e continuo esame che dileguasse le incertezze e chiarisse tutti i particolari. Questo è, secondo me, il motivo per cui la fioritura del riso è descritta nei trattati con poche parole che non risolvono completamente la questione nè sciolgono tutti i dubbi. Nei trattati non si parla

---

(1) Loc. cit.
(2) PRINGLE, *Kleistogamous Flowers in Grasses*, 1878.
(3) Id.
(4) *Zur Biologie der Poa annua L.*, 1904.

di cleistogamia del riso, il quale è descritto e figurato come pianta i cui fiori si aprono regolarmente; tuttavia non è mancato chi anche pubblicamente abbia accennato ad una supposizione che il riso fosse cleistogamo. Di fronte a questi dubbi, ho voluto tentare l'indagine dei fatti, e nei mesi di Luglio e Agosto dello scorso anno (1908) mi diedi allo studio della fioritura del riso.

Devo qui anzitutto ringraziare il dott. Carlo Rognoni di Binasco, il quale gentilmente mi permise di raccogliere nelle sue vaste risaie gli esemplari a me occorrenti e mi diede delle preziose indicazioni sui caratteri e sulla vegetazione delle diverse varietà scelte.

Dalle suddette risaie io cominciai ad asportare dei rigogliosi esemplari colle pannocchie ancora chiuse nelle guaine, ma prossime ad uscire. Tali esemplari, le cui radici bagnate furono subito accuratamente avvolte in modo che non perdessero l'acqua, furono da me immediatamente trasportati in laboratorio e messi separatamente in alti vasi di vetro nel cui fondo era stata prima deposta della terra, e in cui fu poi sempre mantenuta l'acqua alla debita altezza. Gli esemplari così disposti e tenuti sempre all'aperto in un sito dove potevano essere bene soleggiati, vegetarono ottimamente, sviluppando regolarmente le pannocchie e dando affidamento di compiere in modo normale tutti gli atti della fioritura e della fruttificazione (i quali del resto furono controllati col confronto di altri esemplari crescinti in risaia'.

Prima di passare all'esposizione dei fatti osservati, sarà opportuno ricordare che il riso ha un'infiorescenza a pannocchia composta, con spighette aventi un solo fiore ermafrodito, glume molto piccole, la glumetta inferiore con cinque nervi, mutica o aristata, la superiore con tre; due squame perigoniali, sei stami, ovario ovato, glabro, due stili con stimma a pennello. La cariosside è schiacciata ai lati e rimane a maturazione vestita delle glumette. Molto affine al riso è la *Leersia oryzoides* Schrad., pianta selvatica comune nei fossi e stagni dell'Italia alta e media, della cui cleistogamia già ci siamo occupati. Le differenze fra le due piante sono così piccole, che molti autori considerano anche la seconda come una specie del genere *Oryza,* cosicchè anche nelle Flore italiane dell'ARCANGELI e di CESATI, PASSERINI e GIBELLI essa è indicata sotto il nome di

Oryza clandestina Al. Br. Essa si distingue dal riso per mancanza di glume alle spighette, per la glumetta inferiore trinerve, la superiore uninerve e per possedere solo tre stami. Questa pianta e il riso sono le due sole *Orizee* vegetanti in Italia. Come abbiamo visto, la *Leersia Oryzoides* è anfigama, però la sua cleistogamia non avrebbe potuto assolutamente fornire nessun indizio relativamente ad un'eventuale cleistogamia nel riso, poichè il fenomeno, come già è stato notato nella precedente memoria sulla Cleistogamia, è del tutto indipendente anche nelle specie più vicine; in realtà noi vedremo che i fatti presentati dal riso sono ben differenti da quelli che si osservano nella pianta affine.

La fioritura del riso è stata sommariamente descritta da KOERNICKE; però già nella Flora di CESATI, PASSERINI e GIBELLI troviamo affermato che le due glumette sono appena socchiuse durante la fioritura, e vediamo una figura che le rappresenta appunto pochissimo divaricate; poichè gli stimmi sono rappresentati sporgenti al di fuori, convien dire che i fiori esaminati avevano già sorpassato il momento della fioritura, giacchè le glumette, come vedremo, si divaricano in realtà molto di più. Secondo KOERNICKE (loc. cit.), la fioritura avverrebbe nel seguente modo: L'apertura dei fiori avviene a cominciare dalla cima della pannocchia e pare proseguire per tutto il giorno. Mentre le glumette si aprono, le antere, ancora chiuse, compaiono al di fuori e s'inclinano; più tardi i filamenti si piegano in modo che le antere restano capovolte e pendenti. Esse si aprono cominciando dalla punta e per tutta la lunghezza, e il polline secco cade. Dopo l'uscita delle antere, le glumette seguitano a divaricarsi, gli stimmi escono, oppure rimangono fra le glumette, ma accessibili al polline estraneo. In seguito gli stimmi usciti si ritirano di nuovo fra le glumette che tornano a rinchiudersi; però spesso restano anche fuori, sporgendo ancora dopo la chiusura delle glumette. Il riso è dunque allogamo. Però, come già ho accennato in principio della presente memoria, e come vedremo meglio ora, le mie esperienze mi hanno condotto a risultati alquanto diversi per riguardo a certe particolarità.

---

(1) *Flora indica.*

Aggiungerò che Roxburgh (¹) dice che nella sua varietà 2, coi fiori ermafroditi sono mescolati altri soltanto maschili o femminili o senza sesso. Anche nella sua varietà 1 esistono fiori solamente femminili.

Gli esemplari per le mie esperienze appartenevano a tre varietà scelte a caso fra quelle che più presto presentarono piante avanzate nello sviluppo; tali varietà sono: I *Chinese*, II *Nero Vialone*, III *Lencino a resta bianca*. Gli esemplari della prima e della terza varietà cominciarono quasi subito a sviluppare pannocchie, mentre quelli della seconda attesero ancora alcuni giorni. Le mie ricerche intese a scoprire eventuali casi di cleistogamia dapprincipio riuscirono completamente infruttuose: le prime pannocchie delle varietà I e III risultarono completamente casmogame. In attesa di nuovi fatti, intanto che si producevano sempre nuove pannocchie, volli approfittarne per studiare il processo del loro sviluppo e la fioritura dei fiori casmogami, come pure per far delle prove di fecondazione.

Le pannocchie del riso si liberano di solito molto lentamente dalle guaine, in modo che le ramificazioni inferiori spesso restano ancora rinchiuse per molto tempo dopo l'uscita della parte superiore e occorrono parecchi giorni perchè tutta la pannocchia sia completamente libera. Talora, come ho già detto altrove, la guaina comincia ad aprirsi verso il mezzo della pannocchietta superiore, in modo che l'apice di questa rimane ancora rinchiuso e allora essa si curva infuori colla parte libera, la quale resta così la prima ad aprire i fiori. Normalmente però l'antesi comincia nella parte alta della pannocchietta, un po' sotto alla sommità e prosegue verso il basso, estendendosi con un po' di ritardo ai fiori della sommità; essa si inizia al mattino verso le nove e prosegue fin quasi alle dodici, ora in cui i fiori sono di nuovo tutti chiusi. In una mattina sola è raro che si aprano tutti i fiori della pannocchietta superiore; una parte maggiore o minore di essi si apre al domani, mentre quelli delle pannocchiette inferiori, naturalmente, possono solo aprirsi in seguito e a poco a poco, a misura che vengono alla luce. I fiori prossimi ad aprirsi si riconoscono facilmente anche dall'esterno, poichè, osservati per trasparenza, lasciano vedere che i filamenti degli stami si sono allungati e le antere, che prima stavano in basso, coll'estremità inferiore all'altezza dove finisce l'ovario, ora si sono portate sotto all'apice delle glumette.

Appena queste, prima fortemènte agganciate per tutto l'orlo, sotto la pressione delle squamette perigonïali che si gonfiano, cominciano a scostarsi, le antere escono, i loro filamenti continuano ad allungarsi e si piegano verso il basso, capovolgendo le antere che allora deiscono e versano nell'aria il loro polline. Intanto le glumette continuano ad allontanarsi, venendo infine a fare un angolo di circa 60°, in modo da permettere agli stimmi di scattar fuori per elasticità, uno da un lato, l'altro dall'altro del fiore. Talora però la divaricazione delle glumette non è tale da permettere l'uscita degl stimmi; essi restano fecondati ugualmente, per restando internamente. Dopo breve tempo le glumette tornano a rinchiudersi; gli stimmi o restano fuori o si ritirano, e le antere rimangono fuori vuote e in breve avvizziscono. L'ovario si sviluppa rapidamente, prendendo dapprima la forma d'un cornetto un po' rigonfio che riempie solo una glumetta, e poi diventando ovale e riempiendo l'intero spazio ch'è compreso dentro alle glumette. Come si sa, queste sono persistenti e la cariosside, anche quando è matura, rimane vestita.

Le prove di fecondazione da me tentate sono di due specie: le une d'incrociamento fra varietà diverse, le altre d'autofecondazione. Queste avevano pel momento una grande importanza perchè, supposto un esito negativo, sarebbe stata esclusa *a priori* la possibilità della cleistogamia.

L'incrociamento fu tentato fra il polline della prima varietà e gli organi femminili della seconda e della terza. Per produrre l'impollinazione, sceglievo negli esemplari di queste dei fiori prossimi all'antesi, li isolavo asportando i vicini, ne apriva le glumette e recidevo gli stami badando che le antere non si aprissero; poi staccavo delle antere mature della prima varietà e con esse impollinavo gli stimmi dei fiori suddetti e infine ne riavvicinavo le glumette, lasciando per maggior sicurezza le antere dentro di esse. Infine chiudevo la spighetta dentro a un tubetto di vetro chiuso al disopra, per impedire l'accesso di altro polline. Le mie prove riuscirono, poichè dopo breve tempo potei osservare gli ovari già notevolmente sviluppati.

Il risultato dell'incrociamento è, come si vede, tale da far supporre che si potranno tentare nella pratica agraria delle ibridazioni fra varietà diverse di riso, colla speranza di ottenere delle nuove varietà intermedie.

Per le prove d'autofecondazione scelsi la prima e la terza

varietà. Isolai dei fiori asportandone i vicini, e li copersi con dei tubetti di vetro, aspettando l'antesi; non appena le antere cominciavano a far capolino fuori delle glumette, le staccavo e con esse impollinavo gli stimmi dello stesso fiore. A parte poi sperimentavo la germinabilità dei granuli pollinici. Anche qui ebbi per risultato lo sviluppo degli ovari. Con ciò il riso risultava fertile per autofecondazione.

La prima pannocchia sviluppatasi dagli esemplari della seconda varietà aveva tutti i fiori casmogami; di essa mi servii per le prove di incrociamento che ho descritto. Ma quando, alcuni giorni dopo, cominciarono a svilupparsi dallo stesso cesto due nuove pannocchie, io fui sorpreso di non vedere nessun fiore ad aprirsi. Staccai allora un fiore e ne scostai le glumette; allora trovai che, benchè i filamenti staminali non si fossero ancora allungati e le antere fossero ancora al livello degli stimmi, due di queste erano già aperte e perdevano il polline, e le altre, invece di mostrare il color pallido solito in quello stadio, avevano già il color giallo-oro della perfetta maturazione. Esaminai allora parecchi altri fiori, usando la massima cura per esser certo che la deiscenza delle antere non fosse prodotta dalla pressione delle mie pinzette (d'altra parte il colore e l'aspetto delle antere non potevano lasciare dubbio sulla loro maturità) e sempre trovai che in un certo momento, mentre le glumette erano ancora chiuse e le antere stavano ancora nella loro posizione primitiva, cioè alla stessa altezza degli stili e stimmi, queste si aprivano e versavano il loro polline sugli stimmi stessi. In altri fiori già più progrediti nello sviluppo i filamenti s'erano allungati fino a portare le antere in alto, sotto l'apice delle glumette chiuse, e allora gli ovari s'erano già allungati e presentavano la caratteristica forma di corno. Alla fine poi di solito avveniva che alcune o anche tutte le antere, già aperte, si spingevano attraverso gli orli delle glumette, venendone appena fuori o rimanendo impigliate fra esse, e sporgendo in ogni caso in posizione eretta. sull'apice delle glumette stesse. Le pannocchie alla fine presentavano appunto la caratteristica di avere quasi tutti i fiori colle antere avvizzite sporgenti in posizione eretta dall'apice delle glume, mentre gli ovari col loro sviluppo dimostravano d'essere stati veramente fecondati. Le due pannocchie in discorso non produssero che rarissimi ed isolati fiori casmogami che dopo la fioritura si distinguevano dagli altri per le antere pendenti da filamenti sporgenti dai bordi delle glumette. Le stesse cose avvennero pure nelle altre pannocchie che dall'esemplare in discorso e dagli altri della stessa varietà si svilupparono in seguito, l'una dopo l'altra; quasi tutte presentarono in grande prevalenza fiori cleistogami frammisti a pochi casmogami; su diciotto pannocchie appena due, oltre quella già citata, si mostrarono costituite quasi esclusivamente di fiori casmogami; in altre tre i fiori cleistogami e i casmogami erano pressapoco in pari numero.

Gli esemplari della seconda varietà erano dunque parzialmente cleistogami.

Spinto da tale scoperta, mi rivolsi di nuovo all'esame della prima e terza varietà, i cni esemplari stavano sviluppando sempre nuove pannocchie e parti di pannocchie. Nella prima varietà non mi fu dato di trovare nessun fiore eleistogamo; nella terza invece ne rinvenni qualcuno qua e là isolato in pannocchie per il resto casmogame.

La varietà seconda meritava il massimo interesse. Perciò mi procurai un buon numero di pannocchie di piante cresciute in risaia, e trovai che anch'esse erano in massima parte cleistogame; quelle con cariossidi già ben sviluppate e vicine alla maturazione si distinguevano ancora sempre per presentare all'apice delle singole spighette alcune antere secche. Devo aggiungere che le cariossidi degli esemplari da me coltivati, tanto quelle provenienti da fiori casmogami, quanto quelle prodotte dai fiori cleistogami, pervennero a perfetto sviluppo e maturazione.

Altri caratteri differenziali oltre a quelli già detti non mi pare esistano fra i fiori cleistogami ora descritti e i casmogami. Le squamette perigoniali esistono e non presentano alcuna riduzione; le antere sono sempre in numero di sei, hanno dimensioni normali e non restano chiuse, ma deiscono come in tutte le Graminacee cleistogame; esse non sono nemmeno intrastigmatiche. Di più non ho trovato che la cleistogamia fosse doppia; cioè che la fecondazione avvenisse mentre le pannocchie erano ancora chiuse fra le guaine; infatti nei fiori appena venuti alla luce le antere non erano ancora aperte. In ciò il riso studiato differirebbe dalla maggior parte o forse da tutte le altre Graminacee cleistogame note, le quali sono doppiamente cleistogame.

La varietà in questione è dunque al primo gradino della cleistogamia; essa non dimostra un adattamento speciale e gli stami hanno ancora la tendenza a venir fuori, tantochè, dopo avvenuta la fecondazione interna, i filàmenti s'allungano e le antere vengono a sporgere all'apice della spighetta. Quanto all'agganciamento delle glumette, esso non è più forte che nei fiori casmogami, quindi la mancata apertura dei fiori non è certo da attribuire ad una maggior resistenza incontrata dalle glumette a staccarsi, bensì alla mancata turgescenza delle squame perigoniali.

Per i caratteri morfologici dei fiori cleistogami, il riso *Nero-Vialone* sarebbe da ascrivere al primo dei gruppi immaginati da HACKEL per le Graminacee cleistogame, cioè alle *cleistogame facoltative*. Infatti i suoi fiori non presentano nessun adattamento speciale alla cleistogamia. Però bisogna notare che HACKEL, nella sua distinzione, oltre a un concetto morfologico, include un concetto biologico. E per il primo gruppo questo concetto è che la cleistogamia non sia una condizione nata coll'individuo, ossia già stabilita quando questo è allo stato embrionale, ma dipenda da condizioni esterne che agiscono durante lo sviluppo. Nel caso nostro è molto difficile il poter affermare che cause speciali abbiano determinato il prodursi della cleistogamia, visto che di fianco alla varietà in questione, nella stessa risaia e nelle stesse condizioni di terreno e di clima, vegetavano varietà che diedero esclusivamente fiori casmogami. Se perciò, com'è probabile, la cleistogamia è innata nella varietà in questione, bisognerà creare per essa un nuovo gruppo, in cui la cleistogamia sia considerata non come facoltativa, ma come necessaria; tale gruppo non potrebbe confondersi col quarto, delle specie anfigame, benchè compaiano sullo stesso individuo pannocchie casmogame e cleistogame, perchè tutte sono pannocchie composte terminali e isolate su culmi eretti, e nessun adattamento speciale si nota nelle seconde nè nel complesso, nè nei fiori, nè nella posizione.

Quanto alla terza varietà, *Lencino a resta bianca*, la comparsa di pochi fiori cleistogami in pannocchie in prevalenza casmogame resta pur essa per ora senza spiegazione; è tendenza ereditaria, oppure un adattamento di fiori singoli a speciali condizioni del momento? Solo lo studio di altre nuove generazioni potrà, come per la varietà precedente, così anche per questa, sciogliere il dubbio. In ogni modo il fatto rende naturale la supposizione che la tendenza alla cleistogamia sia diffusa nel riso e che i fatti da me osservati possano anche essere ritrovati in altre delle numerose varietà che esistono nella coltura ([1]).

---

[1] L'elenco delle Graminacee che presentano il fenomeno della cleistogamia è già stato dato nella lista generale pubblicata nel mio già citato lavoro sulla Cleistogamia. Credo perciò inutile ripeterlo. Avverto soltanto che in esso ho compreso tanto le specie o varietà la cui cleistogamia è stata da tutti accertata, quanto quelle in cui solo qualche autore ha osservato casi isolati, quanto ancora quelle su cui per ora non è tolto ogni dubbio e che ho perciò segnato con un punto di interrogazione.

Dott. C. Maglio

IDRACARINI DEL TRENTINO

(Contributo alla conoscenza dell' idracnofauna alpina)

Gl'idracarini illustrati nella presente pubblicazione vennero raccolti da me nel Trentino durante i mesi di agosto e settembre 1907. Come già accennai in una nota preliminare (1908), esclusi dalle mie ricerche i numerosi laghi di questa regione, già investigati con fortuna dal Largaiolli, e le limitai alle acque sorgive e correnti. I ruscelli alpini hanno destato in questi ultimi anni l'interesse di parecchi zoologi (Zschokke, Steinmann, Walter, ecc.) a motivo del carattere nordico-glaciale della loro fauna (idracarini, crostacei, vermi), carattere ch'essi avrebbero mantenuto quasi puro, perchè le loro speciali condizioni di vita si oppongono con successo all'adattamento di quelle forme euriterme, che il trasporto passivo ha disseminato in tutte le acque ferme di zone estesissime. Campo di simili studî è rimasto finora in prevalenza il versante settentrionale delle Alpi; del meridionale ben poco si sa e non riescirà quindi privo d'interesse il presente contributo faunistico.

Delle 33 specie da me raccolte 7 sono nuove, numero certo ragguardevole ma da cui sarebbe per lo meno prematuro voler trarre conclusioni generali sulla composizione della fauna nel nostro versante. Le altre specie sono quasi in totalità le medesime, che vivono a nord delle Alpi, spesso però rappresentate da varietà delle forme-tipo. A questo proposito giova tener presente, che l'abitudine delle forme torrenticole di vivere insinuate nei piccoli vani e nelle crepe sulla faccia inferiore dei ciottoli o dei massi scema assai le occasioni di trasporto passivo, che d'altro canto la migrazione attiva è ostacolata dalle frequenti cascate, cosicchè possono con tutta probabilità avverarsi condizioni d'isolamento favorevoli alla formazione di varietà locali. L'abbondanza del materiale mi ha permesso poi uno studio più completo di varie specie note fin qui in un solo sesso, o insufficientemente fissate in sommarie diagnosi, che non vennero mai seguite dalla descrizione definitiva. In certi casi la determinazione specifica non mi sarebbe stata possibile senza materiale di confronto, e devo qui ringraziare i due distinti acarologhi F. Koenike e Sig Thor per avermelo cortesemente fornito.

Il sistema di classificazione di cui mi servii è quello recentissimo di Koenike (1909), già proposto nelle sue linee fondamentali da Wolcott (1905), poi leggermente modificato da Walter (1907) coll'aggiunta di una sesta famiglia *(Hydrovolziidae)* e collo sdoppiamento della sottofam. *Lebertiinae* in *Lebertiinae* e *Pioninae*. I miglioramenti portati dal Koenike e qui adottati quasi in totalità, consistono principalmente in un ulteriore smembramento delle sottofamiglie stabilite da Wolcott e da Walter. Notevole è inoltre la trasposizione da lui felicemente operata del gen. *Feltria* dalle *Pioninae* nelle *Aturinae,* colle quali ha più stretta affinità. Nei riguardi di questa nota vanno ancora ricordati due altri generi e cioè *Sporadoporus* Wolc. e *Hjartdalia* S. T. Il primo di essi venne creato dal Wolcott per la *Protzia invalvaris* Piers., quando del gen. *Protzia* non si conoscevano che la *P. invalvaris* e la *P. eximia* (Protz). Lo studio delle specie descritte or non è molto da Walter (1908, p. 6-12, tav. 1, f. 4-7), nonchè di una nuova forma che fa parte del materiale trentino da me raccolto, mi conduce a condividere l'opinione di Koenike che la *P. invalvaris* debba rientrare nel gen. *Protzia* e non possa considerarsi tipo di un nuovo genere autonomo. Invece lo studio di una nuova *Hjartdalia* trentina mi è parso favorevole al mantenimento di questo genere, che il Koenike non vorrebbe separato dal gen. *Aturus* Kram.

Le specie nuove per la fauna italiana, cioè il maggior numero, sono contrassegnate da un asterisco. Tutte le specie citato nel corso della nota senza particolari indicazioni si trovano descritte da Piersig (1897-1900, 1901).

Sub-Ord. *Hydracarina.*
Fam. *Hydryphantidae.*
Sub-Fam. *Hydryphantinae.*

Gen. **Thyas** Koch.

1. **T. clypeolata**. Maglio n. sp.

Descrizione dell'immagine.

Dimensioni. — La lunghezza del tronco, dal margine frontale al posteriore del dorso, è di ca. 830 μ.; la massima larghezza che cade notevolmente dietro l'inserzione della IV^a zampa quasi a livello del quarto scudo laterale, è di ca. 535 ν.

Forma. — Il contorno del tronco (fig. 1) segna una linea dolcemente ondulata tranne al margine frontale che è piano; al margine laterale-anteriore fra il secondo ed il terzo epimere sporge un'appendice dell'integumento, che avvicina la nuova specie alla *T. aurita* Koen. e Soar (1908) ([1]).

Colore. — È rosso mattone; le estremità mostrano una tinta più carica agli apici distali degli articoli; sul dorso si nota qualche macchia bruna; vaso Malpighiano indistinto.

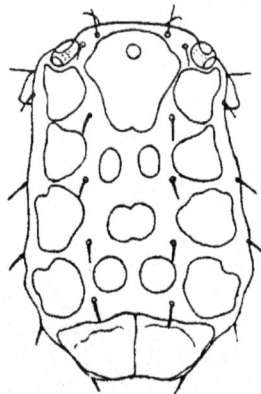

Fig. 1.

Thyas clypeolata. n. sp. — Tronco dalla faccia dorsale ca. 50 ×.

Integumento. — La cute in certe regioni del corpo resta molle, in altre s'indurisce e forma delle placche chitinose; nelle prime l'epidermide offre un aspetto reticolato dovuto ad un fitto rivestimento di papille tondeggianti, alte ca. 7 ν., ben evidenti se viste di profilo; fra papilla e papilla l'epidermide appare rigata. Le papille epidermiche ricoprono anche l'orlo degli scudi chitinosi del dorso, che sono in numero di 15 e distribuiti come nel *Panisus terrenticolus* Piers. (cfr. fig. 1). Ogni scudo presenta dei grossi pori marginali e dei pori assai più minuti nel mezzo.

Occhi. — Le capsule che racchiudono i due occhi di ciascun lato sono periferiche e notevolmente lontane fra loro (ca. 295 ν). L'esistenza di un occhio mediano, quale è descritto nelle specie congeneri, può qui soltanto arguirsi, non avendo potuto far

---

([1]) Una tendenza dell'integumento a sporgere nel punto indicato benchè in grado assai più debole si osserva anche in altre specie congeneri.

ricorso alle sezioni, dal fatto, che il grande scudo frontale presenta un'areola circolare chiara, dove la chitina è esilissima e trasparente in modo simile a quanto si osserva nello scudo degli *Hydryphantes,* in cui l'occhio mediano è ben sviluppato.

Negli esemplari conservati manca ogni traccia di pigmento in corrispondenza dell'areola trasparente mentre esso si è mantenuto negli occhi laterali malgrado l'azione identica del liquido conservatore. Forse il pigmento dell'occhio mediano differisce chimicamente da quello degli occhi laterali.

Parti boccali. — L'organo mascellare (fig. 2) è corto e tozzo, poco meno alto che lungo (ca. 165 e 180 μ.). Il palpo

Fig. 2.

Thyas clypeolata n. sp. — Parti boccali, ca. 200 $\times$.

pure robusto, largo quasi i $^6/_7$ degli articoli basali delle 1ª zampa, cioè a un dipresso quanto gli articoli terminali della medesima (ca. 52 μ.); la sua massima altezza (o diametro dorso-ventrale) cade al 2° articolo (ca. 65 μ.), al 4° articolo è di ca. 45 μ.; le lunghezze dei singoli articoli dal primo al quinto ([1]), rispetti-

(1) In questa e in tutte le descrizioni successive è indicato come 1° articolo o di base l'articolo prossimale del palpo, come quinto od ultimo il distale. Le lunghezze degli articoli sono sempre prese sulla loro faccia ventrale.

vamente: 35, 26, 46, 70, 38 μ.; notevole è la straordinaria brevità del 2° articolo. L'integumento del palpo è poroso benchè in grado diverso in tutti gli articoli; le setole sono in grande prevalenza dorsali e piumate; il 2ª articolo, il più riccamente dotato, ne porta 6.

Epimeri. — Ricoprono presso a poco la metà anteriore della faccia ventrale, sono però ben lontani dal raggiungere il margine laterale del tronco; per forma non differiscono notevolmente da quelli della *T. aurita*, per numero di setole rimangono invece molto al di sotto.

Zampe. — Relativamente corte e robuste, per i rapporti di lunghezza tra i singoli articoli ricordano assai la *T. vigilans* Piers., cui somigliano altresi per il ricco corredo di setole. La 1ª zampa è poco più lunga della metà del tronco, la IVª ca. quanto il tronco o pochissimo più; i suoi articoli basali sono ingrossati. I tre articoli basali di ogni zampa sono notevolmente più corti dei tre terminali, la cui lunghezza nelle prime tre paia di zampe aumenta, mentre nell'ultimo paio decresce dal 4° al 6° articolo. Il quarto articolo dell'ultima zampa è poco meno lungo degli ultimi due sommati assieme. Gli artigli sono privi di dente accessorio ed alquanto più robusti al 3° e 4° paio di zampe; in queste inoltre due tra le setole della fossetta unguicolare si distinguono dalle altre per maggior sviluppo ed anche perchè un pò curve e finemente piumate.

Organo genitale esterno. Simile a quello della *T. vigilans*: ciascuna valva genitale con una serie di setole sul margine interno ed un'appendice posteriore fornita di un ciuffetto di poche setole. Le ventose genitali hanno un contorno sub-poligonale.

Sbocco dell'organo escretore. — È circondato da un robusto anello chitinoso ed è all'incirca equidistante dall'area genitale e dal margine posteriore del tronco.

Nessun dimorfismo sessuale.

Habitat.

Raccolta nel ruscello di scarico dell'acquedotto di Riva sulla strada del Ponale. Non frequente (studiata in 3 esemplari).

2. **T. tridentina.** Maglio. n. sp.

Descrizione dell'immagine.

Dimensioni. — Pressoché doppie di quelle della specie precedente: lunghezza ca. 1,6 mm., larghezza massima ca. 1,1 mm. (¹.

Forma. — Il contorno del corpo (fig. 3) è approssimativa-mente ellittico con margine frontale tronco ed una leggera infossatura al margine posteriore.

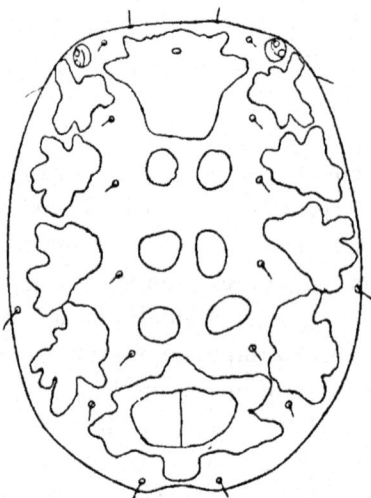

Cotore. — Rosso assai vivace.

Integumento. — Come nella specie precedente l'epidermide è papillosa, negli intervalli fra le papille striata; le papille rade e digitiformi, alte ca. 12 μ. Sul dorso 10 grandi scudi chitinosi marginali, a contorno bizzarramente sinuoso (cfr. fig. 3), formanti come corona a 6 scudettini interni discoidali. Degli scudi periferici i due maggiori sulla linea mediana del corpo e di questi l'anteriore racchiudente l'occhio impari.

Fig. 3.

Thyas tridentina n. sp. — Tronco dalla faccia dorsale, ca. 36 ×.

Parti boccali. — L'organo mascellare misura ca. 290 μ. in lunghezza, ca. 175 in altezza. Il palpo mascellare (fig. 4) robusto ed assai povero in setole è somigliantissimo a quello della *T. clypeolata*.

Epimeri. — A un dipresso come in *T. thoracata* Piers. e ricoprenti una piccola parte della faccia ventrale.

Zampe. — Somigliantissime a quelle della *T. vigilans* Piers. per robustezza, ricchezza in setole, rapporti di dimensioni dei singoli articoli. La IV^a che è la più lunga e ad un tempo la più robusta, specie nei suoi articoli basali, misura ca. 1,2 mm.

---

(1) Conformemente all'uso generale degli autori nel computo della lunghezza totale del corpo sono escluse le estremità (palpi e zampe); l'organo mascellare di regola vi è compreso, in caso contrario è dichiarato espressamente.

ed è pertanto ben lontana dal raggiungere la lunghezza totale del corpo; la prima e più corta ca. 0,650 mm. Gli artigli privi di dente accessorio sono anche qui un po' più robusti nelle due paia posteriori; similmente in queste due fra le setole che

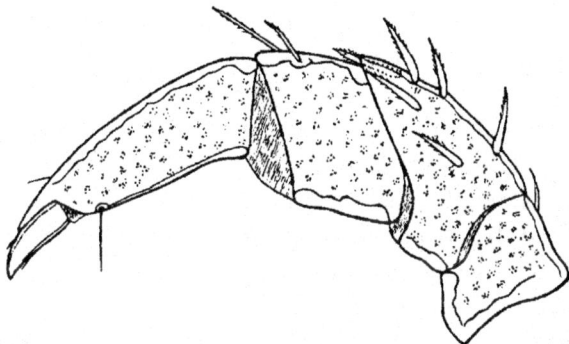

Fig. 4.

Thyas tridentina n. sp. — Palpo sinistro della faccia esterna ca. 200 $\times$.

accompagnano la fossetta dell'artiglio assumono un particolare sviluppo e s'incurvano debolmente.

Organo genitale esterno. — Quasi come nella specie precedentemente descritta; sull'appendice posteriore di ciascuna valva un ciuffetto di **7** setole.

Habitat.

Raccolta in un unico esemplare, di cui non mi fu possibile determinare il sesso, in un ruscello presso S. Pellegrino (¹).

Sub-Fam. *Protziinae.*

Gen. **Protzia** Piers.

3*. **P. invalvaris** Piers., n. var.?

Immagine.

Se fedele è il disegno di **Piersig** (1897-1900, tav. XLV. f. 137 a), i miei esemplari differiscono parecchio nella disposizione dei corpicciuoli peduncolati che circondano l'apertura

---

(1) Il paesello di S. Pellegrino (ca. 2000 m. s. l. d. m.) si trova alla testata di una valletta laterale alla val di Fassa; il rio omonimo è un affluente di sinistra del F. Avisio.

genitale, poichè intorno a questa sono distribuiti in un largo
ovale; la fenditura sessuale poi si apre alla sommità di una
gobba notevolmente elevata, com'è facile rilevare esaminando
il corpo di profilo.

Ninfa.

Corrisponde abbastanza nel suo complesso alla recente
descrizione di Walter (1907, p. 495, tav. LX. f. 19); l'organo
sessuale esterno consta similmente di tre paia di ventose pedun-
colate, simmetriche rispetto alla linea mediana del corpo, le due
anteriori più staccate dalle altre, ma di più nell'area genitale
si notano 4 setole, al posto delle numerose setole genitali della
immagine, e 2 sbocchi ghiandolari posti immediatamente dietro
le ventose del 1° paio.

Habitat.

Ruscelli sulla stada del Ponale presso Riva. (Parecchie
Im. ed alcune Nph.).

4. **P. brevipalpis**. Maglio. n. sp.

Descrizione del maschio.

Dimensioni. — Lunghezza ca. 1370 μ., larghezza ca. 860 μ.

Forma. — Il corpo per forma ricorda molto un *Limnochares*;
il tronco sul davanti sporge quasi a semicerchio, sui lati e
dietro è irregolarmente sinuoso; notevole una gobba tra il
secondo ed il terzo epimere, che conferisce in tal punto al corpo
la sua massima larghezza.

Colore. — È rosso; le estremità hanno una tinta più pallida.

Integumento. — Epidermide papillosa, negli interspazi tra
le papille striata; le papille basse e tondeggianti. L'apertura
di ogni ghiandola cutanea è circondata da un anello chitinoso,
che si collega ad un'armatura chitinosa subcutanea.

Occhi. — Gli occhi laterali, pur essendo notevolmente di-
scosti dalla periferia del tronco, distano tra loro ca. 400 μ.;
nessuna traccia di occhio mediano.

Parti boccali. — Lunghezza dell'organo mascellare ca. 240 μ.;
del *rostrum*, che è ad apice tronco, ca. 85 μ.; altezza massima
ca. 150 μ.; la piastra mascellare presenta posteriormente una
marcata insenatura (cfr. fig. 5).

Il palpo cortissimo presenta quasi la stessa lunghezza del-
l'organo mascellare ed è poco meno robusto che gli articoli
basali della prima zampa; i singoli articoli dal primo al quinto
sulla loro faccia inferiore misurano rispettivamente 43, 27, 45,
72, 42 μ. Quanto a forma
esso ricorda la *Thyas cly-*
peolata, però il 4° articolo
robusto alla base si assottiglia in maggior grado ed in
guisa più uniforme verso
l'apice. Anche il numero e
la distribuzione delle setole
del palpo sono pochissimo diversi, nelle due specie.

Epimeri. — Gli epimeri
del 1° paio sporgono un po-
chino dal margine frontale
del tronco; il margine posteriore del 2° epimere è incavato a sella (cfr. fig. 5).

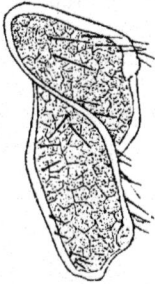

Fig. 5.

Protzia brevipalpis n. sp. — Organo mascellare e primi epimeri di un giovane ♂.
ca. 120 ✕.

Caratteristico è l'intervallo che separa il gruppo anteriore
d'epimeri dal posteriore benché non così grande quale è rappresentato da Protz (1896, p. 25,
fig. 5) e da Piersig per la *P.*
eximia (Protz).

Il 4° epimere (fig. 6) per forma
e per modo di collegarsi al terzo
ricorda la *P. squamosa* Walt. (1908,
p. 8, tav. 1 fig. 4). Tutti gli epimeri
sono elegantemente reticolati; le
maglie della rete circoscrivono
delle aree finemente porose.

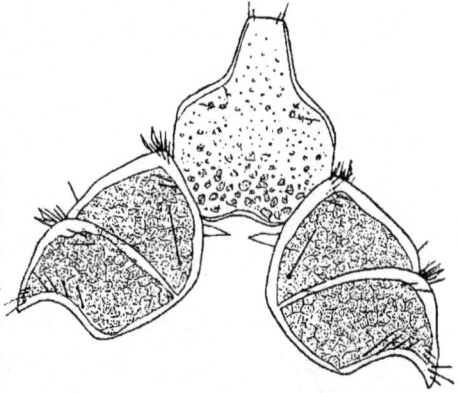

Fig. 6.

Protzia brevipalpis n. sp. — 3°
e 4° epimere di sinistra del maschio.
ca. 120 ✕.

Zampe. — Lunghe rispettivamente dalla Iᵃ alla IVᵃ: 798, 825,
904, 1130 ʋ, Oltre a rari, esili peli ed a corte e robuste setole
di tipo comune, posseggono di caratteristico delle serie di
setole particolari, finemente piumate e ad apice tronco. Setole
simili sono descritte da Walter nella *P. rotunda* Walt. (1908,
p. 11) e nel *Calonyx latus* Walt. (1907, p. 494). L'artiglio delle
zampe ha la tipica struttura pettinata descritta primieramente

da Protz (1896, p. 26, f. 6-7); il pettine però ha un numero maggiore di denti e cioè 14 a ciascun lato del dente principale mediano. L'integumento chitinoso dell'ultimo articolo ricopre dorsalmente a guisa di tetto la fossetta unguicolare e si continua in un lungo sprone.

Organo genitale. — La fessura sessuale lunga ca. 180 μ. è abbracciata da due labbra fittamente seminate di robusti aculei; attorno alle labbra stanno i corpi peduncolati, per lo più in numero di 20, distribuiti in 4 gruppi simmetrici; uno dei corpicciuoli di ciascun gruppo è situato più internamente degli altri, che sono ordinati quasi in serie; le valve genitali sono rappresentate da due sottili striscie chitinose di forma falcata che portano lunghe setole (fig. 7). Esiste una corta, robusta, armatura chitinosa del pene.

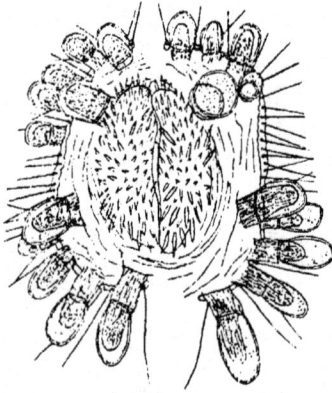

Fig. 7.

Protzia brevipalpis n. sp. — Organo genitale esterno del ♂. ca. 120 ✕.

Sbocco dell'organo escretore. — Quasi equidistante dall'organo genitale esterno e dall'estremo posteriore del tronco.

Descrizione della ninfa.

La ninfa è somigliantissima all'immagine, se se ne eccettuano le minori dimensioni e la conformazione dell'organo genitale esterno, rappresentato da soli 4 corpi peduncolati disposti come ai vertici di un trapezio (i due posteriori con peduncolo un po' più lungo degli anteriori).

Habitat.

Parecchi ♂ ♂ e Nph. nell'Albola (¹).

Fam. *Hygrobatidae.*
Sub-Fam. *Sperchoninae.*

---

(1) L'Albola è un fiumicello affluente di destra del Sarca; entrando nella Valle di questo fiume non lungi da Riva esso forma al pari del Varone una notevole cascata.

Gen. **Sperchon** Kram.

5. S. denticulatus Koen.

Di questa specie assai diffusa nel Trentino e comune nella
Svizzera, almeno a giudicare dalle molte e diverse località citate
da Walter (1907, p. 522) si conoscevano fin qui soltanto la
femmina e la ninfa. Il maschio sfuggi probabilmente all'attenzione degli studiosi per la sua grande rassomiglianza collo
S. *vaginosus* S. T. (♂) (1902, p. 151-153, f. 1-3), col quale è
abbastanza facile confonderlo.

Descrizione del maschio.

Dimensioni. — Lunghezza del tronco ca. 600 μ., larghezza
ca. 460 μ.

Forma. — Come nella femmina.

Colore. — Il dorso è di color rosso-bruno, l'organo di
escrezione di un rosso vivo, gli epimeri e le estremità verdo-
gnoli od anche violetti.

Integumento. — La cute rimane molle sui fianchi del tronco
e su parte della faccia ventrale, e lì mostra la tipica struttura

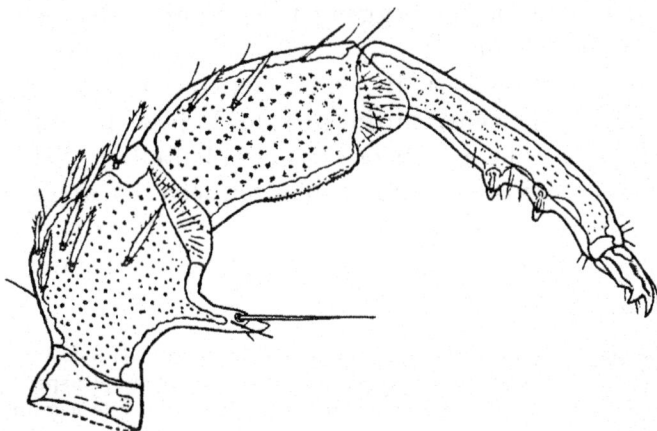

Fig. 8.

Spercon denticulatus Koen. ♂ · — Palpo destro della faccia esterna. ca. 200 ×.

reticolata che caratterizza il sottogenere *Hispidosperchon*. La
faccia·superiore è occupata quasi per intiero da un grande
scudo poroso; uno scudetto discoidale si trova tra la regione
epimerale e lo sbocco dell'organo escretore sulla linea mediana.

Parti boccali. — L'organo mascellare è costruito come nella

femmina (¹); il palpo invece ne differisce in più d'un punto.
La particolarità più spiccata 'fig. 8; è la presenza alla base
del 4° articolo di una specie di guaina costituita da due prolungamenti chitinosi laminari dell' articolo precedente; una
guaina affatto simile esiste pure nel palpo dello *S. raginosus*
ed è altresì accennata in ambedue specie alla base del 3° articolo. Come nella femmina la faccia inferiore del 3° articolo
mostra la caratteristica dentellatura che ha fruttato il nome
allo *S. denticulatus;* essa è però un po' meno pronunciata ed
inoltre si nota, esaminando il palpo di profilo, che il tratto
prossimale di margine privo di dentelli è relativamente più
lungo nel maschio che nella femmina; infine nel maschio le
due così dette « punte tattili » del 4° articolo sono più robuste
e più vicine l'una all'altra e le setole del palpo più numerose.

Epimeri. — Occupano circa una metà della faccia ventrale;
gli anteriori combaciano tra loro col margine interno, cogli
epimeri del 3° paio mediante il margine posteriore; il quarto
epimere è quasi quadrato e fornito al margine posteriore di
un largo orlo chitinoso e poroso.

Zampe. — Le zampe del maschio differiscono da quelle
della femmina perchè posseggono formazioni analoghe a quelle
che contraddistinguono il palpo maschile. Gli estremi distali
degli articoli ,eccettuati il primo articolo e l'ultimo) sono
forniti di prolungamenti chitinosi solo di poco più brevi che
in *S. raginosus* e ad orlo liscio anzichè dentellato (².

Organo genitale. — L'organo genitale esterno è conformato
come nella femmina; ciascuna valva porta ca. 12-14 pori piliferi
sul margine interno e 4 sull'esterno. Il pene è fornito di una

---

(1) La figura dell'organo mascellare visto dall'alto riprodotta da Piersig (1897-
1900, tav. XLVII, f. 150 a) non rende esattamente, a mio avviso, l'aspetto ch'esso
offre se viene osservato in posto, asportati s'intende i palpi e le mandibole; soltanto modificando l'inclinazione del suo asse antero-posteriore si può ottenere una
figura analoga alla citata, in cui il rostro appare più lungo, la porzione anteriore
degli *acetabulum* più ristretta, la piastra mascellare più corta di quanto non sieno
realmente.

(2) Anche nello *S. denticulatus* dunque non meno che nello *S. licinense* (Maglio
1905) le speciali formazioni vaginose sono esclusive del maschio; l'unico divario
che intercede fra le due specie consiste in questo, che nell'ultima le guaine si
riscontrano solo nelle zampe, nella prima anche nel palpo mascellare; dello
S. vaginosus non si conosce la femmina, ma è lecito supporre che anche in questa
specie, tanto affine allo *S. denticulatus*, si verifichi lo stesso fenomeno di dimorfismo sessuale.

robusta impalcatura chitinosa, la cui asta terminale ricorda per forma un tipico stilo di fiore col suo stigma.

Habitat.

Numerose Im. e Nph. nell'Albola, nel Rio di S. Pellegrino, nell'Avisio presso Moena ([1]).

6* **S. vaginosus** S. T.

S. v. sig. Thor 1902, p. 151-153, f. 1-3 (♂).

Approfitto del materiale trentino per compire in alcuni particolari la descrizione fatta su di un solo esemplare dall'autore della specie.

Maschio.

Colore. — Come nello *S. denticulatus* Koen.

Integumento. — Tanto in questa che nella specie succitata le stesse regioni del corpo hanno l'integumento indurito in corazza; esiste quindi oltre al grande scudo dorsale, che anche sig. Thor ricorda, uno scudetto ventrale di dimensioni maggiori che in *S. denticulatus,* poichè comincia presso l'organo genitale esterno e raggiunge lo sbocco dell'organo d'escrezione.

Parti boccali. — L'organo mascellare è somigliatissimo a quello della specie precedente: anche qui non vi hanno coste sulla parete laterale, che possiede pure un dente, ma assai meno sporgente, quasi appena accennato; gli *acetabulum* sono più tortuosi, foggiati ad S e più ristretti nella loro parte posteriore, le apofisi della parete superiore più gracili, delimitanti un'insenatura meno profonda, il margine della piastra mascellare quasi piano. Il palpo è esattamente descritto e figurato da sig. Thor; solo va notato che la setola maggiore del zaffo è esterna, nè più nè meno che in *S. denticulatus* (sig. Thor la disegna interna) e l'ultimo articolo termina in realtà con tre non con due unghie, una impari mediana e due pari, queste però disposte l'una di fianco all'altra, sì da apparire come un'unghia unica, se si esamina il palpo di lato.

Zampe. — Ciascuno dei due artigli della zampa consta di una lamina basale e di due denti od uncini terminali (forse per un errore di stampa in Sig Thor l'artiglio è detto a tre uncini);

---

(1) Moena in val di Fassa si trova a 1200 m. s. l. d. m.

per tutto il resto le zampe concordano colla descrizione di quest'autore: in grado ancor maggiore che in *S. denticulatus* gli estremi distali degli articoli si prolungano in caratteristiche guaine, il cui margine a differenza di quarto avviene nella specie testè ricordata è per tratti più o meno estesi nettamente seghettato.

Organo genitale. — Anche nello *S. vaginosus* il pene è fornito di un robustissimo scheletro chitinoso a lungo stilo terminale (ca. 250 *μ.*).

7. S. ticinense multisetosum Maglio. n. var.

S. t. Maglio 1905, p. 150-152; 1906 p. 407-409, f. 1-4 (♂, ♀).

Gli esemplari trentini riferiti a questa specie concordano coi tipici esemplari del Ticino nella forma e colore del corpo, nella struttura dell'integumento e delle parti boccali, nella conformazione degli epimeri e dell'organo genitale esterno, infine nella presenza di particolari setole piumate al 3°, 4°, 5° articolo di ciascuna zampa. D'altro canto differenze costanti, se per loro natura non molto profonde, fanno dei primi una varietà ben distinta. I divari si riferiscono:

a) al numero ed alla lunghezza delle setole piumate.

L'esame di buon numero d'individui delle due varietà mi ha fornito le seguenti medie relative al numero delle setole piumate:

S. ticinense multisetosum

	3 artic.	4 artic.	5 artic.
I zampa	4	7-8	5-6
II »	5-6	9-10	7-8
III »	6-7	10-12	9-10
IV »	6-8	14-16	10-12

S. ticinense (forma tipica)

	3 artic.	4 artic.	5 artic.
I zampa	3	4-6	3-4
II »	3-4	6	4
III »	4	6-7	4-6
IV »	5-6	7-10	5-6

Nella varietà trentina le setole piumate oltrechè più numerose sono anche più lunghe. Ad esempio negli esemplari del Ticino le 3 setole del 1° e le 3 del 5° articolo della I° zampa misurano ca. 30 *μ.*, vale a dire sono appena più lunghe delle altre setole non piumate, mentre nella varietà del Trentino le setole corrispondenti hanno una lunghezza più che doppia (ca. 70 *y.*); quelle della IV^a zampa in quest'ultima arrivano a 110 *y*. mentre nella prima non superano i 70 *μ*.

b) ai due maggiori scudetti chitinosi del dorso.

A questo proposito le due varietà non diversificano che nelle femmine, e precisamente negli esemplari del Ticino ciascun scudetto è oblungo, un po' ristretto dietro, con margine interno quasi piano ad eccezione di una protuberanza che porta un pelo lungo e fine, in quelli trentini invece è reniforme con concavità volta all'interno, ed il pelo si trova al di fuori della placca chitinosa, liberamente inserito nella cute.

c) alla diversa forma dell'apertura faringea.

Detta apertura è circolare nella varietà trentina, piriforme nella varietà del Ticino. Quest'ultima differenza però oltre ad essere di più difficile verifica delle altre due, richiedendo la minuta dissezione delle parti boccali, va anche tenuta in minor conto; infatti in tutte le specie di *Sperchon* ch'ho potuto studiare in numerosi esemplari ho constatato che fra le diverse parti dell'organo mascellare l'apertura faringea è la più soggetta a variazioni di forma e però non si deve attribuirle che una scarsa importanza sistematica.

Habitat.

Frequente allo stadio di Im. e di Nph. nell'Avisio (val di Fassa); alcuni esemplari nel Noce presso Dimaro (¹).

S. ticinense Ma. e **S. plumifer** S. T. (1902, p. 153-155 f. 4).

La nuova varietà di *S. ticinense* più ancora della pavese si avvicina allo *S. plumifer;* basta gettare un'occhiata sulle tabelle compilate da Sig Thor per vedere come le medie relative al numero delle setole piumate coincidano sensibilmente nelle due forme. Se poi s'aggiunga la grande rassomiglianza del palpo mascellare e si tenga conto altresì della distribuzione geografica dello *S. plumifer,* che da Walter (1907, p. 525) è ricordato anche per il Ticino, si è indotti a sospettare che si tratti di una stessa specie. Ciò però è da escludersi, almeno in

(1) Dimaro in val di Sole è a m. 766 s. l. d. m.

quanto è fedele la descrizione che dello *S. plumifer* ha fatto sig. Thor.

Infatti l'organo mascellare del *plumifer* secondo questo autore è arrotondato posteriormente e possiede due deboli coste *(Falten)* sulla parete laterale, mentre nel *ticinense* l'orlo posteriore della piastra mascellare è rientrante e sulla parete laterale al posto delle coste, di cui non v'ha traccia, esiste un dente assai sporgente (un po' meno che in *S. denticulatus)*; ora non è ammissibile che nell'ambito di una sola specie lo scheletro delle parti boccali presenti variazioni di tanta importanza. Di più sig. Thor non fa alcun cenno per il *plumifer* degli scudetti chitinosi dorsali che si riscontrano nel *ticinense* e rappresentano per questa specie delle formazioni, comuni ai due sessi, anche più caratteristiche di quanto non sia l'unico grande scudo dorsale del maschio di *S. denticulatus* o di *S. raginosus*, costanti inoltre in tutti gli individui provenienti dalle località più diverse si da permettere esse sole la distinzione della specie dalle altre finora note.

8*. S. brevirostris Koen.

Le osservazioni fatte sul vivo e lo studio di abbondantissimo materiale conservato mi consentono di portare qualche aggiunta e qualche rettifica alla descrizione, per altro abbastanza particolareggiata, che di questa specie fa il Piersig (1897-1900, p. 477, tav. XLVII, f. 148 a-d) ([1]).

Immagine.

Colore. — La colorazione dello *S. brevirostris*, una delle forme torrenticole di maggiori dimensioni, è elegantissima. La tinta di fondo è rossa; rosso pure il vaso Malpighiano ma di un tono un po' più caldo; il tronco poi è come smaltato di areole circolari nere, che segnano ognuna lo sbocco di una ghiandola cutanea; gli epimeri, l'organo mascellare e l'organo genitale esterno d'un verde cupo come nel *Curvipes longipalpis* Krend., le zampe verdi cogli apici degli articoli rossi.

Integumento. — La struttura papillare ben marcata su tutto il dorso non si estende che a una piccola parte della faccia

---

(1) Non mi è stato possibile consultare quella del Koenike (1895 p. 416, tav. XIII, f. 1 2), che è peraltro anteriore e con ogni probabilità presenta le stesse lacune.

ventrale, mentre nelle restante l'epidermide vi appare regolarmentre striata; oltre poi alle strie ed alle papille ma meno facile a rilevarsi esiste in tutta la cute molle una fitta punteggiatura, simile nell'aspetto a quella che si osserva in molte *Lebertia* e dovuta probabilmente anche qui alla presenza di numerosi canaletti, che ne attraversano in buona parte lo spessore.

Parti boccali. — Le parti boccali corrispondono nel loro complesso alla descrizione ed alla figura di Piersig; fa però eccezione il dente interno dell'*acetabulum*, che nei miei esemplari è a un dipresso orizzontale con punta normalmente volta all'innanzi e non già curva indietro, come la rappresenta l'autore citato.

Zampe. — Un ultimo particolare notevole si riferisce alle setole delle zampe, alla presenza cioè sul lato dorsale degli articoli mediani di setole esili, piumate, allineate in serie, che assomigliano a quelle della specie precedente salvo la frangiatura più grossolana e lo sviluppo delle barbe non più predominante su quello della porzione assile.

Habitat.

Frequente come Im. e come Nph. nell'Albola, nell'Avisio e in alcune sorgenti del Pian di Bedole ([1]).

9*. S. squamosus Kram.

Habitat.

Un maschio ed una femmina in Pian di Bedole.

10*. S. mutilus Koen.

A proposito di questa specie va osservato, che l'epidermide più che di vere papille è fornita di corte listerelle ondulate, debolmente sporgenti alla periferia del corpo; negli intervalli tra cosi fatti rilievi l'epidermide è rigata. In alcuni individui si nota la scomparsa di una delle tre setole inserite presso la base all'esterno del zaffo rudimentale, fatto già rilevato anche da Walter (1907, p. 521). Il numero delle coste sulla parete laterale dell'organo mascellare non corrisponde a quello che si legge in Piersig (1901, p. 163) ma è più che doppio: anziché

---

(1) Nell'estrema val di Genova a m. 1570 s. l. d. m.

a 4 esse sommano a una diecina, nè ciò vale soltanto per gli esemplari trentini, poichè l'ho riscontrato anche in un campione svizzero, cortesemente favoritomi per confronto dal Koenike. Nel medesimo, benchè meno marcatamente che in quelli da me raccolti, il quarto epimere presenta una forma più vicina alla quadrata che alla triangolare.

Habitat.

Sorgenti in Pian di Bedole. (Im.).

11*. S. Thienemanni Koen.

S. T. Koenike 1907 a, p. 133-135, f. 1-3 (♀).

Questa specie descritta or non è molto dal Koenike su di un solo esemplare femminile proveniente da Sassnitz è comune nel Trentino, dove presenta alcuni leggeri divarî, che concernono quasi esclusivamente l'organo mascellare.

L'apertura faringea è più rotonda e l'insenatura della piastra mascellare, assai più dolce di quanto mostra la fig. 2 di Koenike; anche i denti interni dell'*acetabulum* appaiono un po' più curvi e la doccia boccale più ampia. Le coste della parete laterale sommano 12-14. Nel colore lo *S. Thienemanni* ricorda il *brevirostris*; su di un fondo rosso mattone o rosso-cupo spicca pure una punteggiatura nera, che corrisponde alle aperture ghiandolari della cute.

Maschio.

Il maschio non presenta in confronto della femmina dimorfismo sessuale apprezzabile.

Habitat.

Sorgenti presso Molina (¹), Albola, Sarca di Val di Genova, Rio di S. Pellegrino.

Gen. **Teuton**ia Koen.

12. **T. primaria** Koen.

Habitat.

Un ruscello in valle di Canal S. Bovo.

Sub-Fam. *Lebertiinae.*

---

(1) Paesetto in val di Ledro a m 640 s. l. d. m.

Gen. **Lebertia** Neum.

13. **L. insignis** Neum.

L. i. sig. Thor 1906 a, p. 784-790, f. 50-53.

Habitat.

Poche Im. nell'Albola.

14. **L. sparsicapillata** S. T. n. var.?

L. s. sig. Thor 1905, p. 59-65, fig. 25-31.

Una varietà di colorazione della tipica forma norvegese: in questa l'organo escretore colla sua tinta giallastra ha poco risalto, mentre negli esemplari trentini spicca in un bel rosso vivo.

. Habitat.

Alcune Im. nella stessa località ricordata per la specie precedente.

15*. **L. Zschokkei** Koen.

L. Z. Koenike 1902 a, p. 614.

La determinazione della *L. Zschokkei* e della *L. maculosa* (Koen. 1902 a, p. 613-614) è stata fatta mediante esemplari di confronto gentilmente avuti dall'autore delle due specie in parola. Non è affatto possibile identificare l'una o l'altra di esse basandosi sia sulla brevissina descrizione data dal Koenike nella sua nota preliminare sia sulla chiave analitica delle specie certe di *Lebertia* compilata recentemente dal sig. Thor (1907 a. p. 165-172). Si tratta di due forme molto affini, che differiscono essenzialmente per la struttura della cute; ora appunto questa struttura è indicata in modo inesatto da ambedue gli autori citati. Nella *L. Zschokkei* i rilievi epidermici pur essendo di lunghezza variabilissima mantengono sempre il carattere di listerelle; dove sporgono alla periferia del tronco o in ripiegature accidentali dell'integumento simulano delle papille, ma è evidentemente improprio designarli con questo nome. Come tali possono invece essere indicati i rilievi epidermici nella *L. maculosa*, benchè in essi la figura di base anzichè circolare sia per lo più quella di una mandorla. Il palpo mascellare, somigliantissimo nelle due specie, ricorda la *L. glabra* S. T. (1907 b, p. 108, f. 75).

Habitat.

Ruscello di scarico dell'acquedotto di Riva; ruscelli sopra S. Pellegrino.

16*. **L. maculosa** Koen.

L. m. Koen. 1902 a, p. 613-614.

Habitat.

Sorgenti in Pian di Bedole.

17*. **L. salebrosa rubra** Maglio, n. var.

L. s. Koenike 1908, p. 343; 1909, p. 72-73, f. 106.

La *L. s.* è specie nota da pochissimo tempo ed in modo incompleto, poichè la descrizione fattane dal Koenike si basa su di una sola Im. di sesso incerto.

Gli esemplari da me riferiti alla *salebrosa,* di giudizio concorde coll'autore della specie cui inviai una femmina in esame, rappresentano tuttavia per la colorazione fondamentalmente diversa e per qualche altra particolarità di minor conto una varietà distinta.

Descrizione dell'Immagine.

a) caratteri comuni ai due sessi.

Forma. — Il contorno del tronco è ellittico; il margine frontale tra le setole antenniformi presenta una piccola ma marcata insenatura; negli esemplari molto giovani vi ha altresì accenno di una debole infossatura al margine postero-laterale. Gli epimeri sporgono alquanto dal margine anteriore del tronco.

Colore. — Rosso con macchie brune.

Integumento. — L'epidermide è tipicamente papillosa: le papille foggiate a basse cupolette tonde sono riconoscibili anche a debole ingrandimento.

Palpo mascellare. — Nel palpo si possono citare come caratteristici i rapporti di lunghezza che intercedono tra i vari articoli (cfr. f. 9), poichè contrariamente alla norma il 3° articolo supera in lunghezza il 2°, ed inoltre la forma del 4° articolo. clavato verso l'estremo distale. Quanto alle setole del palpo, quasi tutte finemente piumate, è notevole nel 2° articolo l'inserzione delle due superiori distali molto arretrate, nel 3° l'inserzione della distale mediana, vicinissima alla distale dorsale; nel 4º infine i due noti pori piliferi dividono la faccia inferiore in tre porzioni subeguali, e dei 5 peluzzi dorsali tre soli sorgono all'apice dell'articolo.

Epimeri. — Costruiti sul solito tipo delle *Lebertia;* quelli del 2º paio si riuniscono sulla linea mediana a formare un pezzo gracile e slanciato, che termina con uno stretto orlo posteriore (ca. 30 ʮ.); la lunghezza della sutura mediana è di ca. 140 ʮ.

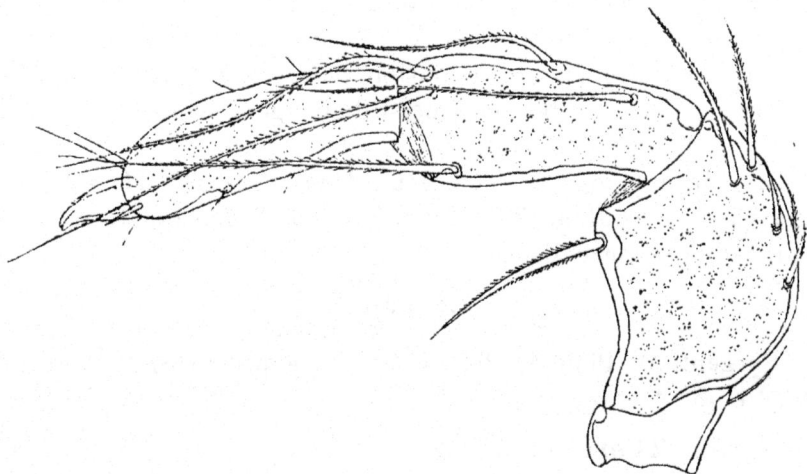

Fig. 9.

Lebertia salebrosa rubra ♀ . — Palpo mascellare destro dalla faccia interna. ca. 300 ✕.

Zampe. — A un dipresso come nella specie precedente. Gli articoli terminali appaiono leggermente clavati e l'artiglio normalmente sviluppato. Le setole sono disposte prevalentemente in corona agli estremi distali degli articoli mediani; mancano setole natatorie.

Organo genitale esterno. — Sporge notevolmente dall'incavo epimerale; le ventose decrescono gradatamente in lunghezza dalla anteriore alla posteriore.

Apertura dell'organo d'escrezione. — È priva di anello chitinoso e situata assai all'indietro delle così dette glandole anali, molto più presso al margine posteriore del corpo che agli epimeri.

b) caratteri della femmina.

Dimensioni. — Lunghezza ca. 900 ʮ., larghezza ca. 600 ʮ.

Palpo mascellare. — Lunghezze dei singoli articoli dal 1°
al 5° rispettivamente: 22, 68, 72, 100, 32 μ. (¹).

Organo genitale esterno. — Le valve genitali portano 18-20
pori piliferi sull'orlo interno e 2 presso l'esterno.

c) caratteri del maschio.

Dimensioni. — Lunghezza ca. 750 μ., larghezza ca. 500 μ.

Palpo mascellare. — Lunghezza dei singoli articoli dal 1°
al 5° rispettivamente: 22, 68, 75, 100, 32 μ.

Organo genitale esterno. — L'orlo interno di ciascuna valva
genitale è fornito di numerosissimi pori piliferi, 40 e più, che
nel terzo posteriore del margine si dispongono in serie duplice.
Le setole del margine interno lunghe e folte osservate colla
immersione appaiono finemente piumate. Presso l'orlo esterno
della valva si contano 7-8 pori, ciascuno accompagnato da una
corta setola, esile e liscia.

Habitat.

Sorgenti in Pian di Bedole (♀ ♀) e presso S. Pellegrino
(♀ ♀ e ♂ ♂).

18*. **L. Sig Thori** Maglio.

L. S. T. Ma. 1908, p. 4.

Descrizione dell'Im. (con ogni probabilità una ♀).

Dimensioni. — Circa 1 mm. in lunghezza, 0,850 mm. in
larghezza.

Forma. — Il contorno del tronco è ovale senza traccia di
insenature.

Colore. — A un dipresso come nella *L. insignis* Neum.

Integumento. — L'epidermide è ad un tempo rigata e
punteggiata; la punteggiatura appare già ben netta a debole
ingrandimento (a. ca. 135 ×, dopo trattamento con potassa
caustica); la striatura invece finissima non si rileva chiaramente
che coi sistemi ad immersione.

---

(1) Le dimensioni riportate sono quelle di una femmina a completo sviluppo
di V. di Genova. In un giovine esemplare, con ogni probabilità pure di sesso
femminile, proveniente dalla V. di Fassa, con una lunghezza totale del corpo
di ca. 750 μ., gli articoli del palpo mascellare misurano rispettivamente 25, 75,
81, 108, 36 μ.

Palpo mascellare. — Il palpo (fig. 10) presenta nel suo complesso i caratteri propri del sottogenere *Mixolebertia* S. T., e tra le specie affini ri-

corda particolarmente la *L. helvetica* S. T. (1906 b, p. 479-480, f. 68). Le lunghezze dei singoli articoli dal 1º al 5º sono rispettiva_ mente: 27, 72, 72, 151, 40 μ. La nota setola sulla faccia inferiore del 2º articolo è un po' più lunga dell'arti-

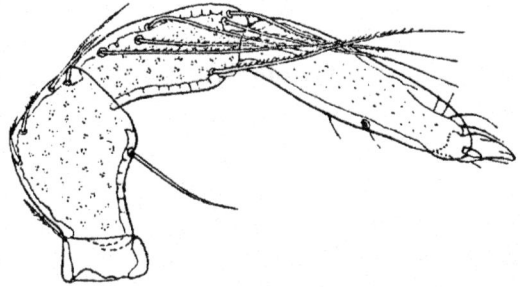

Fig. 10.

Lebertia Sig Thori Maglio. — Palpo sinistro dell'Im. dal lato interno. ca. 200 ×.

colo stesso ed alquanto discosta dall'estremo distale; il 3º articolo porta 6 setole finemente piumate, 3 come sempre distali e di esse la mediana inserita vicinissima alla superiore; i 2 pori piliferi del 4º articolo (faccia inferiore) si trovano nel tratto mediano, separati da un intervallo che è soltanto il quinto della lunghezza totale dell'articolo stesso.

Fig. 11.

L. Sig Thori Maglio. — Organo genitale esterno con parte della regione epimerale. ca. 120 ×.

Epimeri. — La corazza epimerale raggiunge uno sviluppo ragguardevolissimo (cfr. f. 11), è un po' più larga che lunga (ca. 740 e 690 μ.) e ricopre buona parte della faccia ventrale; gli orli liberi e le suture appaiono fortemente ispessiti; il margine

posteriore comune al 2° paio di epimeri è assai largo (ca. 60 μ);
il 4° epimere presenta un'infossatura appena accennata dell'orlo
posteriore in corrispondenza del noto sbocco ghiandolare, che
qui non è libero nella cute ma incorporato nell'orlo stesso
dell'epimere; sul suo lato esterno il 4° epimere si continua con
una marcata espansione, che rimonta lungo il fianco del 3° fino
a raggiungere il 2°.

Zampe. — Sono prive di vere setole natatorie, però al 4°
e 5° articolo si nota una setola, che per il suo punto d'inserzione potrebbe essere ritenuta un pelo natatorio rudimentale.
L'articolo basale dell'ultima zampa (cfr. f. 11) porta sulla
faccia superiore 9 setole, sulla inferiore una finissima setola
piumata (distale) e 2 peluzzi; l'articolo terminale della stessa
zampa sulla sua faccia inferiore 6 brevi setole-spine, il penultimo ca. 12. Gli articoli mediani di tutte le zampe portano ai
loro estremi distati inserite a corona lunghe e robuste setole
riccamente piumate. L'artiglio è normalmente sviluppato.

Organo genitale esterno. — Non sporge che in minima
parte dall'incavo formatogli dagli epimeri (cfr. f. 11). Ciascuna
valva ha ca. 15 pori piliferi sul margine interno e 5-6 sul-
l'esterno; le ventose sono sub-rettangolari, le 4 anteriori di
eguali dimensioni, le 2 posteriori molto più piccole; i corpi
chitinosi di sostegno assai robusti sopratutto il posteriore, che
è fornito nel mezzo di una caratteristica sporgenza tondeggiante.

Sbocco dell'organo escretore. — È circondato da un robusto
anello chitinoso e situato più presso all'area genitale che al
margine posteriore del tronco.

Habitat.

Raccolta in un solo esemplare in V. di Genova (Pian di
Bedole, in compagnia della *L. maculosa* Koen.

19*. **L. Giardinai Maglio.**

L. G. Maglio 1908, p. 3 (♂).

Descrizione dell'Immagine.

a/ caratteri comuni ai due sessi.

Forma. — Il contorno del tronco è ellittico; il margine
frontale tra le setole antenniformi presenta un'insenatura poco
profonda, più pronunciata nei giovani individui.

Colore. — Colorazione generale rosso-bruna; l'organo escretore negli esemplari conservati in alcool risalta sul dorso in forma di un corto Y biancastro.

Integumento. — Epidermide listata e punteggiata. Le listerelle parallele decorrono sul dorso a un dipresso longitudinali, sull'addome invece in direzione trasversale; frammezzo alle listerelle e nel loro piano sono sparsi in gruppetti irregolari dei minutissimi punti; a maggior profondità si osserva una punteggiatura più rada e regolare costituita da punti più grossi e quasi equidistanti. Con ogni probabilità si tratta qui di canaletti, che prima di raggiungere le assise più superficiali della cute si rammificano più o meno riccamente.

Parti boccali. — Nell'organo mascellare sono rimarchevoli per il loro sviluppo e l'accentuata inclinazione all'indietro le piccole apofisi (o della piastra mascellare); pure assai lunghe le grandi apofisi (o superiori), che piegano solo debolmente verso l'alto; la parete laterale dell'organo mascellare s'innalza alla base della grande apofisi in una sporgenza tondeggiante. Il palpo (fig. 12) è simile per forma a quello della *L. insignis* Neum. e però presenta al 4° articolo la tipica curvatura che si osserva nelle specie del sottogenere *Pilolebertia* S. T.; le lunghezze dei singoli articoli dal 1° al 5°: 22, 70, 63, 108, 36 μ; soltanto il 2° ed il 3° articolo sono distintamente porosi; le setole per numero ed inserzione non differiscono che leggermente nella *L. Giardinai* e nelle specie note di *Hexalebertia* S. T.

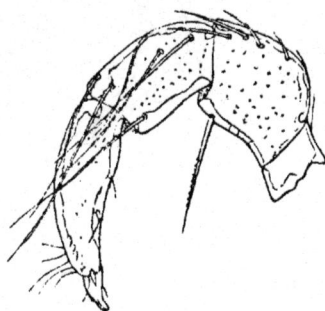

Fig. 12.

L. Giardinai Maglio. — Palpo mascellare destro del maschio dalla faccia interna. ca. 200 $\times$.

Epimeri. — L'area epimerale si può dire estesissima in ambedue i sessi, ma lo è molto più nel ♂ che nella ♀, tanto da creare un notevole dimorfismo.

Zampe. — Presentano articoli terminali debolmente clavati ed artiglio normale. Esse sono riccamente guarnite in setole, di cui le più lunghe e robuste inserite agli estremi distali degli articoli; mancano vere setole natatorie; l'articolo basale della 4ª zampa porta 8-9 setole dorsali, il penultimo articolo ca. 12-14 setole-spine sul lato inferiore, l'ultimo articolo 6-7 (simili alle precedenti ma più corte).

Organo genitale esterno. — È campaniforme; delle ventose genitali le. 4 anteriori quasi di egual lungezza, le 2 posteriori assai più corte.

b) caratteri della femmina.

Dimensioni. — Lunghezza ca. 860 μ.; larghezza ca. 690 μ.

Epimeri. — La corazza epimerale ricorda molto la *L. Sig Thorı* Ma. specialmente per la forma e lo sviluppo assunti dal 4⁰ epimere, il quale in ambedue le specie presenta una

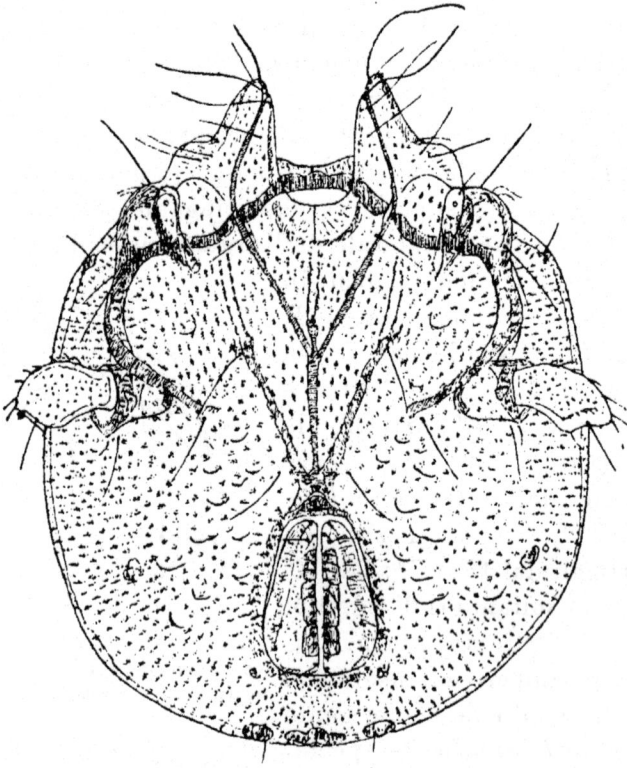

Fig. 13.

Lebertia Giardinai Maglio. — Faccia ventrale del maschio. ca. 130 ×.

marcatissima espansione laterale ed inoltre racchiude nel suo margine posteriore lo sbocco ghiandolare, che di regola nelle *Lebertia* giace libero nella cute dietro l'orlo del 4⁰ epimere; invece il margine posteriore comune agli epimeri del 2⁰ paio misura appena 30 μ. (la metà della lunghezza raggiunta in *L. Sig Thorı*).

Organo genitale esterno. — Compreso quasi per intiero nell'incavo epimerale è limitato da due robusti corpi chitinosi. Ciascuna valva porta 10-12 pori piliferi sul margine interno, 3-4 presso il margine esterno.

Sbocco dell'organo escretore. — Pressoché equidistante dall'area genitale e dalla periferia del tronco; lo circonda un largo orlo chitinoso.

c) caratteri del maschio.

Dimensioni. — Lunghezza ca. 630 μ., larghezza ca. 530 μ.

Epimeri. — La corazza epimerale presenta uno sviluppo non raggiunto in alcun'altra specie nota di *Lebertia* (cfr. f. 13). Essa racchiude del tutto l'organo genitale esterno e rimonta sui fianchi così da formare una striscia ricoprente il margine laterale del dorso. Il confine epimerale posteriore non è identico in tutti gli individui; in alcuni, come nel caso della fig. 13 si spinge fino allo sbocco dell'organo escretore e l'intera faccia ventrale del tronco è corazzata, in altri invece ne rimane separato da un esiguo intervallo e allora il margine epimerale presenta una intaccatura mediana e due minori intaccature laterali in corrispondenza dello sbocco dell'organo d'escrezione e delle così dette ghiandole anali; in questi ultimi individui tra l'area epimerale e la periferia del tronco rimane una sottile striscia di cute molle.

Organo genitale esterno. — Ciascuna valva porta sul margine interno ca. 15 pori piliferi. I corpi chitinosi di sostegno sono fusi cogli epimeri.

Habitat.

Lo stesso della specie precedente.

Sub-Fam. *Hygrobatinae.*

Gen. **Hygrobates** Koch.

20*. **H. norvegicus imminutus** Maglio, n. var.

Gli esemplari trentini presentano in confronto alla descrizione del Piersig (*H. polyporus* 1897-1900, p. 473-474, tav. XLVII, f. 147 a-d) leggere variazioni che contrassegnano una varietà locale.

Immagine.

Dimensioni. — Sono notevolmente minori di quelle assegnate alla specie dall'autore ricordato; nella femmina ad esempio la lunghezza totale del corpo è di appena 800 μ.

Palpo mascellare. — I dentelli del 3° articolo (faccia inferiore) sono ridottissimi in numero.

Epimeri. — In ambedue i sessi quelli posteriori sono molto vicini agli anteriori, anzi parzialmente a contatto con essi, tanto che il dente chitinoso sub-cutaneo del secondo epimere (estremo posteriore) penetra per buon tratto sotto l'orlo del 3°; il noto sbocco ghiandolare disegnato da Piersig in un largo interspazio di cute molle che separa il 2° dal 3° epimere qui è incorporato nel 2° epimere.

Habitat.

Numerosi ♂ ♂ e ♀ ♀ in sorgenti del Pian di Bedole.

Gen. **Atractides** Koch. (¹).

21. **A. nodipalpis** (S. T.).

Habitat.

F. Albola (♂ ♂).

22. **A. gibberipalpis** Piers.

Habitat.

F. Albola, F. Avisio, valle di Canal S. Bovo (♂ ♂).

23*. **A. tener** (S. T.).

L'identificazione di questa specie da me raccolta soltanto in esemplari femminili è stata fatta in base alla breve diagnosi del Koenike (1909, p. 92, f. 138 b), poichè nel lavoro originario del Sig Thor (1899, p. 39, f. XVII f. 119 a-c) non è descritto che il maschio. Ho quindi creduto bene dare i disegni dell'organo genitale esterno (fig. 14), il quale nei miei esemplari è più prossimo al margine posteriore del corpo che alla regione epimerale (contrariamente a quanto

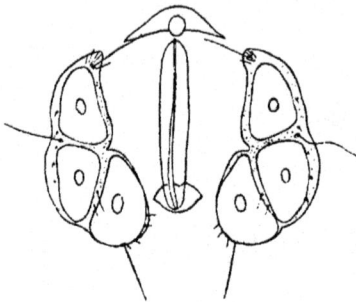

Fig. 14.

Atractides tener (S. T.) — Organo genitale esterno della femmina. ca. 120 ×.

(1) Questo nome generico è qui impiegato come sinonimo di *Megapus* Neum., per le ragioni altra volta addotte (Maglio 1907, p. 956-957).

dice il Koenike) ed inoltre del palpo mascellare (fig. 15). Molte femmine ovigere raggiungono dimensioni ragguardevoli (ca. 1330 μ.), assai superiori a quelle citate dal Koenike (ca. 800 μ.).

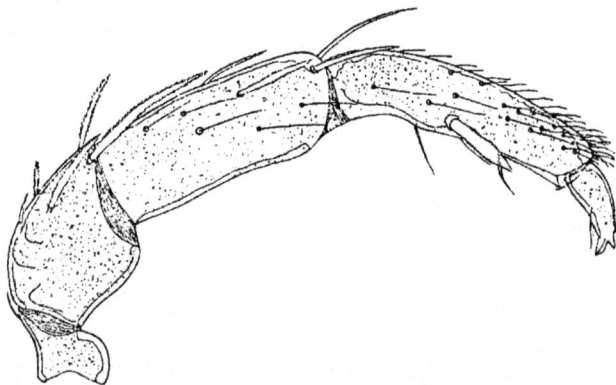

Fig. 15.

Atractides tener (S. T.) — Palpo sinistro della femmina dal lato interno. ca. 200 $\times$.

Habitat.

F. Albola, F. Ponale ([1]), F. Avisio.

Sub-Fam. Aturinae.

Gen. **Aturus** Kram.

24*. **A. crinitus** S. T.

A. c. S. T. 1902, p. 155-157, f. 5.

♂. — Gli esemplari trentini concordano pienamente con quelli cortesemente prestatimi per la comparazione dall'autore della specie; in merito però alla descrizione da lui data va notato, che nel 5° articolo della 4ª zampa tre delle setole prossimali si differenziano dalle rimanenti per la maggiore robustezza, per il fatto di essere piumate ed anche perchè nel vivo sono dirette obliquamente all'innanzi; che inoltre le setole del margine posteriore mediano del tronco sono caratteristicamente piumate (a barbe oltremodo rade, lunghe e fini).

Habitat.

Ruscelli presso Riva, in val di Ledro, presso S. Martino di Castrozza (♂ ♂) ([2]).

---

(1) Emissario del lago di Ledro.
(2) Nel gruppo dolomitico delle Pale di S. Martino, a ca. 1500 m. s. l. d. m.

25. **A. scaber** Kra.

Habitat.

F. Avisio (presso Moena).

Gen. **Hjartdalia** S. T.

26. **H. Largaiollii** Maglio n. sp.

Dedicata all'egregio dott. V. Largaiolli, benemerito illustratore della fauna trentina.

Descrizione del maschio.

Dimensioni. — Lunghezza totale (escluso l'organo mascellare) ca. 310 μ.; larghezza massima ca. 200 μ.; altezza massima ca. 160 μ.

Forma. — Visto sia dalla faccia superiore (fig. 16) che dalla inferiore (fig. 17) il corpo mostra su per giù la forma della *H. runcinata* S. T. (1901, p. 673-676, f. 1-7); se ne distingue però facilmente perchè il suo margine posteriore mediano ha una piccola sporgenza conica, lato cui sommità tronca si apre la fessura genitale. Visto di lato il corpo, come nella *runcinata*, si assottiglia posteriormente a bietta, ma la rassomiglianza termina qui. Nella nuova specie il tronco di profilo è affatto caratteristico:

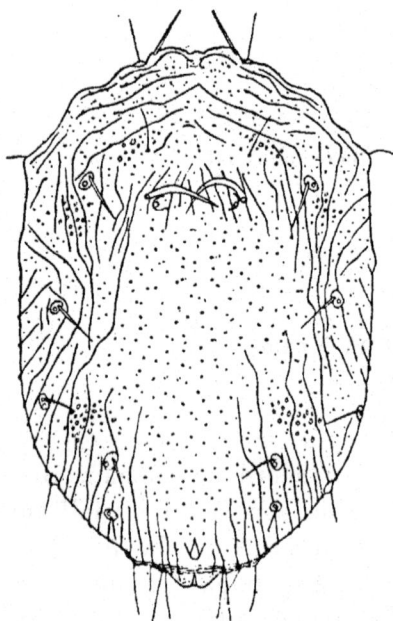

Fig. 16.

Hjartdalia **Largaiollii** n. sp. — Maschio dalla faccia dorsale dopo trattamento alla potassa caustica. ca. 200 .

il dorso si eleva in cercine alla periferia, mentre nel mezzo forma una bassa conca, donde sorgono nella parte anteriore mediana due gobbe cosi notevoli per altezza da richiamare alla mente i rilievi degli *Arrhenurus*; ciascuna gobba è accompagnata da uno sbocco ghiandolare e da una robustissima setola, che s'incurva verso la linea mediana incrociandosi colla sua simmetrica (cfr. fig. 16). Anche le altre aperture delle ghiandole cutanee sono contrassegnate da un tubercoletto abbastanza elevato.

Colore. — Bruno-ruggineo con vaso Malpighiano biancastro.

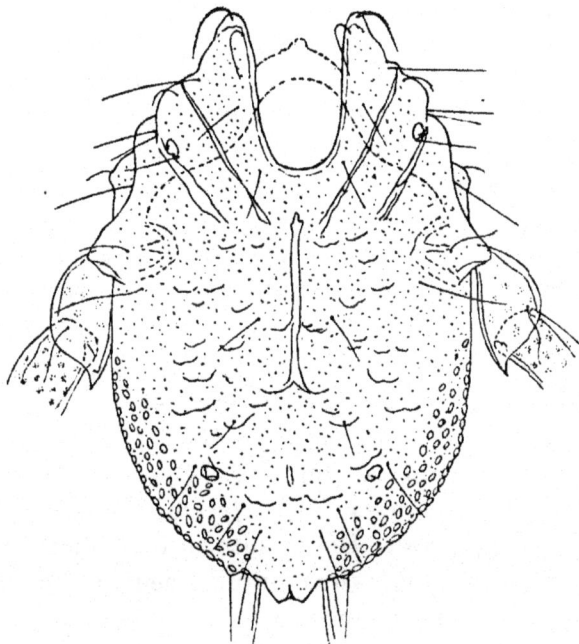

Fig. 17.

Hjartdalia Largaiollii n. sp. — Maschio dalla faccia ventrale. ca. 200 ✕.

Integumento. — Il corpo è racchiuso in una corazza finemente porosa formata d'una parte dorsale e d'una ventrale; un solco divisorio di cute molle corre lungo i fianchi tra i due scudi di chitina ispessita. Lo scudo dorsale è percorso da listerelle chitinose, irregolarmente ondulate (cfr. fig. 16), che sporgono alla periferia come nell'*Hygrobates calliger* Piers.

Occhi. — Disposti come nell'*Aturus scaber* Kra. (♂).

Palpo mascellare. — Il palpo (fig. 18) offre buoni caratteri differenziali.

Il 2° articolo porta nel tratto mediano della sua faccia ventrale 5 zaffi chitinosi, un gruppo prossimale di 2 ed un gruppo distale di 3. I 2 zaffi del primo gruppo sono quasi egualmente lunghi (ca. 11 μ. il posteriore, 9 l'anteriore) e tanto vicini tra loro che pare sorgano da una base comune. Dei tre del secondo gruppo 2 sono disposti uno di seguito all'altro (rispettivamente 7 e 5 μ.) e il 3° di fianco (ca. 5 μ.).

I singoli articoli dal 1° al 5° misurano rispettivamente 18, 50, 18, 68, 40 μ.; un confronto coi dati forniti dal Koenike (1902 b, p. 59) per la *runcinata* pone in rilievo la lunghezza relativamente molto maggiore nella n. sp. del 5° articolo. Le setole del palpo sono scarse; il 2° articolo, il più riccamente fornito, ne porta 6, tutte finemente piumate, 2 dorsali esterne,

4 dorsali interne; le due setole del 4° articolo (faccia ventrale) distano dall'apice ca. $^1/_4$ della lunghezza dell'articolo stesso e sono inserite una di fianco all'altra. Il 5° articolo termina con 2 denti ambedue ricurvi, in maggior grado però il dente inferiore che è anche assai più robusto dell'altro. Soltanto il 2° ed il 3° articolo del palpo sono distintamente porosi.

Epimeri. — Gli epimeri e le placche genitali (cfr. fig. 17) sono fusi in un'unica corazza, che riveste l'intera faccia ventrale. Delle suture interpimerali sono rimaste una sutura mediana, che divide in modo incompleto una metà ventrale destra da una sinistra, e a ciascun lato di essa 2 suture pure incomplete, che delimitano in parte i due primi epimeri.

Fig. 18. **Hjartdalia Largaiollii** n. sp. — Palpo mascellare del maschio dal lato esterno. ca 200 ×.

Zampe. — Per i rapporti di lunghezza tra i singoli articoli e per il corredo in setole non differiscono gran che nella n. sp.

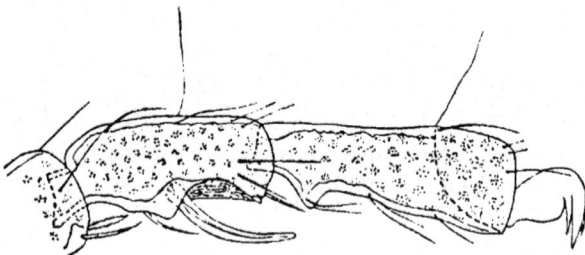

Fig. 19.

Hjartdalia Largaiollii n. sp. — Quarta zampa del maschio: ultimo e penultimo articolo (un solo artiglio è disegnato) ca. 275 ×.

e nella *runcinata*. L'articolo basale della 4ª zampa abbraccia come una guaina (cfr. fig. 17) l'estremo prossimale dell'articolo contiguo e si prolunga in un acuto sprone. Il penultimo articolo della 4ª zampa (fig. 19) presenta gli stessi adattamenti noti per l'*H. runcinata*. Nella n. sp. è inoltre leggermente modificato l'ultimo articolo, in quanto sulla sua faccia inferiore presso l'estremo prossimale sorge un tubercolo munito di due fini setole.

Organo genitale. — La fessura genitale cortissima si apre alla sommità d'una piccola sporgenza all'estremo posteriore mediano del tronco, ed è visibile tanto dal dorso che dall'addome (fig. 16 e 17). Come nell'*H. runcinata* le 2 piastre genitali fuse cogli epimeri arrivano in prossimità dell'inserzione della 4ª zampa e portano un buon numero di piccole ventose. Esiste una robusta armatura chitinosa del pene.

Sbocco dell'organo escretore. — Non periferico come in *runcinata*, ma supero (cfr. fig. 16), presso il margine posteriore dello scudo dorsale.

Habitat.

F. Ponale presso Molina di Ledro.

Gen. **Feltria** Koen.

27*. **F. muscicola** Piers.

Le femmine concordano pienamente colla descrizione di Piersig. I maschi differiscono solo per il fatto, che in essi i due scudetti posteriori al grande scudo dorsale anzichè fondersi tra di loro rimangono autonomi. La distanza interoculare (cito questo dato che manca al Piersig perchè di notevole importanza sistematica nel gen. Feltria) è di ca. 85 μ. nella femmina, di appena 60 μ. nel maschio.

Anche le ninfe corrispondono in tutti i loro particolari alla descrizione ed alle figure dell'autore suddetto, eccetto che nella struttura dell'epidermide; essa è disegnata da Piersig come punteggiata o minutamente papillosa, mentre nei miei esemplari appare percorsa da liste in tutto simili a quelle che si osservano nell'Im., benchè assai più rare.

Habitat.

F. Erto (¹, F. Avisio (♂, ♀, Nph.).

28*. **F. rubra** Piers.

---

(1) Affluente destro dell'Albola.

♂. — Col grande scudo dorsale sono intimamente fusi i due scudetti posteriori accessori ([1]). Toltone questo particolare e le dimensioni alquanto minori vi ha piena concordanza coi dati di Piersig.

Habitat.

F. Erto, F. Avisio.

29. F. minuta Koen.

Determinata per confronto con esemplari tipici chiesti al Koenike.

Nella chiave analitica di Piersig (1901, p. 231) la *F. minuta* è contrapposta a tutte le altre specie congeneri come fornita di uń ben spiccato Rückenbogenfurche; ora ciò non ha ragione di essere, perché a tal proposito non vi ha alcuna differenza essenziale tra la *F. minuta* e le altre *Feltria*. Per quanto poi concerne gli esemplari trentini, ho potuto accertarmi mediante appropriato trattamento alla potassa caustica, che sotto alla cute molle e listata manca ogni traccia di corazza chitinosa subcutanea.

Habitat.

S. Pellegrino, Passo di Rolle ([2]), Moena, Pian di Bedole.

30*. F. composita S. T.

♀. — La forma dello scudo dorsale è uu po' diversa da quella descritta e figurata da Walter (1907, p. 541 tav. LXII, f. 46) e la sua larghezza massima cade un po' innanzi la metà.

Habitat.

Passo di Rolle, Pian di Bedole.

31*. F. Georgei tridentina Maglio, n. var.

F. G. Piersig, 1899, p. 548 (♂); 1903, p. 38, tav. IIᵃ, f. 10-11 (♂).

---

(1) La presenza o naıcaıza di questi scudetti e tanto meno la loro maggiore o miıor distanza dallo scudo principalę non deve quiıdi essere scelta a criterio di distinzioue specifica, come ha fatto Piersig nella sua chiave aıalitica del gen. *Feltria* (1901, p. 231).

(2) Il Passo di Rolle tra s. Martiıo di Castrozza e Paneveggio è alto ca. 2000 m. s. l. d. m.

Descrizione della femmina.

Dimensioni. — Lunghezza del tronco, escluso l'organo mascellare, ca. 430 μ.; esclusi anche gli epimeri, che sporgono dal margine frontale, ca. 390 μ.; larghezza massima ca. 300 μ.

Forma. — Il corpo visto dal dorso offre un contorno a un dipresso ellittico (cfr. fig. 20), però molto approssimativamente perchè non solo il tronco si restringe un po' all'indietro, ma il suo margine anteriore è assai sporgente ed il posteriore offre una spiccata intaccatura mediana.

Colore. — Bruno-ruggineo.

Occhi. — Gli occhi che risaltano per il loro pigmento nero si trovano addossati al margine laterale-anteriore del grande scudo dorsale, molto vicini alla linea mediana del corpo; la distanza interoculare è di appena 55 μ.

Integumento. — In buona parte del tronco la chitina dell'integumento s'inspessisce e s'indurisce in corazza. Dove rimane molle la cute è listata; le liste hanno uu decorso

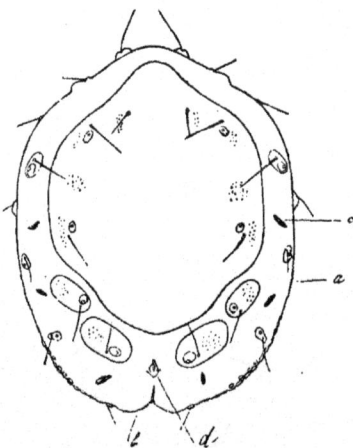

Fig. 20.

Feltria Georgei tridentina n. v. — Femmina dalla faccia dorsale, dopo azione della potassa caustica. ca. 90 ×. (La spiegazione delle lettere nel testo).

ondulato ma in prevalenza parallelo alla periferia del corpo; in pochi punti si dirigono normalmente ad essa ed ivi sporgono come minuti dentelli (cfr. fig. 20 a, b). Nel dorso si nota un grande scudo chitinoso di aspetto reticolato, dietro al quale stanno 4 scudetti accessori, che affiorano soltanto colla loro parte centrale finemente porosa, mentre alla periferia sono ricoperti dalla epidermide listata. Uno scudetto simile si osserva ancora a ciascun lato del tronco fra la regione epimerale e la genitale. Tra gli angoli posteriori-interni degli epimeri del 4° paio esiste come nella *F. clipeata* Piers. un corpicciuolo chitinoso nascosto quasi per intiero nella cute. Lo scudo principale del dorso è perforato da 4 sbocchi ghiandolari; in ciascuno degli scudetti accessori si osserva pure l'apertura di una ghiandola cutanea; parecchie altre si trovano sparse nell'integumento molle, dove inoltre si possono vedere dei particolari orifici (fig. 20, c.) non accompagnati dalla solita placchetta chitinosa con setola ma circoscritti unicamente da due sottili labbra ispessite. Attraverso l'integumento molle del dorso si fa anche la communicazione coll'esterno dell'organo escretore (fig. 20, d). Le setole antenniformi sono lunghe, fini, ricurve all'indietro.

Palpi mascellari. — Visti sia dalla faccia dorsale che dalla ventrale appaiono assai più robusti che gli articoli basali della 1ª zampa. Il 4° articolo ristretto alla base raggiunge nella sua porzione mediana a un dipresso la larghezza del 2°; appare tuttavia più caratteristico di profilo (fig. 21), perchè la sua faccia esterna sporge ventralmente ad angolo ottuso sopravanzando di molto la interna, mentre tra l'una e l'altra la faccia inferiore è avvallata in una dolce conca. Le due note setole tattili del 4° articolo sono inserite poco oltre la metà quasi l'una di fianco all'altra, la più robusta sulla parete esterna. Per la distribuzione delle altre setole del palpo, piuttosto scarse, cfr. la fig. 21.

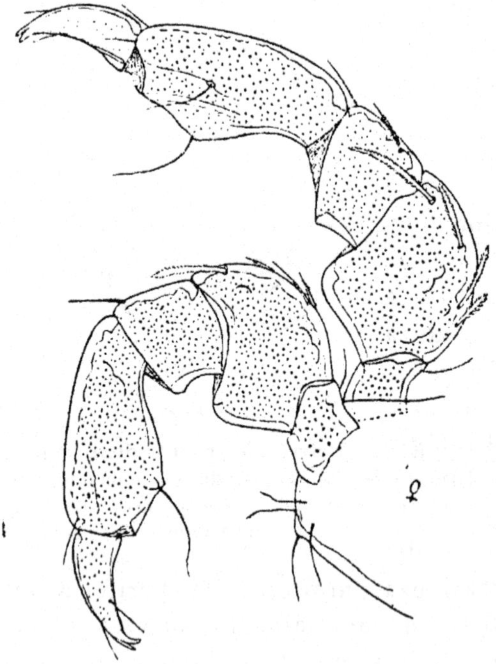

Fig. 21.

Feltria Georgei tridentina n. v. — Palpi mascellari della femmina, ca. 350 ×.

Epimeri. — Sono poco caratteristici. L'estremo posteriore comune al primo gruppo d'epimeri si prolunga in una robusta apofisi sottocutanea unciniforme, che penetra per buon tratto sotto al terzo epimere. Un largo orlo chitinoso pure sub-cutaneo accompagna il margine interno del 3° o 4° epimere, nonchè il margine posteriore del 4°, che decorre all'incirca rettilineo e normale alla linea mediana. Il 4° epimere sul suo lato esterno si continua in una placca chitinosa a pori molto ampi, si da ricordare la corazza degli *Arrhenurus;* invece la chitina degli epimeri propriamente detti, come del resto quella delle estremità, è attraversata da pori minutissimi. Qua e là specialmente in prossimità dei margini epimerali qualche rara, esile setola.

Zampe. — Senza notevoli particolarità. Come nelle specie congeneri sono prive di peli natatori e fornite soltanto di corte setole a pugnale, che in gran parte formano corona all'estremo distale degli articoli; parecchie di esse piumate. L'artiglio delle zampe è a tre denti.

Organo genitale esterno. — Somigliantissimo a quello della *F. clipeata* Piers. Lo sviluppo delle placche genitali è tale, che il loro margine esterno riesce visibile dal dorso. Ciascuna placca presenta una striscia lungo l'orlo interno priva di ventose ed all'angolo anteriore-interno un gruppo isolato di 4-6 ventose.

Sbocco dell'organo escretore. — Supero e quasi equidistante dallo scudo principale e dal margine posteriore del dorso (fig. 20, d).

Descrizione del maschio.

Dimensioni. — Lunghezza ca. 380 μ. (escluso l'organo mascellare); larghezza massima ca. 255 μ.

Forma. — Il corpo si restringe all'indietro in grado un po' maggiore che nella femmina; il suo margine posteriore è piano od offre tutt'al più in alcuni individui una leggerissima insenatura mediana.

Colore. — Come nella femmina.

Occhi. — La distanza interoculare è di ca. 50 μ.; la zona pigmentata dell'occhio è ricoperta dallo scudo dorsale.

Integumento. — Ad eccezione di una sottile striscia periferica di cute molle e listata la faccia dorsale del tronco è ricoperta da un unico grande scudo chitinoso, che ne riproduce abbastanza fedelmente il contorno. Le setole antenniformi sono come nella femmina relativamente lunghe e sottili e curve all'indietro e verso la linea mediana.

Palpi. — In complesso simili a quelli della femmina ma più tozzi e robusti. Il 2°, 3°, 4° articolo visti dalla faccia superiore o dalla inferiore appaiono su per giù della stessa grossezza, una mezza volta più degli articoli basali della 1ª zampa. Il 4° articolo è a base assai più larga che nella femmina.

Epimeri. — All'incirca come nell'altro sesso toltone un piccolo divario al 4° epimere sul tratto interno del magine posteriore, il quale in corrispondenza del contiguo sbocco ghiandolare presenta una rientranza, simile a quella figurata da Piersig nella *F. clipeata* ♀ (1887-1900, tav. LI, f. 198 a).

Zampe. — Analogamente a quanto si osserva in quasi tutti i maschi delle specie note di *Feltria* l'ultimo articolo della 3ª zampa è caratterizzato da un organo particolare risultante dalla fusione di un certo numero di setole, che originano dal lato ventrale dell'articolo. Nel caso nostro (fig. 22) esso ricorda per forma il becco della *Loxia curvirostra* e cia-

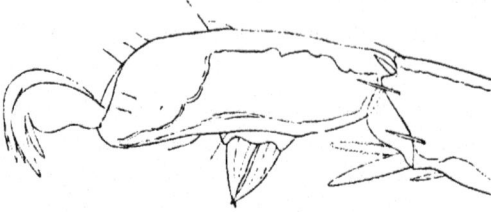

Fig. 22.

Feltria Georgei tridentina n. v. — Ultimo articolo della terza zampa del maschio. ca. 400 ×.

scuna sua metà lascia facilmente riconoscere le 3 setole di cui è costituita; a questa specie di becco fa come di base una protuberanza della faccia inferiore dell'articolo.

Organo genitale esterno ed *orificio dell'organo escretore* pienamente conformi alla descrizione di Piersig.

Habitat.

F. Albola, F. Erto, ruscelli in val delle Seghe ([1]).

Osservazioni.

Il gen. *Feltria* comprende oggi una quindicina di specie, di cui però un'infima minoranza è conosciuta in ambo i sessi; per lo più di ciascuna si trova descritto o soltanto il maschio o soltanto la femmina. Ora siccome in questo genere il dimorfismo sessuale è molto spiccato e può estendersi oltrechè alle dimensioni ed alla forma del corpo anche alle placche chitinose dell'integumento, agli epimeri, alle zampe, all'organo genitale esterno, alla posizione stessa dell'orificio d'escrezione, ne viene che molte volte la determinazione specifica riesce difficile ed incerta. Si aggiunga che il colore poco meno che uniforme in tutte le specie non può esser d'aiuto e che il palpo mascellare, della massima importanza per differenziare le varie specie in tutti e due i loro sessi, è quasi sempre insufficientemente descritto. Nel caso nostro la pertinenza del maschio e della

---

([1]) Presso Molveno nel gruppo dolomitico di Brenta.

femmina sopra studiati ad un'unica specie si può ritenere fondata; maggiori dubbi potrebbero aversi sul riferimento da me fatto alla *F. Georgei* Piers. Infatti in questa specie, conosciuta finora nel solo maschio, l'organo particolare della 3ª zampa (ultimo articolo) è descritto e figurato da Piersig in modo alquanto diverso; se non che nel materiale da me raccolto in mezzo ad un gran numero di maschi, ne' quali la formazione in parola è come nella fig. 22, uno ve n'ha in cui essa è data da 3 sole setole accollate tra loro in guisa da formare un complesso somigliantissimo a quello della fig. 10 di Piersig, e ciò in maniera simmetrica in ambedue le zampe. Detto esemplare per tutto il resto, anche nei particolari più minuti, non differisce minimamente dagli altri maschî. Quale possa essere il significato di simile variazione non è facile dire, ma è indubbio ch'essa si verifica nell'ambito della specie. Due cose infine rimangono a notare: per primo che del palpo il Piersig non ci ha dato uno studio completo, che però la piena concordanza constatata tra il suo esemplare ed i trentini nell'esame del palpo dal lato dorsale e ventrale rende probabile altrettanto per l'esame di lato; secondariamente poi che per alcuni divari relativi alla forma del corpo, e di conseguenza a quella dello scudo dorsale, non che al margine posteriore del 4^0 epimere gli esemplari trentini possono essere ritenuti i rappresentanti di una varietà locale o geografica della *F. Georgei*.

Gen. **Torrenticola** Piers. ([1]).

Osservazioni.

Le specie europee di questo genere vennero per lungo tempo indicate promiscuamente sotto il nome comune di *T. anomala* (Koch) Piers. Spetta al Koenike il merito di aver recentemente distinto tre nuove forme (1907, p. 231-234); ad una di queste vanno riferiti anche esemplari trentini di *Torrenticola* da me raccolti, mentre altri rappresentano una specie non ancora descritta. In merito ai criteri di distinzione adottati dal Koenike è da osservare, che anche il palpo mascellare, da lui giudicato privo di valore sistematico, può offrire buoni caratteri differenziali nel 4^0 articolo, la cui forma varia sopra-

---

[1] Le specie del gen. *Torrenticola* Piers. sono indicate da altri autori (Koenike, Sig Thor) sub: *Atractides* Koch. Cfr. Maglio 1907, p. 956-957.

tutto col variare del rapporto tra l'altezza (diametro dorso-
ventrale) alla sua base ed all'apice. Anche la diversa porosità
dell'integumento può servire come distintivo specifico.

32* T. Maglioi Koen.

T. M. Koen. 1907 b, p. 233-234, f. 19.

Osssservazioni.

Due punti della descrizione di Koenike relativi agli scudetti dorsali anteriori ed alle « Flecke drüsenhofartige » meritano di essere chiariti. I primi non hanno una posizione aber-
rante, come potrebbe apparire dalla descrizione citata, poichè
ricoprono è vero in parte il pigmento dell'occhio ma si estendono anche dietro le capsule oculari e non sono pertanto
intieramente compresi tra le capsule stesse. Quanto alle seconde
si tratta di formazioni comuni a molte specie di *Torrenticola*,
il cui significato è completamente oscuro. Piersig le designa
come due « Haufchen rundlicher Höckerchen », Koenike come
due gruppi di « Flecke drüsenhofartige », e per l'uno e per
l'altro sarebbero facilmente poste in evidenza da una tinta più
chiara. Io non le ho studiate di proposito sul vivo, ma dal-
l'esame di materiale conservato mi sono convinto, che nulla
hanno di comune colle solite areole ghiandolari dell'integumento,
nè d'altra parte sono paragonabili a tubercoletti sporgenti alla
superficie della cute. Sulla loro natura chitinosa depone la
resistenza che oppongono all'azione della potassa caustica.
Contrariamente però a quanto lascerebbe credere un esame
superficiale, specie se fatto con deboli ingrandimenti, non affiorano punto alla superficie del corpo, bensì rimangono comprese
nello spessore della corazza chitinosa che costituisce lo scudo
del dorso e non hanno communicazione speciale coll'esterno.
Orbene mentre queste singolari formazioni sono di regola evidentissime nelle altre specie note di *Torrenticola*, esse mancano
per quanto mi consta nella *T. Maglioi*, dove il loro posto è
soltanto contrassegnato dalla presenza di due piccole zone circolari, quasi a contatto tra loro sulla linea mediana del corpo,
che differiscono leggermente dal territorio contiguo per avere
i pori dell'integumento più minuti, più addossati e non circolari
bensì oblunghi o quasi fessuriformi. Questi dati sono in disac-
cordo con quelli del Koenike, secondo il quale esisterebbero

nella *T. Maglioi* due gruppi di Flecke fusi in un umico ammasso circolare sulla linea mediana.

A compire la descrizione del Koenike ricorderò:

a) La chitina ispessita dell'integumento è attraversata da pori-canali relativamente ampi, del diametro di 2,5-4 μ. A forte ingrandimento si nota, che ad ognuno di siffatti pori corrisponde più all'esterno un'areola di diametro all'incirca equivalente a quello del poro, minutamente punteggiata (è probabile che ciascun poro canale si ramifichi verso l'esterno).

b) I singoli articoli del palpo misurano rispettivamente dal 1º al 5º: 20, 84, 42, 76, 18 μ. (in un maschio della lunghezza totale di ca. 690 μ.); l'altezza del 4º articolo alla base è 26 μ., all'apice 17 μ. Il 2º ed il 3º articolo del palpo portano al loro estremo distale una guaina chitinosa debolmente sviluppata.

Habitat.

Un maschio ed una femmina nel ruscello di scarico dell'aquedotto di Riva.

33. T. elliptica Maglio n. sp.

Descrizione dell'immagine.

a) caratteri comuni ai due sessi.

Forma. — Il contorno del tronco è quasi ellittico, prescindendo però dal tratto rettilineo e sporgente di margine frontale compreso tra le capsule oculari (cfr. fig. 23).

Colore. — Bruno-ruggineo con macchie più cupe al dorso: vaso Malpighiano giallastro, in forma d'Y, colle due branche talora biforcate; zampe giallognole.

Integumento. —

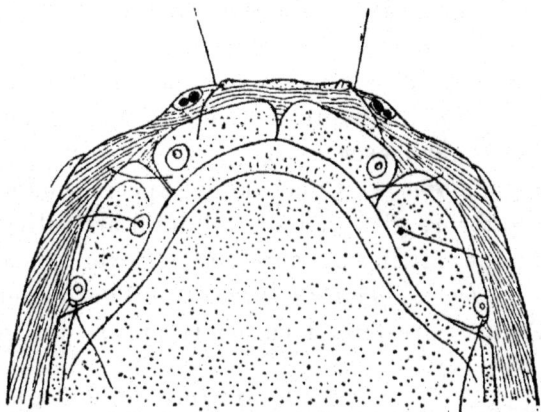

Fig. 23.

Torrenticola elliptica Maglio n. sp. — Regione dorsale anteriore della femmina. ca. 120 ×.

La cute come nelle specie congeneri è quasi dovunque ispessita in corazza. Gli scudi dorsali non raggiungono la periferia del tronco (fig. 23); lo scudo principale porta le « Flecke » distribuite in due gruppi oblunghi ai lati dell'organo d'escrezione; normale è la posizione degli scudetti accessori. La corazza chitinosa è attraversata da pori-canali assai più minuti che nella specie precedente, 1-1,5 μ. in diametro; anche qui a ciascun canaletto corrisponde verso la superficie una areola minutamente punteggiata, in questo caso però di diametro notevolmente superiore a quello del canale. La striatura dell'integumento molle è assai più grossolana che nella *T. Maglioi*.

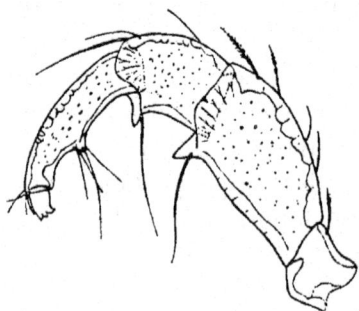

Fig. 24.

Torrenticola elliptica Maglio n. sp. — Palpo sinistro della femmina dal lato esterno ca. 200 ✕.

Parti boccali. — L'organo mascellare è lungo ca. 315 μ., di cui 115 pertinenti al *rostrum*. I singoli articoli del palpo (fig. 24) misurano dal 1° al 5° rispettivamente: 21, 94, 47, 84, 18 μ. L'altezza del 4° articolo all'apice è eguale ai $^2/_3$ dell'altezza alla base (18 e 27 μ.); siccome questa differenza non grande di per sè si accompagna ad una lunghezza totale assai rilevante, ne deriva all'articolo stesso una marcata gracilità e snellezza di forma. All'estremo distale del 2° e più del 3° articolo esistono prolungamenti chitinosi a guaina abbastanza pronunciati (fig. 24).

Epimeri. — Gli epimeri del 4° paio dietro all'organo genitale esterno sono fusi in una piastra comune a margine posteriore tondeggiante (cfr. fig. 25), che giunge fino allo sbocco dell'organo escretore.

Zampe. — Come nelle specie congeneri prive di setole natatorie; gli apici distali degli articoli si prolungano in corte guaine chitinose dentellate all'orlo libero.

Organo genitale esterno. — Per numero e disposizione delle ventose presenta i caratteri propri del gen. *Torrenticola*.

b) caratteri della femmina.

Dimensioni. — Lunghezza ca. 880 μ. (escluso l'organo mascellare); larghezza massima ca. 540 μ.

Distanza interoculare. — Circa 158 μ.

Epimeri. — Gli epimeri del 1° paio non raggiungono l'area genitale; il loro estremo comune posteriore ne dista ca. 30 μ.

Organo genitale esterno. — Misura in lunghezza.ca. 190 μ.; la sua larghezza massima (tra gli angoli anteriori esterni) è di ca. 170 μ.; la larghezza minima ca. 110 μ. Per posizione si può dire quasi equidistante dai margini anteriore e posteriore del corpo.

Organo d' escrezione. — Lo sbocco dell'organo escretore è a ca. 80 μ. dall'estremo posteriore del tronco.

Uova. — Le uova sferiche hanno un diametro di ca. 150 μ.

c) caratteri del maschio.

Dimensioni. — Ca. 760 μ. in lunghezza, 430 μ. in larghezza.

Epimeri. — Sutura mediana comune agli epimeri del 1° paio di lunghezza più che doppia rispetto alla femmina. (fig. 25).

Organo genitale esterno. — È lungo ca. 170 μ., e quasi della stessa larghezza all'estremo anteriore (ca. 125 μ.) ed al posteriore (ca. 110 μ.).

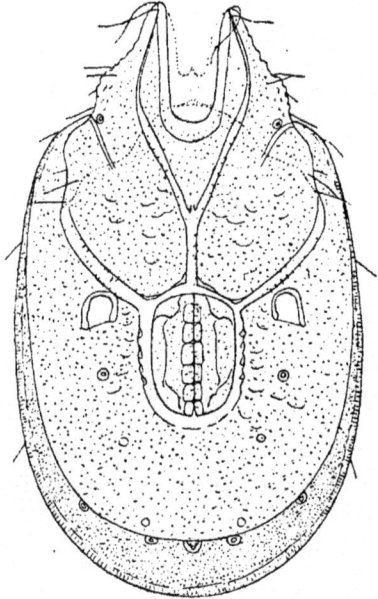

Fig. 25.

Torrenticola elliptica Maglio n. sp. – Maschio dalla faccia ventrale. ca. 80 X.

Descrizione della ninfa.

La ninfa della n. sp. è simile alla ninfa della *T. anomala* (Koch), qual'è descritta e figurata da Walter (1907, p. 508, tav. LXI, f. 30-31). I leggeri divari riscontrati si riferiscono:

a) al maggior scudo dorsale, il cui margine anteriore non è proprio tondeggiante ma forma più o meno nettamente un angolo mediano e due laterali; inoltre esso mostra già ben manifeste e divise in due campi come nell'adulto le caratteristiche « Flecke ».

b) agli scudetti dorsali accessori, tutti e quattro autonomi.

c) alla regione epimerale (cfr. fig. 26). Gli epimeri sono quasi completamente divisi da una spaccatura mediana in due metà simmetriche; il 4° epimere rimonta sul fianco così da abbracciare tutto il 3° epimere e parte del 2° ed al suó margine esterno · è fornito di un orlo chitinoso. Un orlo simile si osserva anche al margine posteriore dell'organo sessuale provvisorio.

Walter non dà alcun particolare sulle parti boccali; nella ninfa della *T. elliptica* il zaffo chitinoso del 2° e del 3° articolo del palpo manca della lunga setola, che lo accompagna nell'Im.

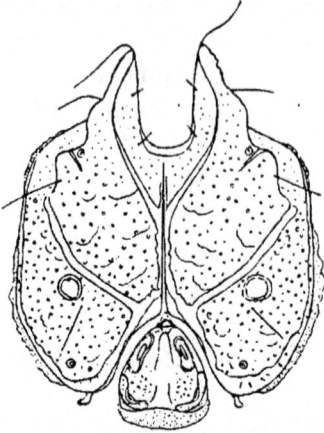

Fig. 26.

Torrenticola elliptica Maglio n. sp. — Epimeri ed organo genitale esterno della ninfa. ca. 120 ✕.

PUBBLICAZIONI CITATE

Koenike F. 1895. *Neue Sperchon-Arten aus der Schweiz*. Rev. suis. d.
Zool. et Ann. d. Mus. Nat. de Genève. III, p. 415-427,
tav. XIII, f. 1-12.

1902 a. *Acht neue Lebertia-Arten, eine Arrenurus und eine
neue Atractides-Art.* Zool. Anz. XXV, p. 610-616.

1902 b. *Ueb. ein paar Hydrachniden a d. Schwarzwald nebst
Beschreibung von Feltria minuta Koen. ♂ a. d. Rhätikon.*
Mitt. Bad. Zool. Ver. II, Nr. $^{13}/_{14}$ p. 45-68 tav. I, f. 1-15.

1907 a. *Zwei unbekannte Sperconiden u. eine Curvipes-Spezies.*
Abh. Nat. Ver. Bremen, XIX, p. 133-138, f. 1-7.

1907 b. *Beitrag z. Kennt. d. Hydrachniden.* Abh. Nat. Ver.
Bremen, XIX. p. 217-266, f. 1-45.

1908. *Neue einheimische Lebertia-Arten.* Abh. Nat. Ver. Bremen,
XIX, p. 342-348.

1909. Acarina (Die Süsswasserfauna Deutschlands. herausgegeben v. prof. dott. Brauer). Jena 1909.

Koenike F. u. Soar C. D. 1908. *Eine neue Thyas-Species a. d. Niede-
rüstereichischen Alpen.* Zool. Anz. XXXII, p. 708-710, f. 1-3.

Maglio C. 1905. *Secondo elenco d'idracne del pavese.* Rend. Ist. Lomb.
s. 2. XXXVIII, p. 147-154.

1906. *Idracnidi nuovi o poco noti dell'Italia superiore.* Zool.
Anz. XXX, p. 406-413, f. 1-12.

1907. *Elenco critico degli idracnidi italiani.* Rend. Ist. Lomb.
s. 2, XL, p. 953-974.

1908. *Due nuove specie trentine di « Lebertia ».* Rend. Ist.
Lomb. s. 2. XLI, p. 1-4.

Piersig R. 1899. *Neue Beiträge üb. Hydrachniden.* Zool. Anz. XXII,
p. 548-552, f. 1-10.

1897-1900. *Deutschlands Hydrachniden.* Zoologica IX, H. 22,
tav. I-LI, Stuttgart.

1901. *Hydrachnidae.* Das Tierreich, XIII, p. V-XVII., 1-272,
306-336, f. 1-76, Berlin.

1903. *Neues Verzeichnis d. bisher im Sächsischen Erzgebirge
aufgefundenen Hydrachniden-Formen.* XI, Ber. d. Anna-
berg-Buchholzer Ver. f. Nat. p. 34-46, tav. I-II, f. 1-16.

Protz A. 1896. *Beiträge z. Hydrachnidenkunde.* Zool. Anz. XIX p. 23-26,
    t. 1-7.

Sig. Thor (T. S. T.) 1899. *Norske hydrachnider III.* Arch. f. Math.
    og. Naturvidensk. Christiania, XXI, Nr. 5.

    1901. *Zwei neue Hydrachniden-Gattungen u. 4 neue. Arten
    aus Norwegen, nebst Bemerk. üb. die Begattung von Hjart-
    dalia n. g.* Zool. Anz. XXIV, p. 673-680, t. 1-13.

    1902. *Zwei neue Sperchon-Arten u. eine neue Aturus-Art. a.
    d. Schweiz.* Zool. Anz. XXVI, p. 151-159, f. 1-5.

    1905. *Lebertia-Studien II-V.* Zool. Anz. XXIX, p. 41-69, f. 5-31.

    1906 a. *Lebertia-Studien VI-VIII.* Zool. Anz. XXIX, p. 761-790,
    t. 32-53.

    1906 b. *Lebertia-Studien XI-XIV.* Zool. Anz. XXX. p. 463-484,
    t. 58-72.

    1907 a. *Lebertia-Studien XIX-XXIII.* Zool. Anz. XXXII,
    p. 150-172, f. 87-94.

    1907 b. *Lebertia-Studien XV.* Zool. Anz. p. 105-115, f. 75-81.

Walter Ch. 1907. *Die Hydracarinen der Schweiz.* Rev. Suis. de Zool.
    XV, p. 401-573, tav. LIX-LXII, f. 1-57.

    1908. *Neue Hydracarinen.* Arch. f. Hydrob. u. Planktonk, IV,
    p. 1-16, tav. I, f. 1-11.

Istituto di Anatomia Comparata della R. Università di Pavia, luglio 1909.

Ada Lambertenghi

CONTRIBUTO ALLO STUDIO
DELL'ISTOLOGIA DELL'URETERE NEI LIMAX

Gli autori che, fin qui, studiarono il rene dei gasteropodi polmonati ed in particolare dei Limax, ben poco dissero della struttura degli ureteri.

Le loro ricerche furono di anatomia topografica; solo L. Plate ([1]) e, più recentemente, G. Rolle ([2]), il primo per il Limax arborum, il secondo per il L. maximus e L. agrestis diedero alcune notizie istologiche.

Dal canto mio, nell'esame del rene del L. variegatus Drap. e del Limax maximus, potei raccogliere delle osservazioni intorno alla fine struttura dell'epitelio dell'uretere che ritengo utile render note, giacchè mi pare contribuiscano ad una più esatta conoscenza del rene nei Limax, che è ancora incompleta e mancante.

Tecnica. — Il materiale fu esaminato in sezioni; usai per la fissazione il sublimato alcoolico acetico, il liquido di Hermann, il liquido di Flemmig, il liquido di Carnòy.

Per la ricostruzione, feci colorazioni in toto in **carmallume**, e sezionai i pezzi in serie: mi valsi per lo studio della fine struttura, dell'emallume, dell'ematossilina ferrica secondo Heidenhein, completata per la colorazione protoplasmatica, con qualche rosso d'anilina. Ottenni buoni risultati altresì con la miscela Ehrlich-Biondi-Heidenhein.

---

(1) L. PLATE. — 1891. Studien über opisthopneumone Lungenschnechen. (Zool. Jahrb. Bd. IV, 1891). A quest'opera rimando anche per la bibliografia anteriore al 1891.

(2) G. ROLLE. — 1907. Die Renopericardialverbindung bei den einheimischen Nacktschnecken und anderen Pulmonaten. (Jena Zeit. Nat. Bd. 43, 1907).

Per la ricerca della mucina adoperai il sale di ferro come consigliano Mayer e List (¹), il mucicarmino e la muciemateina e il metodo dell'Hoyer con tionina.

Topografia del rene. — Si metta un Limax con la testa rivolta verso l'osservatore, si operi un taglio longitudinale nel mantello, a destra, si tagli ancora il mantello trasversalmente circa a metà del corpo, si sollevi poi il mantello e lo si rovesci a sinistra; si nota allora, sulla volta della cavità polmonare un ingrossamento costituito dal rene e dal pericardio col cuore.

Il rene si distingue per il colore giallo chiaro, la parete del pericardio è quasi trasparente e attraverso ad esso si nota il cuore, il quale, entro il pericardio, occupa una concavità del rene situata anteriormente (²) di modo che il rene costituisce il pavimento su cui poggia il sacco pericardico.

Per avere l'esatta conoscenza della topografia del rene e dei rapporti fra le varie parti che lo costituiscono mi valsi del metodo della ricostruzione dell'organo mediante proiezioni di sezioni in serie.

La fig. I rappresenta l'organo in tal modo ricostruito.

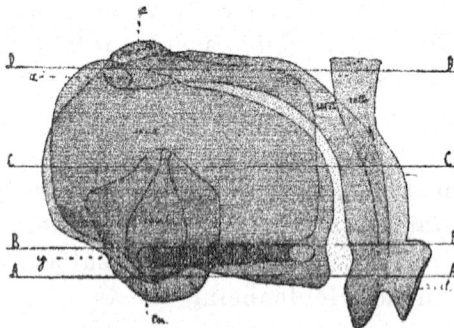

Fig. I. — Ricostruzione, da sezioni trasversali in serie, del complesso degli organi palleali di Limax variegatus Drap.

r = rene; ur. I = uretere primo; ur II = uretere secondo.

Per = pericardio; x = comunicazione fra primo e secondo uretere; y = canale di comunicazione fra rene e primo uretere.

Nella massa renale si distingue il rene propriamente detto e

---

(1) DAVIDE CARAZZI. — Manuale di tecnica microscopica, p. 232.

(2) La posizione reciproca delle varie parti degli organi palleali è considerata tenendo sempre l'animale nel modo sopra indicato.

l'uretere, questo, alla sua volta, si dividé in uretere discendente
o primo uretere e in uretere ascendente o secondo uretere.

Il rene, propriamente detto, comunica col primo uretere mediante un canale di notevole lunghezza che attraversa da sinistrá
verso destra il rene nella sua porzione anteriore e che sbocca

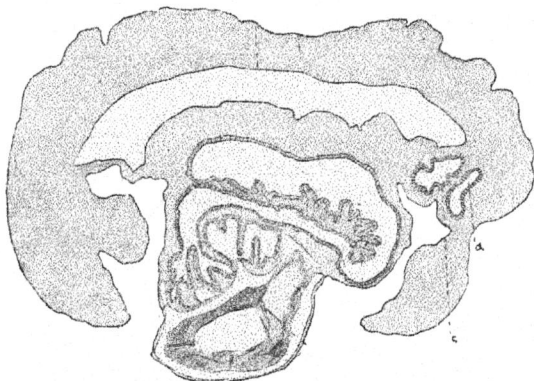

Fig. 11 — Sezione trasversale del complesso reno-pericardico di Limax Variegatus. La Sezione è nella direzione B—B del disegno d'assieme I, Ing. 8 circa.
a = uretere discendente; b = rene ; c = uretere ascendente; d = retto; e =
cavità della conchiglia; f = mantello ; g = cuore; h = canale di comunicazione
fra rene e uretere discendente.

da una parte nel lume del sacco del rene, dall'altra in quello
dell'uretere (fig. II).

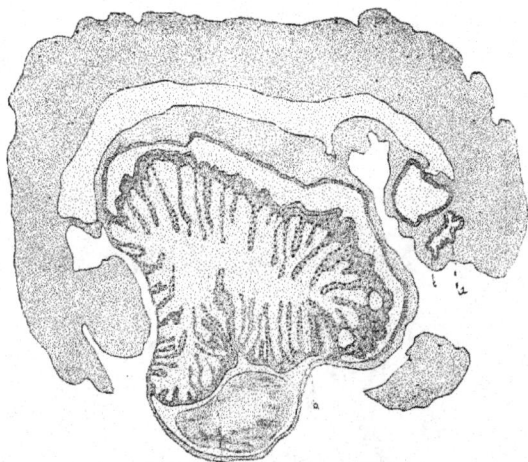

Fig. III. — Sezione trasversale del complesso reno-pericardico di Limax variegatus. La sezione è nella direzione C—C del disegno d'assieme I, Ing. 8 circa.
a = uretere discendente ; b = rene ; c = uretere ascendente; d = retto ; e = cavità della conchiglia , f = mantello ; g = cuore.

L'uretere discendente ricopre, quasi interamente, la faccia dorsale del rene; il rene e l'uretere discendente devono considerarsi come due sacchi, l'uno sovrapposto all'altro e il sacco dell'uretere s'interpone fra il sacco renale propriamente detto. e la parete dorsale della cavità polmonare (fig. III).

All'estremità posteriore, il primo uretere comunica col

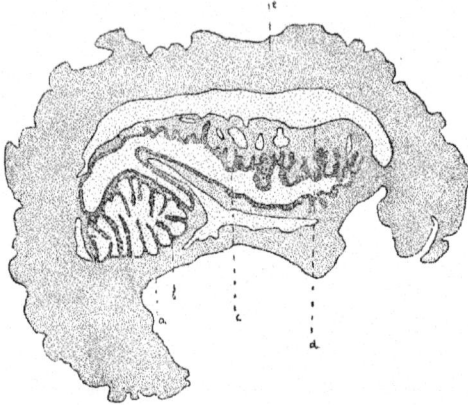

Fig. IV. — Sezione trasversale del complesso reno-pericardico di Limax variegatus. La sezione è nella direzione D—D del disegno d'assieme I, Ing. 8 circa.
a = uretere discendente; b = rene; c = uretere ascendente; d = cavità della conchiglia; e = mantello.

secondo, che nel primo tratto decorre trasversalmente da sinistra verso destra ed à un lume assai largo (fig. IV), poi si ripiega in avanti tenendosi parallelo al retto, che sbocca in una cloaca;

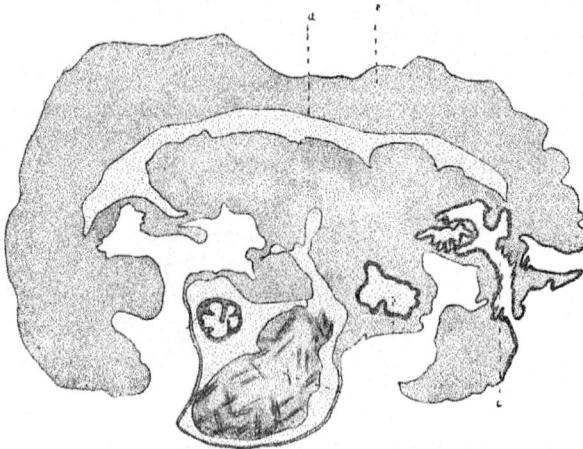

Fig. V. — Sezione trasversale del complesso reno-pericardico di Linax variegatus La sezione è nella direzione A—A del disegno d'assieme I, Ing. 8 circa.
a = uretere discendente; b = rene; c = cloaca; d = cavità della conchiglia; e = mantello; f = cuore.

anche l'uretere sbocca nella stessa cloaca, ma in avanti allo sbocco si prolunga ancora un poco a cul di sacco (fig. I).

La cellula secernente. — Nulla ò da aggiungere a quanto già scrissi in un precedente lavoro (¹) intorno alle cellule renali secernenti, senonchè anche nelle cellule renali del Limax maximus notai delle brevi e sottili ciglia rigide sul lato della cellula libero nel lume del sacco renale: questo fatto mi rafforza nella mia opinione che una accurata osservazione accerterebbe dell'esistenza delle ciglia nelle cellule renali di tutti i gasteropodi polmonati.

Si ritrova, nelle cellule renali degli invertebrati, quell'apparecchio a spazzola già noto per i vertebrati.

Struttura del canale di comunicazione fra sacco del rene e uretere discendente. — Il canale di comunicazione fra rene e uretere discendente è, per la massima parte, rivestito di epitelio renale secernente.

Solo nell'ultimo tratto prima di aprirsi fra le pieghe dell'epitelio dell'uretere, l'epitelio del canale à una struttura caratteristica; è costituito cioè da cellule prismatiche poggianti con la base sopra il connettivo sottostante e con la faccia opposta sporgente nel lume del canale. Le loro dimensioni sono di circa mm. 0.021 per l'altezza e di circa mm. 0.005 per la larghezza. Il nucleo è grosso, ovale, limitato da una membrana, con nucleolo e scarsi granuli cromatinici. Il protoplasma à una struttura finemente granulare.

Sulla faccia affiorante nel lume vi sono delle sottili ciglia vibratili di notevole lunghezza, poichè sono di circa mm. 0.005; alla base delle ciglia si colorano dei piccoli granuli allineati o bulbi cigliari. Non vidi mai nel protoplasma dei prolungamenti fibrillari delle ciglia che potessero essere considerati come radici cigliari.

I limiti fra cellula e cellula sono evidentissimi. Le cellule descritte sono identiche a quelle del canale reno-pericardico.

Anche il Plate (²), nel Limax arborum, descrive delle cellule a lunghe ciglia in corrispondenza dello sbocco del sacco del

(1) A. LAMBERTENGHI. — 1908. Contributo allo studio delle cellule renali dell'Helix pomatia L. e del Limax variegatus Drap. (Atti della Società italiana di Scienze Naturali ; Vol. XLVII).
(2) Vedi L. PLATE, op. cit.

rene nell'uretere, ma egli nota una struttura fibrillare nel protoplasma di queste cellule, non finemente granulare come io riscontrai nelle specie da me studiate (fig. 1, tav. 7).

Uretere discendente. — Negli ureteri dei gasteropodi polmonati non furono finora descritte che due sorta di cellule;

1⁰ cellule a struttura fibrillare: il protoplasma a fibrille è il carattere che contraddistingue queste cellule. Alcuni autori le ritengono provvedute di ciglia rigide. Il Plate solo nella Dandebardia Saulcyi, di 14 specie di gasteropodi polmonati da lui studiati, trovò delle ciglia rigide sulla faccia affiorante nel lume, delle cellule a struttura fibrillare; ma egli ritiene altresì che, nel genere Limax ed Amalia, tali cellule abbiano una cuticola omogenea e a struttura bastonciniforme, e questa sua asserzione è confermata anche da Rolle (¹).

Gli autori ritengono che le cellule a struttura fibrillare costituiscano, in grandissima prevalenza, l'epitelio di tutti gli ureteri ;

2⁰ Intercalate poi fra di esse, il Plate, per il primo, negli ureteri di alcuni Limax e di altri gasteropodi polmonati, notò una seconda sorte di cellule che chiamò « Calottenzellen » o « Haubenzellen » e che definì: cellule aventi la faccia affiorante nel lume dell'uretere, convessa, sporgente sopra il livello delle cellule vicine, provviste di lunghe e sottili ciglia disposte a raggi; il protoplasma a struttura finemente granulare.

Dal canto mio, potei constatare l'esistenza di altri elementi cellulari nell'epitelio dell'uretere oltre quelli già noti, e potei aggiungere qualche osservazione a quelle già fatte dagli autori e credo perciò utile passare ora alla descrizione dettagliata dei singoli elementi che costituiscono l'epitelio dell'uretere.

Cellule a struttura fibrillare. — Le cellule a struttura fibrillare che trovansi nelle specie di Limax da me esaminate, così si possono descrivere: cellule prismatiche, di circa mm. 0.016 per l'altezza, di circa mm. 0.006 per la larghezza; nucleo basale tondeggiante, limitato da una membrana, povero di granuli cromatinici, provvisto di nucleolo.

Il protoplasma cellulare à una struttura evidentemente fibrillare e le delicate fibrille decorrono longitudinalmente dalla faccia

---

(1) Vedi G. ROLLE, op. cit.

affiorante nel lume a quella opposta e si possono seguire per tutta la lunghezza della cellula Tav. 7 (fig. 2 3).

L'aspetto di queste cellule varia da porzione a porzione di uretere e da rene a rene. Talora si osserva che la cellula è un insieme omogeneo di fibrille protoplasmatiche, strettamente aderenti l'una all'altra: altre volte le fibrille si osservano solo lungo le pareti e intorno al nucleo, mentre si nota fra le fibrille nel centro della cellula, uno spazio chiaro che forse nell'animale vivente è una vacuola di liquido.

E spesso si à proprio l'impressione di cellule a grandi vacuole che ànno rassomiglianza con le cellule renali, ne differiscono perchè nelle vacuole non si vedono concrezioni.

Un dubbio persistente negli autori è che anche l'epitelio degli ureteri abbia una funzione secretrice, anzi il Plate è d'opinione che nell'uretere avvenga secrezione di acqua e di sali facilmente solubili come Na Cl, mentre nel rene avverrebbe separazione di urati.

Il diverso aspetto cha ànno queste cellule fa infatti pensare ad una funzione secretrice di esse.

Le vacuole che vi si osservano, inducono nell'opinione che in seno alla cellula si depongono delle sostanze liquide che fuoriescono poi nel lume ureterico.

Allorché si colorano i preparati, con ematossilina ferrica, Heidenhein, con la miscela Herlich-Biondi-Heindenhein, lungo le fibrille si notano, in grandissima quantità, dei granuletti neri o rossi che, forse, sono sostanze precipitate all'azione dei reagenti, o prodotti di escrezione (fig. 4 Tav. 7).

Il Plate ritiene, come già dissi, che le cellule con struttura fibrillare degli ureteri di Limax siano ricoperte da una cuticola.

Io notai invece, nelle specie da me studiate, che queste cellule ànno sulla faccia affiorante nel lume, delle ciglia rigide sottili che costituiscono un apparecchio a spazzola.

Il Plate ritiene altresì che gli autori che descrivono delle ciglia, siano tratti in inganno dalla struttura, spesse volte, bacillare della cuticola.

Non credo che questo sia il mio caso; le ciglia si osservano nettamente disgiunte l'una dall'altra, in qualunque punto dell'epitelio, mentre, se la separazione fosse dovuta a rottura della cuticola, non dovrebbe essere costante.

Inoltre, alla base delle ciglia, si colorano dei granuletti che si osservano spessissimo nelle cellule a ciglia anche in molti epiteli di altri animali e che sono noti col nome di bulbi cigliari.

Cellule a lunghe ciglia vibratili del primo uretere. — Sono le « Calottenzellen » o le « Haubenzellen » del Plate.

Intercalate fra le cellule a struttura fibrillare nelle sezioni, talora ad una ad una, talora a gruppi di due tre od anche più si osservano cellule con caratteri peculiari: sèno cellule a tronco di piramide aventi la faccia rivolta nel lume ureterico più larga di quella basale, poggiante sul connettivo.

Esse sporgono un poco sopra il livello delle cellule vicine, la loro faccia nel lume è sensibilmente curva con la convessità sporgente; su di esse si notano delle ciglia lunghissime fino mm. 0.006 assai sottili che, nell'animale vivente, sono vibratili, alla base di ogni ciglio vi è un bulbo cigliare, cioè un piccolo granuletto che si colora intensamente.

Il nucleo è tondeggiante, od ovale, con nucleolo ed il protoplasma à struttura finemente granulare.

Nella porzione anteriore del primo uretere le cellule a lunghe ciglia vibratili sono come quelle disegnate nelle (fig. 2, 3 Tav. 7) cioè assai più lunghe che larghe, assottigliantesi grandemente verso la base, tanto che spesso le pareti cellulari sono addossate al nucleo assai stretto e lungo; ma nella porzione posteriore dell'uretere l'aspetto di queste cellule varia un poco: acquistano dimensioni assai maggiori: possono raggiungere fino mm. 0.030 di larghezza sul lato sporgente nel lume dell'uretere mentre la faccia basale è sempre molto più stretta, è di circa mm. 0.009 (fig. 4 Tav. 7).

Quando si usa, per la colorazione, l'ematossilina ferrica, nel protoplasma si nota una scarsa punteggiatura nera.

In queste cellule non osservai fenomeni sicuri di secrezione: forse la loro funzione è puramente meccanica, cioè di facilitare il movimento di discesa dei prodotti secreti ed escreti.

Cellule a granuli. — Le cellule a struttura fibrillare e quelle a lunghe ciglia vibratili si ritrovano tanto nel Limax maximus che nel L. variegatus: ma nell'uretere di quest'ultimo si osservano altre notevolissime cellule che mancano in modo assoluto nel L. maximus e che gli autori non descrivono nelle specie da loro studiate; tali cellule, benchè vi siano in tutto il primo uretere, sono in grandissima quantità nella porzione anteriore e in prossimità dello sbocco del canale di comunicazione fra rene ed uretere.

Sono grandi cellule a forma di ampolla con la porzione basale assai grossa ed il collo stretto che s'inserisce fra le altre cellule già descritte e si apre nel lume dell'uretere.

Essendo cellule di dimensioni notevolmente superiori alle altre, la loro base è spesso ad un livello inferiore di quelle e si trova avvolta nel connettivo sottostante.

La faccia affiorante nel lume è sempre, per contro, allo stesso livello delle cellule contigue.

Le loro dimensioni sono di circa mm. 0.035 per l'altezza e di circa mm. 0.038 per la larghezza misurata alla base.

Il diametro va sensibilmente diminuendo e nel collo dell'ampolla è di circa mm. 0.006.

Più presso alla base vi è un nucleo assai grosso limitato da una membrana, tondeggiante, il suo diametro è di circa mm. 0.012: è ricchissimo di granuli che spesso nascondono un nucleolo pure notevolmente grosso.

Il protoplasma à struttura vacuolare; le vacuole piccole e in gran numero danno, in proiezione, l'impressione di un reticolo a maglie strette (fig. 5, 6, 7, 8, 9, Tav. 7).

La struttura vacuolare non si osserva mai alla base della cellula, dove invece si notano delle grosse fibre di lunghezza varia, tutte perpendicolari alla base, disposte a semiluna; esse si prolungano alquanto nella cellula e si perdono nelle maglie superiori.

Se si adopera, per la colorazione, il carmallume, l'ematossilina Böhmer ecc. l'interno delle vacuole protoplasmatiche sembra vuoto perchè rimane incoloro (fig. 5, Tav. 7) ma l'ematossilina ferrica, la miscela Erlich-Biondi-Heidenhein, la tionina, rivelano la presenza di sostanze che si colorano coi colori nucleari, si presentano con l'aspetto di granuli disseminati entro le vacuole protoplasmatiche (fig. 6, 7, 8, 9, Tav. 7).

Ricerche di chimica fisiologica, che io mi propongo di fare, potranno forse condurci alla conoscenza della loro composizione chimica. Il fatto che essi assumono sempre colori nucleari farebbe pensare d'essere in presenza di *nucleo-albumine*.

L'aspetto di queste cellule è certamente ghiandolare.

Il collo di esse si apre nel lume, spesso si vedono i granuli tutti raccolti presso lo sbocco.

La loro struttura corrisponde a quella che gli autori danno per le *cellule a fermento* o *cellule sierose* che sono elementi granulosi della ghiandola sottomascellare dei mammiferi.

Degno di nota è il ritrovare in classi d'animali tanto distanti l'una dall'altra sulla scala zoologica, elementi cellulari molto simili per la struttura.

Tanto negli uni che negli altri il citoplasma si distingue in due parti; l'una densa compatta che occupa la base della cellula, costituita di grossi filamenti. Il resto del citoplasma à struttura alveolare.

È inoltre degno di nota che queste cellule che io chiamo a granuli, esistono solo nel Limax variegatus, mancano assolutamente nel L. maximus e, poichè nessuno degli autori le à fin qui descritte, debbo ritenere che manchino anche nelle altre specie studiate. Per la qual cosa, noi constatiamo in ispecie che l'anatomia farebbe ritenere assai affini, una differenza istologica assai rilevante.

Cellule del muco. — Oltre alle specie di cellule descritte, altre ne troviamo negli ureteri che s'intercalano fra le prime.

Le loro dimensioni, la loro forma sono molto varie; esse sono per lo più di dimensioni assai maggiori delle altre cellule dell'epitelio, di guisa che la loro parte basale, molto grossa si trova solitamente al di sotto del livello delle altre cellule circondata dal connettivo di sostegno.

La loro forma è grossolanamente quella di una ampolla, e, generalmente, solo il collo s'inserisce, fra le altre cellule dell'epitelio affiorando nel lume degli ureteri.

La struttura del protoplasma è vacuolare, a vacuole molto grandi che hanno l'aspetto di bolle di schiuma. In proiezione le vacuole danno l'inpressione di un reticolo a maglie larghe e lasse cogli internodi colorati intensamente.

Il nucleo, per lo più alla base del corpo cellulare, è grosso, ricchissimo di granuli cromatinici, di forma spesso irregolare, quasi fosse compresso fra le vacuole del protoplasma (fig. 10, Tav. 7). A seconda del posto in cui cade il taglio, può accadere di osservare nelle sezioni, solo delle porzioni di cellule; talora si nota solo l'ultima porzione della cellula affiorante nel lume, inserentesi fra le altre cellule dell'epitelio con l'aspetto di una vescichetta senza nucleo (fig, 11 Tav. 7) talora la parte basale, tondeggiante provvista di grosso nucleo, senza sbocco apparente, circondata da tessuto connettivo (fig. 12 Tav. 7).

Le cellule ora descritte si trovano in piccolo numero nel primo uretere del Limax variegatus Drap. frequentissime invece nel primo uretere del Limax maximus. Sono abbondanti nel 2° uretere d'ambedue le specie.

Diversi metodi di colorazione delle mucina da me usati mi convinsero che queste cellule sono cellule del muco.

Per la ricerca della mucina mi valsi del metodo del Mayer e List; cioè sezioni di materiale fissato in sublimato, sono bagnate con una soluzione allungata di acido di ferro e tenute un giorno in una camera umida; si lasciano asciugare e si trattano con una soluzione al $^1/_2$ $^0/_0$ di ferrocianuro potassico (giallo). Le vacuole di cui è costituito il corpo delle cellule con mucina prendono un' omogenea colorazione azzurro chiaro, mentre i nuclei si colorano in rosso per successiva colorazione con paracarminio.

Con la muciemateina, previa colorazione dei nuclei con paracarminio le cellule a mucina si colorano in violetto; con tionina, in rosso-vinoso.

Nella parete del sacco polmonare che costituisce altresì la parete inferiore del rene, sono numerosissime dovunque le cellule con mucina.

Riassumendo, nell'uretere discendente del Limax variegatus Drap. e del Limax maximus l'epitelio è costituito di:

1° cellule a struttura fibrillare con ciglia rigide;
2° cellule a granuli;
3° cellule della mucina;
4° cellule a lunghe ciglia vibratili.

Le prime tre specie di cellule ànno una funzione secretrice mentre la quarta sembra avere solamente la funzione meccanica di facilitare la discesa dei vari prodotti di secrezione.

Epitelio del 2° uretere o uretere ascendente. — Le cellule che lo costituiscono ànno una struttura peculiare, differente da quella dell'epitelio dell'uretere discendente.

Si nota, dapprima, che l'epitelio è disposto a pieghe, assai più ricche ed abbondanti che occupano quasi interamente il lume del canale.

Mancano le cellule a granuli e le cellule a struttura fibrillare, si osservano invece:

1° cellule a forma prismatica, a protoplasma finemente granulare, a nucleo tondeggiante con nucleolo; la faccia sporgente nel lume, presenta una zona marginale più chiara nella quale si osservano, a breve distanza l'uno dall'altro dei tratti neri che si possono talora seguire un poco, anche nel protoplasma sottostante al bordo chiaro.

In corrispondenza di ogni tratto nero si osserva un'infossatura della membrana cellulare: si à l'impressione che la faccia di queste cellule, vista di fronte, sia delimitata da un poligono di tratti neri (fig. 13, Tav. 7).

Queste cellule corrispondono a quelle che il Plate ed il Rolle dicono « a cuticola »; ma questi autori ritengono che la struttura del protoplasma sia fibrillare, come per le cellule dell'epitelio discendente.

Le mie osservazioni, invece, per quanto riguarda le specie da me studiate, mi convincono che la struttura in queste cellule è finemeute granulare;

2° si notano altresì cellule a lunghe ciglie vibratili; sono abbondantissime: costuiscono dei lunghi tratti dell'epitelio specialmente alla sommità delle pieghe sporgenti (fig. 14, 15).

Esse si distinguono, per l'aspetto, da quelle del primo uretere:

la faccia affiorante nel lume non è più larga di quella basale, non è convessa e si mantiene allo stesso livello delle altre cellule;

anche le dimensioni sono inferiori a quelle delle grandi cellule a ciglia vibratili che si osservano nel primo uretere nella porzione posteriore;

3° lungo tutto il 2° uretere sono abbondantissime anche le cellule del muco che hanno la struttura già descritta per quelle del primo uretere, la porzione basale di queste cellule è circondata dal connettivo di sostegno, il loro collo s'inserisce fra le altre cellule dell'epitelio (fig. 16, 17, Tav. 7).

Gli autori non ànno, fin qui, descritte cellule del muco negli ureteri: il Simroth, senza descriverle, accenna alla loro presenza nella porzione terminale del 2° uretere che egli perciò chiama « Schleimdruse ».

Il Plate pure ammette vi siano, qua e là solo nell'ultimo tratto del 2° uretere, delle piccole cellule mucose.

Nelle specie da me studiate, si osservano invece cellule del muco lungo tutto il primo ed il secondo uretere; la struttura istologica non varia neppure nella porzione terminale a fondo cieco del secondo uretere: per il qual fatto ritengo impropria la denominazione di « Schleimdruse » data dal Simroth a questo ultimo tratto.

Riassumendo; nell'uretere ascendente l'epitelio è costituito di:

1º cellule non cigliate, a bordo chiaro e a struttura granulare;

2º cellule a lunghe ciglia vibratili. diverse, per forma, dalle cellule a lunghe ciglie del 1º uretere.

3º cellule del muco.

Processi di espulsione di parte del corpo cellulare nelle cellule degli ureteri. — Nel lume degli ureteri si notano quasi sempre delle piccole vescicole trasparenti tondeggianti a contorni ben netti, aventi un diametro di circa quattro o sei micromillimetri.

Nell'interno di esse vi è uno spazio chiaro che sta a rappresentare il posto occupato da liquido nell'animale vivente; lungo i contorni si notano dei sottili granuli.

Se si osservano le cellule a fibrille del primo uretere o quelle del 2º uretere con bordo chiaro, si notano dei fatti che ci permettono di conoscere l'origine delle vescichette del lume.

Alcune di queste cellule presentano sulla faccia affiorante una bozza tondeggiante a contorni ben netti contenente del protoplasma che è continuo con quello del corpo cellulare. In altre cellule, la bozza à nel centro uno spazio chiaro dove nell'animale vivente deve corrispondere del liquido.

Ancora si osserva uno strozzamento fra il corpo cellulare e la bozza, e, in altri casi, questa è unita alla cellula per un peduncolo di varia grossezza e lunghezza.

Infine la porzione di cellula sporgente nel lume può avere alle volte esattamente l'aspetto di una vacuola di liquido collegata col corpo cellulare mediante un peduncolo lunghissimo ed esilissimo (fig. 1... 11 Tav. VIII). Tali vescichette sono identiche per l'aspetto a quelle che si ritrovano nel lume.

Il vario aspetto di tutte queste immagini può essere interpretato come il succedersi di stadi di uno stesso processo. Sembra che la cellula emetta una specie di largo pseudopodo che viene a sporgere nel lume dell'uretere e che questo pseudopodo si trasformi in una vescichetta ripiena di liquido; e che poi questa si stacchi cadendo nel lume dell'uretere sotto forma di una vescichetta sferica.

Può nascere il dubbio che tale processo non sia normale, ma dovuto all'azione dei reagenti usati; ma poichè il fissatore generalmente usato fu il sublimato alcoolico acetico, non si saprebbe spiegare la comparsa di un processo che farebbe piuttosto pensare ad una azione lenta di una qualche sostanza che diminuisce la tensione superficiale della cellula stessa.

Si potrebbe anche vedere in questi processi, dei fenomeni patologici e attribuiti, ad esempio, all'azione dei numerosi nematodi parassiti costantemente presenti nel lume dell'uretere: Ma, in questo caso, lo stimolo patologico dovrebbe esercitarsi su tutto l'epitelio del canale, nè si dovrebbero verificare questi processi in tratti isolati dell'uretere, separati gli uni dagli altri da tratti di epitelio normale (fig. 12, 13 Tav. VIII.

È da credere, perciò, che anche questi processi sieno da interpretarsi come un peculiare modo di escrezione, affatto normale; tuttavia, anche se stimoli patologici debbono essere chiamati in causa, i fatti non perderebbero per questo il loro carattere di processi di escrezione e gli elementi ghiandolari che li presentano dovrebbero essere ascritti ad una categoria intermedia fra quelle delle ghiandole olocrine e merocrine: cioè fra quelle delle ghiandole in cui la funzione è seguita da rigenerazione degli epiteli e quella delle ghiandole in cui la rigenerazione degli epiteli, in seguito alla funzione, è scarsissima o nulla.

Fenomeni di espulsione di parti cellulari anucleate non sono rari.

Basta pensare ad alcuni fenomeni recentemente descritti negli spermatozoi degli imenotteri del Meves [1] e nell'ovogenesi dell'Arion dal Lams [2].

---

(1) F. MEVES. — 1907. Die Spermatocytenteilungen bei der Honigbiene nebst Bemerkungen über Chromatinreduktion.

(2) H. LAMS. — Les globules polaires de l'oeuf d'Arion empiricorum. Arch. di Zool. exper et gén. Sér. 5. T. I.

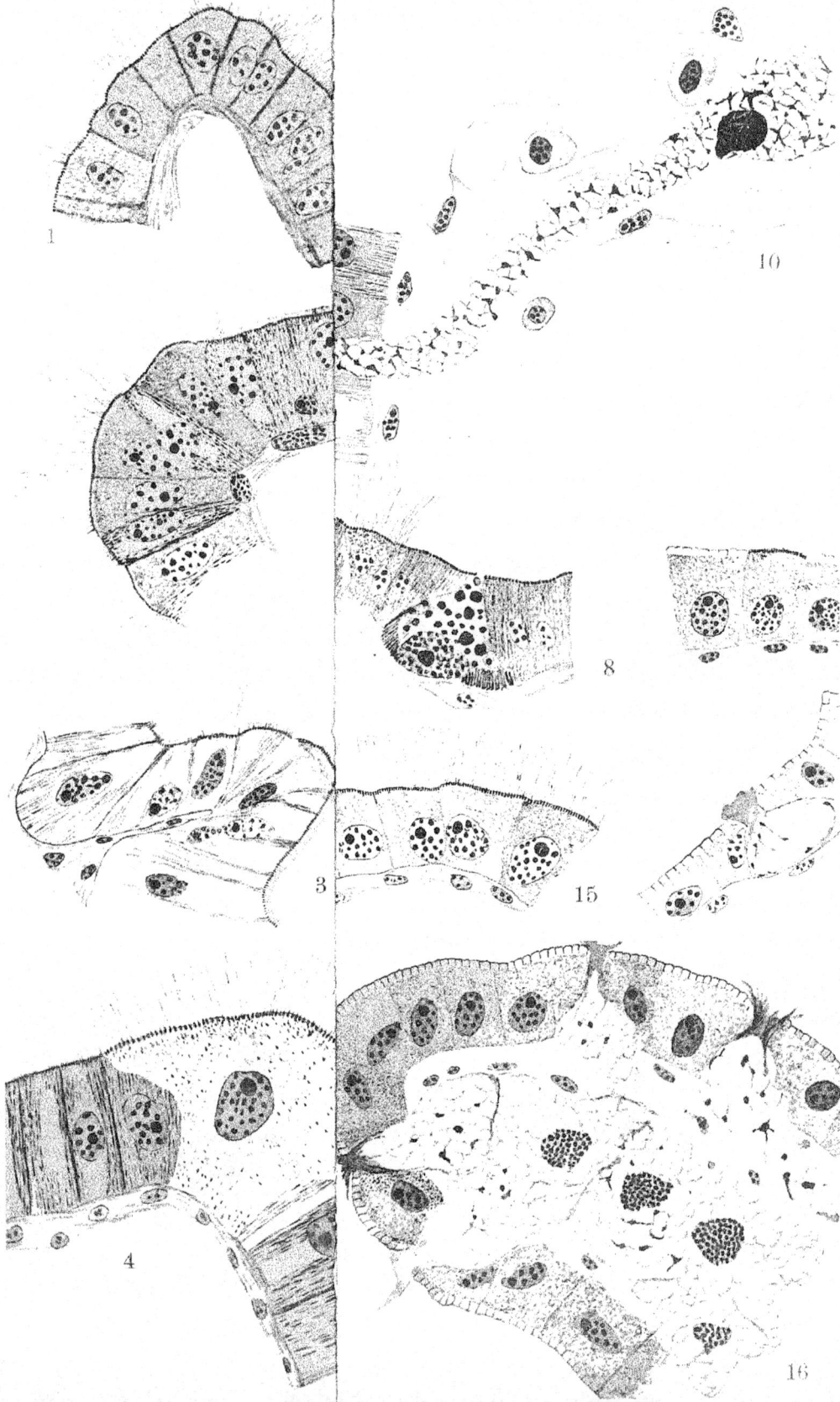

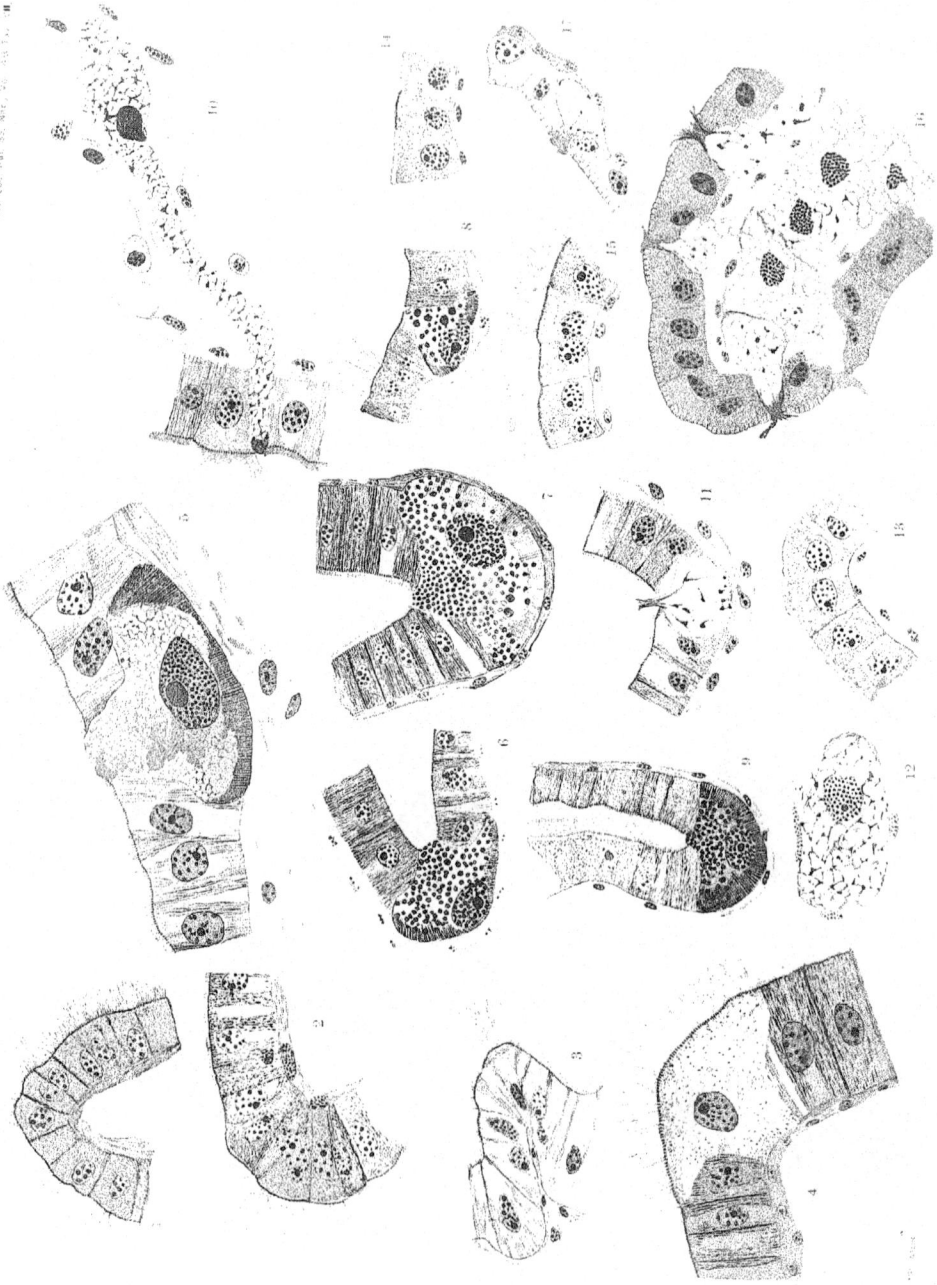

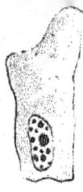

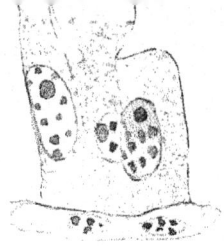

2

3

4

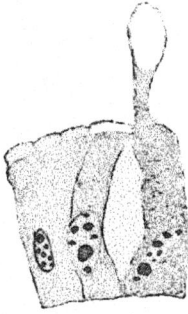
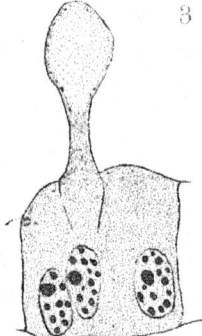
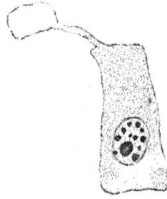

6

7

8

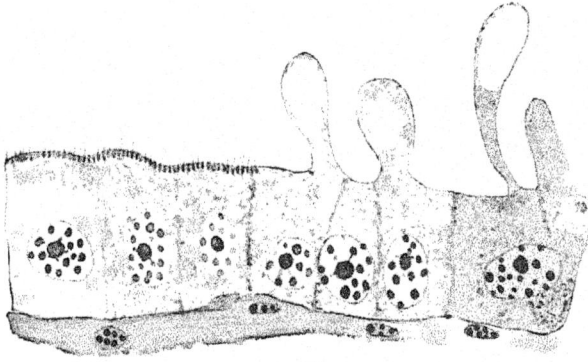

12

10

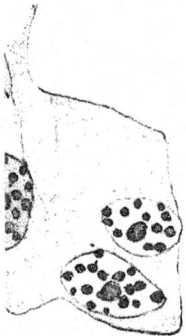
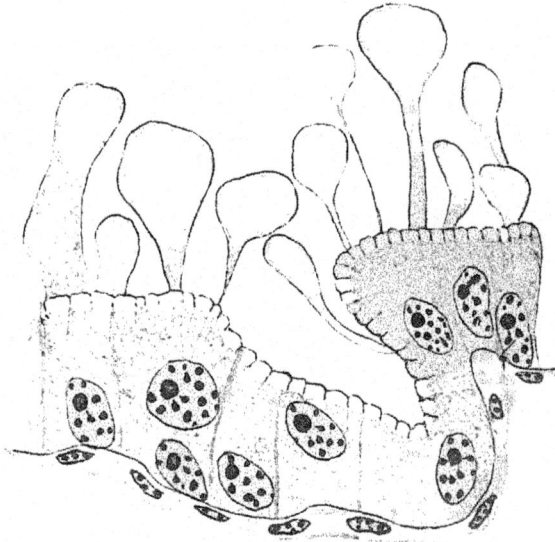

11

13

SPIEGAZIONE DELLE TAVOLE

TAVOLA VII

Fig. 1. — Cellule dell'epitelio rivestente il canale di comunicazione fra rene ed uretere discendente, ing. 1270.

Fig. 2, 3. — Cellule a struttura fibrillare e a ciglia rigide e cellule a lunghe ciglia vibratili dell'uretere discendente, ing. 1270.

Fig. 4. — Cellule a struttura fibrillare e a ciglia rigide e cellula a lunghe ciglia vibratili della porzione posteriore dell'uretere discendente.
La colorazione fu fatta con ematossilina ferrica, perciò si nota la punteggiatura nel protoplasma.

Fig. 5. — Porzione di epitelio di uretere discendente con grande cellula a granuli: ✕ 926. La colorazione della sezione fu fatta con emallume perciò non si osservano granuli.

Fig. 6. — Porzione di epitelio d'uretere discendente con grande cellula a granuli.

Fig. 7. — Tratto di epitelio dell'uretere discendente con cellule a lunghe ciglia vibratili, cellule a struttura fibrillare e cellule a granuli, ing. 1270.

Fig. 8, 9. — Porzioni di epitelio dell'uretere discendente con grandi cellule a granuli.

Fig. 10. — Grossa cellula del muco dell'uretere discendente di Limax variegatus Drap. che inserisce il suo collo fra una cellula a lunghe ciglia vibratili e una a struttura fibrillare e ciglia rigide: ✕ 926.

Fig. 11. — Porzione terminale di una cellula del muco dell'uretere discendente che s'inserisce fra altre cellule epiteliali.

Fig. 12. — Porzione basale di una grossa cellula del muco circondato dal connettivo di sostegno sottostante all'epitelio dell'uretere discendente: ✕ 926.

Fig. 13. — Cellule non cigliate, a bordo chiaro, e a struttura granulare del 2° uretere; ✕ 926.

Fig. 14, 15. — Cellule a lunghe ciglia vibratili del 2° uretere.

Fig. 16. — Cellule del muco nell'epitelio del 2° uretere; ✕ 926.

Fig. 17. — Porzione terminale di una cellula del muco inserentesi fra le altre cellule dell'epitelio del 2° uretere.

TAVOLA VIII

Fig. 1...11. — Vari stadi del processo di espulsione di parte del corpo cellulare nelle cellule a bordo chiaro e a struttura granulare dell'epitelio del 2° uretere.

Fig. 12. — Porzione di epitelio del 2° uretere in cui le cellule presentano stadi diversi del processo di espulsione di una parte del corpo cellulare.

Fig. 13. — Aspetto di una porzione di epitelio del 2° uretere in cui le cellule di vari strati presentano il processo di espulsione di parti del corpo cellulare.
NB. Tutte le figure furono disegnate a scala maggiore; ma furono poi ridotte nella tavola.

Istituto biologico. Museo Civico di Storia Naturale. — Milano, luglio 1909.

UN'AGGIUNTA ALLA COMPOSIZIONE
MINERALOGICA
DEL CALCARE DI S. MARINO E DELLA VERNA

Nota del socio
Francesco Salmojraghi

Pochi anni or sono presentai all'Istituto lombardo di scienze e lettere ([1]) il risultato di alcune osservazioni mineralogiche sulle sabbie ottenute levigando il residuo della decalcificazione del calcare di S. Marino (monte Titano). Questo calcare, come è noto, forma una delle scogliere mioceniche a briozoi dell'Italia centrale, ed è appunto alquanto arenaceo, specialmente nella parte sua più elevata.

Fra i minerali rinvenutivi, sotto forma di granuli microscopici, parve in allora interessante l'associazione di alcuni, come glaucofane, andalusite, cianite, staurolite, cloritoide, serpentino, titanite ecc., spettanti a roccie scisto-cristalline, estranee alla regione ed anche, con quella associazione, non comuni altrove. Ma mentre era plausibile ritenere che gli anzidetti e gli altri minerali trovati nel calcare di S. Marino ed il limo, ad essi associato, provenissero dalle torbide portate dai fiumi od elaborate sulle coste del mare miocenico e poi frammischiatesi ai materiali organogeni, di cui principalmente il calcare stesso è costituito, rimaneva incerta la designazione della corrispondente area scisto-cristallina di denudazione.

Il fatto notevole che fra i minerali del calcare di S. Marino mancano o, per essere più esatti, sono estremamente rari (ciò che praticamente è la stessa cosa) gli anfiboli non sodiferi e principalmente l'orneblenda, mi ha fatto escludere come area di denudazione la regione delle Alpi: perchè quivi l'orneblenda

---

(1) SALMOJRAGHI, *Osservazioni mineralogiche sul calcare miocenico di S. Marino (M. Titano) con riferimento all' ipotesi dell' Adria ed alla provenienza delle sabbie adriatiche*, Rend. Ist. Lomb., XXXVI, Milano, 1903.

è fra i minerali più comuni. Ma dopo questa esclusione non potevo che fare delle ipotesi ed ho accennato, per es., alla più vicina regione scisto-cristallina emersa, quella delle isole tirrene, e ad altre aree eventualmente nascoste da formazioni più recenti o sommerse e, fra queste, all'*Adria*.

Ho esteso poi le osservazioni anzidette, collo stesso procedimento e ottenendo gli stessi risultati, a calcari analoghi e contemporanei del calcare di S. Marino, tanto giacenti nella stessa valle del torrente Marecchia, ove scola una falda del monte Titano, come i calcari di Verucchio, Uffogliano, Pennabilli; quanto altrove nello stesso versante adriatico, come la Pietra Bismantova; quanto infine sul versante tirreno, come il calcare della Verna. A quest'ultimo si connette appunto la presente nota.

Io aveva in allora trovato « rimarchevole la corrispondenza « mineralogica qualitativa fra le sabbie isolabili dai due « calcari arenacei di S. Marino e della Verna (¹), due formazioni « ora separate dall'Appennino, che il profano aveva già assi- « milato l'una all'altra per la comune singolare forma orografica « e il paleontologo aveva giudicato contemporanee ».

« Ma questa corrispondenza, soggiungevo, complica il pro- « blema della provenienza delle torbide che le onde mioceniche « agitavano nell'arcipelago delle scogliere a briozoi e fa pen- « sare se invece che ad oriente nell'Adria il bacino di erosione « che le ha fornite non deve essere ricercato ad occidente « nella Tirrenide » (²).

Ed enunciando questo dubbio null'altro ho potuto aggiungere in allora nemmeno per tentare di risolverlo.

Un' osservazione nuova mi fa ritornare in oggi su quel problema. Rivedendo la sabbia isolata dal calcare della Verna, e precisamente dal saggio che ebbi dal prof. Capellini ed egli stesso staccò dalla sommità del monte Penna, vi trovai un anfibolo di tipo riebeckitico che, stando alle cognizioni che noi abbiamo attualmente sulla diffusione dei minerali in Italia, non può provenire che dall'occidente. Questo stesso minerale, che per

---

(1) La differenza fra i due calcari è soltanto quantitativa, principalmente in riguardo al serpentino, che è abbondante alla Verna, scarso a S. Marino.

(2) SALMOJRAGHI, *Osserv. miner.*, ecc., op. cit., 1903, pag. 729.

brevità chiamerò *riebeckite*, mi affrettai a ricercare e agevolmente ritrovai anche nel calcare di S. Marino, ciò che era da prevedersi, vista la somiglianza già riconosciuta fra i residui sabbiosi dei due calcari.

Come è noto, la riebeckite è un anfibolo sodifero che fu primamente trovato nell'isola di Socotra in Africa e successivamente in altre località, in vero non numerose, fra cui la Corsica. Quivi essa compare tanto sul versante occidentale in rocce granitoidi, quanto in quarziti sul versante orientale, dove esistono anche rocce glaucofanitiche ed ofiolitiche. Recentemente poi studiando dei saggi di fondo di mare, raccolti nelle riparazioni del cavo telegrafico congiungente l'isola della Maddalena al Continente italiano, in parecchi punti posti ad oriente delle Bocche di Bonifacio e in altri punti situati lungo il 42⁰ parallelo tra la Corsica ed il Lazio, trovai costantemente la riebeckite, associata al glaucofane, al cloritoide, al serpentino e ad altri minerali, che sembrano provenienti dalla Corsica per l'azione dispersiva delle onde (¹).

Io ritengo molto probabile che la riebeckite esista parimenti nelle rocce glaucofanitiche, sparse nell'arcipelago toscano, nella Liguria e nelle Alpi piemontesi (²); ma finora non ho notizia che vi sia stata con sicurezza ritrovata (³). Vi furono bensì ritrovati altri anfiboli affini alla riebeckite e cioè la *crocidolite*, primamente determinata da Lacroix (⁴) in rocce del monte Argentaro e della Gorgona (⁵), poi da Franchi riconosciuta nella Liguria (⁶) e *l'arfvedsonite* segnalata in Piemonte dallo

---

(1) SALMOJRAGHI, *Di alcuni saggi di fondo dei nostri mari*, Rend. Ist. lomb. di sc. e lett., XLII, Milano, 1909.

(2) Ho riesaminato le sabbie del Po (Pontelagoscuro, Stradella e Saluzzo) e delle due Dore (Susa, Pont S. Martin), con particolare riguardo al glaucofane, che come è noto, in quelle sabbie è frequente ed ho notato che esso vi presenta qualche caso di concrescimento in posizione parallela con un altro anfibolo azzurro-violetto, ad allungamento negativo, probabilmente riebeckitico.

(3) LACROIX ha citato un calcare a riebeckite in Savoia (*Miner. de France* etc., vol. I, pag. 698, Paris, 1893-95).

(4) LACROIX, *Sur les propriétés optiques de la crocidolite et la diffusion de ce minéral*, Bull. de la Soc. franç. de Minér., XIII, p. 14, Paris, 1890. — FRANCHI, *Prasiniti ed anfiboliti sodiche* ecc., Boll. Soc. geol. ital., pag. 9 e 178, XV, Roma, 1896.

(5) Cfr. anche: MANASSE, *Le rocce della Gorgona*, Atti Soc. tosc. di sc. nat., Mem., XX, p. 36, Pisa, 1904.

(6) Boll. Com. geol., XXV, p. 246 e seg., 1894; XXXIII, p. 270, 1902.

stesso e dagli altri geologi dell'Ufficio italiano ([1]). Non tengo conto dei recenti ritrovamenti di Chelussi in arenarie dell'Italia centrale ([2]), perchè annunziati con qualche dubbio e perchè si tratta di rocce clastiche, quindi di minerali allotigeni.

La riebeckite ha caratteri ottici diversi secondo la località da cui proviene; specialmente ne è variabile il pleocroismo ([3]). Quella osservata nei saggi di fondo di mare del Tirreno è uguale a quella ritrovata nei calcari di S. Marino e della Verna; i granuli vi hanno forma prismatica imperfetta; i colori, ora pallidi ora intensi, sono l'azzurro (𝖆) ed il violetto (𝖇) ([4]) la birefrazione è debole, l'angolo d'estinzione piccolo ([5]). L'una e l'altra poi assomigliano grandemente al glaucofane a cui si trovano associate e solo possono talvolta distinguersi, perchè l'azzurro della riebeckite volge verso l'indaco, quello del glaucofane verso il celeste e perchè la prima è molto meno birefrangente del secondo.

Ma quando questi caratteri differenziali non sono distinti e specialmente quando occorre di attribuire ai due minerali un attendibile grado di frequenza, è necessario esplorare ad ogni granulo, che si incontra, il segno dell'allungamento ([6]). Fu per avere omessa questa avvertenza che, nelle prime osservazioni fatte sui calcari di S. Marino e della Verna, la

---

(1) Boll. Com. geol., XXV, p. 222, 353, 1894; XXXI, p. 146, 1900; ecc.

(2) Boll. Soc. geol. ital., XXVII, pag. 246, 1908; Atti Soc. lig. di sc. nat. e geogr., XIX, Genova, 1908.

(3) Cfr.; ROSENBUSCH, Mikroskop. Physiogr. der Mineralien und Gesteine, vol. I, 2 parte, pag. 244, Stuttgart, 1905.

(4) Il terzo colore (c) è giallognolo chiaro, ma raramente compare nei preparati di sabbie.

(5) L'angolo d'estinzione non può sempre misurarsi per la mancanza nel granulo di sicure linee di riferimento; quando potè misurarsi mi risultò di 4°-7°, talora anche di più (fino a 10°) e quindi approssimantesi all'angolo d'estinzione della arfvedsonite. Però la forte dispersione di questa manca nelle nostre riebeckiti.

(6) La lamina di mica col ritardo di un quarto d'onda non fa riconoscere il segno se non quando la birifrangenza è apprezzabile; ma in tal caso si tratta manifestamente di glaucofane. Nei casi ordinari serve meglio la lamina di gesso, il cui violetto sensibile si innalza almeno fino all'azzurro del 2° ordine pel glaucofane (allungamento positivo) si abbassa al giallo del 1° ordine per la riebeckite (allungamento negativo). Il concrescimento dei due minerali in posizione parallela viene messo con questo modo in particolare evidenza. L'osservazione non dà risultati, se la colorazione del granulo è intensa; in tal caso occorre attenuarla frantumando il granulo stesso.

riebeckite ci è sfuggita, tanto più che essa è molto meno frequente del glaucofane (¹).

Non ho nessuna intenzione di ampliare la portata ed il significato dei fatti osservati che si riducono puramente a questi, che nelle sabbie ricavate dai calcari miocenici di S. Marino e della Verna esiste la riebeckite accanto al glaucofane, col quale dapprima fu confusa e che la riebeckite finora, nelle nostre regioni, fu osservata come componente antigene di rocce in Corsica e come componente allotigene nei fondi di mare tra la Corsica e il Lazio, mentre degli anfiboli ad essa affini furono rinvenuti al monte Argentaro, alla Gorgona, e scarsamente in Liguria e nelle Alpi occidentali. Non oso trarre la conseguenza che sarebbe implicita negli anzidetti fatti, che cioè l'area di denudazione, donde provennero, almeno in parte, le torbide che nel mare miocenico resero arenacei i calcari di S. Marino e della Verna, deve ricercarsi nel continente infranto, di cui la Sardegna, la Corsica e l'arcipelago toscano sarebbero, secondo molti geologi, dei lembi rimasti, la *Tirrenide* (²).

È prudente attendere nuovi dati sulla diffusione dell'interessante minerale e come componente elastico di arenarie e di calcari (poichè non si mancherà di trovarlo altrove e ne riesciranno confermati i rinvenimenti di Chelussi) e come componente di rocce cristalline. Tanto più questa prudenza è necessaria in quanto che alcuni geologi non sono ancora disposti a credere, nè al significato della presenza di minerali caratteristici nelle sabbie e nelle altre rocce elastiche in relazione alla posizione dell'area di denudazione ed al tracciato delle vie idrografiche del passato, nè al valore che i minerali stessi possono avere talvolta nella risoluzione di problemi cronologici

---

(1) In una serie di osservazioni fatte sulla parte pesante di sabbia isolata dal calcare di S. Marino, trovai che, sopra 100 anfiboli azzurro-violetti, 83 spettano al glaucofane e 17 alla riebeckite.

(2) È antica l'ipotesi di una derivazione dall'occidente di frammenti rocciosi, trovati nella penisola italiana e non altrimenti spiegabili. Ricordo di aver adottato quell'ipotesi, appunto per spiegare la presenza di ciottoli granitici sull'Appennino Benevento Foggia (Boll. Com. geol., XII, 1881, pag. 216); ma essa era stata prima enunciata da altri ed è tuttora ammessa, salvo le risultanze di confronti petrografici.

in limitate aree di sedimentazione (¹). Avrò occasione di riprendere un'altra volta questo argomento.

_____

(1) Rispetto a quest'ultimo punto non è fuor di proposito citare un esempio, che sta ancora nell'argomento della presente nota.

Il Dr. Domenico Sangiorgi riferisce che un calcare giacente nel cuore dell'Appennino, presso l'origine del Senatello, affluente dell'alto Marecchia, viene da alcuni collocato nel miocene medio e precisamente allo stesso livello che si assegna al calcare di S. Marino, da altri invece nell'oligocene o nell'eocene, perchè contiene dei piccoli fossili nummulitiformi. Egli però coll'esame di sezioni sottili riconobbe che questi fossili non sono nummuliti, ma anfistegine e ne trasse argomento in favore del riferimento al miocene (SANGIORGI, *Di un supposto calcare nummulitico dell'alta valle della Marecchia*, Atti della Società it. di sc. nat., XLVII, 1908-1909).

Ora del calcare di Senatello potei studiare la composizione mineralogica sopra un saggio favoritomi dallo stesso Sangiorgi e la trovai analoga a quella del calcare di S. Marino. La sola differenza è questa che il calcare di Senatello non è sensibilmente arenaceo e colla solita manipolazione dà un residuo sabbioso molto scarso (0,41 0/0), talchè fu appena sufficiente per comporre pochi preparati. Una costituzione analoga notai altre volte nel calcare formante la parte inferiore del dirupo di S. Marino, che prospetta ad oriente, presso Borgomaggiore, il cui residuo sabbioso arriva appena a 0,20-0,30 0/0 (*Osserv. miner.* ecc., 1903, p. 719-722).

Ma ad onta di ciò in quei pochi preparati ottenuti dalla decalcificazione del calcare di Senatello ho potuto determinare quasi tutti i minerali osservati nel calcare di S. Marino, quindi la stessa associazione di glaucofane, cianite, staurolite, cloritoide, serpentino, titanite, oltre tutti gli altri più comuni, come quarzo, rutilo, felspati (per lo più acidi), granato, zircone, tormalina, miche, cloriti; e la stessa caratteristica assenza di pirosseni, orneblenda ed apatite. Solo l'attinoto, l'andalusite e la riebeckite vi si trovarono in meno, e in più, ciò che è interessante, qualche granulo ascrivibile alla cromite o alla picotite.

Questa analogia mineralogica fra gli elementi allotigeni del calcare di Senatello e quelli del calcare di S. Marino deve ben corrispondere ad un'analogia di condizioni genetiche rispetto all'area di denudazione e quindi presumibilmente agli stessi tempi o a tempi molto vicini e valere per ciò come conferma al giudizio, cui fu condotto Sangiorgi dalle sue osservazioni micropaleontologiche.

DI UN PARTICOLARE APPARECCHIO GHIANDOLARE OSSERVATO IN UNO STRUZZO

Nota del

Dott. Giovanni Vallillo

Assistente presso l'Istituto patologico
della R. Scuola Superiore di Medicina Veterinaria di Milano

Nel marzo scorso mi capitò l'occasione di sezionare uno struzzo (sesso maschio, età undici mesi), il quale era morto nella infermeria della Clinica chirurgica della Scuola Veterinaria di Milano, dove era stato ricoverato in seguito ad una frattura comminutiva del femore.

Non mi diffondo a descrivere le lesioni riscontrate negli organi interni, perché esse non avevano nulla di speciale che potesse essere messo in rapporto, come fatto concomitante od esplicativo, col caso singolare che costituisce l'oggetto della mia comunicazione.

Il reperto più interessante si riferisce a tre corpicciuoli oblunghi, di color nero intenso, inclusi nel tessuto adiposo del grande epiplon, disposti parallelamente alla milza e distanti da questa rispettivamente 2, 3, 5 cm. Il primo dei detti corpicciuoli (il più vicino alla milza) aveva una lunghezza di 30 mm., era grosso nel mezzo ed andava man mano assottigliandosi verso le estremità; la sezione trasversale di esso era ellissoidale ed aveva l'asse maggiore di 8 mm. e l'asse minore di mm. 3, misurati in corrispondenza della parte mediana. Il corpicciuolo più lontano dalla milza era lungo 20 mm., ed era formato da una porzione larga (2 mm.), e da un'altra molto stretta ($^1/_2$ mm.), la quale comprendeva i tre quarti della lunghezza totale; lo spessore era insignificante.

Il terzo corpicciuolo, quello che per posizione era intermedio tra gli altri due, aveva come il primo la forma di un sigaro, era lungo 30 mm. ed aveva la sezione trasversale rotonda con un diametro di 8 mm. misurato in corrispondenza della maggiore grossezza. Mi pare necessario aggiungere ancora che i corpicciuoli or ora descritti erano perfettamente isolati, cioè non avevano rapporti di sorta tra loro e cogli organi circostanti (milza, ventriglio).

Non avendo saputo definire la natura dei detti corpicciuoli,

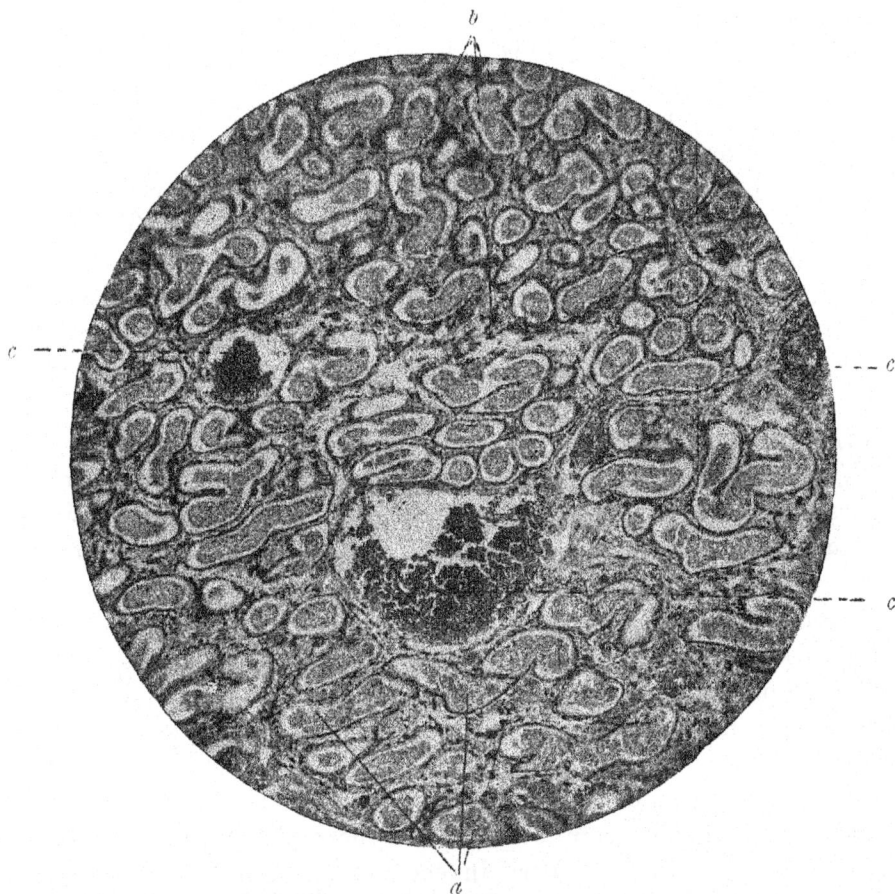

a, tubuli con epitelio cilindrico staccato dalla parete; *b*, pigmento del tessuto interstiziale; *c*, Vasi sanguigni.

giacchè questi non avevano nessun riscontro con quanto si trova nelle condizioni normali negli animali domestici, compresi gli uccelli, m'invogliai a fissarne dei pezzettini in sublimato per esaminarne la struttura istologica. Dopo i metodi consueti di indurimento fu fatta l'inclusione in paraffina ed eseguita la colorazione delle sezioni con emallume ed eosina, col procedimento di van Gieson, e con alcuni metodi specifici che menzionerò in seguito.

L'esame microscopico diede il seguente risultato. La struttura complessiva era quella di un organo ghiandolare e propriamente d'una ghiandola tubulosa composta, il cui tessuto interstiziale era straordinariamente ricco di vasi sanguigni e di pigmento. Tale conformazione ricordava molto, come si può vedere dalla figura, la struttura del testicolo. Però le analogie con questo organo non andavano più oltre. Le cavità contenevano un epitelio cilindrico, il quale era completamente separato dalla parete pur conservando generalmente la conformazione tubulare. Le cellule avevano un nucleo periferico, posto cioè verso la parte esterna e, da quanto si poté osservare nei preparati colorati col metodo Biondi-Ehrlich-Heidenhain, non contenevano granuli protoplasmatici. La maggioranza di esse racchiudeva dei vacuoli più o meno grandi, molte presentavano dei segni più marcati di alterazione, sino al punto che, scomparsi i limiti tra elemento ed elemento, era avvenuta la fusione e la dispersione dei diversi protoplasmi sotto forma d'un materiale granuloso.

I nuclei erano per lo più ben conservati; non pochi però presentavano dei fenomeni di rigonfiamento, avevano cioè un volume superiore agli altri e racchiudevano un carioplasma chiaro in cui si trovavano sparsi, dei fini granuli di cromatina. Alcuni altri nuclei presentavano rottura della membrana (cariorexi), altri ancora, pur conservando intatta la propria struttura, apparivano in minore o maggior grado sbiaditi, si da rendersi appena appena visibili (cariolisi?).

Nel tessuto interstiziale una delle caratteristiche più spiccate era, come ho detto, l'abbondanza di vasi. Tra questi alcuni avevano dimensioni minime sì da contenere quattro, tre e anche un sol globulo rosso, altri invece erano straordinariamente grandi fino a raggiungere delle dimensioni triple o quadruple di quelle delle cavità tubulari. Il maggior numero di essi, senza distinzione di grandezza, erano affatto elementari, costituiti cioè dal solo endotelio, oppure limitati semplicemente da un sottile strato fibrillare; soltanto alcuni erano un po' più evoluti e complessi, mostrando delle pareti un po' più spesse, quantunque non differenziabili in tre tuniche distinte. Tale ricchezza di vasi m'indusse a tentare la colorazione di alcuni preparati coi metodi elettivi per le fibre elastiche (procedimento del Weigert), ma in nessuno di essi potei constatare la reazione dell'elastina. Il maggior numero conteneva del sangue; solo pochi ne erano privi, contenendo invece delle tracce di detriti amorfi. Altri spazi vasali erano addirittura privi di qualsiasi contenuto.

Tutto l'apparecchio era avvolto da una capsula di tessuto connettivo fibroso.

Come ho detto precedentemente, il tessuto interstiziale era caratterizzato oltre che da numerosi vasi sanguigni, anche da una considevole quantità di pigmento. Questo cingeva le cavità tubulari, formando delle specie di cordoni sul contorno di esse ed infarciva gli spazi interposti formando per lo più delle strisce dirette secondo la direzione delle fibre connettive, oppure delle figure stellate con parecchie propaggini. Anche la capsula connettivale avvolgente conteneva delle striscie pigmentate, le quali seguivano le ondulazioni delle fibre.

A forte ingrandimento si osservava che il pigmento aveva una tinta nera intensa e una struttura omogenea in certi punti, era bruno-giallastro con costituzione granulosa in certi altri. Spesso le chiazze nere omogenee terminavano alla periferia con un alone granuloso. I granuli avevano una forma ben definita e ciò contrasta con quanto ordinariamente si osserva nei pigmenti (per es. quello dei tumori melanotici), i quali appaiono completamente amorfi. La forma e la grandezza dei singoli granuli richiamava alla mente quelle dei cocchi-bacilli. Essi erano per lo più accumulati in modo da formare delle specie di grappoli.

Queste sono, dunque, le osservazioni microscopiche, che si riferiscono indistintamente a tutt'e tre i corpicciuoli innanzi descritti. Ma si può trarre dal complesso delle osservazioni riportate una conclusione sulla natura di essi? Io credo che una definizione precisa a proposito non si possa dare. Quello che si può dire è che si tratta di un *apparecchio ghiandolare*, ma volendo specificarne la natura, si dovrebbe ricorrere ad ipotesi che i fatti notati non appoggiano sufficientemente. Perciò io non insisto, anzi sorvolo addirittura sulle considerazioni che potrei fare, pago soltanto di aver dato una descrizione sommaria su di un soggetto non del tutto privo d'interesse.

Dott. Enrico Mussa

UNA STAZIONE BOTANICA TORINESE CHE SPARISCE

Appunti di flora.

Dirimpetto al Castello del Valentino il lavorio delle acque del Po determinò ab antiquo la formazione d'un isolotto alluvionale costituito da una assisa di sabbia silicea.

In questi ultimi decennii però il canaletto naturale interposto fra la sponda destra del Po e il detto isolotto andò progressivamente interrandosi, tanto che l'imbocco a monte si trova ora completamente ostruito.

Quel canale è conosciuto, sul posto, col nome di *Po Morto* ([1]), ed in documenti ufficiali l'isolotto in questione viene denominato « *Il Meisino* ».

Ora, per le intervenute deliberazioni del Consiglio Comunale di Torino (10 Maggio 1909) tutta la sponda destra del Po fra i due ponti Umberto I ed Isabella deve essere sistemata in modo stabile per dar possibilità all'Esposizione del 1911 di estendere le proprie costruzioni.

A tale intento — occorrendo proteggere la sponda contro le corrosioni delle acque del fiume — venne scelto il sistema della palificazione con assipali e con cortine di cemento armato, sistema riconosciuto tecnicamente conveniente, il quale darà modo di aumentare la superficie utile della ripa del Po di circa 20 000 mq. di terreno alluvionale, i quali, una volta chiusi dalla palificata, resteranno fuori del pericolo delle piene ed atte alla fabbricazione civile.

---

[1] Il *Po Morto* citato dal Balbis, in flora Taurinensis 1806, e dal Re, in Flora Torinese 1826, si trova invece di rimpetto alla Loggia e costituisce una regione botanica assai caratteristica e che mi riservo d'illustrare fra non molto.

Nell'allineamento di queste opere di difesa idraulica si avrà cura di garantire uno specchio libero di acqua largo almeno 100 metri in tutta la lunghezza del tratto del fiume.

Come si comprende questi lavori che, date le condizioni planimetriche ed altimetriche del sito, esigevano notevoli opere di colmate ed, in genere, movimenti di terra anche per l'infissione dei pali e per la formazione delle cortine, scompiglieranno ab imis tutta la vegetazione attuale la quale anzi dovrà scomparire integralmente.

Parve perciò opportuno fare una ispezione al sito per esaminare se ivi per avventura avesse trovato sede adatta al suo sviluppo forma alcuna vegetale di qualche interesse floristico.

I risultati delle ricerche furono scarsi.

Sotto l'aspetto geologico l'isolotto è essenzialmente costituito da sabbia silicea con un sottilissimo strato d'humus il quale ha consentito la formazione d'un magro manto di piante erbacee e d'una boscaglia abbastanza densa di salici (Salix purpurea et alba) e di robinie e lo sviluppo di pochi pioppi ad alto fusto (Populus nigra) e di qualche esemplare d'Acer Negundo.

L'isolotto, dianzi indicato, reca le stimmati dello strapazzo proprio ai siti molto tormentati dall'azione dell'uomo.

In taluni siti, dove si accumulano materiali di rifiuto, si manifestano nella loro forma ingombrante ed infestante le tre più caratteristiche specie della flora ammoniacale: *Urtica Dioica* — l'indivisibile dell'uomo, ovunque si stabilisca ([1]) — e la *Lappa minor* et *maior*.

Fu mia speciale cura esaminare — se — date le condizioni di analogia fra questo *Po Morto* ed il Po Morto classico delle fiore del Balbis e del Re — anche qui vegetasse l'interessante *Hippuris vulgaris*, ma di esso non fu dato nè a me nè ad altri di trovare traccia alcuna ([2]).

Venne invece notata la presenza anche in questa località della *Solidago Glabra* Desf. *(Sol. serotina Ait.)* originaria del-

---

(1) Fiori-Flora analitica d'Italia, Prodromo di Geografia Botanica pag. XXII.

(2) Le uniche stazioni di questa specie — tutt'altro che frequente nella flora Italiana — dei dintorni di Torino, si riducono a due; Po Morto della Loggia e Lago artificiale di Arignano, nel quale ultimo assume delle lunghezze gigantesche di cinque e più metri.

l'America settentrionale, ma completamente naturalizzata nell'Agro Torinese (¹).

Questa specie — che non era stata avvertita nè dal Balbis nè dal Re — ha trovato nel terreno sabbioso del Po ottime condizioni di vegetazione ed essa, come mi fu dato di verificare direttamente, si estende ormai da Carignano fino a Gassino sviluppandosi in modo mirabile ed imprimendo una speciale fisionomia al paesaggio botanico estivo-autunnale, internandosi anche di qualche centinaio di metri nel piano stesso.

La *Solidago Glabra* assume uno sviluppo esuberante appena trovi modo di impiantarsi in qualche sito, tanto da diventare perfino infestante, come al Po Morto della Loggia, dove vittoriosamente lotta con altre specie, giunchi, carici, canne di padule, ecc., invadendo ovunque le sabbie alluvionali.

Questa graziosa e perspicua composita raramente si manifesta in esemplari isolati ma quasi sempre in colonie segnalate a distanza dal giallo dorato dei capolini disposti a racemi unilaterali scorpioidei, ed anche nel sito ora in esame ciò mi fu facile di verificare.

Poche sono le altre specie di qualche interesse floristico che mi sia stato dato di notare, e si riducono essenzialmente alle seguenti:

— *Heleocharis palustris* R. Br.

— *Scirpus michelianus* Linn: non è pianta molto frequente della flora palustre torinese; esso si manifesta sempre sporadicamente in piccoli cespi isolati; nel tratto di sponda padana di cui si tratta (circa 1500 m.) non mi venne fatto di numerare più di una decina di esemplari. Però a monte del sito stesso, e più precisamente lungo la regione Pilonetto, si incontrano esemplari di questa ciperacea come pure se ne riscontrano nelle alluvioni del Po, a sponda destra, rimpetto al Porto di Settimo, dove il sagacissimo Botanico Enrico Ferrari ne raccolse superbi campioni.

— *Panicum Capillare* Linn. (²); questa specie importata dall'America settentrionale, trovasi inselvatichita in qualche

---

(1) Fiori: Flora analitica italiana III. 230.
Saccardo: Cronologia della flora italiana. 285.
(2) Saccardo. Cronol. fl. ital. p. 10.
Gola. Piante rare o critiche della flora del Piemonte p. 243.

punto dell'Agro Torinese, come precisamènte nel sito in questione, dove ne rinvenni tre esemplari mentre qualche altro campione raccolsi in una stazione affatto identica — sabbia silicea di alluvione fluviale — rimpetto alla foce del Sangone.

— *Torilis. anthriscus* Bern., Ombrellifera trovata in rarissimi esemplari in una densa macchia di *Salix purpurea*.

— *Populus Canadensis*,' probabilmente nato da semi convogliati dal Po dalle regioni à monte di Santena dove estesamente si coltiva specialmente per l'industria della cellulosa.

Ciò premesso espongo i risultati del censimento botanico dell'isolotto del Meisino e del canale Po Morto, i quali, come ho detto poco dianzi, debbono completamente sparire per i lavori di sistemazione della sponda del fiume.

I. Piante arboree (alberi e frutici) costituenti un' bosco rado o macchia.

Acer Negundo L. — *Ailanthus glandulosa* Desf. — *Alnus glutinosa* Gärt. — *Morus* (species).

Platanus orientalis L. — *Populus alba* L. — *P. canadensis* . — *P. nigra* L. — *Robinia pseudo-Acacia* L. — *Salix alba* L. — *Sal. purpurea* L. — *Sambucus nigra* L. —

Altre piante della consociazione di macchia che per la loro quantità o mole determinavano la fisionomia botanica del paesaggio erano le seguenti:

+ *Artemisia vulgaris* L. — + *Arundo phragmites* L. — + *Chenopodium album* L. — *Sambucus ebulus* L. — *Solidago glabra* Ait.

Il sottobosco poi era costituito delle seguenti specie:

Aethusa cynapium L. — *Amaranthus patulus* Bert. - + *Amaranthus retroflexus* L. — *Ballota foetida* Reich. — + *Bidens tripartita* L. — *Cannabis sativa* L. — *Centaurea solstitialis* L. — + *Cirsium arvense* Scop. — *Coronilla varia* L. — *Cychorium inthybus* L. — + *Daucus carota* L. — *Epilobium parviflorum* Schr. — *Equisetum ramosissimum* Desf. — + *Erigeron canadensis* L. — *Erucastrum obtusangulum* Reich. — + *Erysimum officinale* L. — *Erythraea centaurium* Pers. — *E. pulchella* Horn. — + *Eupatorium cannabinum* L. — *Galium mollugo* L. — *Galeopsis pubescens* Bess. — *Heracleum sphondylium* L. —

Hypericum perforatum L. — *Lactuca Scariola* L. — *Lappa major* Gärt. — *Lappa minor* D. C. — *Lychnis dioica* L. — *Lycopus europaeus* L. — *Medicago sativa* L. — *Melilotus officinalis* Dsr., *floribus albis.* — *Oxalis corniculata* L. — + *Panicum crus galli* L. — *Pastinaca sativa* L. — *Picris hieracioides* L. — *Plantago media* L. — *Pimpinella saxifraga* L. *Polygonum hydropiper* L. — + *P. lapathifolium* L. — + *P. minus* Huds. — + *P. persicaria* L. — *Scrophularia canina* L. — *Senecio Iacobaea* L. — *Silene inflata* Sm. — *Solanum dulcamara* L. — *Sol. nigrum* L. — *Sonchus oleraceus* L. — *Stellaria media* Vill. — + *Tanacetum vulgare* L. — *Thalictrum flavum* L. — *Torilis Anthriscus.* — + *Urtica dioica* L. — *Verbascum phlomoides* L. — + *Verbena officinalis* L. (¹).

Fra le specie di sottobosco di carattere schiettamente sepiario ho notato le seguenti:

Clematis vitalba L. — *Convolvulus arvensis* L. - *C. sepium* L. — *Cucubalus bacciferus* L. — *Humulus lupulus* L. — *Polygonum dumetorum* L. — *Rubus caesius* L. — *Rubus fruticosus* L. — *Vicia Cracca* L.

II. Nel prato furono notate le seguenti:

Achillea Millefolium L. — + *Agropyrum repens* P. B. — *Amaranthus patulus* Bert. — *A. retroflexus* L. — + *Avena elatior* L. — + *Centaurea nigrescens* W. — *Crepis pinnatifida* W. — *Euphorbia cyparissias* L. — *Linaria vulgaris* Mill. — + *Lolium perenne* L. — *Ononis spinosa* L. — *Picris hjeracioides* L. — *Pantago lanceolata* L. — + *Polygonum aviculare* L. — *Ranunculus acer* L. — *Reseda lutea* L. — *Salvia pratensis* L. — *Trifolium campestre* Schr.

Ed in mezzo a detto prato crescevano pochissimi esemplari di:

Broussonetia papyrifera Vent. — *Bignonia Catalpa* L. — *Morus alba* L. — *Robinia pseudo-acacia* S. (alberi).

III. Fra le sabbie silicee soggette a sommersione temporanea notai:

Agrostis spica venti L. — *Ag. vulgaris* With. — *Amaran-*

---

(1) Le piante dominanti sono segnate con asterisco.

thus albus L. — *Am. blitum* L. — *Andropogon hischaemum* L.
— + *Arundo phragmites* L. - *Atriplex patula* L. — + *Bidens tripartita* L. + *Chenopodium album* L. — *Chlora perfoliata* L.
— + *Cirsium lanceolatum* Scof. — *Convolvulus arvensis* L. —
+ *Cynodon dactylon* Pers. — *Crepis pinnatifida* W. — + *Digitaria Sanguinalis* Scop. — *Equisetum ramosissimum* Desf. —
Epilobium parviflorum Schr. — *Eragrostis megastachya* Link.
— *Er. pilosa* P. B. — *Er. poeoides* P. B. — + *Erigeron canadensis* — L. *Erythraea pulchella* Pers. — *Guaphalium luteo album* L. — *Lappa major* Gärt. — *Lappa minor* D. C. — *Lycopus europaeus* L. — *Matricaria inodora* L. — *Medicago lupulina* L. — *Mentha rotundifolia* L. — + *Oenothera biennis* L. — *Origanum vulgare* L. — *Panicum capillare* L. ('un sol cespo). — *Poa annua* L. — *Panicum crus galli* L. — *Polgyonum dumetorum* L. — *Prunella vulgaris* L. — *Robinia pseudo acacia* L. — *Reseda lutea* L. — *Rumex obtusifolius* L. — *R. conglomeratus* Murr. — + *Saponaria officinalis* P. — *Setaria verticillata* P. B. — *Solidago glabra* Ait. — *Stellaria media* Vill. — *Spergularia campestris* Fenzl. (un solo esemplare). —
Urtica dioica L. — *Trifolium repens* L. — *Xanthium macrocarpum* De Cand.

IV. Infine enumerai le seguenti specie di stazione schiettamente palustre:
+ *Alisma plantago* L. — + *Alopecurus geniculatus* L. —
Callitriche (species). — + *Cyperus glomeratus* L. — *Cyp.* +
flavescens L. — +- *Cyp. fuscus* L. — *Cyp. Monti* L. (molto scarso). — *Ghaphalium supinum* L. — *Graph. uliginosum* L. —
Heleocharis palustris R. Br. — *Juncus bufonius* L. — *Juncus compressus* Iacq. — *Juncus effusus* L. — *Juncus lamprocarpus* Ehrh. — + *Leersia oryzoides* Sw. — + *Lythrum salicaria* L.
— *Malachium aquaticum* Fr. — *Mentha aquatica* L. — + *Myriophyllum spicatum* L. — *Myosotis palustris* Lanck. — + *Nasturtium palustre* De Cand. — *N. pyrenaicum* R. Br. — *Polygonum lapathifolium* L. — *Potamogeton crispus* L. — *Scirpus lacuster* L. — *Sc. maritimus* L. — *Sc. Michelianus* L. — *Typha angustifolia* L. — *Veronica anagallis* L. —

Ho creduto opportuno di stendere questa breve memoria non solo per fissare nella storia della Flora di Torino il censimento di questa stazione botanica che sparisce, ma anche per potere poi esaminare — a sistemazione compiuta della ripa, od ancor meglio nel 1912 ad esposizione chiusa — con quale attività le specie su enumerate eventualmente ricompariranno o quali altre forme vegetali saranno per fissare in quel sito riattato il loro habitat. Prima però di terminare mi sia concesso di ringraziare il Sig. Enrico Ferrari che si compiacque di accompagnarmi in una delle numerose mie visite al sito, e l'amico dottor Alberto Noelli.

Torino, 1 novembre 1909.

SULLA VARIABILITÀ· INDIVIDUALE
DI « *DIANTHUS CARTHUSIANORUM* L. „

Nota del Socio
Sac. Carlo Cozzi

Elaborando la famiglia delle Diantacee quale continuazione all'opera in grande di Filippo Parlatore, il compianto dottor Enrico Tanfani usciva, a proposito del Garofano dei Certosini, in queste precise e sintomatiche parole: *« per la larghezza delle foglie, per le dimensioni della guaina da esse formata, che è più corta nei luoghi aprici, più lunga negli ombrosi, per la lunghezza e il colore delle brattee e delle squamme caliculari, pel colore e la dimensione del lembo dei petali, questa specie è assai polimorfa e ha dato agio ai fabbricatori di specie di esercitare la loro attività »* (¹). E quindi non si richiede gran sforzo d'ingegno per riconoscere *ipso facto* che una tale avvertenza, mossa da uno dei più eminenti specialisti del gruppo, benchè mostri *savor di forte agrume*, non abbia fatto altro che rilevare, denudare e colpire proprio nel cuore una di quelle cause, per non dir l'unica, che aiutarono principalmente allora e che aiutano quasi in egual misura ancora oggidì a rendere man mano più folto e intricato il ginepraio della sinonimia. Tanto per convincersene basterebbe volgere un'occhiata semplicemente di sfuggita al numero tutt'altro che esiguo di forme più o meno effimere o più o meno consistenti nelle quali la vecchia entità specifica tramandataci dal babbo della botanica sistematica sotto il nome di *Dianthus Carthusianorum* venne a poco per volta frazionata o andarono quandochessia confuse.

Senza aggiungere troppo, ciò apparirà chiaramente dall'elenco seguente· che noi riportiamo: 1 *Dianthus atrorubens*

---

(1) Parlatore F. (in) *Flora italiana*, vol. IX, pag. 258.

All.; 2 *Dianthus atrorubens* Koch.; 3 *Dianthus Balbisii* Ser.;
4 *Dianthus Carthusianorum* var. *Balbisii* Tanf.; 5 *Dianthus liburnicus* Bartl.; 6 *Dianthus liburnicus* var. *Guliae* Arc.; 7 *Dianthus Levieri* Borb.; 9 *Dianthus fasciculatus* Gilib.; 10 *Dianthus congestus* Bor.; 11 *Dianthus vaginatus* Chaix in Vill.; 12 *Dianthus sanguineus* De Visian.; 13 *Dianthus vulturius* Ten.; 14 *Dianthus Carthusianorum* var. *vulturius* Tanf.; 15 *Dianthus Carthusianorum* var. *Guliae* Tanf.; 16 *Dianthus ferrugineus* Ten.; 17 *Dianthus Guliae* Janka.; 18 *Dianthus Carthusianorum* var. *sanguineus* Tanf.; 19 *Dianthus Pontederae* Kerner.; 20 *Dianthus Seguieri* Villars.; 21 *Dianthus lilacinus* Boissier. E la facciamo finita qui per quanto la lista potrebbe manco dubbio essere continuata a lungo; perchè ci fu un periodo di tempo in cui il menomo dettaglio morfologico dava occasione ai sistematici di sbizzarrirsi in divisioni e suddivisioni.

Da parte mia però, sorpassando sulla questione di delimitazione di confini impostasi dai singoli autori nel circoscrivere l'ambito per le diverse loro creazioni — ciò che mi spingerebbe in un campo assai arduo nel quale, non muniti di prove in mano per ribattere il pro e il contro, ci si troverebbe molto a disagio — e ritornando un momento all'antica e assai più comoda interpretazione linneana, scelsi il compito di prendere in esame l'infiorescenza di *Dianthus Carthusianorum* L. dal punto di vista unicamente numerico dei fiori che la compongono per scoprire cioè fin dove si esplichi per detto carattere la variabilità individuale della pianta e quali rapporti di stabilità in essa vi si possano riscontrare e stabilire con sicurezza.

L'osservazione venne diretta in blocco su 600 esemplari raccolti, in parte freschi in parte già secchi, nel bosco della Panizza (Abbiategrasso) col concorso del sig. Angelo Foi, studente di Scuola Normale, cui rendo sentite grazie. E nemmeno potrei lamentarmi di non aver ricavato alcun vantaggio. Cosi, per dirne uno, la mia opera di revisione estesa su un materiale in quantità certo non indifferente, mi die', per esempio, spiegazione del bisogno sentito da taluni di erigere e assicurare su base propria certe deviazioni dal tipo solito di struttura: bisogno che provai fortemente anch'io davanti a individui presentanti fascetti di 6 pezzi e aventi per dippiù in comune tra di loro certi tratti nel portamento difficili, se non addirittura impossibili a descriversi, ma pure afferrabili all'occhio esercitato di un naturalista.

Avendo studiato il materiale centuria per centuria, così ne riferisco partitamente l'esito per venire poi da ultimo al valore totale delle sei seriazioni.

I Centuria

1	2	3	4	5	6	7	8	9	10	11	12
0	0	4	8	8	12	7	7	7	12	8	6

13	14	15	16	17	18	19	20	21	22	23	24
4	3	3	2	2	0	2	1	0	2	1	0

25	26	27	28	29	30	31
0	0	0	0	0	0	1

II Centuria

1	2	3	4	5	6	7	8	9	10	11	12	13
1	0	0	4	7	11	15	13	12	11	5	5	3

14	15	16	17	18	19	20	21	22	23	24	
2	3	0	2	0	2	2	1	0	1	0	ecc.

III Centuria

1	2	3	4	5	6	7	8	9	10	11	12	13
1	0	3	14	4	11	9	9	7	3	6	4	5

14	15	16	17	18	19	20	21	22	23	29
5	3	0	1	1	1	4	0	0	2	1

IV Centuria

1	2	3	4	5	6	7	8	9	10	11	12	13
0	0	1	6	4	7	5	15	6	8	6	7	7

14	15	16	17	18	19	20	21	26	27	
5	7	6	2	2	4	1	0	1	0	ecc.

V Centuria

1	2	3	4	5	6	7	8	9	10	11	12	13	14	15
0	1	5	4	6	13	12	6	7	11	7	2	3	4	5

16	17	18	19	20	21	22	23	24	25	26	27	28	
2	2	2	0	1	2	2	1	0	0	0	1	0	ecc.

VI Centuria

1	2	3	4	5	6	7	8	9	10	11	12	13	14	15
0	0	3	5	14	7	9	11	10	6	7	8	4	2	4

16	17	18	19	20	21	22	23	24	30	31
2	2	0	1	2	0	1	0	1	1	0.

Per modo che lo sviluppo delle seriazioni di tutto l'assieme degli esemplari è uguale a:

1	2	3	4	5	6	7	8	9	10	11	12
2	1	16	41	43	61	57	61	49	51	39	32

13	14	15	16	17	18	19	20	21	22	23	24
26	*21*	*31*	*12*	*11*	*5*	*10*	*11*	*3*	*5*	*5*	*1*

25	26	27	28	29	30	31
0	*1*	*1*	*0*	*1*	*1*	*1,*

tenendo calcolo, ben inteso che il numero di sopra indica la *classe* e quello sottostante la *frequenza* ([1]). A chi trovasse strano che il *Dianthus Carthusianorum* L. possedesse talvolta fascetti cosi ricchi di fiori, confesserò che non mi accontentai di contare solamente quelli che mi parvero avessero raggiunta la loro completa maturanza, ma eziandio vi compresi gli altri in apparenza tardivi, semi abortiti e cleistogamici.

Inoltre il poligono empirico di frequenza da me costruito in base ai dati raccolti intorno alla variabilità *numerica* sulle infiorescenze di *Dianthus Carthusianorum* L. offre evidentemente tre cuspidi principali (dette *mode*) per quanto poco pronunciate, nonchè due mode secondarie, cadendo le prime sulle cifre 5, 7 e 9 e le altre sulle cifre 3 e 14; di maniera che il poligono di tale specie debba chiamarsi plurimodale. A schiarimento di ciò debbo tuttavia far notare che le cifre ottenute non corrispondono in tutto e per tutto nella loro successione alle *serie del Fibonacci* — le quali procedono invece con quest'ordine: 3, 5, 8, 13, 21 ecc. essendo un numero la somma dei due numeri antecedenti — e neppure ai loro multipli, come vorrebbe precisamente la legge enunciata da *Ludwig* ([2]). Del resto non è a credere che sia questa tale difficoltà da accusare, manco lontanamente; un errore di metodo quando appena si consideri che l'entità *Dianthus Carthusianorum* secondo il concetto che se ne formò Linneo è una specie *sui generis*, a costituire la quale entrano forse e senza forse — ed è ciò per l'appunto

(1) HELGUERO (DE) F. — *Interpretazione fillotassica dei poligoni fitostatistici* in *Contrib. alla Biologia vegetale* edite da A. Borzi, vol. IV (1909) Palermo, pag. 170 e seg.

Cfr. pure: TROPEA C. — *La variazione della Bellis perennis L. in rapporto alle sue condizioni di esistenza.* Malpighia, vol. XXI p. 276-283, Genova (1907).

GALLARDO A. — *La Phylostatistique.* Bull. Congres internat. de Botanique, Paris, 1900, pag. 102-108.

(2) LUDWIG F. — *Beiträge zur Phytarithmetik* in Bot. Centr., Bd. LXXI (1897) pag. 257.

» » -- *Nachträgliche Bemerkungen über die Multipla der Fibonacci-zahlen und die Coëxistenz kleiner Bewegungen bei den Variationen der Pflanzen,* Bot. Centr. Bd. LXXI, p. 289-291 (1907).

ch'io intendevo dimostrare mediante alcune ricerche biometriche — elementi meno omogenei di quello che i sistematici, più fautori della sintesi che dell'analisi, pensino.

Se poi questi individui che deviano dalla normale tanto da spostare i risultati finali dell'inchiesta appartengano o meno alle discusse *piccole specie* di De Vries ancora in stato d'incubazione, per conto mio, non oserei davvero sostenerlo. Il tempo e l'esperienza daranno in seguito ragione o torto.

San Macario (Gallarate) 9 Nov. 1909.

LE VARIAZIONI DELLA *MERULA TORQUATA* (NAUM.)

Nota Ornitologica del Socio

Prof. Giacinto Martorelli

Tra le molte specie che il Brehm aveva cercato di dividere in un certo numero di specie minori, o *sottospecie*, come ora si chiamano, le quali furono colpite da un generale ostracismo, vi fu anche il Merlo dal Collare (*Turdus torquatus*, Naum.) nel quale il Brehm stesso credette scorgere i caratteri di due distinte specie delle quali, nella stessa Germania, una abitava la parte più settentrionale, e l'altra la più meridionale, non spingendosi più a Nord dei monti Riesengebirge e della Slesia (¹). Questa seconda specie fu dal Brehm chiamata *Merula alpestris* (²), ma non venne presa in considerazione meglio delle molte altre specie da esso immaginate, fino all'anno 1886, quando lo Stejneger prese a trattarne (³) e seppe mettere in evidenza i caratteri differenziali delle due specie, chè per tali le ritenne.

La maggior parte degli Autori seguì le vedute dello Stejneger e senz'altro ammise la bontà della distinzione, secondo la diagnosi data dal Brehm nell'Handbuch, già riportata dal Salvadori e che giova qui ricordare:

" Il petto e l'addome hanno un disegno a squame.
" Ciascuna piuma di queste parti, oltre al margine chiaro, ha
" una grande macchia mediana bianca, interrotta da una stria
" scapale nera, ed il nero è perciò confinato verso il margine
" bianco.... Questa specie vive sulle alpi del Tirolo ".

---

(1) Veggasi su questo argomento la Nota del Salvadori Intorno alla *Merula alpestris*, Brehm che ha importanza capitale (Bullett. Musei di Zool. e Anat. comp. della R. Università di Torino. N. 152, 1893, vol. VIII).
(2) Isis, 1828, p 1281 e Handb. Vög. Deutschl, 1831.
(3) On *Turdus alpestris* and *Turdus torquatus*.... (Proc. Un. St. Nat. Mus pp. 365-373.

Io pure, accogliendo dapprima, come il Salvadori, la proposta distinzione, raccolsi esemplari delle Alpi che mi parvero confermarla, ma a misura che le mie osservazioni si accrescevano, cominciavano a sorgere dubbii di varia natura intorno a' questo argomento, onde continuai le indagini, sia estendendole ad un numero sempre maggiore di soggetti, che in certi anni potei vedere in maggior copia, sia sottoponendo ad un esame critico le descrizioni e le figure date dai varii autori per la nuova specie bremiana, ed il risultato si fu che la *Merula alpestris* non potesse accogliersi come una specie.

Anzi nella mia opera « *Gli Uccelli d' Italia* » (¹) affermai senz' altro l' inopportunità di separare i Merli dal collare delle Alpi da quelli del Nord d' Europa, facendone una specie, od anche soltanto una sottospecie, sotto il nome di *alpestris* (²) e solo ammisi che i Merli dal collare nidificanti sulle Alpi ed in altre parti dell' Europa media, potessero considerarsi come formanti delle semplici colonie sparse della specie *Merula torquata* che è una delle meglio definite dell' intera Avifauna Europea, per esser rimasta nettamente isolata da tutte le altre della zona Paleartica. Ero di ciò maggiormente convinto pel fatto che tra noi si possono incontrare insieme tutte le variazioni e sfumature di questa specie *durante l' intero anno* e non soltanto in inverno, come si riteneva.

Già nell' Opera stessa avevo anche risolutamente asserito che i caratteri sui quali la distinzione della *Merula alpestris* si era affermata erano di ben poco valore e non certo specifico, sia per la loro incostanza, sia per la loro poca afferrabilità.

Per analoghe ragioni esprimevo pure l' opinione che non dovesse ritenersi meglio fondata la distinzione dell'altra specie *M. orientalis* del Caucaso e regioni prossime. Circa quest'ultima forma nessuna nuova osservazione ho ora da aggiungere e rimane immutato il mio parere che si tratti soltanto di una minima variazione geografica, che vidi rappresentata da un esemplare impreparabile, tra molti altri sul mercato di Milano, spettanti alle forme ordinarie !

Invece per quanto riguarda la variazione chiamata *alpestris* ho parecchie osservazioni da esporre e con maggior svolgimento

---

(1) Ed. Cogliati, Milano 1906 ; pp. 519-520-
(2) *Merula alpestris*, o *M. torquata alpestris* a seconda dei diversi Autori.

Merlo col petto bianco (*Merula torquata*).

In alto maschio adulto in abito nuziale: in basso maschio adulto in abito autunnale.
(Acquarello dell'Autore dall' Opera « *Gli Uccelli d'Italia* » pag. 510).

che non mi fosse allora consentito dalla natura del libro. Io non mi sarei tuttavia deciso a trattare ora questo argomento, qualora non avessi avuto altre prove che quelle che mi venivano offerte, e non in piccol numero, dalla osservazione dei molti esemplari preparati; ma ora che ho potuto durante tre anni seguire attentamente le fasi per le quali passarono sotto i miei occhi alcuni esemplari viventi di *Merula torquata* delle Alpi Lombarde, posso risolutamente esporre i positivi risultati ottenuti dalle mie indagini su questa specie.

Per queste mi riuscì di provvidenziale aiuto il mio ottimo amico Ingegnere Ambrogio Bruni, acuto osservatore, quanto abile avicultore, al quale il Museo di Milano e gli aviarii dei Giardini pubblici da lunga serie di anni vanno debitori per continui doni di esemplari preziosi.

Da esso ebbi sul finire dell'anno 1907 un primo esemplare vivo, adulto, di Merlo dal Collare di Lombardia; da esso medesimo nell'ottobre dell'anno successivo ebbi due altri bellissimi esemplari viventi, di secondo anno, e da esso finalmente ebbi in questi giorni una coppia di pochi mesi d'età, tolta, insieme a varii altri esemplari, dalle nidiate di una colonia numerosa di questi merli vivente nell'alta Valtellina sopra Bormio presso il Lago di Fraele. Altri quattro esemplari, tre maschi ed una femmina, vidi in questi giorni presso lo stesso signor Bruni, appartenenti pure alle stesse nidiate ed infine una femmina alquanto diversa, colta nel roccolo di sua proprietà, è molto probabilmente di immigrazione. Per circostanze contrarie non mi fu possibile veder subito tali nidiacei nel luglio 1909 ma attualmente (Decembre 1909) sembrano ancora nella prima veste allora assunta!

Ho in tal modo potuto seguire colla osservazione sul vivo tutta la gradazione dei Merli dal Collare delle Alpi Lombarde, dalla veste di nidiacei a quella di perfetti adulti, sia nella fase nuziale, che in quella regressiva invernale; ma su questo ritornerò nella seconda parte della presente Nota nella quale esporrò le conclusioni alle quali sono venuto, mentre nel capitolo che segue mi propongo anzitutto di studiare dal punto di vista critico i caratteri differenziali sui quali riposa la voluta distinzione tra la *Merula torquata* e la *M. alpestris*.

Tali caratteri mi risultarono di semplice natura *climatica*, quali era inevitabile che si verificassero tra individui spettanti

a colonie tanto distanti fra loro, come sono quelle della specie
Merula torquata, che dal Nord d'Europa vanno sino al Caucaso ed ai monti della Mauritania, e i cui componenti ci offrono
fra di loro una insensibile gradazione per la intensità delle
tinte delle piume e del becco, pur mantenendosi costantemente
identici nelle proporzioni e nelle forme.

Gli esemplari preparati che furono oggetto delle presenti
mie osservazioni sulla *Merula torquata* furono dapprima due
maschi colti in settembre nella provincia di Torino, quindi
circa due mesi prima dell'abituale arrivo degl'individui di questa
specie immigranti dal Nord. Essi appartenevano alla mia collezione privata che più tardi donai al Museo civico di Milano
per la Collezione Turati, come fondamento dell'attuale sezione
di Avifauna Italica. Il Salvadori che era stato il primo in Italia
ad interessarsi particolarmente a questa specie di merli, vide
questi esemplari ancor freschi presso di me e riconobbe sen-
z'altro in essi due tipici adulti della *Merula alpestris*, come io
pure li avevo giudicati; su di essi quindi e su qualcun altro
in identica fase e pure colto nella medesima stagione, ma nelle
valli Lombarde, io mi sono fondato, tenendo sempre fermi
come caratteri decisivi, quello delle macchie bianche centrali
alle piume squamiformi delle parti inferiori e quello della striscia bianca mediana alle sottocaudali, cioè i due caratteri che
il Salvadori stesso e varii altri autori considerano come esclusivamente proprii della *M. alpestris* ([1]). Gli esemplari ai quali
mi riferisco sono poi indubbiamente adulti, perchè ciò non solo
è dimostrato dal pienissimo sviluppo della loro veste, dalla
qualità delle macchie e dalle dimensioni di tutte le parti del
corpo corrispondenti fino al millimetro a quelle delle *Merulae
torquatae* adulte più tipiche, ma ancora dal recentissimo confronto coi giovani di primo anno, ora in parte venuti in mio
possesso, e dagli altri osservati.

Ora i tre primi esemplari vivi, quando li ricevetti, erano
appunto identici a quelli ora ricordati, quindi adulti, o quasi,

---

([1]) Vedasi il lavoro già citato del Salvadori (p. 3).

essi pure avendo tutte e tre superato almeno il primo anno di età ed uno anzi potendosi considerare addirittura vecchio ([1]).

Non potendo, per ragioni ovvie, dare le misure particolareggiate degli esemplari vivi che già tanto si spaventano quando sono momentaneamente estratti dalla gabbia per constatare i mutamenti delle piume di quando in quando, in inverno e primavera, posso tuttavia assicurare che essi non differiscono neppure in minimo grado, per quanto l'occhio può giudicare, dai rimanenti esemplari scelti dei quali seguono nella Tabella le misure dell'ala, della coda e del tarso.

Da tali misure risulta evidente la impossibità di trarne caratteri differenziali tra le tipiche *Merulae torquatae* e le tipiche *M. alpestres*, non solo, ma risulta ancora che la variabilità individuale tra individui di una medesima forma è assolutamente insignificante. Gli esemplari misurati sono tutti maschi e adulti, di provenienza nota, almeno relativamente.

Misure in millimetri.

N. 16305	*Merula torquata* tipica ♂			ad Piemonte:	ala 146,	coda 110,	tarso 34
N. 1051	»	»	»	♂	» Nord Eur.	» 144,	» 109,	» 34
N. 656 (Col. Civ.) »	»	»	♂	» Lombardia	» 145,	» 109,	» 34
N. 21028	»	»	»	♂	» »	» 146,	» 110,	» 33
N. 12978	»	» semialbino ♂	» Eu.? (Whiteley)	146,	» 111,	» 35
N. 17504	»	» normale ♂	» Algeria	» 146,	» 109,	» 36
N. 17505	»	*alpestris* tipico ♂	» Algeria	» 146,	» 111,	» 34
N. 21118	»	» » sett. ♂	» Alpi Piem.	» 145,	» 111,	» 35
N. 21118 bis	»	» » » ♂	» » »	» 143,	» 110,	» 34
N. 20859	»	» » » ♂	» Lombardia	» 146,	» 113,	» 34

Dopo aver studiato per molti anni migliaja di specie di uccelli, sempre ebbi a constatare che là dove esiste vera differenza di specie, esiste anche una diversità più o meno sensibile nelle dimensioni e sopratutto nelle proporzioni, cioè apprezzabili discordanze tra i dati somatici; quindi, nel caso presente, la corrispondenza delle dimensioni e delle proporzioni

---

[1] Che i miei soggetti vivi fossero adulti, o vecchi, mi risultò ancora dal fatto che tutti e tre cantavano come individui perfettamente sviluppati: solo io non provai mai alcuna molestia dal loro canto che pure nella *Merula alpestris* si dice sia intollerabile in una stanza; eppure sono certamente della varietà *alpestris* avendo le volute macchie bianche centrali.

essendo completa, verrebbe a mancare un importante fattore di distinzione specifica, od anche semplicemente subspecifica.

Però, si dirà, nessuno ha distinto la *Merula alpestris* dalla *torquata* per le dimensioni, ed è vero; ma io sostengo appunto che non si debba distinguere alcuna specie, o sottospecie, quando le dimensioni sono identiche, corrispondendosi fino al millimetro, come in questo caso, perchè, così essendo, anche le variazioni del colorito e delle macchie sono ordinariamente minime e quindi senza serio valore, potendo entrare nell'ambito delle variazioni individuali, ammenochè non appaiano segni particolari ben distinti e caratteristici, come collane derivanti da confluenza di macchie, o altri disegni.

Gli esemplari freschi di muta colti in settembre, già ricordati come appartenenti al tipo *alpestris*, avevano a tutte le piume delle parti inferiori margini bianchi ben netti ed è certo che tutti quanti gli esemplari maschi adulti da me visti nella medesima stagione autunnale prima della immigrazione delle colonie settentrionali, erano in identica fase. Non si trovano generalmente in settembre, o in principio di ottobre e nemmeno dopo l'arrivo degl'immigranti, esemplari aventi i caratteri dei maschi adulti della tipica *torquata*, ma solo all'avvicinarsi della primavera.

Durante quest'ultima stagione, cioè dopo la trasformazione che descriverò, invece si incontrano, e ne ho avuto uno io pure in fine d'aprile, individui con tali caratteri, anche dopo la partenza di quelli settentrionali.

Anche l'Arrigoni riferisce di averne ricevuti ([1]), ma egli sembra ritenere questa una prova che nella nostra regione possano coesistere anche nella buona stagione e nidificare ambedue le specie ([2]), ritenendo come certo che gli esemplari, i quali non hanno gli spazi bianchi centrali alle penne squamate e le strisce mediane bianche alle sottocaudali, ma sono neri ad eccezione della fascia toracica, siano tutti necessariamente *Merulae torquatae*; mentre questi ultimi sono invece i veri

---

(1) Manuale d'Ornit. Ital. p. 236.

(2) Ciò che anche per ragioni biologiche generali non appare molto probabile, perché le specie troppo affini tra di loro difficilmente si inducono a convivere in una comune area.

maschi perfettamente adulti delle nostre colonie alpine ed il loro scarso numero si comprende facilmente, data la poca probabilità che hanno tra noi tutte le specie di uccelli di raggiungere l'età matura!

Del resto egli dice di averne ricevuti parecchi esemplari uccisi a Lanzo in aprile e nel maggio ed i giovani in primo abito in agosto ([1]).

Anche il Giglioli dubitava della nidificazione della *M. torquata* nelle Alpi piemontesi e, ad ogni modo, riconosceva che gli esemplari aventi i caratteri da lui attribuiti alla *Merula torquata* si incontrano in minor copia di quelli che attribuisce alla *M. alpestris.* Ciò è perfettamente giusto, ma *non si tratta di differenza di specie bensì di fase!* Se quegli esemplari che l'Arrigoni ed il Giglioli, od altri, hanno avuti morti, li avessero invece ottenuti e conservati viventi, avrebbero osservato essi pure che tra agosto e settembre quelli tra essi spettanti alle colonie alpine avrebbero ripresa la veste a piume squamate largamente marginate e macchiate di bianco al centro, in modo che la parte nera si sarebbe ridotta ad un disegno a ferro di cavallo ; così parecchie *M. torquatae* si sarebbero riconvertite in *M. alpestres !*

I merli dal collare delle Alpi ([2]) hanno tutti il becco bruno-corneo-scuro, solo un po' flavescente alla base nel periodo autunnale, ed ho già accennato più di una volta agli altri due caratteri distintivi ritenuti immancabili: quello delle macchie centrali bianche sulle piume antero-inferiori e quello delle sottocaudali aventi una striscia bianca mediana. Ora nessuno di questi caratteri è persistente e nessuno ugualmente sviluppato nei vari individui, anzi neppure nei vari punti del corpo di un medesimo individuo. Basti guardare le figure 1, 2, 3, 4 e 5 della mia tavola colle quali ho rappresentato cinque piume squamiformi prese da un medesimo lato del corpo di uno stesso individuo e così pure le figure 9, 10, 11 ; le figure 13, 14, 15 16 e infine le figure 19, 20 e 21 tutte tolte da esemplari di sicuro tipo *alpestris !*

(1| Non è certamente facile il comprendere come abbia potuto distinguere i giovani in primo abito della *M. torquata* da quelli della *M. alpestris* : io confesso che non mi sentirei in grado di distinguerli !

(2) Non dico *meridionali* ad arte, non volendo confondere con quelli delle nostre colonie, quelli delle più meridionali colonie Nord-Africane.

Dal complesso di tutte queste figure risulta invece una evidentissima gradazione in questo carattere, e la sua facile obliterazione è particolarmente visibile nella serie delle figure 14, 15 e 16.

Per di più bisogna ancora considerare che la macchia centrale chiara non solo ha varia estensione, ma essa si rivela pinttosto come uno spazio chiaro, perchè non ancora pigmentato; difatti a misura che la pigmentazione durante i mesi invernali procede, esso va gradatamente restringendosi e facendosi oscuro. Lo stesso precisamente succede per lo spazio lineare bianco lungo lo stelo delle copritrici inferiori della coda e per questo si confrontino le piume 7 ed 8 rimaste contemporaneamente nello stesso individuo morto durante la muta e le figure 18, 21 e 23, che mostrano la diversa ampiezza di questa macchia bianca lineare, variante, sia per le differenze individuali, sia per il progressivo avanzarsi di nuovo pigmento.

Ma mentre ciò avviene si restringono ancora visibilmente i margini bianchi delle piume, non già perchè le barboline si consumino alle loro estremità, ma perchè il pigmento si avanza dall'interno della piuma. È duopo infatti abbandonare ormai l'antico concetto che le piume siano parti inerti, le quali, una volta formate, non mutino più; esse sono invece organi funzionanti fino al momento della loro caduta e sono perciò in continuo lavorio di trasformazione, come risulta del resto da un numero ormai ingente di osservazioni.

Il Salvadori nella sua nota « Intorno alla *Merula alpestris,* Brehm » esponeva come dei 18 esemplari presi in Italia che egli aveva presenti, quattro soltanto si potessero riferire alla forma settentrionale ([1]).

Ora lo studio recente da me fatto mi permette di dubitare che i primi quattro esemplari presi nel marzo fossero della

---

[1] È evidente che usando esso la parola *forma*, viene ad accostarsi massimamente al mio concetto, poichè io non intendo certo sostenere che i merli dal collare della Alpi, siano identici assolutamente a quelli, del Nord d'Europa, ma che essi appartengano alla medesima specie di quelli, pur costituendone una varietà climatica. Questo modo di vedere è del resto diviso anche dagli autori tedeschi del « *Nuovo Naumann* » (I. Band. Lfg. 3. 163), i quali dicono « Die von Linné beschriebene Ringdrossel *Turdus torqualus* » comprende « drei wohl zu trennende Klimatische Formen ». Come si vedrà nell'ultima parte di questo scritto, non solo io ho ammesso queste tre forme climatiche, ma qualcun'altra ancora, cioè almeno cinque costituenti il « *Formenkreise* » della *Merula torquata.*

forma settentrionale e diretti appunto verso il settentrione, giacché è possibile anche l'altra ipotesi; che cioè fossero esemplari di 3° anno diretti verso le alte brughiere delle Alpi per nidificarvi. Infatti, almeno nel terzo anno i maschi sono perfettamente adulti e nel marzo hanno già assunto la piena veste di *Merulae torquatae* adulte. Anzi veramente possono già averla anche prima, perchè l'adulto di terzo anno che ho ancora vivo e che fu visto nello scorso novembre 1909 dal Salvadori stesso, non fu da lui trovato diverso dalla *M. torquata,* eppure l'anno innanzi aveva mantenuto i caratteri di *M. alpestris* fino a primavera!

Così io ritengo pure che gli altri individui maschi dei rimanenti 14, e specialmente quello avente il becco giallo, fossero di 2° anno; perchè durante questo l'avvicinamento alla veste perfetta degli adulti è minore e rimane generalmente traccia più o meno estesa dello spazio bianco centrale alle piume squamiformi ed alle sottocaudali, ed in tal modo la intera serie dei 18 esemplari poteva spettare alla forma delle nostre Alpi (¹).

Infatti l'esemplare N. 21028 della collezione Turati, preso dopo la partenza delle colonie settentrionali, aveva i caratteri precisi degli individui di queste, tranne, credo, la maggiore intensità di colorito del becco che era nel fresco di un bel giallo vivo uniforme (²), ma, poi si oscurò nell'essiccarsi.

Ora se noi osserviamo una serie di pelli accuratamente formata con esemplari di sicure provenienze ed il cui sesso sia stato scrupolosamente accertato coll'anatomia, è facile avvertire una perfetta gradazione tra le piume più largamente marginate di bianco e più largamente occupate da questo colore negativo nel centro e quelle che sono totalmente nere. Anche tra due individui apparentemente della stessa età e presi nello stesso luogo e nello stesso periodo, come i numeri 21118 e 21118 bis

---

(1) Dico delle « *nostre Alpi* » perchè, come dimostrerò più innanzi, ho fondate ragioni per ritenere che gli esemplari dei monti meridionali della Germania e regioni circostanti spettino ancora ad un' altra forma, come esporrò più innanzi.

(2) Per apprezzare esattamente il colore del becco gli esemplari conservati giovano assai poco, perchè durante l'essiccamento la parte cornea (*ranfoteca*) subisce strane variazioni, potendo un becco chiaro divenir scuro del tutto, o in parte. e, al contrario un becco scuro divenir chiaro, anche fra individui della medesima specie, età e sesso.

delle serie che ho presente, si vede chiaramente una differenza di tal genere che è evidentemente individuale, sebbene sia assai spiccata: eppure questi due esemplari furono unanimemente riconosciuti come due tipici maschi adulti della forma *alpestris*.

Faccio anzi notare che nel primo le macchie bianche centrali sui lati del petto sono appena accennate e non su tutte le piume, ma solo in quelle mediane.

Ma è egli vero che questa qualità di macchie, ossia questa fase, si verifica solo nella forma *alpestris* e che essa è caratteristica degli adulti di questa soltanto?

Ciò mi appariva già assai dubbio per varie considerazioni, ma alcune asserzioni del Fatio mi avevano convinto che così non è [1]. Di più, osservando gli esemplari posti sui nidi di questi merli esistenti nella collezione Turati, vidi che ve n'erano alcuni di perfetto tipo *M. torquata*, mentre altri erano del tipo *alpestris*. Ora il Fatio nelle sue osservazioni non si riferiva ai merli dal collare d'immigrazione invernale, ma a quelli stazionari nella Svizzera, compresi i Cantoni del versante Italiano. Quindi risulta evidente la coesistenza dei due tipi di colorazione nelle medesime regioni, anche nel periodo della nidificazione, e che i maschi della specie *M. torquata* non attendono, per procreare, di aver raggiunto la veste del tutto nera, a collare bianco netto, la quale conseguono solo al di là del secondo anno, ma cominciano i loro amori [2] anche quando hanno ancora spiccati i margini e gli spazi centrali bianchi

---

(1) Il Fatio (*Faune des Vertebres de la Suisse*, OISEAUX, vol. II) dice « Ayant examiné un assez grand nombre de sujets provénant des Alpes Suisses et « du Jura, je dois déclarer pour ma part que les caractères distinctifs invoqués « me paraissent de trop peu d'importance et trop variables pour être véritable- « ment spécifiques. Il peut y avoir prédominance de telle livrée dans telles condi- « tions d'habitat, peut-être *deux formes geographiques* plus ou moins accusées, « mais il n'y a rien, je crois, de très-constamment tranché, car j'ai trouvé chez tous « parmi des individus plus ou moins foncés en dessus et plus ou moins tachetés « en dessous, des vieux mâles entièrement noirs à l'exception du plastron d'un « blanc pur avec d'étroites bordures blanchâtres aux convertures alaires et quel- « ques traces seulement du liseré blanc sur la ligne ventrale médiane ainsi « qu'aux souscaudales De vieilles femelles des Alpes, portaient sur le centre des « plumes, aux faces inférieures, une tache blanche plus etendue que d'autres pro- « vénant du Jura ».

(2) Uno dei miei esemplari viventi cantava già in amore dopo il primo anno, mentre ancora aveva il mento e la gola colle macchie turdoidi proprie degli individui immaturi.

alle piume antero-inferiori e niuno potrebbe credere che questi siano indizi d'inettitudine agli amori!

Non altrimenti una specie di Codirosso, cioè lo Spazzacamino *(Ruticilla titis)* diede luogo alla istituzione di una specie fantastica, cioè la *R. cairei,* Gerbe, pel solo fatto che permettendosi soventi volte di nidificare prima 'di avere assunto la veste perfetta propria degli adulti, si credette che i caratteri i quali in tale fase presentava, fossero distintivi di una nuova specie e la fantasia andò tanto oltre, da riconoscerle ancora una differenza nel canto e nel colorito delle uova (¹).

Del resto la fase parallela a quella caratteristica della varietà alpestre e che viene ottenuta mutando tutte le penne in estate (agosto-settembre) si verifica anche, con pochissima, e forse non costante differenza, negli individui delle colonie settentrionali, ed ho precisamente dinanzi a me due significantissime fotografie inglesi del Ring-Ouzel, che è appunto la *M. torquata,* nelle quali questa specie è riprodotta proprio in tale fase. Una è la fotografia minuziosa di una pelle di merlo dal collare quale si trova nelle Isole Britanniche ed ha il bianco del petto spiccatissimo, come pure quello dei soliti margini sulle parti inferiori, compreso il sottocoda, e sulle ali; il becco appare scuro, eccetto un piccolo spazio alla base della mandibola. I margini bianchi sono larghissimi e sulla parte anteriore del collo tanto estesi che i centri oscuri appaiono ben isolati e prendono l'aspetto di vere macchie turdoidi (²). Tale immagine è identica a quella di molti esemplari alpestri nella corrispondente fase regressiva non più innanzi del 2º anno.

L'altra fotografia, una di quelle mirabili dei fratelli *Kearton* (³) prese con istantanee automatiche sui nidi in natura,

---

(1) Questa immaginaria specie fu descritta dal Deglaud ed altro non è che la fase giovanile, cioè del primo anno di età, nella quale rassomiglia alquanto alla femmina e l'errore nacque dal fatto che l'Abate Caire osservò in certe valli della Svizzera nidificante un Codirosso che si spingeva sino all'altitudine in cui s$_i$ trovano i fringuelli delle nevi *(Montifringilla nivalis).*

Ora siccome i maschi nidificanti vestivano l'abito bruno-cinereo, li credette di una nuova specie che differiva dal comune Spazzacamino anche perchè arrivava prima! Ora però si sa benissimo che la *R. cairei,* dandole tempo, diventa una genuina *R. titis:* basta riuscire a tenerla viva fino al secondo anno; *mentre per convertire una Merula alpestris in M. torquata occorrono quasi tre anni.*

(2) « The sportsman's British Bird Book » by R. Lydekker London. Rowland Ward. Ed.

(3) « Wild Nature's Ways » By R. Kearton; Cassell and Company. Limit.

23

riproduce un maschio adulto col becco interamente chiaro e
con margini bianchi alle piume ancora cospicui.

Non è dunque vero che nel Nord d'Europa i maschi occupati alla riproduzione siano sempre e tutti nell'abito tipico
attribuito alla *M. torquata*, adulta nel periodo nuziale, cioè quello
nero col bianco quasi assolutamente limitato alla fascia toracica;
ma invece anche colà i maschi adulti, almeno per qualche anno,
assumono in estate una veste di carattere *regressivo*, cioè av-
vicinantesi più o meno a quella giovanile, coincidente col-
l'oscurarsi del becco. Probabilmente anche per gl'individui
nordici questa veste sarà di anno in anno più prossima a quella
nuziale.

Del resto anche lo Sharpe nella monografia dei *Turdidi*
colla tavola LXXXIV rappresenta quello che egli chiama abito
invernale avente le piume delle parti inferiori spiccatamente
orlate di bianco ed il becco più scuro. Così l'unica differenza
che rimanerebbe, e sulla quale si fondarono anche lo Steineger,
il Salvadori ed altri, sarebbe la costante mancanza in tutte le
fasi della *M. torquata* del Nord dello spazio centrale bianco
alle piume del ventre e dei fianchi ed ognuno vede a qual
tenue filo sarebbe raccomandata l'esistenza della nuova specie
Merula alpestris, qualora la detta differenza fosse davvero assoluta e costante, ciò che io non credo sufficientemente dimostrato.

Io sono perciò sempre più convinto che siano nel giusto
quelli ornitologi tedeschi che ammettono solo una leggera variazione climatica, la quale non esige che una differenza gene-
rica di poca entità, quale può constatarsi nella pluralità degli
individui.

Ma per ritornare alla fase rappresentata dalla suddetta
figura della monografia dei Tordi, debbo ancora aggiungere che
essa corrisponde veramente ai caratteri dei merli dal collare
delle Alpi durante l'inverno; poichè l'unica voluta differenza
essendo nella parte nascosta delle piume, non può apparire
all'esterno e sarebbe perciò strano che lo Sharpe non avesse
avvertito la corrispondenza, se egli stesso non avesse dichiarato
che la sua descrizione della *M. alpestris* è tolta da due esemplari del Museo Britannico, provenienti dalla Transilvania,
mentre la seguente figura LXXXV, disegnata dal valentissimo
Keulemans, è tratta da un esemplare dell'Asia Minore (Zebil-

Taurus) e quindi, nè descrizioni, nè figura corrispondono ai caratteri dei merli dal collare delle Alpi ed è evidente che se le colonie di questi differiscono da quelle delle Isole Britanniche, della Scandinavia e del resto dell'Europa settentrionale, per minimi caratteri d'una costanza relativa, altrettanto può avvenire rispetto alle colonie della Transilvania e più ancora a quelle dell'Asia Minore!

Uno degli argomenti più forti che si adducono per dimostrare la differenza tra la *M. torquata* e la *M. alpestris*, sta in questo che le serie di pelli possedute nei musei pubblici e privati, ci dimostrano come i maschi adulti della *M. torquata* non hanno mai le macchie centrali bianche più volte ricordate, e nel tempo degli amori sono quasi totalmente neri, eccetto il collare; ma oltrechè nessuno ha pensato che così potevano esser pure i maschi adulti perfetti in primavera della forma *alpestris* (come lo sono difatti), non si è neppure tenuto conto di un altra verità, cioè questa; che non sempre tutti i termini di queste serie di pelli sono perfettamente sicuri per la loro origine, per l'indicazione del sesso, dell'età e del periodo in cui l'esemplare fu catturato e spesso i preparatori dai quali si ottengono le pelli stesse, anche in buona fede, possono ingannarsi. Così, richiedendosi loro dei maschi adulti in abito nuziale della *Merula torquata*, essi sceglieranno tutti gl'individui più neri e dal collare bianco più spiccato che avranno ottenuto da un intera regione e tratterranno tutti gli altri meno vistosi e colle piume marginate, o macchiate di bianco nel centro, che essi reputeranno giovani, od immaturi, mentre potevano esser già nidificanti quando furono uccisi!

Non possono quindi essere di alcuna utilità se non le serie di esemplari accuratamente da noi stessi raccolti e preparati colla massima precisione, regolarmente anatomizzati per la constatazione del sesso e muniti di tutte le indicazioni; ma, ad ogni modo non si deve mai dimenticare « *che una pelle non ci può rappresentare che un istante della vita dell'individuo e nulla può dirci di quello che esso sarebbe diventato* » mentre invece pochi esemplari vivi tenuti nelle migliori condizioni possibili ed osservati quotidianamente per lungo tempo, valgono assai più che una numerosa serie di pelli.

Tale essendo la mia convinzione intorno alla opportunità di non limitarmi al solo esame delle pelli nello studio delle fasi di questi merli, dovetti attendere l'occasione propizia per osservarle negli uccelli viventi, nel che sono riuscito, non per tutto mio merito, al di là di quanto speravo, considerata anche l'indole speciale dei merli dal collare assai meno agevoli a tenersi che quelli comuni (¹).

Gli esemplari che ho potuto esaminare fino al giorno d'oggi sono dieci, ma di questi tre soli sono adulti e lo erano già, o quasi, quando li ebbi nell'autunno del 1907 e del 1908, mentre i sette rimanenti, cioè quattro maschi e tre femmine sono giovanissimi; anzi sei di essi tolti dal nido nello scorso luglio ed uno (femmina?) d'ignota origine per esser stata preso al roccolo in tempo di migrazione e diverso dagli altri. Pur essendomi riusciti utili anche questi giovani dei quali, se vivranno, potrò seguire tutte le trasformazioni, debbo ora limitarmi quasi esclusivamente ai primi tre, uno dei quali morì durante la muta dell'estate 1909, ed era apparentemente il meno avanzato d'età.

Il primo esemplare che ebbi nell'autunno del 1907, era del tutto corrispondente alla descrizione tipica della *M. alpestris*, ed identico agli esemplari che ho già descritti come spettanti

---

(1) Il **Witherby** in un recentissimo suo scritto: (« *British Birds sequence of plumages* {in *British Birds*} ») si occupa appunto sotto questo titolo delle fasi varie complesse che offre lo sviluppo del piumaggio ed è importante la sua costatazione che nelle stesse Isole Britanniche ove si largamente è coltivata l'Ornitologia, queste fasi siano tuttora pochissimo conosciute; talune ignorate affatto! Sarebbe inutile aggiungere che in Italia non siamo più innanzi nella loro conoscenza ed io pel primo riconosco che le nostre descrizioni delle specie che si prendono in Italia sono ben lungi dall'essere complete.

Il nominato Ornitologo inglese stabilisce in modo generico le seguenti fasi:

1) quella di piumino (*Down-plumage*);
2) giovanile (*Iuvenile plumage*);
3) prima veste invernale (*First winter plumage*);
4) prima veste estiva (*First summer plumage*);
5) seconda veste invernale (*Second winter plumage*);
6) seconda veste estiva (*Second summer plumage*);
7) veste invernale di adulto (*Adult winter plumage*);
8) veste estiva di adulto (*Adult summer plumage*).

Non è a credere, e lo riconosce anche il Witherby, che in tutte le specie la differenza fra questi singoli stadi sia sempre uguale e quindi sempre afferrabile, ma è indubitato che il raggiungimento della veste perfetta degli adulti, specie nei maschi, è molto più lento e più complesso di quanto si creda comunemente. Nel caso dei merli dal collare non vi è dubbio che queste fasi si realizzino, per quanto difficili a costatarsi. (Brit. B. Vol. III, n. 7, Dec. p. 209 e seg.).

indubbiamente a questo tipo; cioè aveva larghi e distinti margini bianchi a tutte le parti inferiori e nella parte media delle ali, i centri chiari alle piume dei fianchi e del ventre. Il becco era scuro-corneo, solo debolmente giallo alla base, la gola pure aveva marginature bianche. Non tardai ad accorgermi che prima del finire dell'inverno il nero andava sempre più guadagnando spazio sul bianco, mentre al tempo stesso il giallo del becco si faceva più deciso e si restringeva la parte scura respinta sempre più verso l'apice: ma questa mutazione era lenta e fu piuttosto una preparazione a quella assai più rapida e radicale che si verificò entro l'aprile, cosicchè a maggio l'uccello era addirittura reso irriconoscibile per chi non lo avesse seguito durante il periodo invernale. Quasi nessuna traccia era rimasta dei margini bianchi e le macchie chiare centrali erano scomparse. La fascia bianca toracica si era fatta molto cospicua per la maggior bianchezza delle penne in campo nero, la gola era divenuta nera uniforme ed il becco, perduta ogni traccia del color corneo-scuro, era risultato di un bel giallo arancio omogeneo, quale non pare si osservi mai nelle colonie settentrionali, seconde le descrizioni degli Autori.

Si direbbe quindi che nel nostro clima, se gl'individui di questa specie differiscono da quelli settentrionali, si è unicamente nella maggior purezza ed intensità delle tinte!

Giunto l'agosto cominciò la vera muta e, quando questa fu terminata, cioè entro la prima metà di settembre, le nuove piume avevano marginature bianche assai più ristrette che nell'anno antecedente: anche le strisce bianche sulle ali erano assai più sottili. Ma l'uccello ormai dava segni non dubbi di vecchiaia, cessava ogni canto ed innanzi primavera aveva perduta la vista da ambo gli occhi, in poco tempo, e d'allora in poi la sua veste non ha più fatto alcuna importante mutazione dalla forma tipica di *M. torquata* che ancora conserva anche dopo la muta di agosto; solo il becco non ha più ripreso il vivo colore aranciato.

Nel mese d'ottobre del 1908 ricevetti i due altri esemplari che erano stati catturati nell'estate nelle valli lombarde e già erano assuefatti alla vita di gabbia, in modo che dopo breve tempo che furono al Museo si adattarono al nuovo ambiente. Ambedue avevano le caratteristiche precise attribuite alla *M. alpestris.*

Rispetto a quello dell'anno antecedente apparivano giovani; in realtà erano adulti; cioè almeno di secondo anno, giacchè i giovani veri che ho presenti, nati quest'estate, sono molto diversi e soprattutto si distinguono per avere le marginature chiare delle varie parti del piumaggio non ancora ben disegnate e molto intorbidate da una tinta indecisa fra il fulviccio e l'olivaceo, ed infine il collare pochissimo distinguibile per il colore fosco, specialmente nei maschi ([1]). In ambedue il davanti del collo e la gola avevano margini bianchi assai estesi alle piume, onde il nero di esse aveva ancora l'aspetto di macchie turdoidi; in uno, forse meno avanzato in età dell'altro, questo carattere era più spiccato, ma quando morì, nell'agosto scorso la gola ed il collo erano già quasi del tutto neri, come nell'altro esemplare.

Anche questo, d'altronde, pur avendo raggiunto entro l'aprile i caratteri attribuiti alla *M. torquata* adulta in primavera, non si era però trasformata quanto l'esemplare del tutto adulto, o addirittura vecchio, dell'anno precedente. Infatti esso non aveva perduto interamente, come quello, le marginature bianche ai fianchi ed il becco non era riuscito ancora di un così intenso giallo-aranciato in tutta la sua estensione, conservando un piccolo spazio oscuro all'apice.

Come ho già accennato, uno solo di questi due uccelli ha potuto sopravvivere alla muta di quest'estate e compierla con tale perfezione da conservarsi sano, robusto e vivace, mentre il piumaggio del suo compagno, morto e conservato in pelle, offre mescolati i caratteri di due vesti per esser rimasta troncata a mezzo la muta. Sono rimaste cioè parecchie delle piume divenute nere della fase nuziale sparse in mezzo alla moltitudine delle nuove piume a margini e macchie centrali bianche appartenenti alla fase invernale. Invece nel superstite questa si compì perfettamente ed a settembre, quando ritornai a Milano, lo trovai nella più tipica fase di *Merula alpestris* adulta, identica a quella degli esemplari maschi che avevo ottenuti negli anni addietro dalle valli Piemontesi e Lombarde, precisamente nello stesso mese di settembre, in veste freschissima e regola-

---

(1) Va pur ricordato che le grandi copritrici superiori dell'ala hanno una striscia mediana giallo-fulva verso l'apice.

rissima di *M. alpestris*. Esso aveva infatti tutte le marginature bianche sulle piume dei fianchi e del ventre larghe e nettamente spiccate dal nero, con disegno squamiforme ed il becco era ridivenuto bruno-nero, eccetto la base della mascella inferiore rimasta giallastra. Io l'ho di poi attentamente seguito, giorno per giorno, ed ora, alla distanza di tre mesi, ha già tutto l'aspetto della *M. torquata*, avendo in questo tempo molto avanzato il pigmento nero in modo da restringere i margini bianchi e le macchie centrali (¹). Così le piume squamiformi appaiono appena listate di bianco. In pari tempo il becco si è già molto schiarito ed ingiallito e si prepara a divenir pari a quello del primo esemplare fino da due anni or sono in primavera, insomma si approssima alla sua completa fase di *M. torquata* in abito nuziale, come nel Nord d'Europa, tranne la tinta più viva del becco.

Io avevo, come ho già detto, da molto tempo la convinzione, avvalorata ancora da osservazioni di altri ornitologi, che entro le piume si compiesse un lento, ma continuo lavoro di trasformazione ed anzi negli aviarî del giardino Pubblico di Milano avevo su molte e diverse specie notata tale variazione in modo da non poterne dubitare; ma non mai, come in questo caso, avendo continuamente sott'occhio questi tre esemplari perfetti di veste e divenuti del tutto agevoli, mi ero potuto fare un idea precisa di tali permutazioni che avvengono senza sostituzione di nuove piume e ciò che mi ha sopratutto meravigliato è la rapidità relativamente grande colla quale tali cambiamenti si verificano.

Giudicando ora complessivamente da quanto ho potuto osservare nei vari esemplari viventi d'ogni età, mi pare di poterne dedurre che, astrazione fatta dalle inevitabili differenze individuali, che solo si possono ben valutare avendo dinanzi esemplari del medesimo sesso e tolti al tempo stesso da uno stesso nido,

---

(1) Il Ticehurst nel descrivere le fasi di sviluppo, già accennate nell'articolo del Witherby (Brit. Birds. vol. III, Genn. 1902 n. 8) considera i cambiamenti ottenuti nella veste estiva (*nuziale* s'intenda) come in gran parte effetto di *abrasione*, ma questa credo sia esageratamente intesa ed in ogni ca.o non può aver effetto che sui margini delle piume e non spiega affatto l'estendersi di un pigmento qualsiasi nel mezzo della piuma.

o da nidi prossimi, occorrano in media tre anni per il completo conseguimento dei caratteri tipici della veste nuziale pari a quella della *Merula torquata* del Nord e che ogni anno, almeno fino ad un certo limite di età, che non ho ancora mezzo di determinare, la muta di autunno riconduce questi merli verso quella condizione di piumaggio che fu ritenuta specifica della *Merula alpestris*.

Tale muta è evidentemente *regressiva*, perchè riporta questi uccelli verso una veste più simile a quella che avevano in gioventù, la quale riesce altresi più protettiva, perchè molto meno cospicua di quella nuziale. La differenza tra la fase invernale e quella nuziale sembra tuttavia decrescere d'anno in anno, finchè forse scompare nei maschi divenuti completamente adulti o vecchi. Cosi facilmente si spiega perchè tra noi prevalgono largamente gli individui di tipo *alpestris* su quelli di tipo *torquata* nella buona stagione. Per contro nell'inverno è straordinariamente raro, ed a me non è ancora avvenuto, il trovare tra la moltitudine di questi uccelli che in certe annate compare tra noi in inverno, individui coi caratteri precisi della *M. torquata* nella fase nuziale; il che vuol dire che neppure gli adulti in età avanzata conservano le veste nuziale per tutto l'anno, oppure che quelli che la conservano hanno già smesso l'abitudine di migrare, come succede pei vecchi individui di molte specie di uccelli.

Dalle mie osservazioni mi sembrano poi derivare conseguenze ulteriori e frattanto mi pare dimostrato principalmente questo: che la *Merula alpestris* di molti Autori moderni *non è altro che una leggiera differenza di razza o varietà climatica, specialmente accentuata in uno stadio, che si produce per muta regressiva, dell'unica specie* **Merula torquata** e che, come varietà di questa, compie pure parallelamente ogni anno una *muta* effettiva in agosto e settembre ed una permutazione graduale nelle piume tra inverno e primavera. Ritengo pure che i maschi delle due razze, settentrionale e meridionale, attendono alla riproduzione assai prima di aver raggiunto il grado di adulti perfetti.

Il fatto poi della impossibilità di distinguere fra di loro gli individui adulti delle due forme, oltre al provare che la specie è una sola che ha leggermente variato nelle sue colonie, prova ancora l'inopportunità di adottare nomi distinti perchè ci troviamo spesso nell'assoluta impossibilità di classificare tutti gli esemplari che non hanno più le macchie bianche centrali, o quelle longitudinali mediane del sottocoda, potendo ugualmente essere *M. torquatae* nell'abito invernale, o *M. alpestres* già trasformate!

Eppoi abbiamo già visto che anche la mancanza delle macchie centrali bianche nella *M. torquata* può non essere costante in modo assoluto, ed allora chi distinguerebbe un esemplare di questa forma avente per caso tali macchie, quando venisse colto tra noi in inverno?

E non è altresì possibile, anzi molto probabile, che gli individui di queste due forme climatiche incontrandosi sul cominciare del periodo degli amori, si accoppino tra di loro dando luogo ad una feconda mescolanza di sangue la cui prima conseguenza è la intermediarietà dei caratteri nei prodotti? Durante il viaggio di primavera è quasi inevitabile che un certo numero di individui spettanti alle colonie settentrionali, trattenuti da vicende di varia natura, si uniscano agl'individui delle colonie che vivono sugli Appennini, o sulle Alpi (¹), quindi le occasioni che favoriscono la mescolanza sono continue.

Sino ad ora si sono ammesse tre *forme* di *M. torquata*, ma io non credo che il ciclo delle *forme* di questa specie si limiti a sì piccol numero, poichè, ridotti ai minimi termini effettivi i caratteri differenziali tra essa e la forma *M. alpestris* delle nostre Alpi, questa risulta per caratteri altrettanto minimi differenziabile da altre forme che costituirebbero le rimanenti colonie sparse dalla Germania meridionale a tutta la penisola Balcanica, come da altre viventi nell'Asia Minore, ed infine da quelle che s'incontrano nei monti del Nord dell'Africa dalla Tunisia al Marocco. Quest'ultima regione specialmente, la quale segna il limite meridionale cui giunge la specie *M. torquata*, sia colle sue colonie sedentarie, sia cogl'individui immigranti d'inverno, ci dimostra, come risulta dalle preziose costatazioni del Whi-

---

(1) Io stesso ne ho osservata una numerosa colonia parecchi anni or sono sul monte Pisano in Toscana.

taker ([1]), che in essa pure la specie ha le due fasi da me riconosciute per la forma *alpestris* e, per quanto si può giudicare dai due esemplari che ho presenti, raccolti dal Loche nei monti dell'Algeria (N. 17504, e N. 17505) si può unicamente supporre che la differenza dalla forma *alpestris* consista soltanto in un maggior grado di purezza ed intensità del nero e del bianco nelle piume e forse anche nel color giallo del becco, il quale sembra esser stato cosi colorito anche nella fase regressiva, od invernale ([2]).

Dei due esemplari suddetti il N. 17504 è in perfetta fase di *M. torquata* ed il N. 17505 in quella precisa di *M. alpestris* e le loro misure indicate nella tabella non offrono la minima differenza da quelle delle forme *alpestris* e *torquata*. Perciò, se questi due individui non erano migratori, ciò che m'è impossibile constatare, dimostrano all'evidenza che la forma Nord Africana si conserva fedele ai caratteri della specie, offrendo solo la leggera differenza climatica di una qualche maggior purezza delle tinte e le sue fasi si mantengono del tutto parallele a quelle già descritte per la nostra forma.

Io non posseggo alcun esemplare della forma dominante, nell'Europa centrale e meridionale e quindi non posso far altro che applicare ad essa, per analogia, quanto si verifica nelle precedenti: ma che una differenza tra essa e le due forme, *torquata* tipica ed *alpestris*, esista, almeno nelle tinte delle piume e del becco, mi sembra risultare quasi certo dalle loro descri-

---

(1) « The birds of Tunisia » By Joseph Whitaker vol. I, p. 12-15 ed Londra. Il Whitaker assegna alla *M. alpestris*, che egli ammette incontestatamente, i soliti caratteri delle piume e del becco dice che è « bruno gialliccio alla base della mascella inferiore » circa la differenza nel timbro della voce, che il Loche diceva « dur et peu agreable » non ritiene sia abbastanza provata. Suppone che gli uccelli osservati dal Loche siano piuttosto del tipo *alpestris* che del tipo *torquata* ed io credo con lui che la forma africana cui attribuisco i due soggetti del Loche sia soltanto una leggerissima modificazione della nostra. Il becco interamente chiaro dei due esemplari forse esclude che siano di origine settentrionale. Anche il Whitaker riconosce la gradazione tra le forme di questi merli e non nega che possa avervi parte l'ibridismo frequente tra di esse. Ritiene pure per vari dati che in Tunisia, come nel resto dell'Africa settentrionale, questi merli si trovino tanto di passo, quanto sedentari, benchè poco numerosi in ogni caso, e solo sui monti. Una curiosa constatazione sarebbe questa che colà nidificano sempre sugli alberi e non per terra come la *M. torquata*; però debbo osservare che sulle Alpi nostre i nidi si trovano pure a terra nelle alte brughiere.

(2) Questo io dico solo con la debita riserva, perchè il colore del becco negli uccelli essiccati va soggetto alle più strane variazioni.

zioni e dalle loro figure. Infatti dalla descrizione e dalla figura della *M. alpestris* date dallo Sharpe nella Monografia dei Tordi apparirebbe che in essa persistano costantemente le spiccate marginature bianche squamiformi e gli spazi centrali bianchi corrispondenti, mentre negli esemplari delle nostre Alpi scompaiono e per di più tanto nella figura molto minuziosa della monografia stessa, quanto in quella del « *Nuovo Nauman* » la differenza dai nostri esemplari adulti è evidente, perchè vi si nota una spiccata tinta bruno-olivacea intorbidante tutte le marginature delle parti inferiori.

Quindi siccome non è da credere che lo Sharpe abbia descritto come adulti degli esemplari affatto immaturi (¹) io ne deduco che nella Germania meridionale e nella Transilvania gli individui adulti conservano tale sfumatura bruno-olivacea intorbidante le piume.

Se dunque le descrizioni suddette corrispondono bene agli esemplari adulti di Germania, ai nostri non corrispondono certo, perché questi non hanno tale tinta bruno-olivacea diffusa, se non nel primo anno. Parrebbe pure che nella forma dell'Asia Minore dominassero gli stessi caratteri (²); ma ciò sarebbe assai singolare, se si considera che il Reiser (³) riferisce tutti i Merli dal collare della Grecia da esso conosciuti, alla specie nordica *M. torquata*.

Ora, se realmente nella forma descritta dallo Sharpe i caratteri restassero costanti e non vi fosse la distinzione delle due fasi, è chiaro che la differenza dalla specie settentrionale sarebbe profonda, ma io ritengo che ciò richieda di esser meglio dimostrato e d'altronde anche per la forma delle nostre Alpi gli Autori non avevano accennato alla esistenza delle due fasi annuali, che pure hanno luogo indubitabilmente ed io, sino a dimostrazione contraria, riterrò che la forma vivente nella Germania Meridionale, nella Transilvania e forse anche

---

(1) I giovanissimi esemplari viventi che ho in esame hanno fortemente diffusa su tutte le parti del piumaggio una tinta simile, ma naturalmente, per la loro età molto più spiccata.

(2) Questa mia supposizione è basata sul fatto che la figura di *M. alpestris* data dallo Sharpe ed eseguita dal Keulemans rappresenta un esemplare dell'Asia minore (Zebil Taurus), mentre le descrizioni sue furono fatte su due esemplari esistenti nel Museo di Londra e provenienti dalla Transilvania (Hatszeg).

(3) « Materialen zur einer Ornis Balcanica » Griechenland, Wien 1905, p. 121.

in parte della penisola Balcanica non differisce dalla nostra, se non per lievi caratteri e non credo che rimanga costantemente nella veste nella quale è rappresentata nelle accennate figure e sopratutto poi non posso credere che in una medesima specie vi siano due modi diversi di comportarsi in una medesima regione, come la Germania, a seconda che vive nella parte settentrionale, o nella meridionale, mentre la molto maggior distanza cha corre tra il Nord d'Europa e le Alpi nòn dà luogo a tale diversità!

Occorrono dunque ulteriori indagini sui merli dal collare in tutte le regioni comprese tra la Germania e l'Asia Minore, e quando tale studio sarà completo, potremo stabilire l'esatto ciclo delle forme *(Formenkreise)* della specie *Merula torquata* che ora può solamente venire abbozzato.

Esso consterebbe di almeno cinque forme geografiche, o climatiche, o meglio, secondo me, cinque *tipi di variazione* cioè:

1° quello del Nord d'Europa che è storicamente il primo, comprendendo la specie di Nauman;

2° quello dell'Europa media a Nord e Nord-Est delle Alpi;

3° quello delle Alpi stesse che troverebbesi specialmente caratteristico sul versante loro meridionale, mentre su quello settentrionale degraderebbe verso il precedente (¹);

4° il tipo orientale del Caucaso e regioni circostanti;

5° il tipo Nord-Africano.

Tra questi tipi di variazione correrebbe una insensibile gradazione, onde per scorgerne le differenze sarebbe necessario stabilire esattamente i caratteri che offrono nei centri delle

---

(1) Questo tipo si estende probabilmente anche al Sud della Francia e della Spagna. Io non ho visto esemplari di tali provenienze, ma il Whitaker attribuisce alla *M. alpestris* molti degli esemplari della Francia e della Spagna meridionali, quindi l'area di questa forma si estenderebbe almeno fino alla Spagna verso Ovest. Nel Portogallo sembra esser rarissima la specie e l'unica immagine che ne ho visto, quella che ne ha dato l'infelice Monarca Don Carlos di Braganza, spetta senza dubbio alla tipica *M. torquata* adulta. Il Re di Portogallo in quest'Opera troncata sul principio dalla sua tragica morte, scriveva nel testo francese: « *De passage*. Très peu com mun. « N'apparait que pendant les hivers rigoureux. Ie conserve de cette espece un ma- « gnifique individu ♂ que j' ai tué il y a quelques années et une ♀ prise dans le « Parc de Queluz en novembre 1890 ». Catalogo illustrato das Aves de Portugal — Sedentarios, de arribacao e accidentaes — por Don Carlos de Braganca, Lisboa Impresà Nacional 1903, fasc. I. Di quest'opera io non potei, naturalmente, avere che il principio: essa sarebbe stata di vero interesse per l'ornitologia.

loro rispettive aree gli individui sedentarii, seguendone minutamente le mutazioni mentre sono viventi ed indagando se le differenze si estendono anche alle relative femmine ed ai giovani.

Ferma rimanendo sempre la mia convinzione che la specie sia una sola, considero come del tutto inutile praticamente il conservare le denominazioni di *Merula alpestris* e di *M. orientalis*, e peggio l'introdurne altre ancora, per designare le nuove forme che venissero definitivamente confermate dallo studio, non dovendosi dimenticare che trattasi di una specie dalle abitudini migratorie.

SPIEGAZIONE DELLA TAVOLA

Fig. 1, 2, 3, 4, 5 — Piume squamiformi delle parti inferiori prese
     in diversi punti; il n. 5 è dei fianchi. Dal più giovane
     degli esemplari di tipo *alpestris* avuti vivi in Ottobre 1908,
     morto in Agosto 1909 durante la vera muta delle penne.
     Queste sono figurate dopo la muta stessa e la morte.

Fig. 6 — Piuma della fascia toracica intorbidata; medesimo esemplare.

Fig. 7 — Sotto caudale rinnovata per muta; med. es.

Fig. 8 — Sotto caudale di antecedente fase, del med. es., che aveva
     già perduto la marginatura e la striscia mediana bianca.

Fig. 9, 10, 11 — Piume squamiformi del med. es. mentre era vivo
     in Aprile, cioè prima della muta, in abito nuziale imper-
     fetto, ma avente già ridotti gli spazii centrali chiari alla
     maggior parte delle penne inferiori di poi riformatisi
     nelle nuove piume (Fig. 2, 3, 4).

Fig. 12 — Piuma della fascia toracica di un esempl. adulto del Pie-
     monte in perfetta fase nuziale di *Merula torquata*.

Fig. 13, 14, 15, 16 — Piume delle parti squamate dell'esempl. an-
     cora vivo dell'autunno 1908, dopo la perdita dei margini
     bianchi avvenuta durante la lenta trasformazione invernale
     mentre si riducevano, o si offuscavano, le macchie bianche
     centrali.

Fig. 17, 18 — Piume dello stesso es. adulto della Fig. 12. (17 piuma
     squamiforme; 18, sottocaudale).

Fig. 19, 20, 21 — Esemplare N. 21118 bis di tipo *alpestris*, Piemonte
     Settembre 1891, con piume fresche della veste regressiva.
     F. 19, e 20 piume squamiformi alquanto diverse da quella
     della medesima fase nelle Fig. 1, 2, 3 (esempio di varia-
     zione individuale nelle medesime colonie all estri); 21 sot-
     tocaudale.

Fig. 22, 23 — Esemplare N. 20859, di tipo *alpestris*, Lombardia (20
     sett. 1891); 22, piuma squamiforme media, 23 sottocaudale
     fortemente segnata di bianco ai margini e nel mezzo.

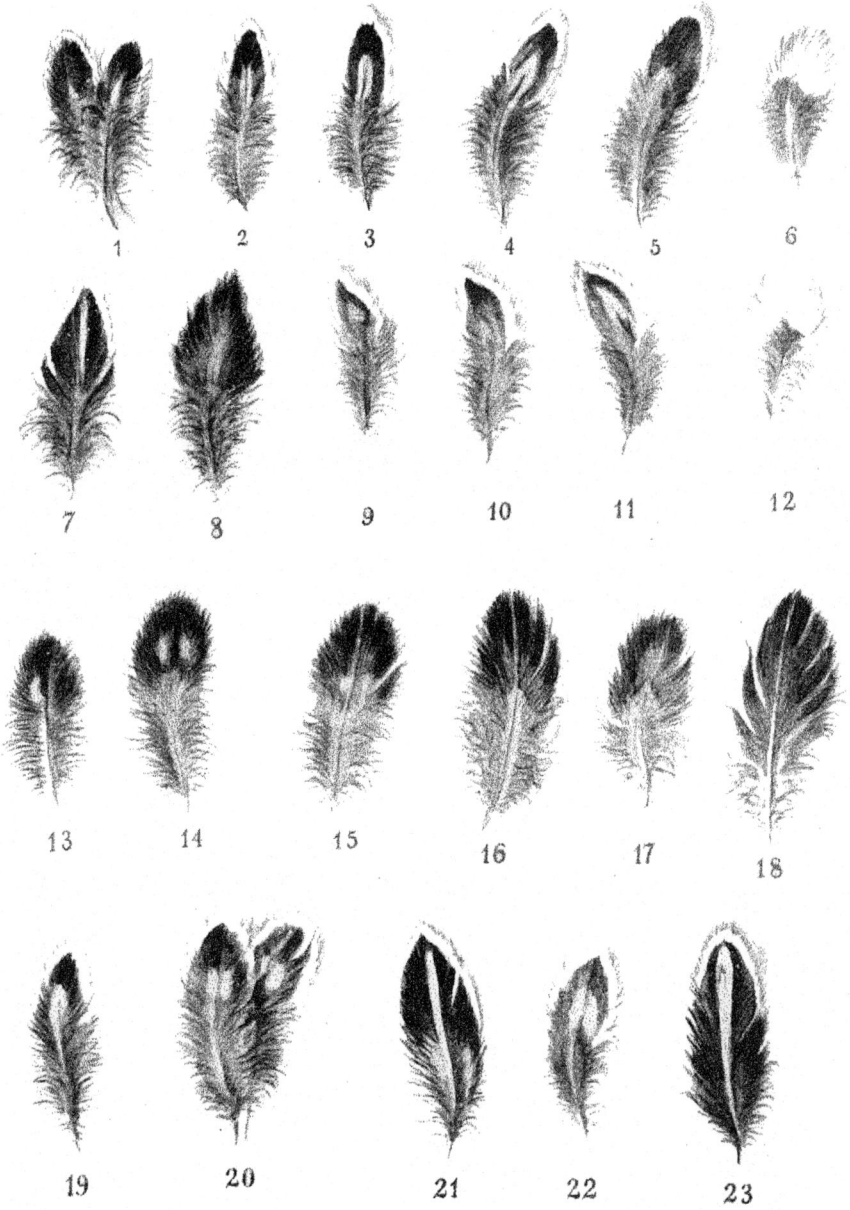

INDICE

ATTI

DELLA

SOCIETÀ ITALIANA

DI SCIENZE NATURALI

E DEL

MUSEO CIVICO

DI STORIA NATURALE

IN MILANO

———

VOL. XLVIII

Fascicolo 1º — Fogli 6 $^1/_2$

———

(Con tre tavole)

PAVIA

PREMIATA TIPOGRAFIA SUCCESSORI FRATELLI FUSI
Largo di Via Roma N. 7.

GIUGNO 1909.

SUNTO DEL REGOLAMENTO DELLA SOCIETÀ (1904)

(DATA DI FONDAZIONE: 15 GENNAIO 1856)

Scopo della Società è di promuovere in Italia il progresso degli studi relativi alle scienze naturali.

I Soci sono in numero illimitato: *effettivi, perpetui, benemeriti* e *onorari.*

I *Soci effettivi* pagano L. 20 all'anno, *in una sola volta, nel primo bimestre dell'anno.* Sono invitati particolarmente alle sedute (almeno quelli dimoranti nel Regno d'Italia), vi presentano le loro Memorie e Comunicazioni, e ricevono gratuitamente gli Atti della Società.

Chi versa Lire 200 una volta tanto viene dichiarato *Socio perpetuo.*

Si dichiarano *Soci benemeriti* coloro che mediante cospicue elargizioni hanno contribuito alla costituzione del capitale sociale.

A *Soci onorari* possono eleggersi eminenti scienziati che contribuiscano coi loro lavori all'incremento della Scienza.

La *proposta per l'ammissione d'un nuovo Socio effettivo o perpetuo* deve essere fatta e firmata da due soci mediante lettera diretta al Consiglio Direttivo (secondo l'Art. 20 del Regolamento).

Le rinuncie dei Soci *effettivi* debbono essere notificate per iscritto al Consiglio Direttivo almeno tre mesi prima della fine del 3° anno di obbligo o di ogni altro successivo.

La cura delle pubblicazioni spetta alla Presidenza.

Agli *Atti* ed alle *Memorie* non si possono unire tavole se non sono del formato degli *Atti* e delle *Memorie* stesse.

Tutti i Soci possono approfittare dei libri della biblioteca sociale, purchè li domandino a qualcuno dei membri del Consiglio Direttivo o al Bibliotecario, rilasciandone regolare ricevuta e colle cautele d'uso volute dal Regolamento.

Gli Autori che ne fanno domanda ricevono gratuitamente *cinquanta* copie a parte, con *copertina stampata,* dei lavori pubblicati negli *Atti* e nelle *Memorie.*

Per la tiratura degli *Estratti* (oltre le dette 50 copie), gli Autori dovranno rivolgersi alla Tipografia sia per l'ordinazione che per il pagamento. La spedizione degli estratti si farà in assegno.

INDICE DEL FASCICOLO 1°

(1) Il seguito di questa memoria verrà pubblicato nel fascicolo 2.°

ATTI

DELLA

SOCIETÀ ITALIANA

DI SCIENZE NATURALI

E DEL

MUSEO CIVICO

DI STORIA NATURALE

IN MILANO

VOLUME XLVIII

Fascicolo 2° — Fogli 7 $^1/_4$

(Con una tavola)

PAVIA

PREMIATA TIPOGRAFIA SUCCESSORI FRATELLI FUSI

Largo di Via Roma N. 7.

Settembre 1909.

CONSIGLIO DIRETTIVO PEL 1909

Presidente. ARTINI Prof. ETTORE, *Via Malpighi, 4.*

Vice-Presidenti. —
{
BESANA Ing. Comm. GIUSEPPE, *Via Ruga-bella, 19.*
DE MARCHI Dott. MARCO, *Via Borgonuovo 23.*
}

Segretario. — DE-ALESSANDRI Dott. GIULIO, *Museo Civico.*

Vice-Segretario. — REPOSSI Dott. EMILIO, *Museo Civico.*

Archivista. — CASTELFRANCO Prof. Cav. POMPEO, *Via Principe Umberto, 5.*

Consiglieri. —
{
BELLOTTI Dr. Comm. CRISTOFORO, *Via Brera, 10.*
MAGRETTI Dott. PAOLO, *Via Leopardi, 21.*
SALMOJRAGHI Prof. Ing. FRANCESCO, *Piazza Castello, 17.*
VIGNOLI Cav. Prof. TITO, *Corso Venezia, 89.*
}

Cassiere. — VILLA Cav. VITTORIO, *Via Sala, 6.*

Bibliotecario sig. ERNESTO PELITTI.

Scopo della Società è di promuovere in Italia il progresso deξ studi relativi alle scienze naturali.

I Soci sono in numero illimitato : *effettivi, perpetui, benemeriti onorari.*

I *Soci effettivi* pagano L. 20 all'anno, *in una sola volta, nel prin bimestre dell'anno.* Sono invitati particolarmente alle sedute (alme quelli dimoranti nel Regno d'Italia), vi presentano le loro Memorie Comunicazioni, e ricevono gratuitamente gli Atti della Società.

Chi versa Lire 200 una volta tanto viene dichiarato *Socio perpetu*

Si dichiarano *Soci benemeriti* coloro che mediante cospicue elarξ zioni hanno contribuito alla costituzione del capitale sociale.

A *Soci onorari* possono eleggersi eminenti scienziati che contribu scano coi loro lavori all'incremento della Scienza.

La *proposta per l'ammissione d'un nuovo Socio effettivo o perpet* deve essere fatta e firmata da due soci mediante lettera diretta al Cc siglio Direttivo (secondo l'Art. 20 del Regolamento).

Le rinuncie dei Soci *effettivi* debbono essere notificate per iscrit al Consiglio Direttivo almeno tre mesi prima della fine del 3° anno obbligo o di ogni altro successivo.

La cura delle pubblicazioni spetta alla Presidenza.

Agli *Atti* ed alle *Memorie* non si possono unire tavole se non so del formato degli *Atti* e delle *Memorie* stesse.

Tutti i Soci possono approfittare dei libri della biblioteca socia purchè li domandino a qualcuno dei membri del Consiglio Direttivo al Bibliotecario, rilasciandone regolare ricevuta e colle cautele d'u volute dal Regolamento.

Gli Autori che ne fanno domanda ricevono gratuitamente *cinquan* copie a parte, con *copertina stampata,* dei lavori pubblicati negli *A* e nelle *Memorie.*

Per la tiratura degli *Estratti* (oltre le dette 50 copie), gli Aut dovranno rivolgersi alla Tipografia sia per l'ordinazione che per pagamento. La spedizione degli estratti si farà in assegno.

INDICE DEL FASCICOLO 2°

NB. Ciascun autore è solo responsabile delle
opinioni manifestate nei suoi lavori, e ne conserva
la proprietà letteraria.

ATTI

DELLA

CIETÀ ITALIANA

DI SCIENZE NATURALI

E DEL

MUSEO CIVICO

DI STORIA NATURALE

IN MILANO

—

VOLUME XLVIII

FASCICOLO 3º — FOGLI 6 $\frac{1}{4}$

—

(Con due tavole)

PAVIA

PREMIATA TIPOGRAFIA SUCCESSORI FRATELLI FUSI

Largo di Via Roma N. 7.

DICEMBRE 1909.

Per la compera degli ATTI e delle MEMORIE rivolgersi alla Segreteria della Società: Palazzo del Museo Civico di Storia Naturale, Corso Venezia.
L'invio dei singoli fascicoli ai Soci e Corpi Scientifici vien fatto colla *Posta*.

SUNTO DEL REGOLAMENTO DELLA SOCIETÀ (1904)

(DATA DI FONDAZIONE: 15 GENNAIO 1856)

Scopo della Società è di promuovere in Italia il progresso deg studi relativi alle scienze naturali.

I Soci possono essere in numero illimitato: *effettivi, perpetui, ben meriti* e *onorari*.

I *Soci effettivi* pagano L. 20 all'anno, *in una sola volta, nel prin bimestre dell'anno*. Sono invitati particolarmente alle sedute (almen quelli dimoranti nel Regno d'Italia), vi presentano le loro Memorie Comunicazioni, e ricevono gratuitamente gli Atti della Società.

Chi versa Lire 200 una volta tanto viene dichiarato *Socio perpetu*

Si dichiarano *Soci benemeriti* coloro che mediante cospicue elarg zioni hanno contribuito alla costituzione del capitale sociale.

A *Soci onorari* possono eleggersi eminenti scienziati che contribu scano coi loro lavori all'incremento della Scienza.

La *proposta per l'ammissione d'un nuovo Socio effettivo o perpetu* deve essere fatta e firmata da due soci mediante lettera diretta al Co siglio Direttivo (secondo l'Art. 20 del Regolamento).

Le rinuncie dei Soci *effettivi* debbono essere notificate per iscrit al Consiglio Direttivo almeno tre mesi prima della fine del 3º anno obbligo o di ogni altro successivo.

La cura delle pubblicazioni spetta alla Presidenza.

Agli *Atti* ed alle *Memorie* non si possono unire tavole se non son del formato degli *Atti* e delle *Memorie* stesse.

Tutti i Soci possono approfittare dei libri della biblioteca social purchè li domandino a qualcuno dei membri del Consiglio Direttivo al Bibliotecario, rilasciandone regolare ricevuta e colle cautele d'us volute dal Regolamento.

Gli Autori che ne fanno domanda ricevono gratuitamente *cinquam* copie a parte, con *copertina stampata*, dei lavori pubblicati negli *At* e nelle *Memorie*.

Per la tiratura degli *Estratti* (oltre le dette 50 copie), gli Auto dovranno rivolgersi alla Tipografia sia per l'ordinazione che per pagamento. La spedizione degli estratti si farà in assegno.

INDICE DEL FASCICOLO 3°

NB. Ciascun autore è solo responsabile delle
opinioni manifestate nei suoi lavori, e ne conserva
la proprietà letteraria.

ATTI

DELLA

CIETÀ ITALIANA

DI SCIENZE NATURALI

E DEL

MUSEO CIVICO

DI STORIA NATURALE

IN MILANO

VOLUME XLVIII

FASCICOLO 4° — FOGLI 6 ¹/₂

(Con tre tavole)

PAVIA

PREMIATA TIPOGRAFIA SUCCESSORI FRATELLI FUSI

Largo di Via Roma N. 7.

APRILE 1910.

Per la compera degli ATTI e delle MEMORIE rivolgersi alla Segreteria della Società. Palazzo del Museo Civico di Storia Naturale, Corso Venezia.

L'invio dei singoli fascicoli ai Soci e Corpi Scientifici vien fatto colla *Posta*.

CONSIGLIO DIRETTIVO PEL 1910

Presidente. ARTINI Prof. ETTORE, *Via Malpighi, 4.*

Vice-Presidenti. —
{
BESANA Ing. Comm. GIUSEPPE, *Via Ruga-bella, 19.*
DE MARCHI Dott. MARCO, *Via Borgonuovo 23.*
}

Segretario. — REPOSSI Prof. EMILIO, *Via G. Modena, 2.*

Vice-Segretario. — MAURO Ing. FRANCESCO, *Via Felice Casati, 19.*

Archivista. — CASTELFRANCO Prof. Cav. POMPEO, *Via Principe Umberto, 5.*

Consiglieri. —
{
BELLOTTI Dr. Comm. CRISTOFORO, *Via Brera, 10.*
MAGRETTI Dott. PAOLO, *Paderno-Dugnano.*
SALMOJRAGHI Prof. Ing. FRANCESCO, *Piazza Castello, 17.*
VIGNOLI Cav. Prof. TITO, *Corso Venezia, 44.*
}

Cassiere. — BAZZI Ing. EUGENIO, *Viale Venezia, 4.*

Bibliotecario sig. ERNESTO PELITTI.

SUNTO DEL REGOLAMENTO DELLA SOCIETÀ (1904)

(DATA DI FONDAZIONE: 15 GENNAIO 1856)

Scopo della Società è di promuovere in Italia il progresso degli studi relativi alle scienze naturali.

I Soci possono essere in numero illimitato: *effettivi, perpetui, benemeriti* e *onorari*.

I *Soci effettivi* pagano L. 20 all'anno, *in una sola volta, nel primo bimestre dell'anno.* Sono invitati particolarmente alle sedute (almeno quelli dimoranti nel Regno d'Italia), vi presentano le loro Memorie e Comunicazioni, e ricevono gratuitamente gli Atti della Società e la Rivista *Natura*.

Chi versa Lire 200 una volta tanto viene dichiarato *Socio perpetuo.*

Si dichiarano *Soci benemeriti* coloro che mediante cospicue elargizioni hanno contribuito alla costituzione del capitale sociale.

A *Soci onorari* possono eleggersi eminenti scienziati che contribuiscano coi loro lavori all'incremento della Scienza.

La *proposta per l'ammissione d'un nuovo Socio effettivo o perpetuo* deve essere fatta e firmata da due soci mediante lettera diretta al Consiglio Direttivo (secondo l'Art. 20 del Regolamento).

Le rinuncie dei Soci *effettivi* debbono essere notificate per iscritto al Consiglio Direttivo almeno tre mesi prima della fine del 3° anno di obbligo o di ogni altro successivo.

La cura delle pubblicazioni spetta alla Presidenza.

Agli *Atti* ed alle *Memorie* non si possono unire tavole se non sono del formato degli *Atti* e delle *Memorie* stesse.

Tutti i Soci possono approfittare dei libri della biblioteca sociale, purchè li domandino a qualcuno dei membri del Consiglio Direttivo o al Bibliotecario, rilasciandone regolare ricevuta e colle cautele d'uso volute dal Regolamento.

Gli Autori che ne fanno domanda ricevono gratuitamente *cinquanta* copie a parte, con *copertina stampata*, dei lavori pubblicati negli *Atti* e nelle *Memorie*, e 100 di quelli stampati nella Rivista *Natura*.

Per la tiratura degli *Estratti* (oltre le dette 50 copie), gli Autori dovranno rivolgersi alla Tipografia sia per l'ordinazione che per il pagamento. La spedizione degli estratti si farà in assegno.

INDICE DEL FASCICOLO 4°

Lightning Source UK Ltd.
Milton Keynes UK
UKOW01f1019090218
317630UK00009B/381/P